JN436918

|개정판|

바다의 과학

해양학원론

Essence of Oceanography

|개정판|

바다의 과학

해양학원론

Essence of Oceanography

박용안 지음

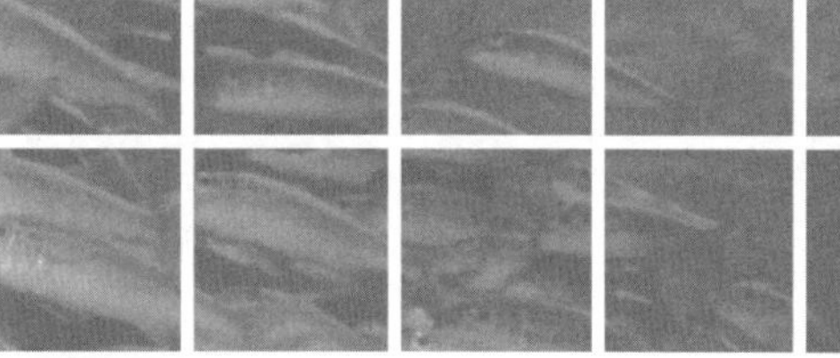

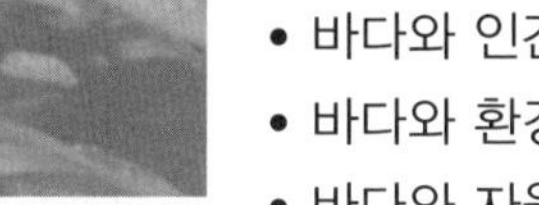

- 바다와 인간
- 바다와 환경
- 바다와 자원
- 미래의 바다
- 해양법 76조

Essence of Oceanography

PARK, Yong-Ahn

Seoul National University Press

|개정판을 내면서|

바다의 과학(해양과학: Oceanography 또는 Marine Sciences)은 1998년 한국어로 출판된 이후 지난 13년간 해양과학에 큰 발전이 있었다. 특히 제3차 유엔 해양법 협약(The third UNCLOS: United Nation Convention for the Law of the Sea)이 1994년 11월부터 발효되었고, 세계의 수많은 연안국이 200해리 이원의 대륙붕 확장을 주장하고 소유하기 위하여 노력하였다.

2001년부터 정부문서를 유엔에 제출하여 심사받는 실제의 총성 없는 전쟁의 현장이 뉴욕 유엔본부에서 본격화되었고, 현재의 상황에 이르게 된 것이다. 여기에서 유엔의 제3차 해양법에 근거하여 200해리 이원의 대륙붕 해저영토의 확장을 문서로 제출하여 심사받고 최종적 경계획정을 할 수 있는 권원적 외교조약행위가 가능하게 된 것은 해양법 역사상 처음으로 기록된다. 즉, 21명의 대륙붕 한계위원회(The Commission on the Limit of the Continental Shelf: CLCS/UN)는 연안당사국이 제출한 문서(해저탐사에 근거한 과학자료)를 해양법 제76조와 그에 부속한 지침서 및 시행규정에 근거하여 면밀하게 심사하여 제출문서의 심사결론을 도출하고, 이른바, "Recommendation"을 유엔사무총장과 연안당사국에 제출한다. 여기서 대륙붕(continental shelf)이라는 명칭은 과학적인 대륙붕 즉, 해양학 교과서에서 공부하는 대륙붕이 아니고 해양법에서 규정하는 대륙붕을 분명히 정의하는 것이다.

법적인 대륙붕과 과학적인 대륙붕이 어떻게 다른가, 또 200해리 이원으로 확장되는 대륙붕의 경계획정, 즉 대륙붕 확장은 어떻게 되는 것인가 등등을 이번 개정판에서는 하나의 장(chapter)으로 추가하였다. 그리고 일부분의 다른 장에서는 기술과 그림을 새롭게 하였고, 거대과학인 해양과학을 공부하는 학도들이 더욱 열심히 바다의 과학을 이해할 수 있기를 바라면서 우리는 한반도의 바다영토를 생존과 번영의 터전으로 삼아 해양부국의 큰 목표를 달성하고 태평양 해양시대의 주도권을 잡아야한다고 강조하면서 글을 맺는다. 마지막으로 개정판 작업을 도와준 서울대학교출판문화원에 감사함을 전한다.

2011년 11월

관악캠퍼스에서 저자

| 머리말 |

바다의 과학(해양학: Oceanography)은 바다에서 관찰 · 분석될 수 있는 여러 현상들, 즉 해류, 조석, 파랑, 바다의 기원 · 구조, 고환경, 자원, 생태계, 진화, 환경 변이, 물질 성분 · 순환 · 분포 등을 중요 연구 대상으로 하는 종합적인 기초과학이다. 그러므로 바다의 과학은 바다에서 펼쳐지는 시 · 공간적인 여러 자연 현상을 연구하는 기초과학 범주의 거대과학(big science)이라 할 수 있다. 최근에는 인류 생존의 관점에서 바다에 대한 연구, 관심, 개발 및 보존의 필요성이 범세계적으로 고조되고 있다. 역사적으로 인류의 생활이 바닷가에서 가능했을 때부터 바다의 과학은 싹트기 시작했다고 본다.

이 책은 대학교 학부 과정의 학생들에게 교양 과목으로 알맞은 내용을 담고 있으며, 바다와 인간과의 관계, 바다와 지구 환경 또는 인류의 미래와 해양 자원 등에 관하여 함께 생각하고 토의할 수 있는 주제를 담고 있다. 또한 이 책에서는 해양학의 주제들을 총망라하지는 않았으나 해양학을 전공하는 학생 및 해양 환경과 인간과의 관계를 이해하고 공부하려는 학생들에게 필요하고 유익할 것으로 생각되는 주제를 선정하여 비교적 평이하게 서술하려고 노력하였다. 그러나 이미 설명된 바와 같이 거대과학으로서의 바다의 과학 자체가 대단히 넓은 범위의 과학이어서, 필자의 지식이 그렇게 넓고 깊지 못하여, 뜻한 바대로 충분한 결실을 거두지 못한 채 출판하게 되었다. 미비한 부분들은 앞으로 기회가 주어질 때 보완 · 수정될 것이다.

끝으로 이 책이 완성되기까지 시작 단계에서 열심히, 꾸준히, 크게 도와주신 농어촌진흥공사의 최강원 박사에게 특별히 감사를 드리며, 종반에서 훌륭하게 마무리를 짓는 데 크게 도와주신 서울대학교 해양연구소의 김부근 박사에게도 심심한 감사를 드린다. 교정을 꼼꼼히 보아 준 서울대학교

대학원 해양학과 박사 과정의 여러 학생들에게도 감사를 드린다.

또한 이 책이 출판되는 데 결정적인 역할과 노력을 기울여 주신 서울대학교 출판부 부장 김용덕 교수와 편집국장, 특히 편집, 교정, 찾아보기 작업 등 책이 완성되기까지 모든 일을 훌륭히 도와주신 실무자 여러분에게 깊은 감사를 드리는 바이다.

1998년 8월

저자

|차 례|

4
해수의 성질과 조성 Properties and Composition of Sea Water 79

5
해류와 순환 Ocean Currents and Circulation 111

6
파랑과 조석 Wave and Tide 149

1

해양학의 역사

History of Oceanography

해양학(Oceanography)은 바다에 관한 지구 환경 과학으로서 바다에서 발생하는 물리학, 화학, 생물학 및 지질학의 현상을 종합적으로 연구하고 해석하며 서로 연계하는 종합 기초 과학이다. 즉 물리학 및 지질학 등의 기초과학의 여러 영역이 바다에 관하여 하나로 묶어지는 학문 분야라고 할 수 있다. 해양학의 세부적 연구 분야는 지질(해저)해양학, 생물해양학, 물리해양학 및 화학해양학 등의 기본적인 네 분야이며 기상해양학, 해양공학, 오염해양학, 수산학 및 해양 자원 개발 등의 응용적 해양학 분야는 매우 광범위하다. 이와 같이 해양학은 해양이라는 영역에 대한 많은 분야의 과학이 하나의 과학계(scientific system)로 통합되는 학문이다.

해양학자는 해양에 관련된 어떤 한 분야의 원리를 깊이 연구하는 과학자로서 해양물리학자, 해양화학자, 해양생물학자, 해양지질학자 또는 해양기상학자 등의 여러 전문 분야별 기초 과학자이다. 정규의 기초 해양학(바다의 과학)이 관련되는 응용적인 학문 분야는 수산학(fisheries science), 해양고고학(marine archaeology), 또는 해양공학(ocean engineering) 등이다.

1. 고대의 해양학

인간이 바다에 관하여 관찰한 최초의 현상은 조석이며 바람과 파랑과의 관계이다. 고대 이집트의 역사에는 홍해가 갑자기 핏빛으로 변하곤 했다는 기록이 남아 있는데 현대의 해양학자들은 이러한 기록을 플랑크톤의 비정상적인 증식에 의한 적조(red tide) 현상으로 해석하고 있다. 또한 기원전 3000년경에 인도양에서 활약했던 무역상들은 장마철의 태풍과 강우가 해류에 영향을 미친다는 사실을 인식하였다. 인도와 폴리네시아의 사람들이 원양 항해의 능력을 가졌던 그 당시에 태양, 달 및 별을 이용한 항해술이 이미 발달했었음을 짐작할 수 있다. 페니키아 사람들이 최초로 지브랄타 해협을 항해한 것으로 알려져 있으며, 그리스인들과 함께 지중해와 홍해 및 페르시아 만을 항해하기도 하였다.

그러나 기원전 1500년경까지도 지중해와 그 주변 해역의 그리스나 페니키아 사람들이 상상하였던 지구의 모습은 현재와는 크게 다른 것이었다. 그들은 지구가 지중해를 둘러싸고 있는 육지들과 이를 다시 둘러싸는 수계, 즉 Oceanus로 이루어져 있다고 믿었다. 호머(Homer)의 장편 서사시인 『오디세이(*Odyssey*)』에 의하면 기원전 8세기경까지도 그리스인들은 지구가 편평하거나 약간 오목한 원판형으로 Oceanus라는 강으로 둘러싸여 있다고 믿었음을 알 수 있다. 기원전 6세기경에 Anaximander는 지구가 높이보다 직경이 3배 정도 더 큰 편평한 원통형인 것으로 생각했으며, 육지는 그 가운데의 큰 섬이며 지중해에 의해 둘로 나누어져 있다고 생각하였다.

지구의 둥근 모습을 처음 언급한 사람은 기원전 5세기경 Parmenides이

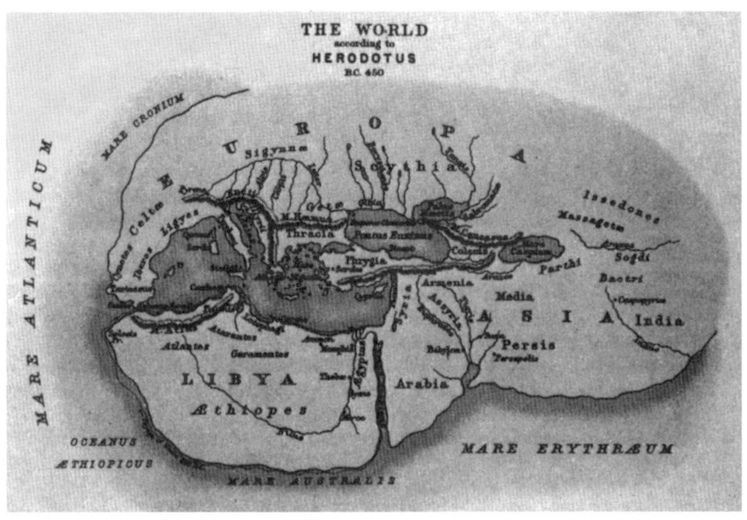

그림 1-1. Herodotus의 세계 지도(기원전 450년에 제작됨)

다. 같은 시기에 Herodotus(기원전 484~425)에 의해 제작된 세계 지도에는 3개의 대륙(유럽, 아시아, 리비아)과 3개의 대양(Mare Atlanticum, Mare Australis, Mare Erythraeum)이 표시되어 있다(그림 1-1). 이 밖에도 Herodotus는 나일 강의 범람으로 퇴적물이 쌓이는 과정을 관찰하고 나일 강의 삼각주가 형성되는 데 수천 년이 걸렸을 것으로 추정하였으며, 나일 강 유역의 구릉지에서 패류(貝類) 화석을 관찰하였고, 그 곳이 한때 바다였었다는 결론을 도출함으로써 '해수면 변동' 또는 '지각 변동'의 개념을 막연하게 제시한 바 있다. 비슷한 시기에 Empedocles(기원전 490~430)는 물질의 근본 성분은 불, 물, 흙 그리고 공기라고 주장하여 당시에도 지구를 구성하는 물질에 관하여 논의한 바 있음을 알 수 있다.

기원전 325년 그리스의 지리학자 Pytheas는 아이슬랜드까지 영국 제도를 여행하면서 최초로 위도를 측정하였다. 그가 측정한 것은 수평면과 북극성과의 사이각이며 이는 북반구에서의 위도에 해당한다. 또한 그는 조석(tide)을 관찰하고 그 원인이 달에 기인한 것이라고 주장하였다. 그러나 이에 대한 과학적인 설명은 훗날 17세기에 들어 I. Newton이 만유인력 법칙을 발견한 이후에야 비로소 가능하게 되었다.

기원전 4세기부터 계몽 사상이 나타나기 전인 17세기까지 유럽의 과학과 우주론에 압도적인 영향력을 행사하였던 그리스의 철학자 Aristotle(기원전 384~322)는 지구의 모든 것을 구성하고 있는 물질은 흙, 물, 공기 그리고 불이며 천체들은 전혀 다른 물질인 제5원소(aither)로 구성되어 있다고 주장한 바 있다. 그는 또한 물고기의 화석에 대해 물고기가 돌 속에서 움직이지는 않지만 숨쉬며 살고 있다고 했으며, 지진에 대해서는 지표의 어느 곳에서 땅 속으로 공기가 한꺼번에 많이 들어갔다가 지하의 불 때문에 더워져서 대기중으로 터져 나올 때 생기는 진동으로 설명하는 등 실증적 근거가 없는 이론을 주장하였다. 그러나 그는 에게 해(Aegean Sea)에서 180여 종의 동물, 100여 종의 어류, 60여 종의 무척추동물을 기재하는 등 생물해양학에 큰 공헌을 하기도 하였다.

기원전 2세기경 지구가 구체(sphere)인 것으로 믿었던 Erathosthenes (기원전 276~192)는 지구의 둘레가 약 40,000 km인 것으로 계산하였으며 이는 상당히 근사한 값이다. 그의 측정 방법은 태양의 남중 고도를 이용한 것이다. 그는 그림 1-2와 같이 Syene(현재의 아스완 지역)의 우물에 태양이 남중하였을 때 그 우물로부터 정북 쪽으로 거리를 알고 있는 알렉산드리아(Alexandria)의 벽의 그림자 각도를 측정하였다. 지구가 구체라는 가정하에 우물과 벽 사이의 거리와 벽의 그림자 각도를 이용하여 다음과 같이 지구의 둘레를 계산하였다.

$$\frac{\text{그림자의 각도}(7.2^\circ)}{\text{우물과 벽 사이의 거리}(800\,\text{km})} = \frac{360^\circ}{\text{지구의 둘레}}$$

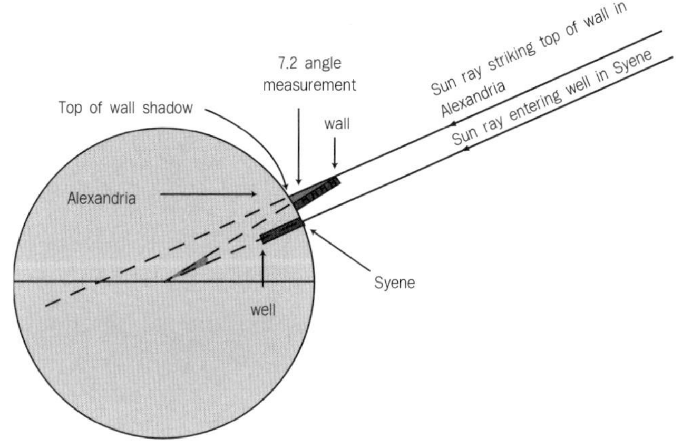

그림 1-2. Erathosthenes가 지구 크기를 계산한 근거

기원후 1세기경 로마 문명이 해양에 관한 기초 지식의 발전에 기여한 바가 크다. 대표적인 인물인 Strabo(63 B.C.~A.D. 24)는 *Geograpia*라는 저서에서 화산 활동에 의해 육지와 바다의 상대적 위치가 변화하는 현상을 육지의 융기와 침강으로 설명하였으며, 조석을 관측하여 기록하고 1,000 m 이상의 깊은 수심을 측량하기도 하였다. 그는 퇴적물이 강에 의하여 바다로 운반되고 있음을 주장하였으며, 같은 시기에 Seneca(4 B.C.~A.D. 65)는 대기중에서 수증기가 응결되어 강수가 일어나며, 강물이 바다로 계속 유입되지만 바다로부터 대기중으로 증발함으로써 해수면이 일정하게 유지된다는 현상을 물 순환(Hydrologic cycle)으로 설명하였다.

2. 중세의 해양학

Strabo와 Seneca(4 B.C.~A.D. 65) 이후 거의 1000년 동안 해양에 관한 지식은 큰 진전이 없었다. 특히 로마 제국이 멸망한 후로는 종교적인 가치관을 가진 과학자들은 자연의 원리를 합리적으로 해석하는 데 무기력하였다. 유럽의 여러 나라 기독교인이 가지는 대륙과 대양의 분포에 대한 개념은 오히려 퇴보하였다. 6세기의 항해가인 Cosmas는 그림 1-3과 같이 지구를 20,000 × 10,000 km의 편평한 직사각형으로 묘사하고 예루살렘이 그 중심에 위치한 것으로 나타내었다. 그들은 종교적인 관점에서 지구는 수천 년 전에 갑자기 현재와 같은 모습으로 창조되었으며 얼마 후에 종말이 올 것으로 믿고 있었다.

로마의 멸망과 더불어 그리스인과 로마인에 의하여 저술된 대부분의 책자들은 아랍인들에게 넘겨졌으며 아랍인들은 아프리카의 동부, 동남아시아, 인도 등과 활발한 무역을 하면서 계절풍에 관하여 이해하게 되었고 이를 항해에 이용하였다. 이 시기에 아랍인의 업적은 삼각 측량법과 아라비아 숫자의 도입, 나침반의 발명과 천체의 위치를 이용한 항해 기술의 발전 등이다. 10세기 아랍인들의 저술에는 증발, 강우, 수증기의 순

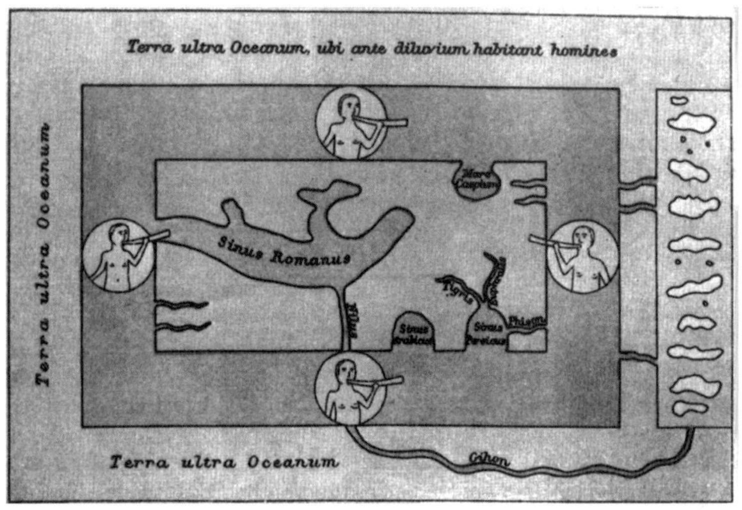

그림 1-3. 6세기 항해가인 Cosmas의 세계 지도

환, 해수 중 염의 생성 원인 등에 관한 설명이 포함되어 있으나 대부분은 과학적인 근거가 매우 미약했다. 예를 들면 당시의 아랍인들은 조석의 원인이 바다를 돌보는 천사가 지구의 맨 끝에서 밀물과 썰물을 조종하는 데 기인한다고 믿었던 것이다.

남부 유럽인 중심의 항해 활동이 침체된 동안에 북부 유럽의 바이킹족은 활발한 탐험을 하여 9세기 말에는 아이슬랜드를 정복했다. 바이킹족인 Eric the Red와 그의 아들인 Leif Ericson은 당시에 가장 중요한 탐험가들이다. Eric the Red는 982년에 그린랜드에서 서쪽으로 항해하여 배핀(Baffin) 섬을 발견하였다. Leif Ericson은 Columbus 이전에 신대륙에 상륙한 최초의 인물로 간주된다. 그는 1000년에 빈랜드(Vinland)를 발견하였으며 지금의 뉴펀드랜드에서 겨울을 보내고 돌아갔다. 그러나 소빙하기(little ice age)가 시작된 13세기에 들어 점점 추워지는 기후로 인해 북대서양에서의 항해가 어려워지면서 이 탐험가들에 의해 건설된 식민지들은 서서히 고립되고 포기되었다.

3. 중세 이후의 해양학

중세 이후 유럽에서는 종교 개혁, 문예 부흥 운동과 더불어 과학 분야에도 새 바람이 일게 되었다. 특히 중동 지역에서 크고 작은 전쟁이 계속되어 극동 아시아 지역으로 향하는 육상 무역이 불가능하게 되었기 때문에 해양 탐험과 해상 운송에 대한 집중적인 노력이 시작되었다. 로마인들은 지중해를 교통의 수단으로 이용하였으나 그 이상의 관심의 대상은 아니었다. 그러나 15세기에 지중해의 주도권을 가지고 있었던 포르투갈 사람들은 바다에 관하여 폭넓은 관심을 가지고 있었다. 15세기 초 포르투갈의 항해가 Prince Henry는 리스본에 항해 학교를 설립하였으며, 이 학교는 15세기 말부터 16세기 초에 이르는 동안 중요한 항해(뱃길)와 해양 탐험의 새로운 욕망의 원동력이 되었다. 그러한 영향에 의한 해양 탐험과 발견 결과를 요약하면 첫째, Dias는 1487년에 희망봉을 발견하고, 같은 해 Columbus는 아메리카 대륙(서인도 제도)을 발견한 것, Vasco de Gama는 1499년에 아프리카 서해안에 대한 측량을 완료하고 인도 항로를 발견한 것, Balboa는 1513년에 태평양을 발견하고 카리브 해에서 파나마 지협을 횡단한 것, 마지막으로 Magellan이 1522년에 최초로 세계 일주 항해를 성공하고 마젤란 해협과 태평양을 명명한 것 등을 들 수 있다. 특히 Magellan은 태평양에서 최초로 수심을 측량한 것으로도 유명하다. 이러한 여러 해양 탐험과 항해를 위한 가장 중요한 목적의 하나는 아시아의 무역항에 이르는 새로운 항해 뱃길을 개척하는 것이었다. 그 후 16세기 초에는 위와 같은 맥락에서 Ponce de León가 걸프 해류를 발견하고 관측하였으며, 16세기 말엽까지 고위도 지방을 제외한 거의 전세계의 주요 대륙에 대한 지도가 완성되었다. 1620년 Sir Francis Bacon이 그의 저서인 *Novem Organum*에서 대서양 양쪽 해안선의 일치성을 언급했으며, 이 밖에도 '대홍수(Great Flood)' 와 '구세계(Old World)' 및 '신세계(New World)' 를 언급하였다. 그러나 당시의 지도는 경도 측정이 매우 부정확하였다.

한편 Leonardo da Vinci(1452~1519)는 육상의 지형이 침식 작용으로 인하여 침식되어 마침내 평탄해진다는 사실을 알게 되었으며, Appenine 산맥의 석회암 중에서 나온 패류 화석을 보고 그것은 이탈리아가 해저에 있었을 때의 해서(海棲) 생물의 유해라고 주장함으로써 대륙의 영원성을 부정하였다. 그 후 덴마크의 지질학자인 Nicolaus Steno(1638~1686)는 지층 속에 보존된 지구 역사의 기록을 시대 순서로 배열할 수 있는 근거가 되는 "지층 누중의 원리(principle of superposition)"와 지층의 퇴적 상태와 퇴적 후 지각 변동에 의한 변형의 상태를 구별할 수 있는 근거가 되는 "근본적인 수평면의 원리(principle of original horizontality)"를 주장하

그림 1-4. 18세기 영국 항해가 James Cook(1728~1779)

였다.

18세기에 들어서면서 John Harrison은 선박 위에서 경도와 위도를 비교적 정확하게 측정할 수 있는 방법을 개발하였다. 이로 인해 비로소 대양을 항해하면서 자신의 위치를 알고 비교적 정확한 지도를 작성할 수 있게 되었다. 그 후 영국의 항해가인 James Cook(1728~1779; 그림 1-4)은 오스트레일리아와 뉴질랜드를 포함하여 남태평양 일대를 탐험·측량하여 세계 지도를 크게 개선하였다. 그의 항해는 북쪽으로 베링 해의 북극권까지 계속되었으며 1768년부터 1779년까지 3회의 항해로써 결국 전세계 해양을 항해하면서 측량을 설치하였다. James Cook은 지리적인 탐험뿐 아니라 해양학의 기본적 지식의 체계화를 시작한 인물이며, 최초로 자연 현상에 대한 자료의 수집과 관찰을 목적으로 과학자를 동승시킨 인물로 기록되며 항해 과정에서 측정된 표층수의 수온이 저층수에 비해 높음을 발견하였다. 또한 최초로 위도와 경도 측량이 가능한 관측 장비를

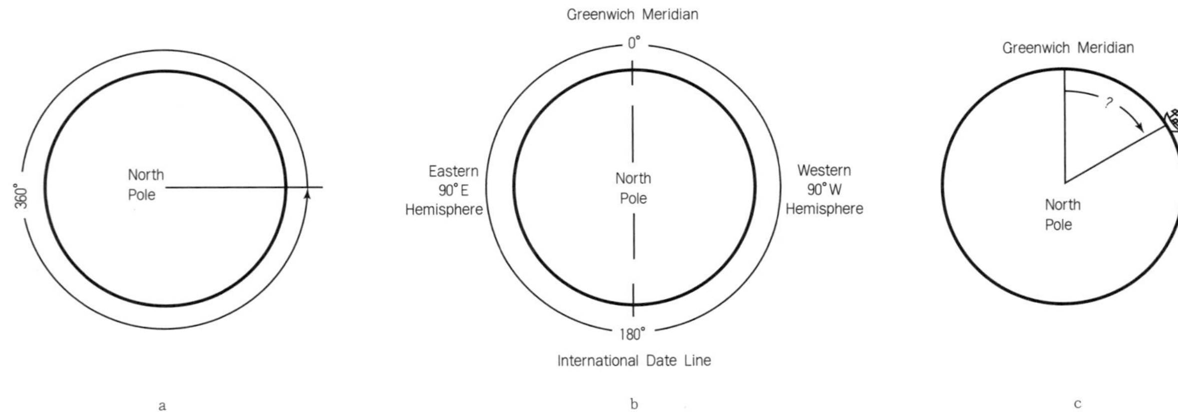

a. 지구는 하루에 1회전하므로 360°는 24시간으로 환산된다.

b. 영국 그리니치를 지나는 자오선을 기준으로 삼아 표준시를 정한다.

c. 항해자는 표준시를 알 수 있는 시계(chronometer)를 소지하고 항해하면서 태양이 남중하는 정오에 표준시와의 오차로부터 경도를 계산할 수 있다. 예를 들어 어느 날 정오에 표준시가 오후 4시 18분이라면 4시간 × 15°/시간 = 60°이며, 18분 × 15′/분 = 270′ = 4.5°이므로 관측 지점의 경도는 64.5° W이다.

그림 1-5. John Harrison의 chronometer를 이용한 경도의 결정

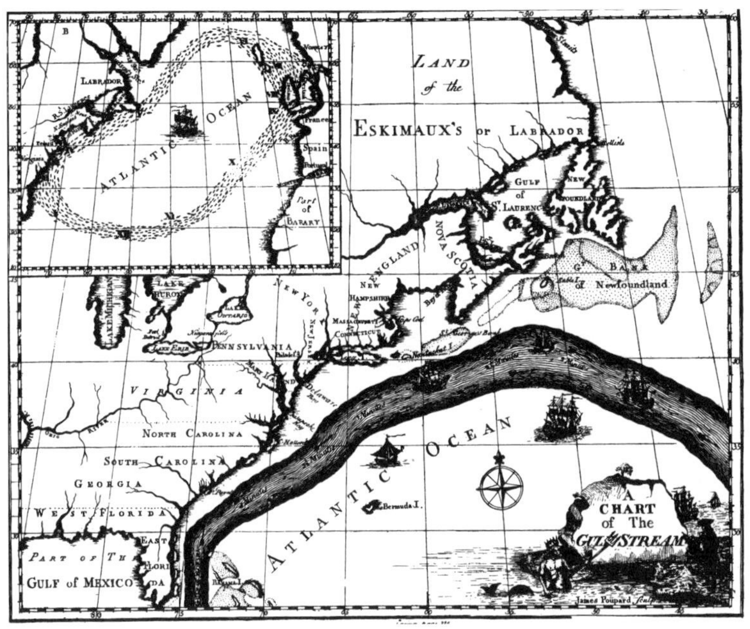

그림 1-6. Benjamin Franklin의 걸프 해류 모식도

실제로 사용하였다(그림 1-5). Benjamin Franklin(1706~1790)은 18세기 후반에 북대서양을 여러 차례 횡단하고 다른 여러 항해가의 자료를 종합하여 걸프 해류(Gulf Stream; 그림 1-6)의 해류도를 편찬하였으며, 이것은 단순한 지도나 해도가 아닌 최초의 해양학적 저술로 기록된다.

19세기가 시작되면서 해양에 관한 호기심은 크게 증가하였다. 1804년 영국 해안에서 해양 생물의 표본을 채취하고 수심을 측정했던 William Eaton은 해양을 과학적으로 관찰한 여러 선구자 중의 한 명이었다. 1807년에 미국에서는 최초의 연방 과학 기구로 연안 측량소(Coastal Survey)가 발족되었다. 이는 후에 미국 연안 측지 측량소(U.S. Coastal Geodetic Survey)로 개칭되었고, 현재는 국립 해양 대기청(NOAA: National

Oceanographic and Atmospheric Administration)에 소속되어 해도의 작성과 여러 해양 관측 및 해양 관리를 담당하고 있다. 영국의 박물학자인 Edward Forbes(1815~1854)는 해양 생물을 체계적으로 연구한 최초의 사람이다. 1834년에 그는 영국 제도 주변과 지중해 및 에게 해에서 표본 채취를 위한 항해 계획을 수행하였다. E. Forbes는 수집된 자료를 근거로 해양의 생활권을 수심에 기초하여 8개의 구역으로 나누고 그 중에서 수심 600 m 이상의 구역을 생물이 살지 않는 무생물대(azoic zone)로 결론지었다. 그의 결론은 비록 잘못된 것이었지만 생물의 서식 부분을 바다의 깊이(수심)에 따라 분류를 시도한 최초의 해양생물학자였다.

Charles Darwin(1809~1882)은 E. Forbes와 동시대의 인물로 진화에 대한 유명한 이론(evolutionism) 이외에도 해양의 생물학적 지식에 중요한 공헌을 하였다. 그는 예리한 통찰력의 소유자로 많은 관찰을 기록으로 남겼으며, 1831년부터 1836년까지 영국의 측량선인 H.M.S. Beagle호에 과학자로서 승선하는 동안 배가 정박하는 모든 지역에서 생물의 표본을 채취하고 각각의 특징을 관찰 · 기록하였으며, 이들을 분류하였다(그림 1-7). 중요한 관찰 결과 중의 하나는 태평양에서 산호초(coral reef)를 관찰한 것이다. Darwin은 상세한 기록과 예리한 분석으로 환초(atolls)의 기원과 발달에 대한 이론을 제안하였으며 그 이론은 많은 반대와 그 후의 과학 지식의 발달에도 불구하고 현재까지 정설로 받아들여지고 있다.

해양에서의 수심 측량을 목적으로 하는 최초의 항해는 Sir John Ross와 그의 조카인 Sir James Clark Ross에 의해 수행되었다. J.C. Ross 경은 1817년과 1818년에 캐나다의 배핀(Baffin) 만을 측심하였으며, 자신이 고안한 'deep-sea clamm' 이라는 채취 장비로 저서생물과 퇴적물을 채취하여 1.8 km의 수심에 서식하는 불가사리(sea stars)와 벌레류를 관찰하였다. J.C. Ross 경은 1839년 영국을 출발하여 남극해를 돌아 4년 후에 귀항하였는데 그 당시의 항해 동안에는 7,560 m 길이의 밧줄을 이용하여 수심을

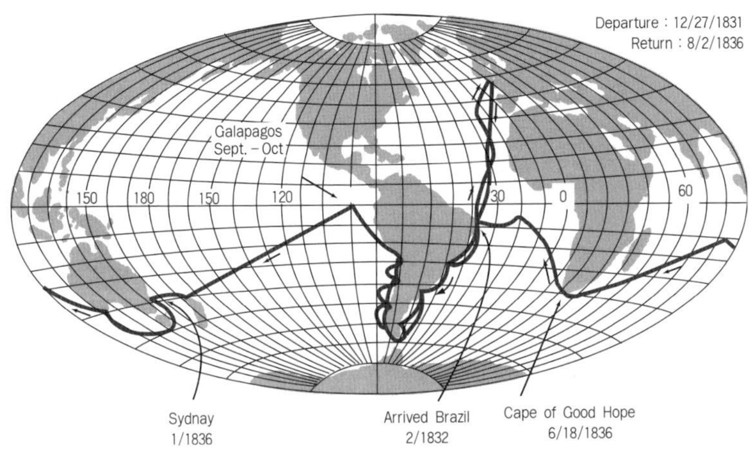

그림 1-7. Beagle호의 항적도

측량하였다. 그는 남극해의 차가운 해수에서 서식하는 동물을 채집하여 관찰한 결과 이것이 J.C. Ross 경이 북극해에서 발견한 것과 같은 종(species)이며, 온도의 변화에 매우 민감하다는 사실을 발견하고 이로부터 심해저의 심층 해수는 전체적으로 균일하게 저온이라고 결론지었다.

Matthew F. Maury(1806~1873)는 최초의 전문 해양학자로 간주되는 인물이다. 미국 해군의 장교였던 Maury는 부상으로 선상 근무를 할 수 없게 될 때까지 항해사로 근무하였다. 그는 항해와 해양학적 자료에 대해 관심을 가지고 있었으며, 근무 중 부상을 당한 후에는 미국 해군 수로국(U.S. Naval Hydrographic Office)의 전신인 해군의 해도 장비 보급창(Depot of Naval Charts and Instruments)에 배속되었다. 그는 수많은 선상 관측 자료를 이용하여 북대서양의 해류도와 수심도를 작성하였으며, 1853년 브뤼셀에서 해양 항해와 기상에 대한 최초의 국제 회의를 주선하였다. 그의 업적 중에서 가장 널리 알려진 것은 *The Physical Geography of the Sea*의 출판이다. 1855년에 처음 발행된 이 책은 그 후에 여덟 차례 개정된 바 있으며, 해양학 분야에서 최초의 저술로 간주되고 있다. 따라서 그는 '해양학의 아버지'로 불리기도 한다.

4. 챌린저 탐사 이후의 해양학

19세기 동안에 해양학의 분야에서 가장 의미 있는 사건은 1872년 12월 21일부터 1876년 5월 24일까지의 H.M.S. Challenger의 항해일 것이다. 이 항해는 전세계 해양으로부터 과학적 탐사 자료를 수집하기 위한 목적의 최초 항해였으며, 영국 왕립학회에서 지원되었다. 이 항해는 Sir Charles Wyville Thompson(1830~1882)의 과학적 자문과 팀장으로 추진되었으며, Thompson 경은 동료인 W.B. Carpenter와 함께 해양 생물과 해양 화학에 대한 조사를 수행하였다. 그의 스승인 E. Forbes의 주장과는 달리 해저 1,700 m에서 다양한 생물상이 존재함을 발견함으로써 해양 생물의 수직 분포에 대한 새로운 사실과 관심을 유발하였다. H.M.S. Challenger호의 해양 탐사는 결국 엄청난 새로운 해양과학의 사실을 밝혀 낸 것이다.

과학적 해양 탐사에 알맞게 개조된 2,306톤의 H.M.S. Challenger호는 목선으로 길이가 69 m이며, 증기 및 바람으로 항해하여 남극권까지 항해한 최초의 해양 탐사 선박이다(그림 1-8). 243명의 선원과 6명의 과학자(동식물학자 4명, 화학자 1명, 비서 1명)가 승선하여 1872년 12월에 영국의 포츠머드(Portsmouth) 항을 출발하였다. 대서양을 항해하고 희망봉을 돌아 인도양을 횡단하였으며, 1875년에는 일본 근해를 거쳐 태평양을 가로질러 마젤란 해협을 지나 1876년 5월 귀항할 때까지 약 125,000 km를 순항하였다(그림 1-9). 전세계의 탐사 정점에서 생물 채집, 해저 퇴적물 시료 및 해수를 채취하고, 수심, 수온, 해류, 기상 등을 관찰 · 기재하였다.

이 항해에서는 8,000 m 이상의 깊은 수심이 측정된 바 있고 필리핀의

그림 1-8. 최초의 본격적인 해양 탐사에 사용된 H.M.S. Challenger

남서 해안에서 마리아나 해구(Mariana trench)를 발견하는 등 괄목할 만한 과학적 업적을 남기었다. 또한 채취된 해수 시료의 성분 분석 결과를 종합하여 해수의 성분에 대한 표준값을 설정한 것은 해양학 발전에 매우 중요한 일이다. C.W. Thompson의 사망 후에도 H.M.S. Challenger호의 자료의 대부분은 연구 계획을 총괄하였던 Sir John Murray에 의해 정리 · 편찬되었다. 그 결과인 『챌린저 보고서(*Challenger Report*)』는 전 50권으로 자료 정리에만 약 23년이 소요되었으며, 3만 쪽에 달하였다. 133개 정점에서의 해저 퇴적물 및 암석의 채취, 492정점에서의 수심 측정, 4,717종의 새로운 생물 기재는 매우 의미 있는 사실이다. 1884년 C.R. Dittmar는 H.M.S. Challenger호에 의해 채취된 해수 표품 중에서 77개를 분석하여 해수의 성분에 대한 이해를 증진하게 되었다.

H.M.S Challenger호의 항해에 참여했던 영국의 과학자들을 중심으로 해양학이 급속히 발전하였으며, 그 후에 유럽 전역과 미국에서 해양 연구의 붐이 일었다. 1872년에는 최초의 해양 연구소인 나폴리 동물 연구

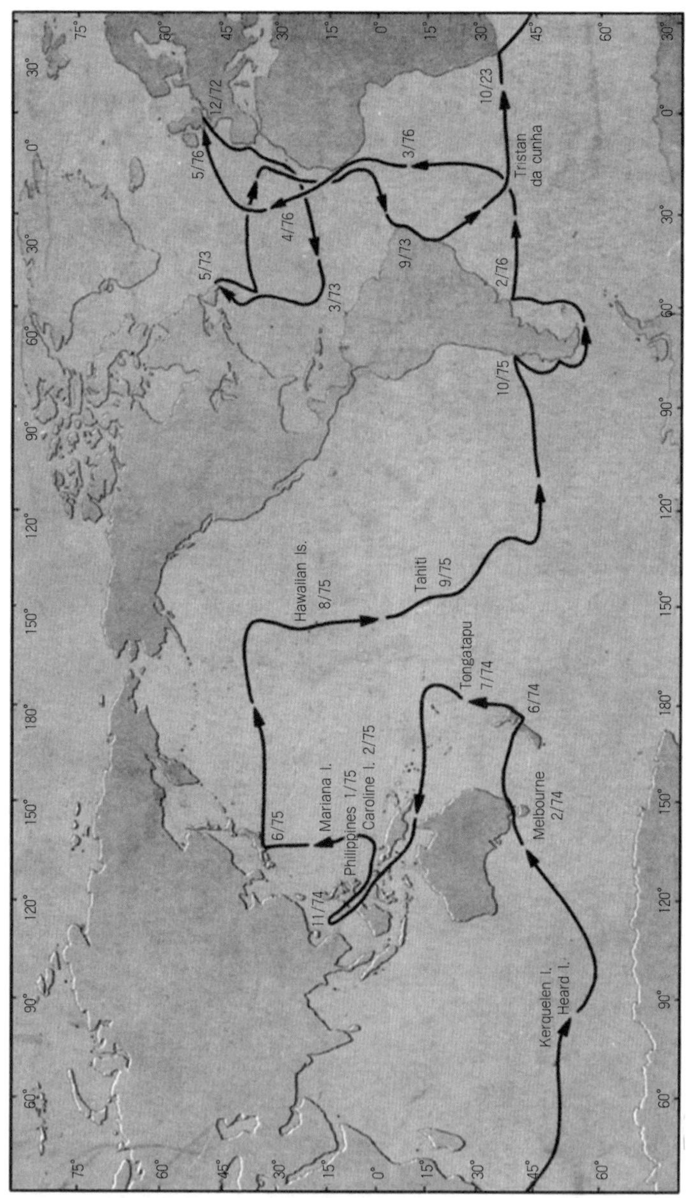

그림 1-9. 1872년부터 1876년까지 H.M.S. Challenger호의 항적도

소가 설립되었으며, 1873년에는 Louis Agassiz에 의해 미국 매사추세츠의 케이프 코드 근해의 페니키즈(Penikese) 섬에 하계 실험실(현재 매사추세츠 공과대학 부설 우즈호올 해양 연구소의 전신)이 설립되었다. 1879년에 영국의 플리머드에 설립된 해양 생물 협회(Marine Biological Association of the United Kingdom)는 당시에 가장 유명했던 기관의 하나였다. 1882년에는 미국에서 최초의 해양 연구용 선박 R/V Albatross가 건조되었으며, 1888년 매사추세츠의 우즈호올(Woods Hole)에 설립된 해양 생물 실험실(Marine Biological Laboratory)은 미국 최초의 것이며, 이는 1930년에 설립된 우즈호올 해양 연구소(Woods Hole Oceanographic Institution)에 합병되었다. 1889년 독일의 Victor Hensen은 플랑크톤 채취용 망(net)을 고안하여 사용하였으며, 1892년 스탠포드 대학(Standford University)이 캘리포니아에 홉킨스 해양 연구소(Hopkins Marine Station)를 설립하였다.

Fridtjof Nansen(1861～1930)은 19세기 말에 북반구의 고위도 지방의 북극해에서 중요한 연구들을 수행했던 노르웨이의 물리 해양학자이다. 그는 특히 해류와 빙산의 이동에 대한 바람의 영향에 대해 관심을 가지고 있었다. 이에 대한 이론을 시험하기 위하여 Nansen은 노르웨이 정부와 영국 왕립 지리학회(British Royal Geographical Society)의 후원을 받아 북극해(Arctic Sea)에서 해양 탐사선 Fram호를 이용하여 3년간(1893년 9월～1896년 8월) 빙산을 관찰하면서 1,658 km를 떠돌아다니며(그림 1-10) 매우 훌륭한 연구 결과를 도출하였다. 그는 바람의 방향과 빙산이 이동하는 방향의 관계를 관찰하여 V. Walfrid Ekman으로 하여금 취송류의 모델을 제시하는 데 결정적인 도움을 주었다. Nansen은 물리 해양학에 관하여 여러 편의 저술을 남겼으며, 해수 시료의 채취를 위한 특별한 채집기를 고안하였고, 그의 이름을 따서 '난센 채수기(Nansen Bottle)' 라 명명하였다. 그는 1905년 이후에는 정치가로 변신하였으며, 제1차 세계

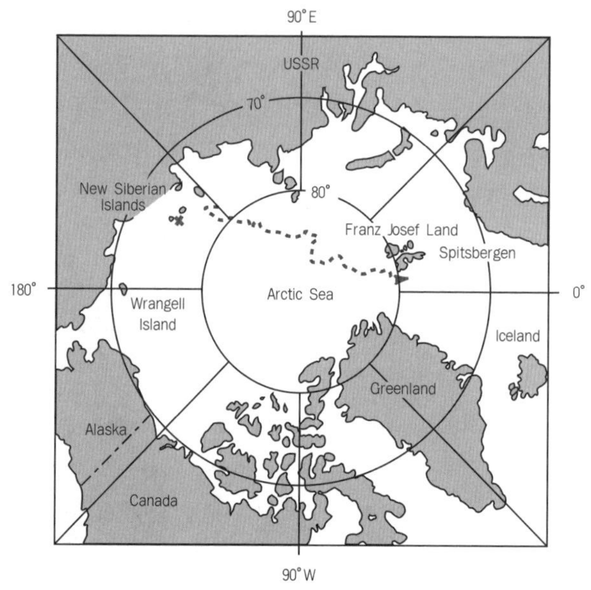

그림 1-10. Fram호가 빙하에 갇힌 채 3년간 흘러간 항적도

대전 이후 그 수습에 대한 공적을 인정받아 1922년에는 노벨 평화상을 수상하였기도 하였다. 해양학의 발전에 대한 F. Nansen의 공헌은 매우 커서 V.W. Ekman 등과 함께 물리 해양학의 터전을 닦은 인물로 인정된다.

1898년 John Joly는 해양의 연령을 추정하였다. 그는 모든 해양에 녹아 있는 염분의 총량과 1년간 강으로부터 해양으로 유입되는 염분의 양을 비교하였다. 초기의 해수가 담수였던 것으로 가정하고 나트륨의 농도가 현재와 같아지려면 약 9000만 년이 걸렸을 것으로 계산하고 이를 해양의 연령이라 하였다. 그러나 이 값은 강에 의한 유입량을 너무 크게 잡은 것이었으며, 그 후에 유입량을 수정하여 다시 계산한 결과는 25000만 년이었고, 이 연령도 나트륨 침전에 의한 '해수로부터의 제거 요인'을 고려하지 않았으므로 해양의 나이가 아니라 실제로는 '나트륨이 해양에 체류하는 기간' 이었다. 1896년 프랑스의 H. Becquerel(1852~1908)이 방사선(放射線)을 발견한 후 방사선 동위원소에 의한 암석의 절대연령 측정이 가능해졌고, 1906년경에는 우라늄의 붕괴 속도를 이용하여 절대연령이 최초로 계산되었으며, 1911년에는 Arthurs Holms에 의하여 생물 층서에 대비되는 암석의 절대연령이 상당히 근사하게 계산되었다. 그러나 이러한 절대연령의 측정이 해양 지각에 이용된 것은 좀더 후의 일이다.

1905년에는 캘리포니아 라호야(La Jolla)에 스크립스 해양 연구소(Scripps Institution of Oceanography)가 설립되고 1910년에는 모나코 해양 박물관이 설립되면서 해양 연구는 더욱 가속화되었다. 1920년대에 들어서 수중에서의 음파 전달을 이용한 수심의 연속 측정 기기, 즉 음향측심기(echo sounder)가 발명되었다. 1925~1927년 동안의 독일의 연구 선박 R/V Meteor의 항해는 생물해양학 이외의 여러 분야의 연구를 목적으로 하는 최초의 체계적인 연구 항해였다. 즉 남대서양을 14차례 횡단하면서 수백 개의 지점에서 수온과 염분의 수직 변화를 관찰하였고, 음향측심기를 이용한 해저의 기복에 대한 해저 지형적 연구를 수행하였다. 이는 대양저를 대상으로 하는 최초의 포괄적인 해양학적 연구였다. 1934년 William Beebe와 Otis Barton은 잠수구(Bathyspere)를 발명하여 930 m까지 잠수하여 해저에 대한 인간의 호기심을 자극하였다. 1947년 뉴욕의 팰리세이드(Palisades)에는 라몬트-도허티 지질 관측소(Lamont-Doherty Geological Observatory)가 설립되었고, 콜롬비아 대학과 제휴하였다. 현재 많은 사람들은 우즈호올, 스크립스 및 라몬트를 미국의 3대 해양 연구소로 평가하고 있고, 그 밖의 크고 작은 다른 많은 연구소들이 그 명성에 도전하고 있다.

5. 제2차 세계대전 이후의 해양학

제2차 세계대전 동안 많은 해양 관측 자료의 집적으로 해양학의 발전은 크게 고무되었고, 초근대적인 학문 분야로 발전하였다. 또한 해군의 전술적 행동과 지원은 해양학의 발전에 많은 영향을 주었다. 음향측심기는 원래 제1차 세계대전 직후에 개발되어 R/V Meteor의 항해에 사용된 바 있으나 제2차 세계대전 중에 크게 개선되었고 널리 사용되었다. 이 장비를 이용한 수심 측량 자료에 기초하여 전세계의 해양저(seafloor)에 대한 자세하고 정확한 해저 지형도가 제작될 수 있었다. 1940년대에 들어 탄성파 탐사(seismic profiling)가 개발되었고, 인공 지진파를 이용한 해저면 하부에 존재하는 지층의 구조 규명이 가능한 음향 기술이 해양 조사에 응용되었으며, 해저 지각에 대한 연구가 활발하게 수행되었다. 그 결과 1942년 H.U. Sverdrup, M.W. Johnson 및 R.H. Fleming 등은 공동으로 *The Oceans*를 출판하였으며, 이는 1000쪽 이상에 달하는 해양학 서적으로서 가장 포괄적인 해양학 교과서 중의 하나이다.

스쿠버(scuba: self-contained underwater breathing apparatus)는 19세기 중반에 개발되었으나 1943년 지중해에서 Jacques Yves Cousteau와 Emile Gagnan에 의해 다시 제작 · 사용되었다. 이 장비를 이용하여 연구자들은 처음으로 수중의 해양 환경을 장시간 동안 편안하게 관찰할 수 있게 되었다. 이러한 장비의 사용은 산호초와 내대륙붕 등과 같은 얕은 수중 환경에서 유용하나 특별한 혼합 기체와 장비를 부착한 전문가들은 1,200 m까지 잠수할 수도 있다.

1950년 미국의 국립 과학 재단(National Science Foundation)의 설립은 미국의 해양 연구 진흥과 발전에 영향을 미친 큰 기관 중의 하나이다. 이 기관은 국가의 예산을 받아 미국내의 모든 해양 연구를 지원하는 재단으로서의 역할을 다한다. 여러 척의 해양 연구용 선박을 건조하였으며 이와 연관된 여러 시설의 유지를 지원하였다. 또한 해양 환경에 대한 모든 분야의 수많은 연구 계획을 후원한다. 미국내에서 해양의 응용적 연구를 지원하는 기관은 해군 연구국(Office of Naval Research)이다. 해군 연구국의 주요 목적은 국가 방위와 연관된 해양 연구를 지원하는 일이지만 이러한 연구 결과의 부산물은 많은 기초과학적 사실이 밝혀지는 것이다.

제2차 세계대전의 승전국들은 1950년대를 '지구 관측 연대'로 정하고 지구에 관한 수많은 자료를 수집하였다. 1960년대에 들어 지구 관측 연대의 자료 수집 등의 결과로 해령(또는 대양저 산맥)의 존재가 알려졌으며 심해 잠수 장비가 발달하였다. 현대적 유인 해양 탐사 전용의 잠수정으로 최초의 것은 1960년대 초에 개발된 R/S Trieste I이다. 이를 시점으로 유인 해양 탐사 잠수정의 설계와 건조가 급증하였다. 이들은 크기, 형태, 탑승자의 수, 최대 잠수 깊이 및 자료 수집의 범위에 있어서 매우 다양하다. 잠수정인 R/S Trieste II는 2명이 승선하여 마리아나 해구에서 11,000 m까지 잠수한 바 있다. 가장 유명하고 성공적이었던 잠수정은 아마도 미국의 국립 과학 재단과 해군의 지원을 받아 우즈호올 해양 연구소에서 관리했던 잠수정인 Alvin일 것이다(그림 1-11). Alvin은 해저에서 핵탄두와 침몰한 선박을 찾아 내는 데도 이용된 바 있다. 이를 이용한 해양학적 탐사 성과 중의 하나는 태평양의 동태평양 해령(East Pacific Rise)에 존재하는 열수구(hydrothermal vent)와 이와 관련된 황화합물 및 심해 대형 저서동물들의 발견이다.

1968년에는 심해저 시추 계획(DSDP: Deep Sea Drilling Project)이 시작되었다. 이는 해양 연구의 역사상 최대 규모이며 대양저로부터 퇴적물의 시추 시료를 얻기 위해 시작되었다. 이 DSDP는 대양 지각의 확장과 이동의 사실을 밝혀 내는 데 크게 공헌하였다. 이러한 DSDP 이후에 재정립된 JOIDES(Joint Oceanographic Institutions for Deep Earth Sampling)에

그림 1-11. 심해용 잠수정 Alvin

는 스크립스(Scripps) 해양 연구소, 우즈호올(Woods Hole) 해양 연구소, 라몬트-도허티 지질 관측소 및 마이애미 대학교가 포함되었으며, 워싱턴 대학교, 오레곤 주립 대학교, 하와이 대학교, 텍사스 A & M 대학교, 로드 아일랜드 대학교 및 텍사스 대학교도 참여하고 있다. 이러한 연합 연구 단체의 공통적인 목표는 가능한 모든 방법을 동원하여 대양저 분지의 역사를 밝히는 일이다. DSDP를 위하여 수심 수천 m의 깊이의 해저에서 시추 작업을 할 수 있는 시추선 D/V Glomar Challenger(그림 1-12)가 건조되었고, 2개월간의 첫번째 탐사 항해(leg)는 1968년에 시작되었으며, 15년간 계속되었다. 매년 천만 달러 이상의 경비를 들여 전세계의 해양의 600여 정점에서 총 시추 길이 160 km 이상을 굴착하여 50 km 이상의 주상 시료를 채집하였다. 최대 굴착 깊이는 1,700 m, 시추 지점의 최대 수심은 7,000 m였다. 심해저 시추 계획에는 전세계의 많은 과학자가 연구원으로 참여하였으며, 새로운 발견들은 그 양과 질에서 매우 중요하였다. 지구의 지각이 움직인다는 이론, 즉 판구조론의 많은 중요 내용이 심해저 시추 계획(DSDP)에 의하여 증명되었다. 또한 대양저 분지의 연령에 대한 많은 자료가 취득되었으며 심해저 퇴적층의 상세한 층서 대비가

그림 1-12. Glomar Challenger와 H.M.S. Challenger의 비교

가능해졌다. 2개월간의 탐사가 실시될 때마다 수천 쪽의 연구 결과 자료가 성취되었다. 챌린저 보고서(Challenger Report)보다 훨씬 많은 연구 결과가 도출되는 이 연구 계획이 종료될 때 10만 쪽 이상의 연구 결과 보고서가 총 96권에 달할 것으로 예상된다. 그러나 D/V Glomar Challenger의 평균 시추 깊이는 300 m에 불과하며 전세계의 해양을 통틀어 80만 km^2마다 겨우 1개씩의 시추를 한 셈이다.

지화학 해양 분과 연구(GEOSECS: Geo-chemical Ocean Sections)는 화학 해양학자와 지구 화학자들을 중심으로 1969년에 시작되었다. 그 목적은 인간의 영향을 받기 이전에 심해저의 화학적 상태를 추정하기 위한 것으로 대서양, 태평양, 인도양, 북극해, 남극해, 지중해, 홍해 등 전세계의 모든 주요 대양을 망라하여 160,000 km 이상을 항해하면서 316개 정점에서 해저까지의 해수를 채취 · 분석하였다. 이 연구의 중요 성과로는 태평양의 심층수에서 라듐-226의 분포를 파악한 것으로, 라듐-226은 퇴적물내에서 화학적 변형(transformation)에 의해 형성되는 자연적인 방사

그림 1-13. 대양 시추 계획(ODP)에 이용되는 D/V JOIDES Resolution

능 동위원소로 그 분포 형태에 의해 북동 태평양의 심층수가 모든 해수 중에서 가장 오래 된(oldest) 해수임을 해석하였다.

그러나 1985년까지 계속되던 심해저 시추 계획은 현재는 대양 시추 계획(ODP: Ocean Drilling Program)으로 대치되어 계속되고 있으며, D/V Glomar Challenger의 경우보다 더 어려운 환경에서도 시추할 수 있는 시추선 D/V JOIDES Resolution을 사용하고 있다(그림 1-13). D/V JOIDES Resolution은 길이가 125 m, 폭이 20 m이며 해수면 위로 65 m의 시추탑을 가지고 있다. 항법 장치에 의해 시추하는 동안 배의 위치를 일정하게 유지할 수 있으며, 시추 공을 다시 시추할 경우에도 비교적 쉽게 그 위치를 찾을 수 있어서 시추가 가능한 깊이가 크게 증가되었다. D/V JOIDES Resolution의 운영에는 65명의 선원과 50명의 과학자가 승선할 수 있다. 이 연구는 적어도 10년간 계속할 예정이며 지구의 역사와 지각 구성을 밝혀 내기 위한 노력이 계속될 것이다. 대양 시추 계획의 중요한 목적은 주로 판의 경계부의 시추를 통하여 고기후(paleoclimate) 및 지각(crust)과 맨틀(mantle)의 관계를 밝혀 내는 것으로 미국, 캐나다, 프랑스, 일본, 독일, 영국, 러시아 및 유럽 공동체 등이 공식적인 회원이면서 기부자로 참여하고 있다. 우리나라도 1996년부터 오스트레일리아 등과 함께 이 사업에 참여하기 시작하였다. ODP에 의한 최초의 시추는 1985년 1월 북서 대서양에서 실시되었으며, 그 후로 배핀 만 및 래브라도 해와 카리브 해의 레서 앤틸즈(Lesser Antilles)와 페루 연안의 판경계부 등의 많은 대륙 주변부에서 시추하여 수많은 중요한 성과를 거두었다. 남극 해역에서의 시추로 남극 대륙을 덮고 있는 빙하의 형성에 대하여 많은 사실을 밝혀 내게 되었다.

6. 한국의 해양학

우리나라에서 수산해양학 및 물리해양학의 관측 조사 시작은 해방 전인 1921년의 연안 정점 해양 관측부터이다. 이는 우리나라에서 최초의 해양 물리 조사이며, 수산 시험장(현재의 해양 수산부 산하 국립 수산 진흥원)에서 주관하였으며, 수산 자원의 개발을 목적으로 한 것이었다. 그 후로 1926~1940년까지 정선 해양 물리 관측이 계속되었다.

해방 후에는 국립 수산 진흥원의 산하에 5개의 지원(支院)이 설치되었으며 전해역에서 매년 6회의 정선 해양 물리 관측과 진해, 울산, 광양만 등에서 오염 조사를 해 왔다. 1950년에는 해군 수로관실(현재의 해양 수산부 산하 국립 해양 조사원)이 발족되어 수로 측량 및 조석 조류 관측을 수행하였고, 해도를 발간하여 항해의 안전을 도모하였다. 1962년에는 유네스코 산하의 정부간 해양 과학 위원회(IOC)의 한국 기구로서 한국 해양 과학 위원회(KOC)가 발족되고, 해양 조사 업무의 국내 협력과 협의가 이루어진 바 있다. 현재 KOC는 협의체로서의 기능과 활동을 원만하게 수행하지 못하고 있으므로 하루 속히 KOC가 정상화되어야 한다.

1965~1969년까지 한국의 여러 해양 조사 수행 기관(수로국과 국립 수산 진흥원 등)은 유네스코 산하의 정부간 해양 과학 위원회가 계획했던 쿠로시오 국제 공동 조사(CSK)에 참가한 바 있다. 1966년에는 한국 해양학회가 발족하였고, 1968년에는 국내에서 처음으로 서울 대학교 문리대학(현재 자연과학 대학)에 해양학과가 설립되어 정규적인 해양학자의 양성이 시작되었다. 1997년 현재 전국에는 12개 대학에 해양학과가 설치되어 전문 해양학자를 배출하고 있다.

현재 한국 자원 연구소(KIGAM)로 개명된 지질 광물 연구소에는 1969년에 해저 물리 탐사와 해양 지질 조사를 담당할 연구부가 설치되어 해양 광물 자원 개발 조사를 담당하게 되었다. 1973년에 한국 과학 기술 연구소 부설로 설립된 해양 개발 연구소는 그 후 한국 해양 연구소(KORDI)로 개명되고, 해양의 여러 분야별 국책 연구 사업과 위탁 연구 및 용역 사업을 수행하고 있다. 1980년에는 환경청(현재 환경부)과 그 산하의 환경 연구소가 발족하여 일부의 해양 오염을 조사 · 연구하는 기능을 갖게 되었으나, 1996년 8월에 신설된 해양 수산부로 해양 오염의 조사 · 관리 기능의 모든 업무가 이관되었다.

1990년대에 들어서서 여러 대학교의 해양학과가 협의체를 이루고 공동 탐사선(탐양호)을 운영하고 있으며, 한국 해양 연구소와 한국 자원 연구소는 각각 종합 탐사선 온누리호와 탐해 II(그림 1-14)를 운영하는바 이 선박은 최첨단 연구 장비가 설치된 최고 수준의 탐사선으로 한국 근해뿐 아니라 태평양 등 세계의 대양을 누비며 활발한 탐사를 하고 있다.

그림 1-14. 한국 자원 연구소의 탐사 선박 R/V 탐해 II호

이웃 나라 일본의 경우 해양학의 교육이 대학교에서 처음으로 실시된 시기는 우리의 경우보다 약 91년 앞선 것으로 이해된다. 즉 1875년 6월에 H.M.S. Challenger 해양 탐사선이 일본 동경만에 입항하고, Challenger W. Thompson 선임 탐사 책임자에 의하여 Challenger 탐사선의 전세계 대양 탐사의 해양학적 목적과 내용에 관한 세미나가 동경대학교에서 있었는데 이 때 동경대학교의 엘리트 과학자들은 해양과학의 중요성과 선진국의 해양학 연구 추세를 인식하였고, 빠른 시일내에 일본의 최고 학부인 동경대학교에서 해양학을 교육하기 시작하였던 것이다. 현재 일본의 해양학계와 해양 산업계는 세계적이며, 특히 6,000 m의 심해저에 잠수할 수 있는 잠수정 개발에 성공한 사실은 주목할 만하다. 전체적으로 일본의 해양력(sea power)은 우리나라의 경우보다 훨씬 앞선 것이 사실이다.

우리나라 해양과학의 학문과 산업 또는 응용 분야의 발전을 위하여 우선적으로 중요한 요소는 우수한 해양과학의 지식을 갖춘 인력이라고 볼 때 이에 관한 통계 자료를 이해할 필요가 있다. 국내 대학에서 처음으로 정규 해양학의 학부와 대학원 교육을 1968년부터 시작한 서울대학교 해양학과는 1996년 현재까지 학사 612명, 석사 198명, 박사 46명 등 총 856명의 우수 인력을 배출하였으며, 612명의 학사 졸업생 중 외국(주로 프랑스, 미국, 캐나다, 독일)에서 박사 학위를 취득한 우수 인력(해외 박사 학위 취득)은 약 132명에 달한다.

인하대학교, 충남대학교 및 제주대학교의 3개 해양학과는 1979년에 신설되었으며, 1996년 현재까지의 졸업생 통계 자료는 학사 510명, 610명, 432명, 석사 79명, 30명, 2명, 박사 5명, 1명, 1명으로 각각 밝혀졌다. 부경대학교 해양학과는 1980년에 신설되었으며, 1996년 현재까지의 졸업생 통계 자료는 학사 450명, 석사 59명, 박사 8명임을 제시한다. 전남대학교 해양학과는 1983년에 신설되었으며, 1996년 현재까지의 졸업생 통계 자료는 학사 440명, 석사 30명, 박사 8명임을 나타낸다. 한양대학교 지구 · 해양학과는 1984년에 신설되었으며, 1996년 현재까지의 졸업생 현황은 학사 229명, 석사 26명, 박사 1명으로 보고되었다. 군산대학교 해양학과는 1989년에 신설되었으며, 1996년 현재까지의 졸업생 수는 학사 108명이며, 석사 4명, 박사 학위 취득의 졸업생은 없는 것으로 보고되었다. 여수 수산대학교의 해양학과는 1989년에 신설되었으며, 1996년 현재까지의 졸업생은 학사 93명, 석사 3명으로 보고되었다. 가장 최근의 신설 해양학과는 목포대학교의 경우로 1994년에 신설되었으며, 1996년 현재까지는 학사 학위 취득의 졸업생이 당연히 없다. 그런데 해군사관학교에 해양학과가 신설된 것이 1984년이었으며, 졸업생(학사)이 1996년 현재까지 207명에 달하였다. 1968년에 우리나라의 대학교에서 해양학의 교육이 처음으로 시작된 이후 1996년까지 28년 동안 해양학의 학사 학위를 취득한 훌륭한 해양 인력은 총 3,544명에 달하며, 석사와 박사 학위의 고급 해양과학자의 총수는 각각 457명과 68명에 달한다. 이 통계 자료는 1996년 2월까지의 현황이다. 정규 해양학과의 교과 내용과 관련이 깊은 다른 여러 학과(예: 해양생물자원학과, 해양공학과, 해양자원학과 등등)에서 배출된 학사, 석사 및 박사 학위 취득 인력은 상당한 수에 달한다.

일본의 해양 과학 역사와 비교할 때 우리나라의 정규 해양 과학의 역사는 반세기 이상 뒤늦은 것이 사실이다. 그러나 우리나라의 경우 대학의 학부 과정에서 해양학의 정규 교육이 실시되고 있고, 이미 3,800여 명의 학사 학위 소지의 고급 인력이 배출된 사실과 또 앞으로 계속하여 많은 수의 학사 인력이 계속 양성되고 배출될 것이라는 사실은 21세기 해양 시대에 대비한 우리의 해양 강국 목표 달성에 가장 기본이 되는 우수 인력의 공급 문제가 해결된다고 보아야 한다. 우리는 우리나라 천혜의 3면의 바다(육지 면적의 4.3배)를 연구하고 개발하여야 한다.

7. 해양법

해양은 호기심의 대상일 뿐 아니라 경제적인 중요성이 크기 때문에 국가와 민족들 사이에 해양의 개발과 이익을 둘러싸고 많은 갈등이 있어왔다. 15세기부터 대양에서의 탐험, 발견 및 항해를 주도하던 스페인과 포르투갈은 해양과 육지를 소유 · 분할하여 소유권을 주장하기 시작하였다. 당시에 스페인과 포르투갈은 교황의 승인을 얻어 30° W를 기준으로 육지와 바다에 대해 서로의 영향권(spheres of influence)을 나누고 공해상의 경제적 권한을 독점하였는데, 이와 관련된 1494년의 Treaty of Tordesillas는 해양에 관련된 최초의 법령이라고 할 수 있다. 영국은 이에 대하여 즉시 반기를 들고 바다의 자원 중 물고기와 같은 것은 어느 한 국가의 소유가 될 수 없음을 주장하였으며, 이로 인하여 해양 자원에 대한 국제적 분쟁이 본격적으로 나타나기 시작했다.

신대륙이 발견되고 그 탐사가 활발해짐에 따라 유럽의 여러 나라들은 공해에 대한 소유권 분쟁으로 충돌하게 되었다. 특히 네덜란드의 무역량이 증가하면서 바다의 소유권 때문에 포르투갈과 마찰을 빚게 되었다. 이에 따라 1609년 네덜란드의 동인도 무역 회사(Dutch East Indies Trading Company) 소속의 변호사인 Hugo Grotius(1583~1645)는 그의 논문에서 '바다는 만인의 공유물'임을 주장하는 소위 「공해의 개념(Mare Liberum)」을 발표하였다. 그 후 1632년 영국은 소위 「영해의 개념(Mare Clausum)」으로 해안선에 인접한 해역은 국가 방위를 이유로 그 국가의 영토임을 주장하였다. 그 범위는 당시의 연안 포대(batteries)에서 포탄(cannonball)이 도달하는 거리인 3해리(nautical mile)였다. 이와 같은 개념은 오랫동안 국제적인 인정을 받았으며, 제2차 세계대전까지 3마일 밖의 먼 바다는 공해(high seas)로 인정되었다.

제2차 세계대전으로 석유가 전략적인 자원(strategic resources)으로 중요성을 갖게 되자 미국은 1945년 200 m 수심의 등수심선까지 대륙붕 지역의 모든 광물 자원에 대하여 일방적으로 소유권을 선포하고 미국 연안에 어업권 보호 수역(fishery conservation zone)을 확대·선포했으며, 다른 많은 국가들이 이를 따라 영해권을 선포하였다. 그 후 1950년대에 들어 라틴 아메리카의 몇몇 나라에서는 200해리까지의 해역에 대하여 독점적인 어업권(exclusive fishing right)뿐만 아니라 통치권(또는 주권, Sovereignty)을 선언하게 되었다.

1958년에 유엔은 해양법(Law of the Sea)에 대한 총회(General Conference)를 소집하여 영해(territorial sea)와 공해(high seas)의 정의, 대륙붕(Continental Shelf)의 범위와 생물 자원에 대한 어업권과 보호에 관하여 논의하기 시작하였으며, 결국 1982년에는 제3차 해양법(LOS: Law of the Sea)으로 구체화하였다.

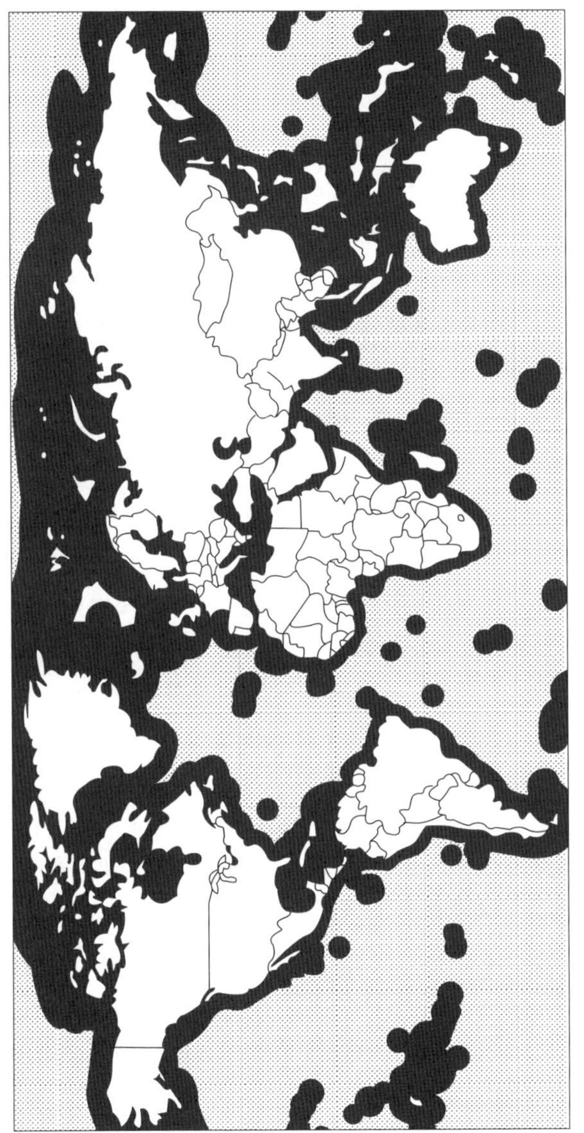

그림 1-15. 200해리 경제 수역의 범위

해양법의 시행으로 해양의 소유에 대한 국제적 개념이 크게 달라졌다. 먼저 영해는 3해리(약 5 km)에서 12해리(약 22 km)로 넓어졌다. 또한 1950년대에 시작된 일종의 세습성 재산권(Patrimony)으로 200해리 배타적 경제 수역(200 mile Exclusive Economic Zone)이 법령화되어 인정되었다(그림 1-15). 이로써 바다의 1/3 이상이 200해리 배타적 경제 수역에 포함되었으며, 북해, 지중해, 멕시코 만, 카리브 해 등은 주변 국가에 의해 완전히 분할 · 점거되었다. 특히 미국은 국토의 면적(약 23억 에이커)보다 훨씬 넓은 면적(약 39억 에이커)의 바다를 점거하게 되었다. 한반도 주위의 넓은 바다인 동해, 남해, 서해뿐 아니라 동지나해의 대부분이 우리나라, 일본, 중국, 러시아의 200해리 배타적 경제 수역(EEZ)으로 분할되어 있다.

해양의 천연 자원(생물 자원, 광물 자원 또는 공간 자원 등)이 더욱 필요하게 되고 이용되는 해양 시대의 시작은 이미 20세기 중반부터였다. 인심 좋던 해양의 이용 시대는 이미 지나갔고, 해양을 좀더 소유하고 관할하려는 해양 분할의 새로운 질서가 요구되는 시대로 돌입하였다. UN 해양법 협약(제네바 해양법 협약)이 1958년에 발효되고 이에 따른 대륙붕에 대한 연안국의 관할권은 국제법상 하나의 새로운 주권적 권리로 인정되었다. 일본을 비롯한 여러 동북 아시아의 나라들이 대륙붕 문제에 대하여 좀더 관심을 갖게 된 하나의 계기는 제네바 대륙붕 협약 제2조 4항에 기술된 게, 패류 등 저서생물 자원이 대륙붕 자원에 포함된 데 있다. 그런데 동북 아시아뿐만 아니라 세계 여러 지역에 있어서도 대륙붕 경계 분쟁이 쉽게 해결되지 않았던 근본적 이유는 이에 관한 해양법(law of sea) 자체가 과학적 · 국제법적으로 불명확한 점을 내포하고 있었기 때문이다. 사실상 대륙붕의 경계 획정에 관한 제네바 협약의 조항은 애매모호하였다.

마침내 UN은 해양 과학과 기술의 발달로 인하여 제네바 해양법 협약의 4개 조항 내용 모두를 재검토하게 되었고, 1982년 12월에 자메이카에서 종합적인 해양법 협약이 채택되었다. 이 협약이 공개된 1982년 12월 10일에 119개 국가 대표가 가입 · 서명하였는데, 법적 발효가 성립되기 위해 필요한 67개국의 비준(批准)을 얻는 데 12년이 걸렸고, 결국 1994년 11월 16일을 기해서 새로운 UN 해양법 협약(UNCLOS)이 발효된 것이다. 이 협약은 21세기 해양 시대의 인류의 해양 활동과 문화를 규율하는 '바다의 헌장' 이다. 이 협약에 의하여 실행 · 적용될 중요 내용의 일부는 다음과 같다.

12해리 영해(領海), 200해리 배타적 경제 수역(EEZ), 350해리 대륙붕의 바깥 한계, 바다의 환경 보호, 국제 해협과 군도 수역에서의 특수한 통항 제도(通航制度), 심해저 자원 개발 제도, 국제 해양법 재판소, 대륙붕 한계 위원회(CLCS) 등의 새로운 바다의 분쟁 해결 제도가 마련된 것이다. 이 협약은 여러 가지 바다의 법적 제도를 정해 놓은 법전으로서 전체 조문(條文)이 480개 조문에 달한다. 우리나라 정부는 1996년 1월 29일자로 새로운 UNCLOS를 비준하였는데 전세계적으로 85번째의 비준 국가이다. 중국은 1996년 6월 7일자로 비준한 나라이며, 93번째의 비준 국가이다. 일본은 1996년 6월 20일에 비준하여 95번째의 비준 국가이다. 1999년 11월 30일까지의 비준 국가는 132개 국가이다.

결과적으로 1994년 11월 16일부터 발효된 새로운 제3차 UN 해양법 협약은 전세계 연안국(coastal state)의 바다의 영유권과 해양 분할 소유를 국제적으로 인정한 것이다. 21세기의 모든 연안국은 각각의 자기 나라에게 주어진 바다, 즉 영해, 배타적 경제 수역 및 대륙붕 해저의 모든 자원과 환경을 소유하고 관리할 수 있는 권리와 의무가 있다. 따라서 해양 개발과 보존의 의지와 능력, 또는 해양 강국의 정책 여하에 따라 우리나라는 물론 여러 연안 국가들은 21세기 해양 선진국으로 부상할 수 있느냐 아니면 후진국으로 처지느냐 하는 것이 판가름날 것이다.

2

자료 수집과 분석

Data Collection and Analysis

해양 환경의 특성상 과학적 실험과 연구를 수행하기 위하여 관측 자료를 바다에서 직접 측정하고 수집하는 일은 매우 중요하며 일차적이다. 사실상 실제적인 해양 관측 수행은 힘들고 어려운 일이다. 즉 관측 선박을 이용하여 밤과 낮을 가리지 않고 때로는 거친 파도와 바람이 부는 열악한 기상 조건하의 해상 위험을 극복하며 관측을 수행하여야 한다. 해양 관측에는 여러 기본적인 장비들을 이용하는데 관측 항해 때마다 기상조건과 해상 상태에 의하여 크게 영향을 받는다. 일반적으로 해양 조사의 여러 가지 장비는 바닷물을 대상으로 하는 것이므로 어려운 환경에서 항상 장비 고장의 가능성이 있다. 장비의 고장은 선상에서 처리되어야만 한다. 또한 해양 관측을 위한 연구 선박 운영에는 많은 비용이 필요하다. 따라서 해양 조사의 이러한 어려움 때문에 자료 수집을 위한 탐사는 매우 조심스럽게 계획되어야 한다. 여러 가지 문제점에 대하여 예측하고, 대비하여야 하며, 가능한 한 여분의 장비를 준비해야 하고, 시간을 효율적으로 사용해야 하고, 참가하는 과학자와 연구조원의 구성에도 신중을 기해야 한다.

1. 연구 탐사 선박

19세기 후반부터 20세기 초에 들어오면서 해양 연구를 위하여 특별히 제작된 선박, 즉 연구 탐사 선박(research vessel)이 설계 · 건조되기 시작하였다. 그 후로 선박뿐만 아니라 선박내에 장착되는 장비와 시설에 있어서도 상당한 발전이 있었다. 이러한 변화는 제2차 세계대전 이후, 특히 1960년대 초반부터 크게 발전되고 훨씬 다양해졌다.

현재 사용되고 있는 연구선들은 목적에 따라 크게 두 가지로 구분될 수 있다. 첫번째는 관측 자료 수집뿐만 아니라 선상에서 기본적인 연구 활동까지 포함하여 다양한 과학적 연구를 할 수 있도록 설계된 '다목적 선박' 이다. 해상에서 물리, 화학, 생물 및 지질학적인 자료를 취득할 수 있는 장비들을 고루 갖추고, 시료의 저장과 분석이 가능한 여러 개의 특수 실험실이 갖추어져 있어야 하므로 이 선박은 규모가 큰 연구선이다. 두번째는 한 분야의 특정한 임무의 수행을 위하여 설계 · 건조된 것이다. 예를 들면 해양 생물학적 시료를 채취할 수 있는 트롤어선(Trawlers), 지구물리학적 연구를 위하여 비자성 재료의 선체를 가진 선박, 시추를 위하여 특별히 설계된 선박 및 잠수정 등이다. 이런 경우에는 특정 임무를 수행할 수 있는 연구선의 형태와 장비가 중요하기 때문에 불필요하거나 중요하지 않은 장비를 과감하게 생략하기도 한다. 그림 2-1의 R/V Flip(Floating instrument platform)은 매우 특별한 연구선 중의 하나이다. 108 m 길이의 이 선박은 무게 중심의 이동에 의해 선체가 90° 회전하여 선수가 하늘로 향하는 수직 방향으로 정선할 수 있도록 설계 · 건조되었다. 이러한 특수 선박은 해수의 상하 운동을 관측하기 위해 안정된 정선

그림 2-1. 스크립스 해양 연구소 연구선 R/V Flip

관측 위치 고정에 매우 훌륭하다. 그러나 이 선박에는 이동하는 기능이 생략되어 있어 연구 대상의 해역까지 이동할 때는 다른 선박에 의해 예인되어야만 한다.

해양 관측과 조사에 사용되는 연구 탐사 선박의 종류는 매우 다양하므로 연구 목적에 적합한 연구 탐사 선박이 선택되어야 한다. 이 때 가장 중요한 것은 그 선박의 크기와 기능, 또는 다양성이다. 염하구, 초호 또는 삼각주 등의 연안 환경에서의 항해 탐사는 하루 단위로 입 · 출항하면서 수행할 수 있으므로 작고 비교적 전근대적인 선박으로도 많은 연구 계획을 수행할 수 있다. 이에 비하여 심해의 항해 탐사는 장기간에 걸쳐 적어도 수백 km 이상의 항해가 가능한 큰 선박이면서 최신 장비가 장착된 선박을 이용하여야 한다.

연구 탐사 선박을 유지하고 운영하는 데에는 많은 비용이 소요된다.

선박은 항상 사용 가능한 상태로 유지되어야 할 뿐만 아니라 선원들의 임금을 지불하고 고가의 장비를 구입하는 등 탐사 선박을 지원하는 육상 지원팀이 확보되어야 한다. 결과적으로 탐사 항해를 위한 연구선의 하루 평균 유지비는 대부분 수백만 원을 넘는다. 예컨대 국내의 연구 탐사 선박 중에 한국 해양 연구소에서 운영하는 연구선 온누리호의 하루 평균 유지비는 약 10,000달러 정도이며, 대양 시추 계획(ODP)에 사용되는 심해저 시추선인 D/V JOIDES Resolution의 하루 유지비는 약 75,000달러로 알려져 있다.

2. 항 해

해상 탐사를 위한 항해(cruise)는 다음과 같은 목적을 갖는다. 첫째, 연구 대상 해역의 위치, 즉 관찰 또는 시료 채취 등이 예정된 지점에 정확하게 도착하여야 한다. 둘째, 탐사 해역내의 상대적인 관측 위치를 파악하면서 선택된 항로를 따라 이동하여야 한다. 예를 들면 음향측심기(echosounder), 해저 지층 탐사기(sub-bottom profiler), 측면 주사 탐사기(side-scan sonar) 및 드레지(dredge) 등의 장비를 사용할 위치가 계획된 항로를 따라 접근되어야 한다. 셋째, 원격 조정되는 탐사 장비를 예정된 탐사 경로를 따라 작동시키는 것이다.

이와 같은 해양 탐사 항해의 목적을 성공적으로 수행하기 위해서는 해양 관측의 위치를 정확하게 알 수 있는 장치가 중요하다. 이와 같이 해상에서 자신의 위치를 정확하게 알 수 있는 방법에는 TRANSIT 위성 수신 장치, GPS 위성 수신 장치, 레이더(RADAR Transponders), Microwave Ranging, Acoustic Transponder 등이 있다.

2-1. TRANSIT 위성 수신 장치

TRANSIT 위성 수신 장치는 600해리(약 1111.2 km)의 고도에서 107분마다 1회전하는 여러 개의 위성을 이용하여 관측의 위치를 파악할 수 있는 것으로 현재까지 20년 이상 심해 연구에 많이 이용되어 왔다. 위성의 궤도는 그림 2-2와 같이 극을 통과하는 극 궤도(polar orbits)가 지구의 둘레에 고정되어 있으므로 지구가 자전함에 따라 지구상의 모든 지점은 하루에 두 번씩 지나게 되는 각 위성의 궤도하에 있다. 각각의 위성은 시간의 함수로 신호를 발신하며, 탐사 선박에서는 이러한 신호를 수신하면서 도플러(Doppler) 효과를 이용하여 위치를 환산한다. 그러나 위성의 수가 적게 되면 위치를 계산하는 데 오랜 시간이 걸리며 때로는 수 시간이 소요되는 경우도 있어 그 동안에는 추측 항법(Dead Reckoning)이 불가피하게 사용된다. 일반적으로 고정된 지점에서는 100 m 정도의 정확성을 기대할 수 있으나 실제로 원양에서는 조건에 따라 100 m 내지 1해리의 오차를 가지며 이러한 오차는 추측 항법을 사용하게 되면 수 km 이상으로 커진다. 현재에는 GPS의 사용으로 TRANSIT 위성 수신 장치의 이용이 점차 감소되고 있으나 한동안 중요한 항법 장치의 하나로 이용될 것이다.

2-2. GPS 위성 수신 장치

GPS(Global Positioning System) 위성 수신 장치는 20,000 km의 고도에서 12시간마다 1회전하는 위성을 이용하는 것으로 최근에 그 수요가 급증하고 있다. 18개의 위성은 서로 다른 6개의 궤도를 따라 회전하며 각각의 궤도는 적도와 63° 정도 기울어져 있다(그림 2-3). GPS를 이용하

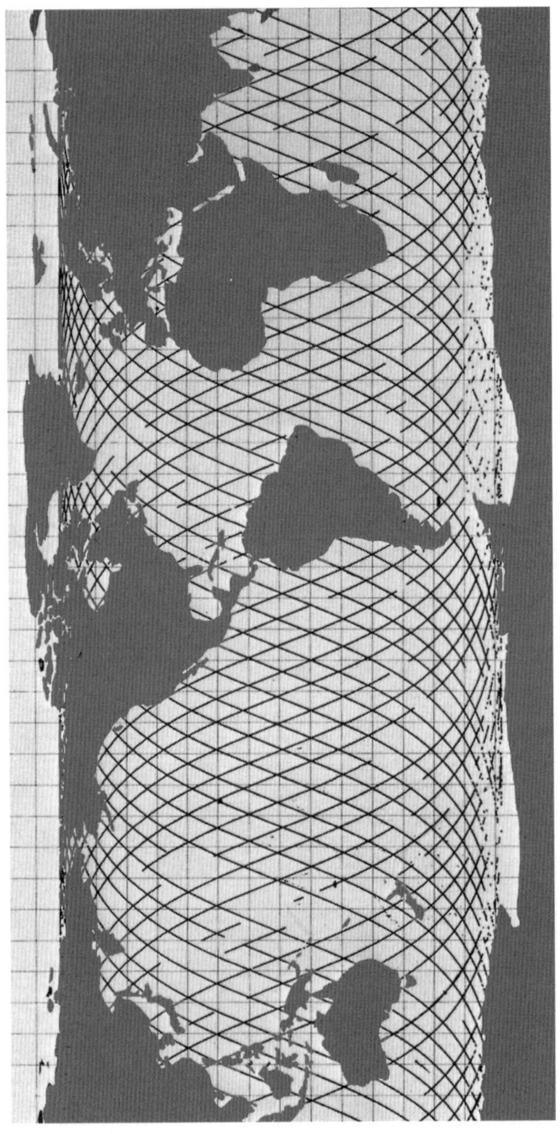

그림 2-2. TRANSIT 위성 수신 장치에 이용되는 위성의 궤도

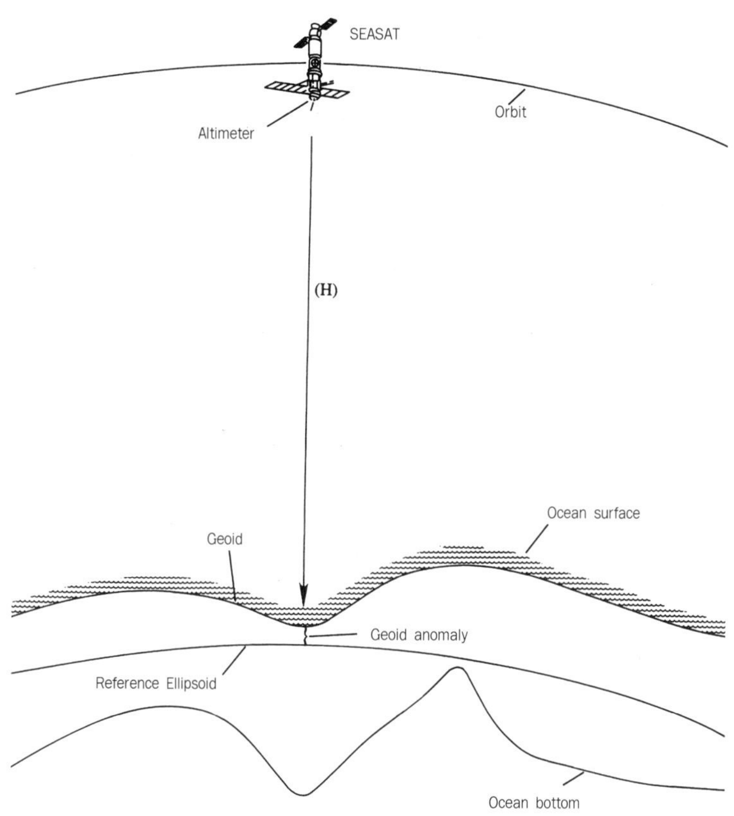

그림 2-3. GPS 위성 수신 장치에 관련된 그림

면 지구상의 모든 지점에서 3차원적 위치(위도, 경도, 고도)뿐만 아니라 탐사 선박의 속도와 시간까지 정확하게 알 수 있다. 관측자의 위치를 알기 위해서는 적어도 3개의 위성으로부터 수신한 신호를 이용하여 위도와 경도를 계산하며 그 위치의 변화를 계산하여 탐사 선박의 속도와 방향을 결정한다.

위성의 시계는 10^{-9}초 정도의 정확성을 가지며 이를 이용한 지구상의 위치 측정은 수 m의 오차를 갖는다. GPS 위성의 신호는 두 가지 서로 다른 종류의 부호(Precision code와 Coarse Acquisition code)로 구성된다. 주로 군사 목적으로 이용되는 P code로는 최소의 오차를 가지는 결과를 계산할 수 있으나 일반적인 사용자는 CA code만을 이용할 수 있으며, 위치의 산출에 있어 100 m 또는 수 m 정도의 오차를 갖는다. GPS 위성 수신 장치를 이용하는 경우 위치의 계산에 걸리는 시간이 매우 짧기 때문에 추측 항법에 의한 오차는 거의 없으며, 속도와 방향도 알 수 있다는 장점 때문에 해양 연구에 매우 유용한 항법이다.

3. 탐사 항해 중에 관측되는 사항

연구 탐사 선박에서 관측 · 수집되는 자료들은 매우 다양하다. 어떤 종류의 자료는 선박이 이동하는 동안에 수집되며, 어떤 것은 선박이 정지한 상태 또는 아예 닻을 내린 상태에서 수집된다. 즉 해상 탐사는 순항 중의 탐사와 정선 중의 탐사로 구분될 수 있다.

순항 중에 자료를 수집하려면 탐사 선박의 속도가 비교적 느리고 일정한 속도가 필요한 경우가 많다. 예를 들면 음향측심기, 탄성파 탐사기 및 측면 주사 탐사기 등을 사용하여 해저 지형, 해저 지층의 구조와 층서 또는 해저 표면의 조직과 구조 등을 탐사할 경우 비교적 느린 속도(약 3~4 노트 내외)의 항해를 하게 된다. 왜냐하면 이와 같은 탐사 장비들은 주로 전기적 충격이나 폭발, 또는 압축 공기의 파동 신호를 이용하여 수층이나 해저면 또는 해저 지층의 구조를 탐사하는 것이므로 지나치게 빠른 속도로 탐사 선박이 진행하면 반사 또는 굴절된 신호를 수신하는 데 문제가 발생하기 때문이다.

3-1. 수심 측정

연구 탐사선이 어떤 해역을 항해할 때 또는 연구 탐사를 위하여 예정된 경로를 따라 진행할 때 눈으로 직접 확인하기 어려운 해저의 지형과 해저 지층의 지질 구조 등을 파악하기 위한 장비는 인공적으로 발생시킨 음파의 반사 또는 굴절을 이용한다. 1827년 Colladon과 Sturn은 최초로 수중에서 음파의 속도를 측정하였으며, 그로부터 약 100년 후인 1920년대에 이를 응용하여 최초의 음향측심기(echosounder)가 개발되었다. 이와 같이 음향의 반사를 이용하면 정확하고 신속하게 수심을 측정할 수 있다. 그 후로 약 50년간 수중 음향학과 전자 공학의 발달로 1970년대에 이르러 한 단계 진보된 정밀 음향측심기(PDR: Precision Depth Recorder)가 개발되었다. 이를 이용한 수심의 연속 측정으로 해저의 기복과 경사를 정확하게 알게 되었으며, 해저에도 육상과 같이 산맥과 평야 등의 해저 지형이 있음을 비로소 알게 되었다(그림 2-4).

그러나 이러한 수심 측정 장비들은 하나의 주사선(beam)만을 이용하므로 탐사 선박이 지나가는 탐사 측선의 수심만을 측정할 수 있다는 한계를 가진다. 1980년대에 이르러 이러한 한계를 극복한 Swathe Bathymetry System이 개발되었다. 그리고 1987년에는 이러한 수심 측정기 중의 하나인 Atlas Hydrosweep를 이용하여 태평양의 'Romanche Fracture Zone' 을 성공적으로 조사한 바 있다(그림 2-5).

한편 음향 탐사에서 사용되는 인공적인 음파는 그 주파수에 따라 서로 다른 자료를 제공한다. 예컨대 수심 측정에서 흔히 사용되는 18 kHz, 21.5 kHz, 33 kHz 등의 주파수를 갖는 음파는 해저면에서 거의 다 반사되지만 3.5 kHz의 주파수를 갖는 저주파는 해저면을 통과하여 퇴적층내로 투과되어 퇴적층내의 불연속면들에서 반사되므로 퇴적층의 구조 및 기반

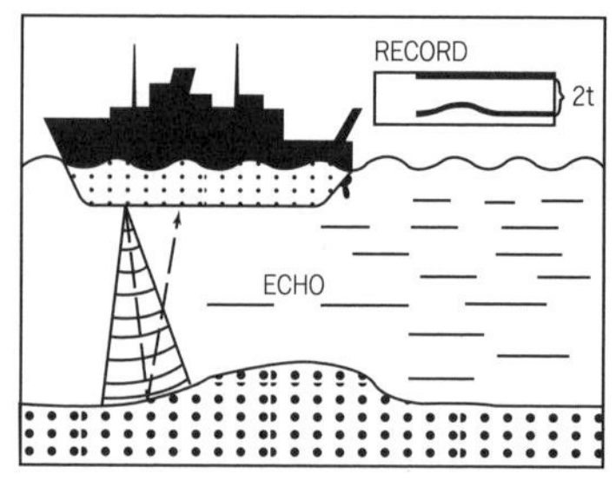

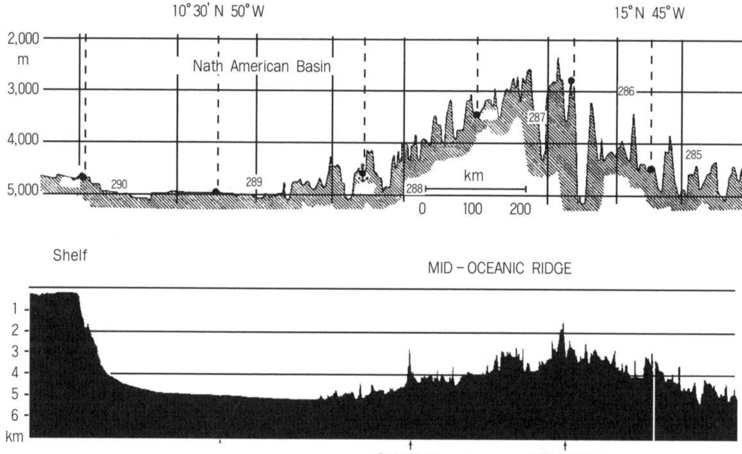

그림 2-4. 대서양 중앙 해령에서 정밀 음향측심기로 관측한 해저 지형의 단면

암의 위치를 조사하는 데 이용된다. 이들 중 대표격인 Atlas Parasound System은 그림 2-6과 같이 2.5~5.5 kHz, 18 kHz, 33 kHz 등의 여러 가지 파장을 동시에 사용하여 해저면의 지형뿐만 아니라 퇴적층의 두께와 구조 또는 기반암의 형태 등을 조사하는 데 이용된다.

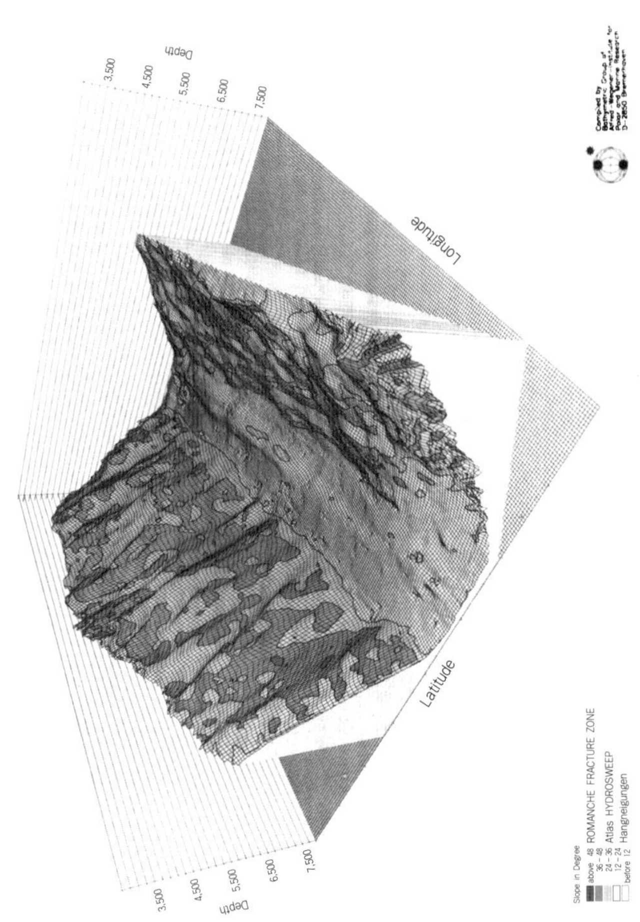

그림 2-5. Atlas Hydrosweep으로 관측된 Romanche Fracture Zone의 지형

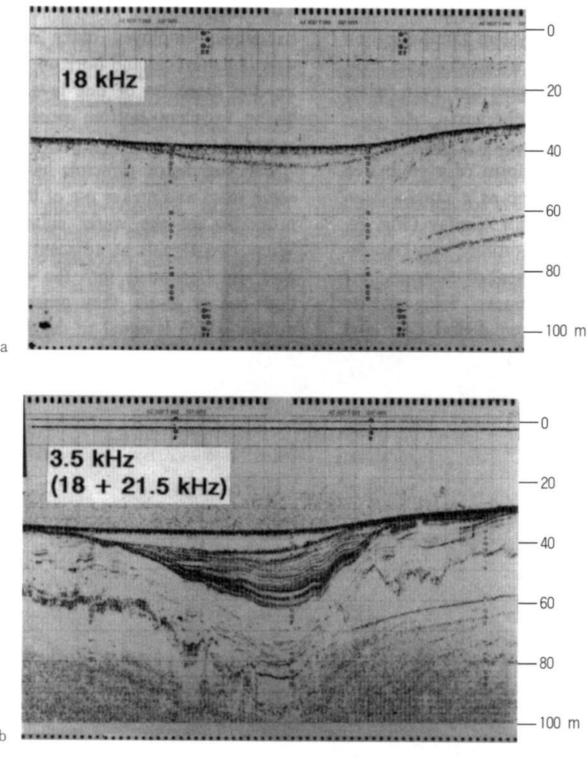

그림 2-6. 두 가지 다른 주파수를 이용한 해저 단면의 구조

3-2. 드레지

해저에 내려 견인하면서 시료를 채취하는 채집기를 드레지(dredge)라고 한다. 이 방법은 일반적으로 저속으로 항해하면서 수행되는데 흔히 사용되는 드레지에는 그림 2-7과 같이 다양한 형태가 있다. 드레지에 사용되는 그물코의 크기는 연구 목적에 따라 결정된다. 일반적으로 코의 크기가 수 cm인 그물이 사용되지만 세립질 퇴적물이나 작은 크기를 갖

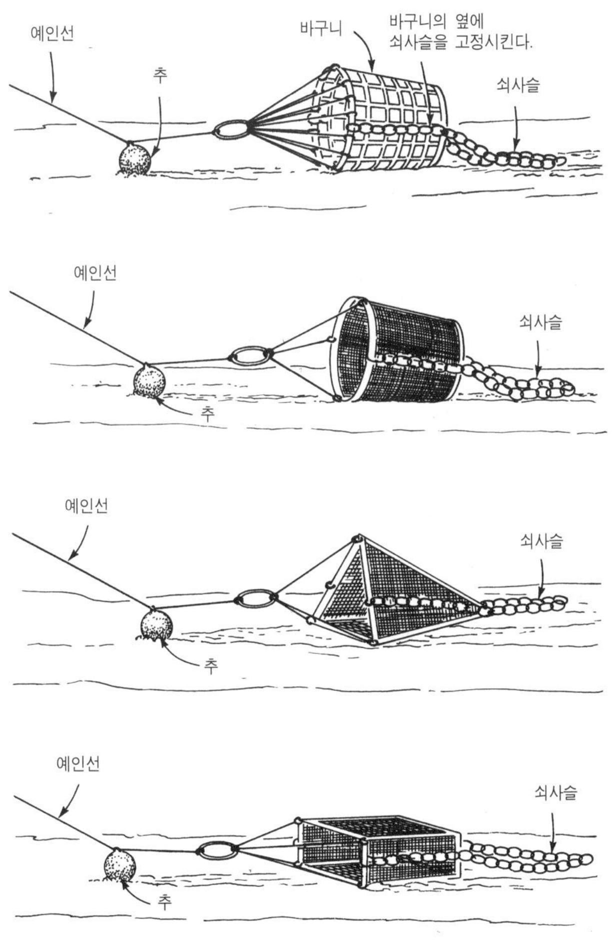

그림 2-7. 여러 형태의 드레지

는 생물체들은 그물을 빠져 나가게 된다. 이러한 드레지는 주로 해저 퇴적물보다는 저서생물을 채취하는 데 이용되며 최근에는 대양저의 망간 단괴 등 해저 광물 자원의 연구에 따른 시료 채취에 많이 이용된다. 앞으로 해저 광물 자원의 경제적 가치가 입증되고 그 채취가 활발해지면 준설은 가장 중요한 채취 방법이 될 전망이다.

3-3. 생물 표본의 채집

크고 작은 생물의 시료를 채집하는 것은 항해 중에 가장 많이 수행되는 작업 중의 하나이다. 어류와 같이 경제적인 가치를 가진 비교적 큰 생물의 채집은 해양 연구를 위한 항해에서만 이루어지는 작업이 아니라 오히려 수산업의 영역이라 할 수 있다. 유영 또는 저서 생물의 채집을 위한 트롤(Trawl) 작업은 저속으로 항해하면서 수행되는 생물 채취 방법이다. 드레지는 주로 해저의 시료를 채취하는 것이 목표인 데 비하여 트롤은 해저면 근처 또는 일정한 심도에서의 생물 시료 채취를 목적으로 한다. 이에 비하여 육안으로 확인하기 어려울 정도로 작은 부유 생물들은 경제적인 가치는 거의 없으나 해양에서의 일차 생산과 먹이 사슬에 중요한 역할을 하므로 해양 연구에 있어 중요한 부분이다. 플랑크톤이라 불리는 이러한 생물들의 채집은 주로 선박의 뒷부분에서 견인할 수 있게 고안된 여러 가지 깔때기 모양의 채집기를 이용한다.

그림 2-8과 같은 헨센(Hensen)식 플랑크톤 망은 가장 일반적으로 사용되는 망(net)으로 원뿔형의 여과망에 입구를 열고 닫는 장치와 플랑크톤을 모으는 작은 용기로 구성된다. 이러한 여과망을 견인하는 방법은 수직 견인, 수평 견인 등이 있으며, 채집기의 종류와 연구 목적에 따라 결정된다. 항해 중에는 일정한 수심의 부유 생물을 채취하는 수평 견인이 주로 수행된다.

이 밖에도 두루말이 형태의 그물을 일정한 속도로 감아서 플랑크톤 종류와 양의 변화를 기록할 수 있는 장비(Hardy Plankton Recorder)도 흔히

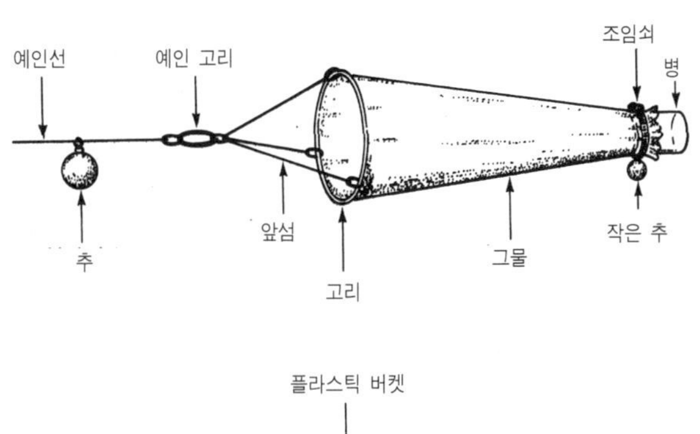

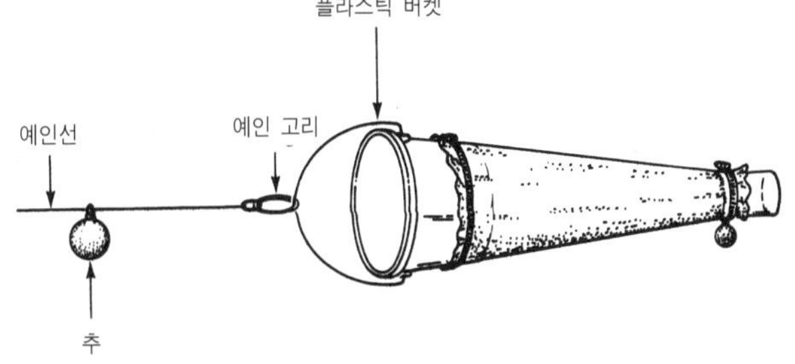

그림 2-8. 플랑크톤 채취를 위한 여러 가지 플랑크톤 망(net)과 예인 방법

이용된다. 채취된 시료는 Lugol 용액이나 Formaline을 이용하여 고정한 후에 정량 분석 및 정성 분석에 이용된다.

3-4. 해류의 측정

해류를 직접적으로 측정하는 방법은 크게 두 가지로 나눌 수 있다. 그 중 하나는 지리적으로 고정된 점에서 지나가는 해수의 흐름 방향과 속도를 측정하는 것이며, 다른 하나는 부유물이나 부표를 이용하여 해수가 흘러가는 경로를 추적하는 것이다. 흔히 전자를 오일러 방법(Eulerian method), 후자를 라그랑지 방법(Lagrangian method)이라 한다. 오일러 방법은 탐사 선박을 정지하고 측정하는 방법이며, 라그랑지 방법은 탐사

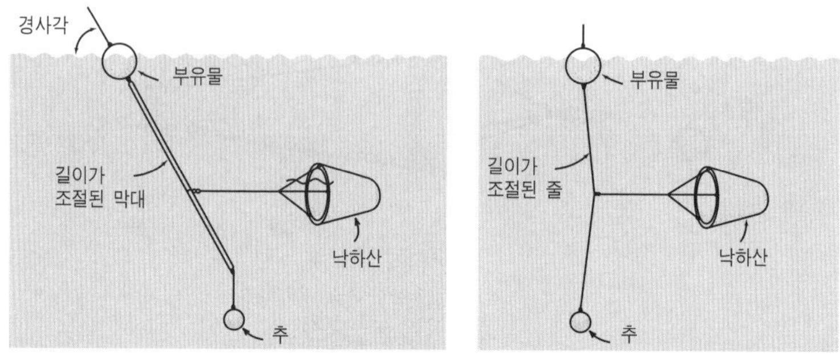

그림 2-9. 여러 형태의 부표

선박의 항해 중에 수행하는 방법이다.

라그랑지 방법으로 가장 초보적인 방법은 해류병(drift bottle)을 이용하는 것이다. 해수보다 밀도가 약간 작은 병이나 플라스틱 용기를 해류병으로 사용하며, 이 용기(해류병)에 발견자의 위치와 날짜를 기록하여 우편으로 보낼 수 있도록 엽서를 넣고 밀봉하여 예정된 지점에서 띄운다. 해류병들은 해류에 의해 이동되어 그들 중의 일부는 어느 해안에서 우연히 발견될 것이며, 이는 표층의 해류를 연구하는 데 중요한 자료와 정보가 된다. 그러나 해안에서 발견되는 해류병은 우연하게 발견되므로 해안에 도착한 해류병의 날짜와 시간은 불확실하다. 따라서 해류의 속도와 같은 시간적인 정보를 얻을 수 없으나 해류의 방향만은 어느 정도 분석되고 파악된다.

해상에서 식별하기 쉬운 깃발이나 반사판 등을 달아 놓은 부표(buoy)를 해상에 띄워 놓고 선박을 이용하여 이를 추적함으로써 해수의 이동경로(해류의 방향)를 알아 낸다(그림 2-9). 한편 일정한 간격으로 정해진 전파 신호를 발신하도록 고안된 '무선 부표'를 이용할 수도 있다. 선상이나 육상에서 방향 탐지 수신기로 그 신호를 수신하여 해수 운동(해류의 흐름)의 경로를 정확히 추적할 수 있다.

한편 음파의 도플러 효과를 이용한 음향 도플러 해류계(ADCP: Acoustic Doppler Current Profiler)가 개발되어 예정된 조사선을 따라 항해하면서 수심별 해류의 방향과 속도를 측정할 수 있다.

4. 정선 중의 관측

대부분의 선상 자료는 선박이 정선하는 중에 수집된다. 이 수집에는 해수 채취, 수온과 염분의 측정, 해류의 관측, 여러 가지 생물 표본의 채취, 해저 퇴적물 채취 및 해저 시추 등이 포함된다. 흔히 모든 탐사 정점에서 이러한 작업은 이루어진다. 일반적으로 여러 가지 장비가 장착된 채집기들을 일정한 간격으로 배열하여 이미 알고 있는 수심까지 내리게 된다. 여기에는 해수 채취를 위한 채수기, 유속계, 수심별 수온을 측정할 수 있는 온도계들이 포함된다.

4-1. 해수 채취

표층의 해수를 채취하는 경우에 느린 속도로 항해하면서 해수를 채취할 수 있다. 그런데 표층의 해수를 채취하는 데는 시료의 용도에 따라 오탁(contamination)을 방지할 수 있는 용기를 사용하며, 선박으로부터 배출되는 이물질에 의한 오탁을 피할 수 있는 위치에서 시료를 채취해야 한다. 시료를 채취한 후에는 되도록 짧은 시간내에 필요한 분석을 마치는 것이 중요하나 대부분의 경우에 선상에서 분석을 완료하기 어려우므로 실험실까지 운반하는 동안 해수의 성질이 변하지 않도록 냉동 보관해야 한다.

저층의 해수를 채취하는 데는 여러 종류의 장비가 고안되어 사용된다. 이러한 장비들의 기본적인 공통점은 채취용 용기를 철선(wire)에 고정시

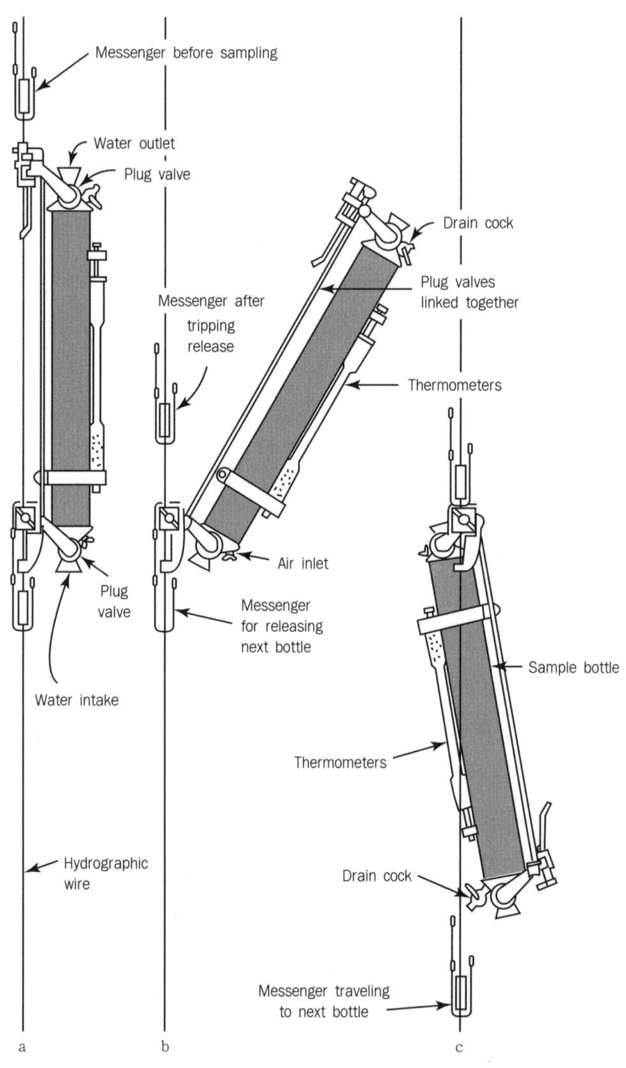

그림 2-10. 난센 채수기(Nansen bottle)의 작동 원리

켜 원하는 수심까지 내려가게 한 후에 그 깊이의 해수를 용기에 채우고 뚜껑을 닫고 선상으로 끌어올린다는 것이다. 얕은 바다나 육상의 호수에서는 긴 막대기, 또는 두 개의 줄을 이용하여 뚜껑를 닫을 수 있으나 해양의 경우 원하는 깊은 수심에서 해수 용기의 마개를 닫는 것이 용이하지 않다. 노르웨이의 물리 해양학자인 F. Nansen은 이러한 문제점을 개선한 채취 장비인 난센 채수기(Nansen bottle)를 고안하였다. 해수를 채취하는 동시에 수온을 측정할 수 있도록 고안된 난센 채수기의 작동 원리는 그림 2-10과 같다. 이 밖에도 반돈 채수기(Van-Don Water sampler), 니스킨 채수기(Niskin bottle) 등이 흔히 이용된다.

4-2. 수온 및 염분의 현장 측정

표층수는 간단한 채수기로 선박 위에서 직접 채수하여 표준 수은 온도계로 수온을 측정할 수 있다. 채수기에 의해 채수된 해수 시료의 수온과 염분은 선상에서 수온-염분계(T-S Bridge)의 장비를 이용하여 측정될 수 있다. 그러나 채수된 해수 시료의 온도를 정확히 측정하기 위해서는 시료를 선상으로 올린 후에 측정하는 것보다 채취 당시의 수심에서 측정하는 것이 중요하다. 이를 위하여 고안된 것이 전도 온도계(reversing thermometer)이다(그림 2-11). 전도 온도계는 온도계가 역전될 때의 온도를 기록하도록 고안된 것으로 난센채수기에 부착하여 사용하면 해수 채취 당시의 수온을 측정할 수 있는 편리한 점이 있다. 전도 온도계를 이용하여 수온을 측정할 때 ±0.02°C 정도의 오차가 있다.

전자공학의 발달과 함께 해수의 온도와 염분을 연속적으로 측정 · 기록할 수 있는 장비들이 개발되어 손쉽고 정확한 측정이 가능해졌다. 이러한 장비들은 정선 중에 감지 장치를 해저까지 천천히 내리면서 염분, 수온 및 압력을 연속적으로 기록할 수 있다. 현재 가장 흔히 사용되는 기

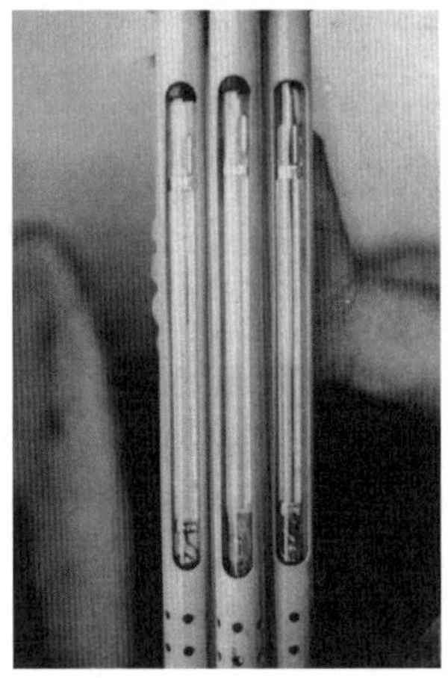

그림 2-11. 전도 온도계(reversing thermometer)

기는 CTD이다. 또한 일정한 깊이에 장기간 설치함으로써 수온의 시간에 따른 변화를 연속적으로 기록할 수 있다. 최근에는 전자공학적 첨단 장비를 이용하여 측정한다. 또한 열복사율이 절대온도의 4제곱에 비례한다는 Stefan법칙에 의한 원격 탐사를 이용하여 표층 수온을 측정하기도 한다.

4-3. 혼탁도의 측정

해수의 혼탁도(turbidity)를 측정하기 위해서 사용되는 기본적인 장비는 세키 투명도판(Secchi Disk)이다. 이 판은 지름이 30 cm인 흰색의 도자기판인데 줄이 달려 있어 물 속으로 잠수시키면서 시야에서 판의 흰색이 사라지게 되는 심도를 측정한다. 이 때 기상이나 해면의 조건, 관찰자의 시력 등이 일정하지 않으므로 오차가 있지만, 관측이 비교적 간단하면서 상대적인 탁도 비교에는 큰 문제가 없는 방법이다. 일반적으로 빛의 입사각이 60° 이상이면 반사량이 급증하고 반대로 투과량은 감소한다.

혼탁도를 측정하는 데도 역시 전자공학의 발달에 따라 유용한 장비가 개발되었다. Turbidity sensor라는 장비는 수온과 염분의 측정 장치에 부착되어 사용되는 경우가 많다.

4-4. 해류 측정

정선 중에 흔히 수행되는 해류 측정은 오일러 방법(Eulerian method)의 해류 측정 방법이다. 이에 따른 측정 기간은 연구 목적에 따라 한 번 내지 두 번의 조석 주기(13시간 또는 25시간 동안) 이상이며, 정해진 수심별로 측정한다. 해류 측정에 사용되는 해류 측정기(current meter)는 프로펠러의 회전 속도로 해류의 속도를 계산하거나 해수의 흐름에 의해 유도되는 전자기적 현상을 이용하기도 한다. 또한 자료를 얻는 형태에 따라 직독식과 기록식으로 나누어진다. 직독식 해류 측정기(direct-reading current meter)는 측정된 해류의 속도와 방향의 변화를 선상에서 직접 확인하여 읽을 수 있는 것이며, 기록식 해류 측정기(recording current meter)는 일정한 시간 간격으로 측정된 자료를 기억 장치에 자동 기록하고 후에 이를 분석할 수 있도록 고안된 것이다. 직독식 해류 측정기는 심도별 유향 및 유속의 변화를 측정하는 데 유용하며, 기록식 해류 측정기는 일정한 심도에서 시간에 따른 유향 · 유속의 변화를 측정하는 데 주로 이용된다.

4-5. 해저 퇴적물과 저서생물 시료 채취

탐사 선박이 정지한 상태에서 사용되는 해저 퇴적물 채취 장비에는 조개 껍질 모양의 그랩(grab) 채집기와 시추기(corer) 등이 있다. 그랩 채집

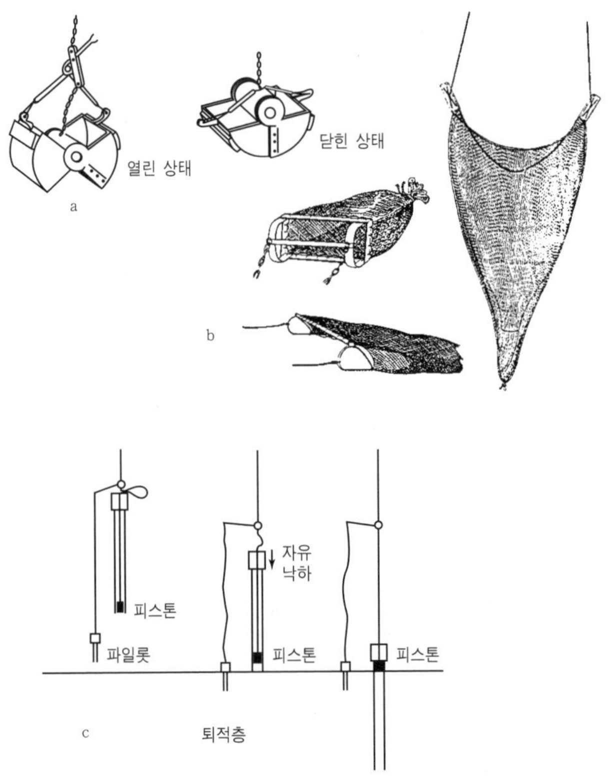

그림 2-12. 여러 종류(a, b 및 c)의 해저 퇴적층 채집 장비

기는 강철선에 매달아 느린 속도로 해저에 낙하시키며 해저면에 닿을 때의 충격에 의해 고리가 풀리면서 채집기 자체의 무게에 의해 닫히도록 고안되어 있다(그림 2-12).

시추기는 작동 원리에 따라 여러 종류로 구분된다. 박스 시추기(box corer)는 해저에 도달한 후에 닫히는 것으로 그랩 채취기에 비하여 퇴적 구조 등의 교란이 적다는 장점이 있으며, 중력 주상시추기(gravity corer)는 해저면에 도착한 후 시추기 자체의 무게로 퇴적층을 관통하여 시추

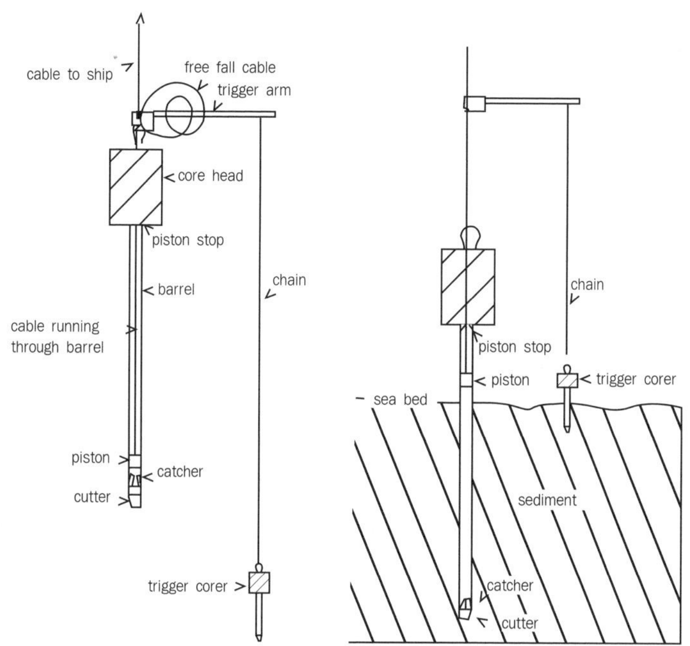

그림 2-13. 피스톤 주상시추기(piston corer)의 작동 원리

시료를 채취할 수 있도록 고안된 것이다.

중력 주상시추기는 시추기가 퇴적층을 관통하면서 시추 시료가 다소 간 교란되며, 해저면에서 깊이 관통하지 못한다는 단점이 있다. 이러한 단점을 보완한 것이 피스톤 주상시추기로 이를 이용하면 비교적 교란되지 않은 수 m의 주상 시료를 얻을 수 있다(그림 2-13). 피스톤 주상시추기는 선도시추기(pilot corer)의 끝이 해저면에 닿으면 지렛대의 원리에 의해 고정되어 있던 시추관(core pipe)이 자유 낙하하며, 시추관 내부의 끝에 있던 피스톤이 작동하므로 시추 시료의 교란이 거의 없게 된다.

D/V JOIDES Resolution과 같은 특별한 심해저 시추 선박은 매우 정밀한 항법 장치와 특수 장비를 가지고 있어 수천 m의 깊이에서 시추가 가

능할 뿐 아니라 시추가 중단된 후에 다시 그 곳을 찾아 시추할 수 있다. 이러한 선박으로는 수백 m 이상의 시료 채취가 가능하다.

5. 해안 및 연안 해역의 조사

원양 탐사에서와 같이 연안 해역 조사에 이용되는 연구 선박의 크기와 종류도 연구 목적에 적당해야 한다. 염하구, 초호, 삼각주 그리고 우리 나라의 서해안 및 남해안에 널리 분포하는 조간대와 조하대 등의 해안 환경에서 수행되는 많은 연구는 작은 선박을 이용할 수 있다. 이러한 선박들은 일반적으로 하루 단위로 입 · 출항하는 선박이며, 연구용으로 설계되지 않아도 무방한 경우가 많다. 조간대와 조하대에서의 연구는 대체로 특수한 수륙 양용 선박인 후버크래프트(Hoovercraft)의 사용이 매우 바람직하다.

원양에서의 경우와 다르게 연안 해역에서는 육분의(Sextant)와 삼각대(tripod)를 이용한 삼각 측량, RADAR를 이용한 방법 또는 연안 station에서의 송수신 장치를 이용한 선박 위치 항법이 비교적 효율적일 수 있으나 최근에는 위에서 기술된 GPS 위성 수신 장치가 흔히 사용된다.

해안은 인간의 주거와 휴양지로서 큰 비중을 차지하고, 공단 및 발전소 등 경제 활동과 밀접한 관계가 있으며, 교통과 무역의 수단으로 이용된다. 또한 양식과 수산업 등의 직접적인 생산 활동의 터전이다. 그러나 해일과 태풍 등의 자연 재해에 노출되어 있어 그 예방이 중요하다. 우리 나라의 경우 서 · 남해안에 넓게 발달한 조간대(갯벌: intertidal zone)는 간척에 의한 농지, 공단 부지 및 관광지 개발의 대상이 되고 있으며, 1970년대 이후 약 35% 이상이 개발되어 자연 환경으로서의 갯벌은 엄청난 면적으로 파괴 · 손실되었다. 사실상, 우리 나라의 갯벌은 완만한 경사와 큰 조차(〉 4 m의 조차)를 가진 특이한 연안 해양 환경으로 학술적인 연구 가치가 매우 크다.

중요한 기본 연구 항목으로는 연안 해역의 해류 분포와 시간적 변화, 조석 관측, 파랑의 크기, 진행 방향 및 변화 등의 물리적 요인과 해저 지형, 해저 퇴적물의 종류, 부유 퇴적물의 양과 입도 특성, 해저의 표면 구조 등의 지질학적 요인, 어류, 플랑크톤의 생태, 저서생물, 해조류의 생태에 대한 생물학적인 요인, 해수의 성분에 대한 화학적 요인, 이 밖에도 해안 주변의 수문학적 · 지질학적 · 인문사회적 환경 및 기상 상태 등이 포함된다.

이러한 기본적인 연안 해양학적 연구를 통하여 해안에서 중요시되는 방파제, 방조제 등의 구조물 건설에 따른 연안 해류의 변화, 파랑의 변화, 퇴적물 이동 양상의 변화, 해수의 물리 화학적 특성 변화 및 생태계의 변화 등이 예측되며, 환경 영향의 문제가 해결될 수 있다.

6. 그 밖의 자료 수집

여러 해역에 설치된 통신용 해저 케이블을 이용하여 해류의 지속적인 관측이 시도되기도 한다. 이는 해저 케이블 주변의 해수가 해류를 따라 이동하면서 유도되는 미약한 전류가 통신 중의 잡음(noise)으로 나타나는 점에 착안한 것으로 이러한 잡음만을 전자기적으로 추출 · 증폭하여 시간에 따른 해류의 유속 변화를 추정하는 방법이다.

해양 및 기상 관측을 목적으로 발사된 인공 위성을 이용하여 바다 표면의 수온 분포와 해류의 분포를 알 수 있다. 이러한 관측 방법에 근거한 해류 연구의 분야를 원격 탐사 해양학(remote sensing oceanography)이라 한다. 인공 위성을 이용한 해양 관측에는 인공 위성으로부터 발사되는 자료를 정확하게 수신할 수 있는 고성능 수신 장치(그림 2-14)와 컴퓨터 장치가 중요하다. 이러한 관측 위성은 지표와 해양으로부터 발생하는 여

그림 2-14. 서울 대학교 해양 연구소의 NOAA 위성 수신 장치

러 종류의 신호를 감지하여 여러 자연 현상을 거시적으로 관찰할 수 있게 한다. 이러한 방법으로 얻어진 자료는 실제로 현장에서 관측된 자료와 비교하고 검정한 후에 해석된다. 지리적으로 넓은 면적을 대상으로 하는 해양 관측을 동일한 시각에 여러 지점에서 같은 종류의 관측 자료(예: 수온 분포)를 얻는 일은 매우 어렵거나 불가능한 일이었으나 관측 위성을 이용하게 되면서부터 그러한 광역 동시 관측이 가능하게 되었다. 현재 인공 위성을 이용하여 해양 현상의 일별, 월별 및 연별 변화를 관측·분석하고 있으며, 여러 형태의 관측 자료에 근거하여 해류뿐만 아니라 열 분포, 해양 오염, 해양 생물의 생산성 및 해양 자원 분포 등을 연구할 수 있다.

현대 해저 탐사 기술의 발달로 인하여 심해저의 현상을 직접 관찰하고 시료를 채취하는 장비들이 개발되어 사용되고 있다. 잠수정인 R/S Alvin과 같은 심해 연구용 잠수정에 장착된 심해용 사진기와 TV를 이용하여 수천 m에 달하는 심해 저면을 직접 관찰할 수 있게 되었다. 이와 같은 대부분의 잠수정은 원격 조정이 가능한 채집 장비가 장착되어 있다. 이러한 채집 장비의 사용 성과는 매우 크다. 연안에서는 숙련자에 의한 잠수 또는 스쿠버(scuba) 장비를 이용하여 채집 및 관찰이 가능하다.

헬리콥터와 각종 항공기도 해양 탐사에 이용된다. 제2차 세계대전 이후로 연안 환경에 관한 탐사와 해류 및 부유 퇴적물의 이동에 항공 사진이 이용되기 시작하였다. 항공기는 사진 촬영을 포함한 원격 탐사와 지각의 자력 탐사에도 이용된다. 해양에서 작은 간격의 격자형 비행으로 해수면으로부터 수 km 해저의 암석이 나타내는 자기장을 자세히 측정할 수 있다. 헬리콥터는 주로 시료 채취와 장비의 수거 및 인원의 수송에도 이용된다.

7. 자료 분석

1970년대와 1980년대를 거치면서 자료의 분석이 매우 복잡해졌다. 해양학의 거의 모든 분야의 자료를 분석하는 데 컴퓨터를 이용하고 있음에도 불구하고 여러 가지 특별한 자료 분석과 합성은 사람에 의해 느리게 이루어져야만 한다. 이러한 현상은 특히 관찰의 중요성이 강조되는 생물 및 해저 해양학 분야에서 두드러진다. 생물학자는 현미경과 시료 보관 방법이 개선되었으나 여전히 각각의 생물을 구분하고 기존의 방법으로 분류하여야 한다. 이와 비슷하게 해저 해양학자는 시추 시료를 관찰 · 기술하고 퇴적물과 암석의 조직을 연구하며 현미경으로 화석을 동정하여야 한다.

해양학적인 기초 연구에 사용되는 분석 기기들은 대단히 좋은 성능과 정밀도를 가지고 있다. 원소 또는 화합물에 대한 거의 모든 화학적 · 물리적 특성의 측정이 가능하다. 문제의 요인은 이러한 장비의 구입과 운영을 위한 경제적 지원의 유무이다. 생물체 또는 퇴적물이 동정되고 화학 분석과 물리적 특성의 측정이 완료되면 그 후의 자료 분석에는 컴퓨터가 이용된다. 컴퓨터는 여러 요인 사이의 관계를 나타내는 통계적 분석을 용이하게 할 뿐만 아니라 인공 위성이나 지구 물리적 연구로부터 도출되는 여러 형태의 신호를 해석하는 데 이용된다. 대부분의 연구 선박은 자체의 컴퓨터를 가지고 있어 이러한 일의 대부분은 항해 중에 선상에서 이루어질 수 있다. 선상 자료의 일부분을 분석한 자료를 참고하여 책임 연구원은 앞으로의 관측 항로와 관측 지점의 선정을 재조정하고 연구 목적과 내용에 따른 전체 탐사 항해(해양 탐사)를 효과적으로 완료하는 책임을 진다.

3

지구와 해양

Earth and Ocean

지구는 태양 주위를 도는 9개의 행성 중의 하나인데, Sir Issac Newton은 지구가 완전한 구체는 아니고 극 쪽이 조금 편평한 타원체임을 이론적으로 주장한 바 있다. 지구의 지름은 약 12,750 km, 둘레는 약 40,077 km 정도이며, 적도 반경은 6,378 km, 극반경은 6,357 km, 평균 반경은 6,371 km로 편평도는 약 1/300인데, 이와 같은 지구 모양에 가장 가까운 회전 타원체를 특히 지구 타원체라 한다.

지구의 부피는 약 $1.083 \times 10^{27} cm^3$이며, 이중 바닷물이 차지하는 부피는 약 0.13%이다. 지구의 질량은 평균 밀도를 2.7 gr/cm^3로 하여 2.924×10^{27}gram으로 추정된 바 있었으나 Newton의 만유인력 법칙을 이용한 케벤디시의 실험으로 5.983×10^{27}gram로 비교적 정확하게 계산되었다. 이로부터 계산되는 지구의 평균 밀도는 5.525 g/cm^3이다.

지구의 둘레는 약 40,077 km이며 위도 1°에 해당하는 호 길이는 적도에서 110.6 km, 극에서 111.7 km이다.

1. 지구의 형성과 진화

인류가 삶을 영위하는 근거지인 지구, 이 지구의 형성과 진화 과정에 관한 의문과 문제는 이미 오랜 과거부터 많은 사람의 호기심을 자아내게 했던 중요한 관심사의 하나였다. 과학자들은 오래 전부터 이러한 문제를 해결하기 위하여 노력하여 왔으며, 현재에도 많은 연구가 진행되고 있다. 하지만 아직도 이 문제를 밝혀 주는 완벽한 이론은 제시되지 못한 상태이며, 이를 보다 더 합리적으로 설명하는 유력한 이론과 가설들이 제시되기에 이르렀다.

해양의 기원과 밀접한 관련이 있는 지구의 형성 과정에 관하여 여러 가지의 이론이 제시된 바 있다. 그 중 하나인 성운설(Nebular hypothesis)은 18세기 중엽에 독일의 철학자인 Immanuel Kant(1724~1804)가 제창한 학설로 그의 이론에 따르면 태양계의 위치에 성운(nebular)이라고 하는 가스의 집합체가 천천히 회전하면서 수축하였으며, 이 성운의 수축과 함께 회전 속도가 점차 빨라지면서 중심으로부터 여러 개의 구형체들이 분리되어 떨어져 나옴으로써 이들이 태양 주위에 행성을 형성하였으며, 그 중의 하나가 지구이다. 성운설을 통하여 Kant는 태양계내의 태양과 행성들의 자전과 공전 방향의 일치성을 설명할 수 있었다.

이에 비하여 미국의 지질학자 T.C. Chamberlin(1843~1929)과 천문학자 F.R. Moulton(1872~1952)은 소행성설(Planetesimal hypothesis)을 제안하였다. 이 제안에 따르면 원시태양 주위에 어떤 별이 근접 · 통과하였으며, 이 때 발생한 인력으로 인하여 태양으로부터 다량의 물질이 소행성(planetesimal)과 같은 작은 덩어리의 형태로 끌려나왔으며, 그 물질들이 통과한 별의 평면을 따라 태양 주위를 회전하게 되었고, 이들이 큰 덩어리를 중심으로 응집되어 저온 상태에서 행성을 이루게 되었다는 설이다.

이 가설은 별들의 충돌과 같은 흥미로운 가정 때문에 많은 호응을 얻었다. 그러나 태양에서 분리된 물질의 대부분이 태양 내부에서 나왔을 것을 가정할 때 높은 물질의 온도로 인하여 응집되기보다는 가스 형태로 분산되었을 것이라는 천문학자들의 반대 이론을 설명하지는 못하였다.

영국의 천문학자 J.H. Jean과 지구 물리학자 Harold Jeffrey는 소행성설의 몇 가지 단점을 극복하여 조석설(tidal hypothesis)을 주장하였다. 즉 원시태양(proto-sun) 주위에 또 다른 별이 접근할 때 생기는 인력으로 인하여 태양으로부터 끌려나온 물질은 소행성과 같은 덩어리가 아니라 바다의 조석 현상에서와 같이 가스체의 연속체(連續體)였을 것이며, 이들이 분리되어 고온 상태에서 행성들을 형성시키는 모체가 되었다는 것이다. 이상과 같은 소행성설과 조석설을 합쳐 충돌설(衝突說, collision hypothesis) 또는 2성설(2星說, two star hypothesis)이라고 한다. 소행성설과 조석설의 약점은 무엇보다 우주의 거대한 공간이 원시태양과 또 다른 별의 접근 가능성이 희박하다는 것과 행성들이 자전하게 된 원인을 설명하지 못한다는 것이다.

근래에는 응축 · 수축설(condensation hypothesis) 또는 먼지구름설(dust cloud theory)로 불리는 본래의 성운설과 유사한 이론이 독일의 천문학자 Carl F. Weizsacker(1912~)에 의해 발표되었다. 이에 따르면 본래 우주공간에 존재하던 성운은 중력에 의하여 수축하기 시작하였고 동시에 회전하였으며, 회전 속도가 점차 빨라짐에 따라 성운 가스체는 원판 모양의 편평한 모양(그림 3-1b)을 이루게 되며, 이 가스 집합체의 일부는 분리되고 더욱 수축되어 결국 소행성(미행성: planetesimals)을 형성하며, 더욱 조밀하고 불투명한 상태로 변화되면서 결국 자신의 중력으로 인하여 다른 미행성과 합쳐서 약간 더 큰 미행성(소행성)을 이루고(그림 3-1c), 결국 이러한 진화 과정의 계속은 그림 3-1d에서 제시된 바와 같은 태양계의 행성을 이루며, 여기에 지구 행성도 태양계의 한 식구가 된다

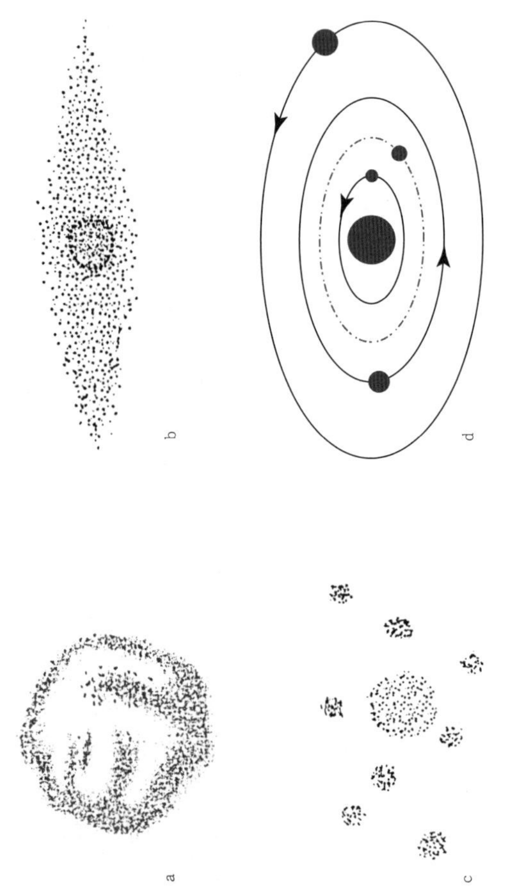

그림 3-1. 태양계(Solar System) 생성

는 것이다(그림 3-1). 근래 얻어진 증거에 의하면 태양과 행성을 형성하게 한 성운의 붕괴가 하나의 거대한 별의 순간적인 폭발, 즉 신성(Supernova)에 의하여 비롯되었을 것이라는 견해가 유력하다.

최근의 이론에 의하면 지구는 200~300°C 이하의 비교적 낮은 온도에서 형성된 것으로 해석되어진다. 그렇다면 현재의 지구 내부에서 나타나는 높은 온도는 어떻게 생겨난 것인가? 지구의 형성 초기의 원시지구는 운석과의 충돌 에너지와 내부 압력의 증가에 의해 높은 온도로 가열되었을 것으로 추정된다. 계산에 의하면 4천 kg의 소행성이 30 km/sec의 속도로 지구 표면에 충돌하면 1 kiloton의 핵폭발에 해당하는 막대한 에너지가 발생한다. 이와 같이 원시지구는 그 초기에 외부의 소행성들의 충돌에 의하여 계속 불어나면서 운동에너지의 열에너지로의 전환과 압력으로 인한 열로 그 온도가 증가하게 되었을 것이다. 이렇게 해서 생긴 지구 내부의 온도는 약 1000°C에 이르렀을 것으로 보이며, 이와 함께 우라늄, 토륨, 칼륨, 루비듐, 알루미늄 등의 방사성 동위원소의 붕괴에 의한 또 다른 에너지의 공급이 있었을 것으로 해석된다.

이와 같은 원인에 의해 약 10억 년이 지난 후에는 지표로부터 400~800 km의 깊이에서의 온도가 철의 용융 온도에 도달했을 것으로 추정되며, 지구 질량의 거의 1/3을 차지하는 풍부한 양의 철이 용융되어 지구 중심으로 내려가 핵(core)을 형성한 것으로 추정된다. 한편 이러한 철의 하강으로 인하여 거대한 양의 중력에너지가 열에너지로 전환되어 지구의 대부분을 용융시키기에 충분한 온도에 이르렀을 것이다.

지구의 지각은 지구의 초기 분화 작용에 의해 핵과 거의 같은 시기에 형성되었으며, 그 시기는 수성과 달 지각의 형성 시기와 같은 약 44억 년 전 또는 46억 년 전으로 추측된다. 현재의 지표에서 관찰되는 가장 오래된 암석은 그린랜드(Greenland) 남서부의 Isua 지역에서의 Isua 지층인 변성 화성암류와 변성 퇴적암류인데 약 38억 3천만 년 전의 것이다. 약

35억 년 전의 암석은 북미의 미네소타 주, 캐나다 동부의 래브라도 지역, 북유럽의 발틱 해 북부의 코라 반도, 아프리카 남부, 오스트레일리아 서부 등 소위 순상지(shield)를 중심으로 성장하였다고 해석되며, 약 40억 년 전에 지각은 완성된 것으로 추정된다.

이러한 과정으로 형성 초기의 균질한 지구 내부는 분화되어 치밀하고 무거운 철로 구성된 중심부의 핵(core), 가벼운 물질로 구성된 지각(crust), 그들 사이를 구성하는 맨틀(mantle) 등 여러 내부 층상 구조로 된 불균질한 구성체로 지구는 바뀌게 되었을 것이다.

2. 지구의 내부 구조와 지각 평형

지구 내부 구조와 물질은 주로 자연적인 지진파의 관측에 의하여 직접적으로 그리고 인위적인 탄성파 탐사에 의해 간접적으로 파악된다. 지진파의 전달 속도와 경로는 매질의 물리적 성질에 의해 결정되므로 지각을 덮고 있는 퇴적층의 규모와 성질을 파악하는 이외에도 지구의 내부 구조를 밝히는 데에도 유용하다.

한편 큰 규모의 시추에 의해 확인할 수 있으나 대체로 시추 장비와 기술의 한계를 갖는다. 1960년대 초에 모홀 계획(Mohole Project)이 시도되었다. 캘리포니아 바하(Baja)의 서해안인 구아들루프(Guadalupe) 섬 근방에서 시추를 시도하여 해수면으로부터 3,780 m 깊이의 해저에서 지각 부분을 뚫고 약 200 m의 지각 물질을 채취하였으나 중단되었다. 비록 성공하지는 못하였으나 그 목적은 심해저 시추 계획(DSDP)으로 이어져 중요한 성과를 내게 되었다. 이 밖에도 지각의 구조적 이동에 의해 형성되는 오피올라이트(ophiolite sequence)를 관찰하거나 외계에서 기원한 운석을 분석함으로써 지각 내부의 구조와 구성 물질을 추정할 수 있다.

지구는 내부적으로 균질하지 않고 지각, 맨틀 그리고 핵이라고 불리는

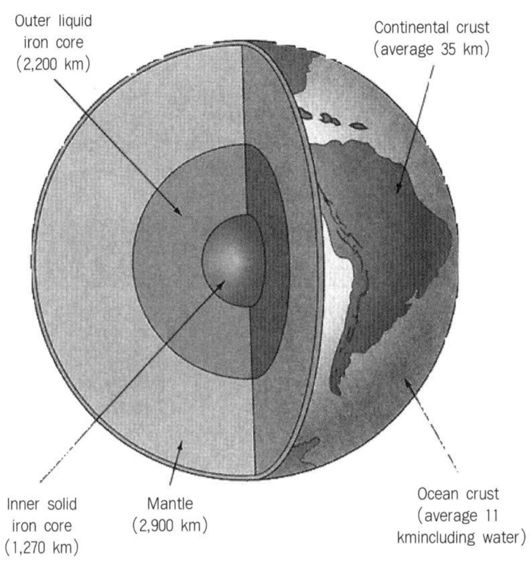

그림 3-2. 층상의 구조를 갖는 지구의 내부

세 개의 층상 구조를 이루고 있다(그림 3-2). 이들 각층의 두께와 구성 성분은 지진파에 의해서 분석되어 알려졌다. 지각의 두께는 지구의 반경에 비하여 상대적으로 매우 얇다. 또한 지각은 구성 성분에 의해 두 가지로 분류된다. 지각의 평균 두께는 35 km인데 대륙 지각(continental crust)은 10~60 km, 해양 지각(oceanic crust)은 3~10 km인 것으로 알려져 있다. 지각의 평균 밀도는 2.5~3.3 g/cm^{3}이며, 주로 시알질(sialic) 또는 화강암질 암석으로 구성된 대륙 지각에서는 약 2.7~2.8 g/cm^3, 시마질(simatic) 또는 마그네슘이나 철이 풍부한 현무암질 암석으로 구성된 해양 지각에서는 약 2.9~3.0 g/cm^{3}의 밀도를 갖는다.

1908년 유고(Serbian)의 지구물리학자인 Andrija Mohorovicic는 음압파(sound pressure wave)의 속도가 6.2~6.7 km/sec에서 8.1 km/sec 이상으로 급증하는 불연속면을 발견하였다. 이 불연속면은 평균 밀도가 서로 다른

표 3-1. 지구를 구성하는 각 부분의 비교

구 분		질량(10^{25}kg)	질량비(%)	부피(km^3)	부피비(%)
지각	대륙 지각	1.7	–	2.66×10^9	–
	해양 지각	?	–	6.21×10^9	–
맨틀		407	68.1	0.898×10^{12}	84
핵		188	31.5	0.175×10^{12}	16

지각과 맨틀의 경계로 해석되며, 발견자의 이름을 따서 모호로비치 불연속면(Mohorovicic discontinuity) 또는 모호면이라 한다. 모호면 하부의 맨틀은 평균 두께가 2,900 km이며, 평균 밀도는 3.3~5.7 g/cm^{3}으로 주로 감람암(peridotite) 또는 에클로자이트(eclogite)로 구성되어 있을 것으로 추정된다. 평균 밀도가 작은 상부 맨틀(upper mantle)은 모호면으로부터 400 km 깊이까지이며, 그 하부 400~1,000 km를 전이대(transition zone)라 하고 평균 밀도가 매우 큰 1,000~2,900 km까지의 부분을 하부 맨틀(lower mantle)이라 한다. 지각과 상부 맨틀을 합하여 상대적으로 단단한 부분을 암권(lithosphere)이라고 부른다.

하부 맨틀과 핵의 경계는 구텐버그 불연속면(Gutenberg discontinuity)이라고 하는데 이 불연속면 하위의 핵 부분은 액체 상태이며, 평균 두께가 2,280 km이고, 밀도가 9.4~14.2 g/cm^3(평균 11.8)인바 이 부분을 외핵(outer core)이라 한다. 외핵에서 지구 중심 쪽으로는 고체 상태이며, 평균 두께가 1,216 km이고 밀도가 16.8~17.2 g/cm^3(평균 17.0)인 핵 부분을 내핵(inner core)이라 한다. 즉 핵은 외핵과 내핵으로 구분된다.

육지의 평균 고도는 약 840 m이며 바다의 평균 수심은 3,750 m이다. 그림 3-3과 같이 지표의 고도별 면적의 비율을 나타낸 고저 측량 곡선(hypsographic curve)은 쌍최빈 분포(bimodal distribution)를 나타낸다. 즉 해수면 바로 위의 고도를 갖는 대륙의 면적과 4,000~5,000 m의 수심을

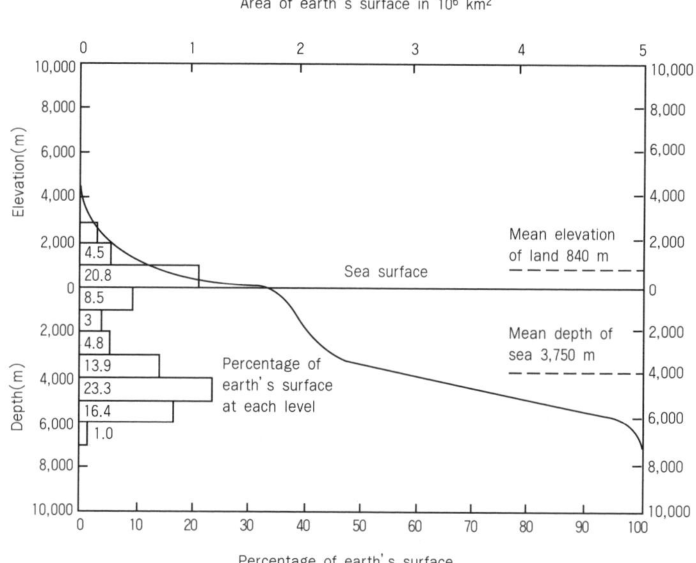

그림 3-3. 대륙과 대양의 고도 분포

갖는 대양의 면적이 상대적으로 각각 20%를 넘는다. 수심 2,000 m 정도에 상당히 뚜렷하게 낮은 값을 보이는 이유는 지각이 성분을 달리하는 두 가지로 구성되어 있기 때문이다.

또한 지각과 맨틀 상부의 단면을 살펴보면 대륙 지괴의 지역적인 두께에 차이가 있으며 지각의 하위 경계면이 상위 경계면과 같이 불규칙함을 알 수 있다. 이와 같은 현상은 지각평형(isostasy)의 이론으로 설명될 수 있다.

지각평형이란 지각의 암체에 작용하는 중력으로 결과된 평형을 말하며 다음과 같은 비유로 설명된다. 물의 밀도가 1.0 g/cm^{3}인 데 비하여 얼음의 밀도는 0.9 g/cm^{3}보다 약간 크다. 그런데 크기가 다른 여러 개의 얼음 조각을 물 위에 띄운다면 작은 조각은 수면 아래에 잠긴 부분과 수면

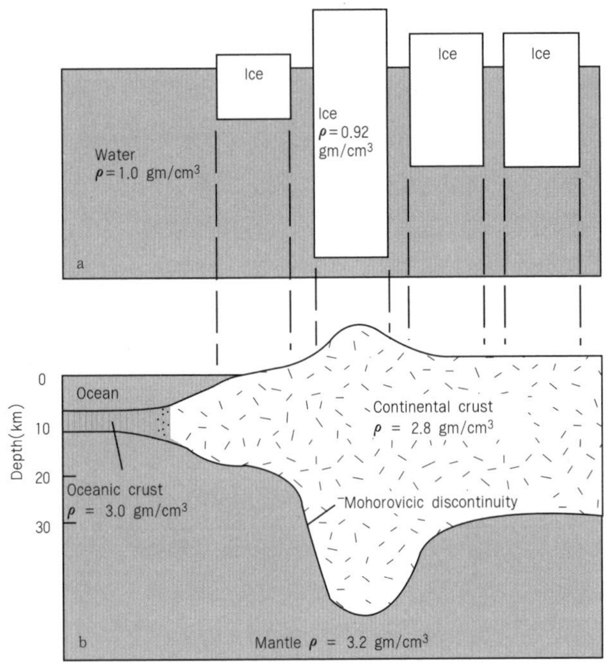

그림 3-4. 지각평형설

위로 드러난 부분이 큰 조각에 비하여 모두 작을 것이다. 즉 밀도가 작은 물질이 밀도가 더 큰 물질 위에 떠 있으며, 경계 표면 위로 드러난 가벼운 물질의 양은 경계 표면 아래에 있는 양과 비례한다.

지각에도 이와 같은 원리가 적용된다(그림 3-4). 지구의 내부 층상 구조로서의 지각과 맨틀의 관계를 보면 상대적으로 가볍고 굳은 지각이 상대적으로 무겁고 부드러운 맨틀의 상부 위에 떠 있는 상태이다. 따라서 높은 산악 지역은 그 뿌리도 깊어서 낮은 평야 지대에 비하여 지각의 두께가 상대적으로 더 두껍다. 해양 지각에 비하여 가벼운 대륙 지각의 두께가 해양 지각에 비하여 두꺼운 것도 같은 원리로 설명될 수 있다.

3. 대기와 해양의 형성

지구의 대기를 구성하는 성분은 태양에 비하여 수소나 헬륨 같은 불활성 기체(noble gases)가 현저히 결핍되어 있는 것으로 보아 지구의 대기가 태양계 본래의 성운 가스에서 유래되지 않았음을 암시하고 있는 것이다. 또한 원시지구 당시에는 지구 표면에 대기와 바다가 거의 존재하지 않았던 것으로 추정된다.

초기의 균질한 상태에서 시작된 지구의 진화는 밀도 차이에 의한 물질의 재배치 과정에 기인하는 화산 활동에 의하여 수권과 대기권이 형성되었다. 지표에 존재하는 물의 기원에 대해서는 여러 가지 가능성들이 제시된 바 있다. 우선 지구 형성 당시부터 존재하던 수증기가 현재까지 보존되고 있을 가능성이 있다. 그러나 대기의 평균 분자 속도(average molecular velocity)가 지구 이탈 속도인 11.4 km/s의 1/4 이상이면 빠른 속도로 우주 공간으로 흩어져 버리며 현재에도 지구의 대기에서 산소와 질소같이 무거운 기체들은 유지되는 반면 가벼운 수소와 헬륨은 지구의 대기에서 빠른 속도로 제거되고 있다. 따라서 지구가 형성될 당시의 온도가 현재에 비하여 충분히 높았다고 가정하면 초기의 지구를 둘러싸고 있던 휘발 성분의 기체는 거의 유실되었을 것임을 추정할 수 있다. 실제로 지구상에 존재하는 규소의 양에 대한 불활성 기체들의 양이 이론적인 비율보다 훨씬 작게 나타나는 점으로 미루어 보아 현재 대기의 주성분인 수증기, 질소, 산소 등이 만약 존재했더라도 모두 유실되었을 것이다. 많은 학자들은 40억 년 전의 지구에는 해양은 물론 대기도 존재하지 않는 현재의 달과 같은 천체였을 것으로 간주하고 있다.

한편 지질학적인 증거에 의하면 지각이 형성된 후로 현재에 이르기까지 화산 활동은 계속되었으며, 지구 형성 초기에는 현재에 비해 활발한 화산 활동이 있었다. 지구 표면의 온도가 충분히 낮아진 상태이면 화산 활동에 의해 맨틀의 상부로부터 공급된 기체들이 외계로 제거되지 않고 유지될 수 있게 되어 현재와 같은 대기가 형성되기 시작하였을 것이다. 현재의 화산에서 분출되고 방출되는 용암과 가스(gas)는 엄청난 양인데, 이러한 가스는 주로 수증기, 수소, 염소, 이산화탄소 및 질소 등으로 구성되어 있으므로 초기 대기의 성분은 이와 매우 유사하였을 것으로 추측할 수 있다(그림 3-5).

그런데 과거나 현재의 화산 가스 중에 산소는 검출되지 않으므로 초기의 지구 대기에는 산소가 없었을 것이며, 현재의 대기중에 포함된 산소는 주로 식물의 출현과 식물의 생장 기작인 광합성 작용(Photosynthesis)에 따른 부산물인 많은 양의 산소 생성과 적은 양의 산소 생성 과정인 수증기의 분해에 의한 것으로 해석된다. 상층 대기권의 수증기는 태양의 빛에너지에 의해 산소와 수소로 분해되어 수소는 우주 공간으로 날아가 버렸으며, 산소는 오존(O_3)으로 변하여 상공에 남아 있고 일부는 지표로 내려와 메탄, 일산화탄소와 결합하여 물과 이산화탄소를 형성하거나 철을 함유한 광물과 반응하여 적철석(hematite, Fe_2O_3)과 같은 산화철을 형성하였을 것이다. 사실상 약 30억 년 전부터는 녹조류(green algae)의 출현이 있었고, 이 때 녹조류는 이산화탄소를 이용한 광합성 작용을 활발히 함으로써 유기물과 산소를 만들었고, 이러한 산소의 생성과 공급이 비로소 대기중에 자유 산소(O_2)로 존재하게 되었다. 이산화탄소는 칼슘, 수소 및 산소와 결합하여 석회암, 석탄, 석유 등을 형성함으로써 대기에서 제거되어 지하에 매몰되었으며, 대기의 성분은 현재와 유사한 성분으로 변화되었다.

지구상의 물이 외계로부터 공급되었을 가능성이 제시된 바 있다. 이러한 논의는 인공 위성 Dynamic Explorer I로부터의 위성 사진에 포착된 지구 표면의 '검은 구멍(Dark Hole)'이 운석과 같은 얼음 조각인 것으로

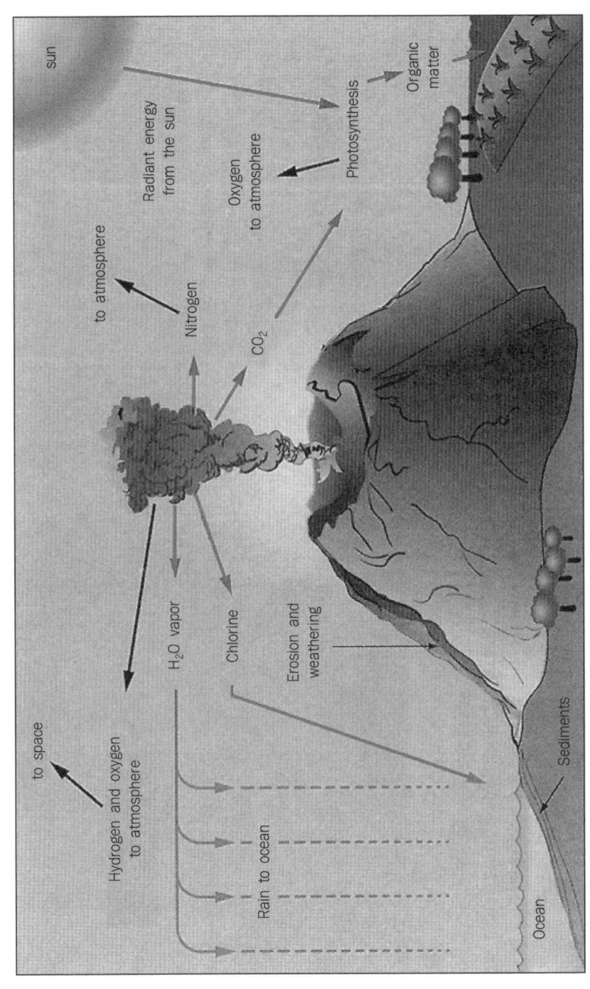

그림 3-5. 초기 대양의 해수기원과 초기 대기의 성분 및 광합성 이후의 현재 대기 형성 과정

확인되면서 시작되었다. 대체로 직경이 약 48 km인 이 얼음 조각은 약 1,600~3,200 km 상공에서 기화되며 1분마다 약 20개씩 지구로 공급된다. 지난 40억 년 동안 이러한 일이 계속되었다고 가정하면, 현재 지구상에 존재하는 물의 일정한 양의 근원을 설명할 수 있을 것으로 추측된다.

그러나 지구상에 존재하는 약 14억 입방킬로미터(km^3)의 해수기원은 지구 내부로부터의 가스 방출, 즉 화산 활동에 의한 것으로 해석된다(그림 3-5). 지구를 구성하는 규산염 광물 속에는 산소와 수소가 화학적 결합 상태로 묶여 있었으며, 물은 지구의 내부에서 부분적인 용융 작용이 일어날 때 화산 활동을 통해서 용암과 같이 지구 표면으로 흘러 나왔을 것이다. 용암이 표면에 도달하면 상당량의 물은 뜨거운 증기와 구름의 상태로 외부로 달아나 버린다. 현재의 화산 활동의 비율을 근거로 계산하면 과거의 지질 시대 동안 지표에 분출하였던 용암의 전체 양은 현재의 대양을 채우기에 충분한 양의 수증기를 포함하였을 것으로 추정된다. 지구와 태양의 거리는 140,000,000 km이며, 만일 10,000,000 km 정도 더 가까웠다면 지표의 높은 온도로 인해 수증기가 응결될 수 없었을 것이며, 따라서 대양이 형성되지 못하고 이산화탄소 또한 대기중에서 제거될 수 없었을 것이다. 대기중의 수증기는 응결하여 물이 되어 강우로 지표에 떨어지고 지표의 낮은 곳으로 흘러 지형 저지에 고임으로써 바다가 형성되었다(그림 3-5).

지구는 액체 상태의 물을 대량으로 가지고 있는 희귀한 행성으로 물의 행성이라 불리기도 한다. 지표의 물은 자연적인 온도와 압력에서 고체, 액체 및 기체 상태로 존재하는 매우 특별한 물질이다. 이외에도 물은 몇 가지의 특이한 성질을 가지고 있다. 특히 비열, 용융열 및 증발열 등이 다른 물질에 비하여 현저하게 크다거나 4°C보다 낮은 온도에서는 온도가 내려갈수록 밀도가 작아져서 얼음이 물에 뜨게 되는 성질들은 지표의 여러 가지 열역학적인 현상들에 영향을 미쳐 지구 환경을 현재와 같은 모습으로 만들었다고도 할 수 있다. 또한 물은 만능 용매(universal solvent)라는 별칭을 가질 정도로 많은 물질들을 녹일 수 있다. 지표에 물이 존재하게 되면서 암석의 풍화가 촉진되었으며, 광물을 구성하던 원소들은 물에 용해되어 해수 중에 염(salt)으로 축적되었다.

4. 대양과 대륙의 분포

바다의 면적은 약 361,059,000 km^{2}이며, 평균 수심은 약 3,800 m이고 지구 표면의 약 1/3(71%)을 차지한다. 육지와 바다의 비율은 위도에 따라 다르다. 육지의 약 68%가 북반구에 편중되어 있으며, 남반구는 북반구의 약 2배의 바다로 덮여 있다. 이로 인하여 남반구와 북반구는 전반적으로 각각의 기후의 차이를 나타내기도 한다.

표 3-2. 전세계 주요 수계의 규모

	면적(10^6 km^2)	면적비(%)	용적(10^6 km^3)	평균 수심(m)
대서양	82.441	16.2	323.613	3,926
태평양	165.246	32.4	707.555	4,282
인도양	73.443	14.4	291.030	3,963
3대양	321.130		1,322.198	4,117
북극해	14.090	2.8	9.41	1,205
지중해+흑해	2.966		4.238	1,429
멕시코 만	1.8		2.33	1,512
카스피 해	0.44		0.077	180
북해	0.575		0.054	94
동해(일본해)	1.008		1.361	1,350
동지나해	1.249		0.235	188
슈페리어 호	0.08		0.012	149
캘리포니아 만	0.162		0.132	813
모든 바다	361.059		1,370.323	3,795

태평양, 대서양 및 인도양을 흔히 3대양이라 한다. 태평양은 3개의 대양 중에서 가장 크며 나머지 두 개의 대양을 합한 것보다 크다. 대서양과 인도양은 비슷한 면적을 가지나 형태와 분포에서 큰 차이를 갖는다. 대서양은 북반구와 남반구에 걸쳐 남북으로 좁고 긴 형태를 가지나 인도양은 남반구에 국한되며 삼각형의 모양을 가진다. 북극해, 멕시코 만 및 지중해는 대양에 비하여 훨씬 작은 규모이며, 세계 최대의 호수인 카스피해와 북미 최대의 호수인 슈페리어 호는 대양과 비교하면 무시할 정도로 작다.

해양의 체적(seawater volume)은 1,370,323,000 km^{3}이며, 지구의 모든 수계의 물 중 약 98%가 해수이다. 나머지 2%의 물은 육지와 대기중의 물이며, 이중 빙하가 1.84%, 지하수가 0.4%, 호수와 강이 0.04%, 대기중의 수증기가 0.001%이다. 1965년 국제 지구물리 관측 작업 회의(International Geophysical Year Project)에서 발표한 지구상의 주요 수계의 규모는 표 3-2와 같다.

4

해수의 성질과 조성

Properties and Composition of Sea Water

지구에 존재하는 물의 98%가 바닷물이며 이 물은 열을 보관하고 유지하는 능력, 즉 열용량(heat capacity)이 크므로 비교적 천천히 식거나 더워져 지구의 기후와 그 변화에 큰 영향을 미친다. 또한 물은 빛의 투과성이 좋아서 수중에서의 광합성을 가능하게 한다. 물은 액체에서 고체로 변하면 대부분의 다른 종류의 액체와는 달리 부피가 증가하며 얼음의 형태로 물 위에 뜨며 분자량이 적은 데 비하여 끓는 점과 녹는 점이 높다. 이 밖에 물의 중요한 성질 중의 하나는 표면 장력이 크다는 것이다.

대륙의 강과 하천으로부터 바다로 유입되는 물질은 물론, 대기 또는 해저로부터 물질은 끊임없이 바다로 공급되고 있다. 해수에는 지구상에 존재하는 거의 모든 종류의 원소가 녹아 있으며, 해수와 대기, 해수와 해저 퇴적물 또는 해수와 해양 생물 사이에서 이러한 물질의 이동, 과정(process) 및 반응의 여러 가지 화학적 또는 생화학적 작용이 매우 복잡하게 일어나고 있다. 따라서 해수에 포함된 화학 성분의 종류와 그 양의 변화를 이해하는 것뿐만 아니라 그들의 기원은 무엇이며, 그들은 얼마나 오랫동안 해수 중에 머무르는지, 그리고 그들이 해수를 떠난다면 어디로 가는지 등을 파악할 필요가 있다.

해수의 조성에 대한 그 동안의 연구 결과는 해양의 역사뿐만 아니라 지구 전체의 역사를 이해하는 데 기여하였다. 즉 지구 형성 초기의 기후, 해수와 대기의 성분, 해저에서의 자생 광물의 침전 등에 관하여 좀더 많은 사실을 알게 되었다. 해수에는 많은 종류의 원소가 녹아 있으나 그 중 몇 가지의 원소가 거의 대부분을 차지한다는 점에서 해수의 조성은 오히려 단순하다. 바다 전체의 화학 성분은 비교적 일정하지만 연안 해역에서는 현저한 변화를 나타내며 외해에서도 미묘한 변화가 일어난다.

1. 해수의 성질

1-1. 수온

해양은 육지보다 태양열을 효율적으로 흡수 · 저장한다. 수온은 해수의 특성을 결정하는 중요한 물리적 성질이며, 해양에서 서식하는 식물과 동물의 성장 및 산란 등에 크게 영향을 미치는 환경 요인이다. 물은 공기에 비교하여 비열이 크기 때문에 수온의 지역적인 차이와 변화는 대기의 경우보다 좁은 범위내에서 일어난다. 일반적으로 해수의 수온은 태양 복사에너지, 대기와 지각으로부터의 열 전달 및 인접 해역의 수괴에 의한 열 교환 등에 의해 결정된다. 대양의 심층수의 해수 온도는 일반적으로 낮다. 즉 심층수의 10% 미만이 10°C 이상의 온도를 나타내는 반면, 75% 이상의 심층 해수는 4°C 이하의 낮은 온도를 나타낸다.

수온의 변화는 해수의 성질을 변화시킨다. 일반적으로 수온이 상승하면 물 분자 속의 원자들이 여과되어 부피가 증가하고 용해도가 증가한다. 증류수나 담수와는 다르게 해수에는 많은 양의 용존 물질, 즉 염(salt)이 녹아 있으므로 용해도의 변화는 중요하다. 물의 염분이 증가하면 최대 밀도 온도와 결빙 온도가 내려가고 −2°C보다 낮은 온도로 내려가기 전에 결빙한다. 실제로 염분 37‰의 해수는 −2°C 이하(−2.023°C)에서 결빙하지만 이렇게 높은 염분의 해수가 결빙되는 경우가 고위도에서 발견되지 않는다. 따라서 해수의 온도는 항상 −2°C 이상이고 수온이 높은 해역에서는 약 30°C의 수온이 나타나지만 깊은 해저에서의 저층수 대부분의 수온은 −1∼4°C의 범위 안에서 변화한다.

1818년 John Ross는 처음으로 온도계를 이용하여 열대 해역에서 수온을 측정한 결과 혼합층 아래에서 매우 낮은 온도를 갖는 해수가 존재함을 발견하였다. 이와 같은 찬물은 극지방에서 유래 운반된 데 그 원인이 있다고 주장하였다. 대양에서의 표층 수온은 여러 가지 요인들에 의하여 시간적 그리고 공간적으로 변화한다. 일반적으로 위도에 따른 표층 수온의 변화를 보면 극지방의 해수 약 −1°C부터 적도 지역의 해수 약 30°C까지 띠 모양의 수온 분포를 나타낸다(그림 4-1). 그러나 최대 수온은 적도 해역에서 나타나는 것이 아니라 약간의 북위도 해수에서 나타나고 있다. 이것은 위도에 따른 태양 복사에너지의 차이에 의해 쉽게 설명되는 일이다. 표층 수온의 분포는 이러한 일반적인 원인 외에도 몇 가지 일관성 있는 요인 변화에 의해 영향을 받는다. 첫째, 대양의 동쪽 경계부는 서쪽 경계부에 비하여 수온이 낮은데 이는 대양의 동쪽에서 우세한 용승(제5장 참조)의 결과로 해석된다. 둘째, 멕시코 만류, 쿠로시오 등의 현저한 표층 난류가 발달하는 경우에 이는 수온의 분포에 영향을 미친다. 미국의 동해안이나 일본 열도 해역에서 표층 수온이 높게 나타나는 것은 이러한 난류의 영향이다.

해수로 공급되는 태양 복사에너지의 대부분이 해수와 대기의 경계면을 통하여 공급되기 때문에 일반적으로 해수의 온도는 그림 4-2와 같이

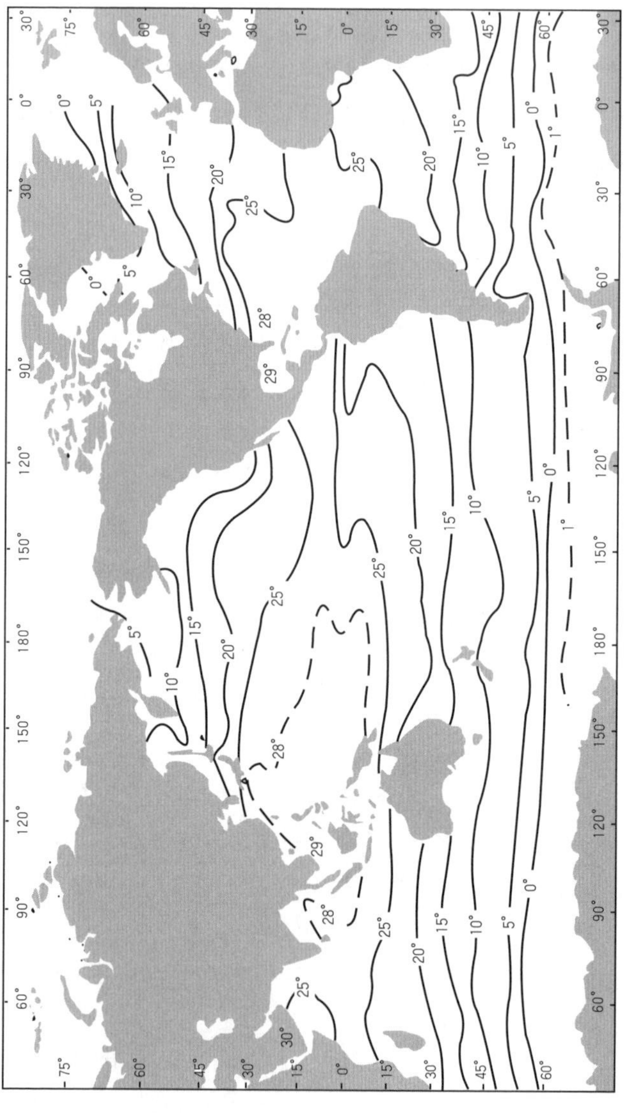

그림 4-1. 표층 수온의 분포(8월)

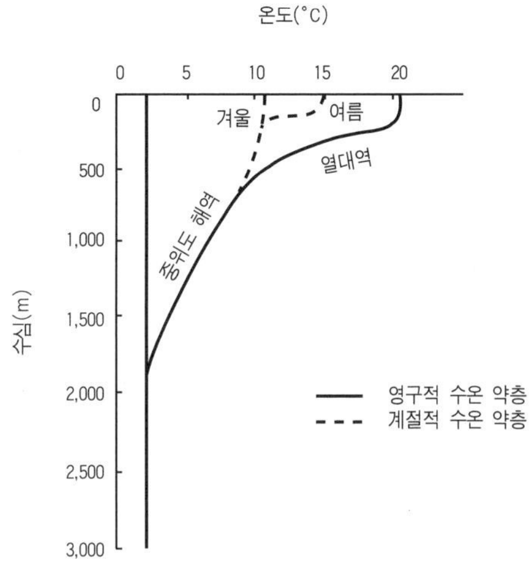

그림 4-2. 수온의 수직적인 변화

해수면 근처에서 높고 수심이 증가할수록 낮아진다. 표면으로부터 수십~수백 m까지는 바람, 파랑 등에 의한 대류 또는 혼합으로 수직적인 온도의 변화폭이 매우 적은데 이 부분을 혼합층(mixed layer)이라 한다. 태양 복사열의 영향을 가장 많이 받는 혼합층의 두께는 열대 해역에서 약 200 m이고 아열대 해역에서 약 400 m로 가장 두꺼우며 극지방 해역으로 갈수록 얇아져서 남북위 50° 정도에서는 나타나지 않는다.

아열대 해역의 혼합층은 계절적인 변화를 나타내어 표층의 수온이 높아지기 시작하는 봄철에 수온의 변화가 매우 큰 계절적 수온 약층(seasonal thermocline)이 형성되기도 한다. 여름철에 날씨가 맑고 바람이 적은 날에는 한낮의 표층 수온이 급격하게 높아져서 일시적으로 수온 경사가 급한 층이 형성되었다가 밤이 되면 사라지기도 한다. 이러한 계절적 수온 약층은 수심 500~1,000 m에 위치하는 영구 수온 약층(permanent thermocline)과 구별된다. 수온 약층은 저위도 해역에서 가장 현저하게 발달하며, 연중 일정하다. 수온 약층의 수심은 해역에 따라 다르게 나타나는데, 저위도에서 고위도로 갈수록 그 깊이는 얕아진다. 특히 고위도에서는 기온이 낮고 활발한 대류로 인하여 수온 약층이 사라지기도 한다. 중위도 지역에서 수온 약층의 계절적인 차이가 뚜렷하게 나타난다. 수온 약층의 하부에는 해저면까지 거의 온도의 변화가 없이 일정한 등온층이 존재하는데 이를 심층(deep layer)이라고 하며, 수온은 대체로 4°C 이하이다.

1-2. 염분

해수가 증류수나 담수와 구별되는 가장 뚜렷한 특징은 짠맛을 느끼게 한다는 점이다. 이러한 짠맛은 주로 해수 중에 녹아 있는 소금(NaCl)에 의한 것으로 해수 중에는 이외에도 많은 물질이 녹아 있다. 이러한 해수의 용존 물질들은 대륙 지각의 풍화나 화학적 침식 또는 대양저 해령의 열수괴에서 분출되는 부산물이다. 해수 중에 용해되어 있는 염(salt)의 주성분 물질의 총량을 염분(salinity)이라고 하며 천분율(‰)의 단위로 나타내고, '1 kg의 해수로부터 탄산염을 산화물로, 취화물(bromide)과 옥화물(iodide)을 염화물로, 유기물을 산화시켜 남은 잔여물을 480°C에서 건조시켜 얻어진 고체의 무게'로 정의된다.

그러나 염분을 측정하기 위하여 실제로 1 kg의 해수를 480°C에서 완전히 증발시키는 일은 매우 번거로운 일이므로 편의상 해수에 존재하는 염소, 불소, 요오드를 질산은으로 적정하여 염소이온 농도(chlorinity)를 계산한 후에 염소이온 농도와 염분의 관계로부터 염분을 계산하는 방법을 이용한다. 이와 같이 염분을 계산할 수 있는 근거는 염의 주성분의 상대적 비가 어디에서나 일정하다는 사실이다. 즉 '성분의 일정성(constancy of composition)'이라 말하는 이러한 성질은 여러 개의 서로 다른 해수 시료를 분석한 C.R. Dittmar에 의해 1884년에 처음으로 확인되었다. C.R. Dittmar는 H.M.S. Challenger의 항해에서 채취된 시료 중에서 수심이 다른 세계 각지의 77개 해수 시료를 선정하여 8가지의 주성분인 Cl^-, Br^-, SO_4^{2-}, HCO_3^-, Ca^{2+}, Mg^{2+}, K^+, Na^+ 등의 농도를 측정하여 8대 주성분의 상대적 비가 일정함을 보였다. 그의 시료에는 고위도 지방과 지중해 지역의 시료가 포함되어 있지 않았으며, 채취된 지 2년이 지난 후에 분석된 것이지만 그 후에 현재의 우수한 분석 기술로 얻어진 결과와 거의 일치한다.

이러한 실험에 근거한 염소 이온 농도와 염분의 관계는 다음과 같다.

$$S(‰) = 1.80655 \times Cl(‰)$$

이외에도 여러 가지 간접적인 방법으로 염분을 측정하기도 한다. 해수의 밀도나 전도도(conductivity)는 수온과 염분에 의해 결정되므로 해수의 온도와 밀도 또는 전도도를 측정함으로써 염분을 계산할 수 있다. 이런 경우 이미 염분을 알고 있는 표준 해수(Standard Mean Ocean Water: SMOW)와 비교함으로써 더 나은 정밀도를 얻을 수 있다. 먼 바다인 외해의 해수에서 염분은 대체로 34.3~35‰의 범위를 갖는다(그림 4-3).

염분이 변화함에 따라 해수의 주요 성질이 크게 달라진다. 염분이 증가하면 밀도가 증가하고 결빙 온도와 최대 밀도 온도는 낮아진다. 그런데 최대 밀도 온도가 낮아지는 비율이 더 커서 염분이 24.70‰일 때, 즉 해수의 밀도가 1.02일 때 결빙 온도와 최대 밀도 온도가 $-1.332°C$로 같아지며, 밀도가 1.02보다 작을 때에는 결빙 온도가 최대 밀도 온도보다 작고 반대로 비중이 1.02보다 클 때에는 결빙 온도가 최대 밀도 온도보다 높다(그림 4-4). 즉 증류수와 담수 또는 저 염분의 해수는 냉각됨에 따라 결빙 온도에 달하기 전에 최대 밀도 온도에 도달하지만 대부분 해수는

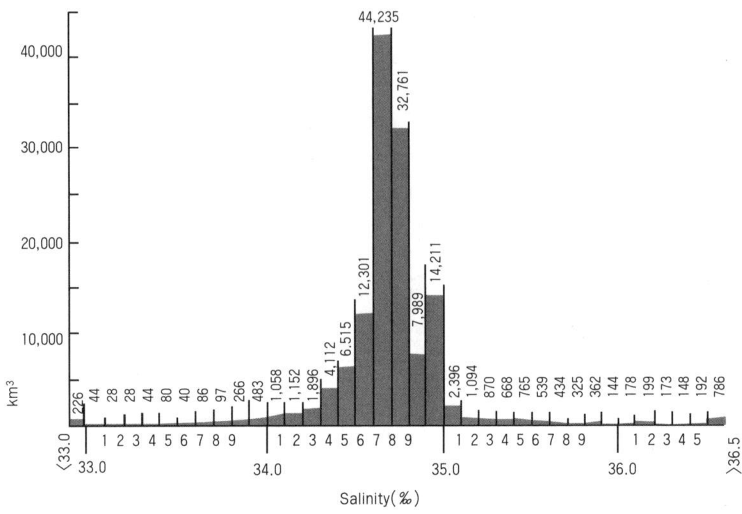

그림 4-3. 전대양 해수의 염분 범위[주의: 세로축의 해수 용적 단위(km³)]

결빙 온도가 최대 밀도 온도보다 높으므로 해수가 냉각되면 최대 밀도에 도달하기 전에 결빙된다. 이러한 해수의 성질 때문에 극지방이나 빙하기의 바다가 완전히 얼지 않는다. 대기의 온도가 결빙 온도 이하로 낮아지는 경우에 담수와 24.70‰ 이하의 염분을 갖는 해수는 수면 부근에서 냉각된 물이 상대적으로 무거워져서 하부로 내려가게 되며 하부로부터 얼기 시작하여 결국 전수층이 얼게 된다. 그러나 24.70‰ 이상의 염분을 갖는 대부분의 해수는 수면 근처에서 먼저 얼게 되며, 물보다 열전도율이 낮은 얼음은 공기와 물 사이의 열 전달을 더디게 하여 바다 전체가 결빙되는 것을 방지한다.

해수에 녹아 있는 염의 주성분의 비는 일정하지만 염분은 지리적으로 다소의 차이를 보인다. 일반적으로는 담수의 영향이 큰 연안의 해수는 원양(외해)의 해수에 비하여 다소 낮은 염분을 갖는다. 또한 증발량이 크고 수심이 얕은 페르시아 만에서는 종종 40‰ 이상의 염분이 관찰된

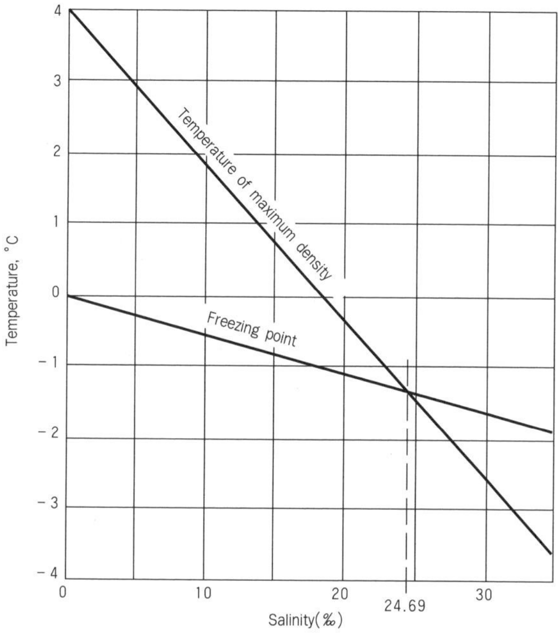

그림 4-4. 염분과 결빙 온도 및 최대 밀도 온도

다. 표층 해수 염분의 위도에 따른 일반적인 분포는 적도와 고위도 지방 해역에서 대체적으로 낮은 값을 보여 준다(그림 4-5). 이렇게 낮은 염분은 적도 해역에서는 높은 강수량에 원인이 있고, 고위도 해역에서는 빙하가 녹은 물에 의해서 희석되는 데 원인이 있다.

일반적으로 북반구의 해수는 남반구의 해수보다 낮은 염분을 가진다. 이러한 사실은 북반구에 더 많은 대륙들이 분포하고 있으며, 많은 양의 담수가 대륙으로부터 유입되기 때문이다. 그러나 대륙의 강을 통하여 유입되는 담수 총량의 약 80%가 대서양으로 흘러들어감에도 불구하고 대서양의 해수가 태평양의 해수에 비하여 다소 높은 염분을 갖는 이유는 다음의 두 가지 원인으로 설명된다. 첫째는 강수량보다 증발량이 훨씬

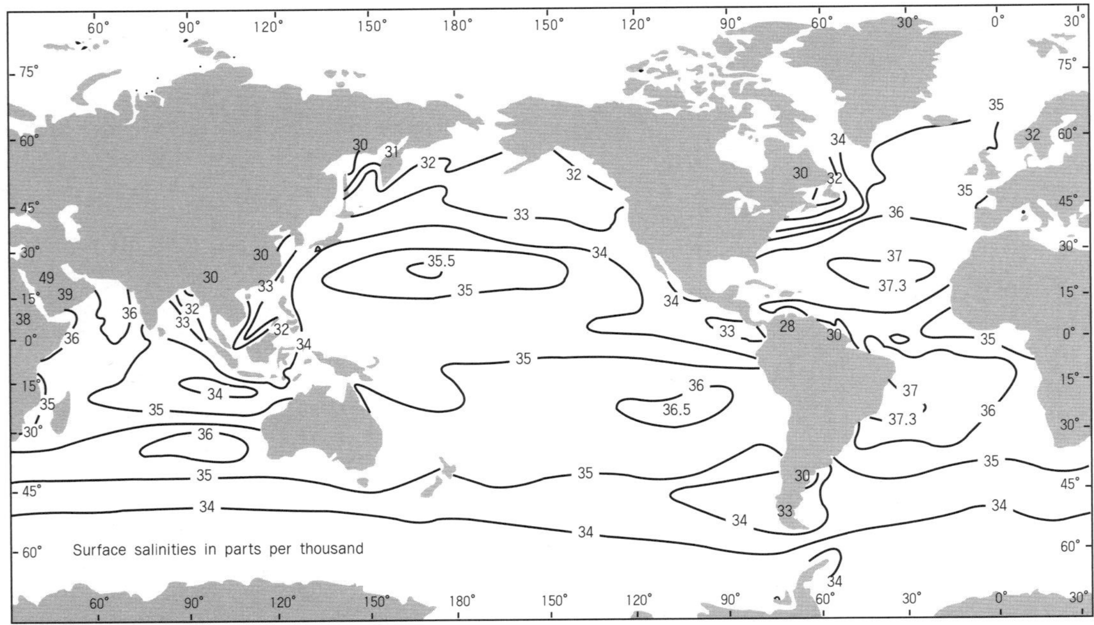

그림 4-5. 표층 염분 분포

더 큰 지중해에서 고온, 고염분의 특징을 갖는 해수가 형성되며(제5장 참조), 이 해수는 지브랄타 해협을 통과하여 대서양으로 유입되어 대서양의 염분을 높이기 때문이다. 둘째는 무역풍을 따라 태평양의 열대 수렴대(Intertropical Convergence Zone)로 운반되는 막대한 양의 수증기가 태평양의 염분을 낮게 하기 때문이다.

해수의 염분은 수심에 따라 다소의 변화를 보이며 이러한 변화는 그림 4-6과 같이 위도에 따라 다소 차이가 있다. 일반적으로 저위도 지역에서는 수심 100 m 정도에서 뚜렷한 고염분 수층이 나타난다. 이는 표층에서 증발에 의해 염분이 높아진 해수가 밀도의 증가로 침강하고 좀더 밀도가 높은 해수 위에 넓게 퍼진 때문이다. 고염분 수층의 바로 아래에는 급격한 밀도의 감소가 나타나는데 이를 염분 약층(halocline)이라 한다. 염분 약층의 아래에는 염분 극소층이 나타나는데 이는 아한대 지역에서 형성된 저온 · 저염분의 해수가 저위도 쪽으로 흘러 퍼지기 때문이다. 염분 극소층의 위치는 위도에 따라 다소의 차이가 있으며, 표층수의 염분이 낮은 고위도의 해역에는 염분 극소층이 나타나지 않는다. 현저하지는 않지만 염분 극소층의 아래에도 염분의 변화가 있는데 이는 남극 주변에서 침강한 해수의 영향이다.

1-3. 밀도

밀도는 단위 부피의 질량으로 순수한 물인 증류수의 밀도는 4° C에서 1 g/cm³이다. 해수의 밀도는 수온과 염분 및 압력에 의해 변화하며 대체로 1.02400~1.0300 g/cm³의 범위를 갖는다. 이러한 범위는 매우 작은 것처럼 보이나 해수의 밀도 차이는 해수 전체가 끊임없이 운동하는 힘의 원동력 중의 하나로 그 지역적 분포를 이해하는 것은 매우 중요하다. 또한 해수의 밀도 차이에 의하여 수괴(water mass)를 분류하기도 한다

(제5장 참조). 수괴란 온도, 염분 및 밀도와 같은 특징적인 성질을 나타내는 물의 덩어리를 말한다. 해수의 밀도를 표기하는 데 있어서 소수점 이하 다섯째 자리까지 표기하는 것이 번거로우므로 편의상 '(밀도 − 1) × 10^3(g/cm^3)' 으로 정의되는 이른바 비교 밀도(σ_t: sigma-tee)라는 용어를 사용한다. 즉 1.02500 g/cm^3의 밀도를 갖는 해수의 비교 밀도는 25.00이다.

물의 밀도를 결정하는 주요인은 온도와 압력이다. 온도가 증가하게 되면 밀도는 감소하게 된다. 그러나 염분의 경우에는 염분이 증가하게 되면 밀도도 증가하게 된다. 일반적으로 고온의 해수에서는 온도에 의한 밀도의 변화가 크지만 저온의 해수에서는 염분의 영향이 크다. 예컨대 1°C의 온도 차이에 의한 밀도 변화는 20°C의 해수에서는 0.4‰의 염분 차이에 의한 밀도 변화와 거의 같지만 0°C의 해수에서는 0.035‰의 염분 차이와 거의 같은 영향을 미친다. 압력, 즉 수심에 의한 밀도의 변화는 물의 압축성으로부터 예측할 수 있다. 수심이 10 m 증가할 때 기압은 1 기압(1.013 × 10^{-6} dyne/cm^2)씩 증가하지만 물의 압축성은 매우 작아서 심도의 차이가 그다지 크지 않은 2개의 수괴에서 밀도의 변화는 무시할 만하다. 그러나 해수가 완전히 비압축성이라면 해수면은 현재보다 30 m 정도 높아질 것이다.

해수의 밀도는 대체로 수심(압력)과 염분 및 수온에 의해 결정되므로 밀도의 분포는 수온이나 염분의 분포에 의해 결정된다. 저위도 해역에서는 증발량이 강수량보다 더 우세하므로 염분은 높아지지만 표층 수온이 높기 때문에 상대적으로 밀도는 낮다. 이에 비해 고위도 해역에서는 수온보다는 염분의 영향으로 해수의 밀도는 비교적 크다. 수심에 관련하면 일반적으로 깊어질수록 밀도는 커진다. 이는 밀도가 큰 해수가 침강하여 심층으로 퍼지기 때문이다. 그러나 수심이 깊어지면서 밀도가 커지는 비율은 일정하지 않으나 3개의 수층으로 세분된다(그림 4-6). 먼저 표층에

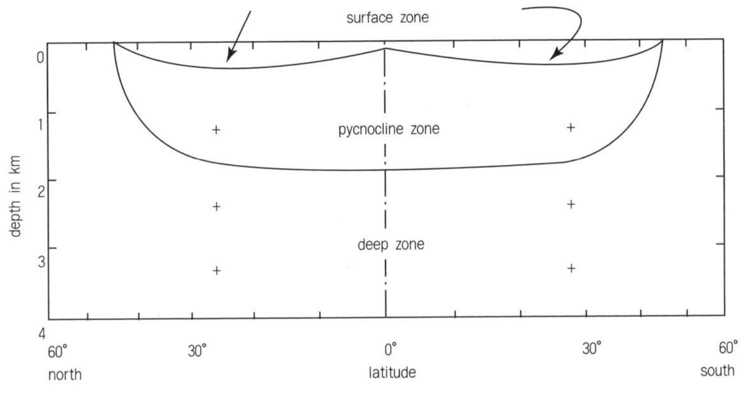

그림 4-6. 위도별 밀도의 수직 변화

서 약 100 m까지의 수층은 파랑 등에 의한 혼합이 심한 혼합층(surface zone)으로 밀도는 거의 일정하나 이 수층의 아래에서 수심이 깊어짐에 따라 밀도가 급격하게 증가한다. 이러한 현상을 밀도 약층(pycnocline zone)이라 한다. 이 밀도 약층은 대체로 영구 수온 약층이나 염분 약층과 거의 일치하며 아열대 해역에서 가장 깊다. 고위도 해역에서는 표층의 염분이 비교적 높기 때문에 밀도 약층의 존재는 거의 없거나 희미하다. 밀도 약층의 하부에 거의 일정한 높은 밀도를 갖는 심층(deep zone)이 분포한다(그림 4-6).

1-4. 소리의 전달

음파는 공기보다 해수에서 더 빠르게 진행한다. 음파의 속도는 공기 중에서 333 m/sec이며, 해수 중에서는 평균 1,480 m/sec(1,410~1,570)이다. 음파 속도는 염분, 수온, 압력 등이 변화함에 따라 변화하므로 ±100 m/sec의 변화폭을 갖는다. 염분이 1‰만큼 증가하면 음속은 1.3 m/sec만큼 증가하며, 수심이 100 m(10기압) 증가하면 음속은 1.7 m/sec만큼 증가

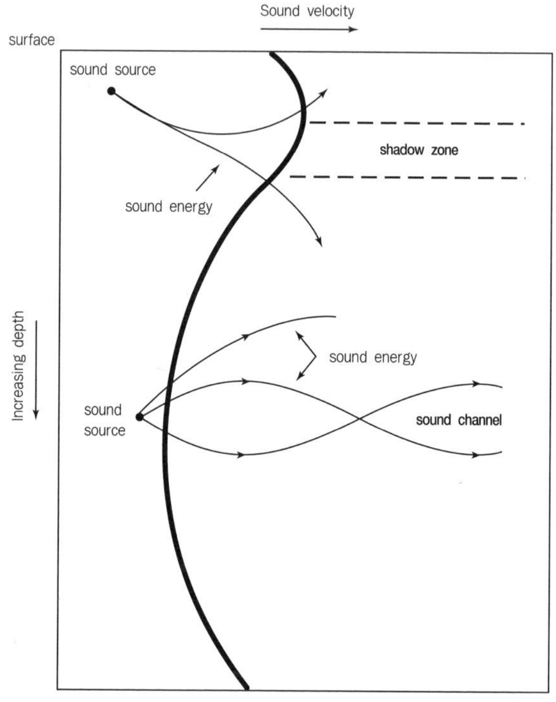

그림 4-7. 음파 암영대와 음파 통로

한다. 그러나 음파의 속도는 수온에 의하여 가장 큰 영향을 받는데 수온이 1°C만큼 증가하면 음속은 4.5 m/sec만큼 증가한다. 따라서 수온 약층보다 얕은 수심에서는 수온의 변화에 따라 음파 속도는 가장 많이 변화한다.

음파의 속도가 최소로 나타나는 수심은 주로 수온 약층이다. 즉 음파의 속도는 수온 약층에서 최소값을 보이며, 수온 약층의 깊이에 따라 변화한다. 그런데 수온 약층 아래에서 음파의 속도는 증가한다. 이와 같이 수심에 따른 음파 속도 차이는 스넬의 법칙(Snell's Law)에 의한 것이다.

음파 속도가 증가하는 표층 수층이 음파 속도가 감소하는 저층 수층을 피복하는 경계 수층(그림 4-7)에 음파 암영대(shadow zone)가 위치한다. 이러한 암영대는 해군 작전에 중요한 요인이 되는바, 암영대에 잠수함이 위치하면 잠수함을 음파로 찾기 어렵기 때문이다. 그림 4-7과 같이 암영대에는 음파가 침투 · 전파되기 어려운 것이 사실이다. 음파 속도(velocity of sound)가 최저값을 갖는 수층에 소위 "음파 통로"(sound channel)가 존재할 수 있다(그림 4-7). 이러한 음파 통로를 SOFAR(Sound Fixing and Ranging)라고 하는데, 이 SOFAR를 따라서 음파는 수천 km 이상의 거리에 전파될 수 있다. 실험적으로 25,000 km 이상 전파 가능성이 증거된 바 있다. 또한 이러한 현상은 물체를 확인하는 SONAR(Sound Naviagtion Ranging) 사용에 매우 중요하다.

1-5. 빛의 투과

해수의 색깔은 해수를 투과하는 가시광선의 파장에 영향을 받는다. 빛의 파장에 따른 상대적인 흡수는 해수의 색깔이 여러 가지로 보이게 한다. 그러나 수심 10 m 이내에서 대부분 빛은 흡수되며, 미생물이나 부유물질이 많은 경우에 투과율이 감소된다. 가장 깨끗하고 맑은 해역에서도 150 m까지 투과되는 빛에너지는 거의 없다. 해수를 투과하는 빛의 투과량은 해양 생물의 일차 생산이 가능한 범위가 결정되는 중요한 생태적 요소이다(제8장 참조).

해수는 일반적으로 청색이나 녹색으로 보이는데 이것은 빛(광선)의 파장에 따라 빛이 해수에 흡수되는 비율이 다르기 때문에 나타난다(그림 4-8). 0.4~0.8 nm의 가시광선 중에서 순수한 물에는 약 0.5 nm의 파장을 갖는 광선이 가장 작은 흡수 계수를 갖는다. 따라서 깊고 깨끗한 물에서는 청색과 녹색의 파장이 가장 깊이 투과되므로 물이 청록색으로 보인

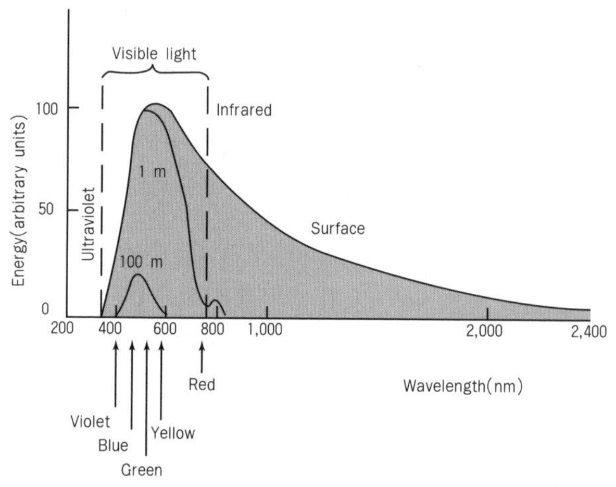

그림 4-8. 해수에 흡수되는 빛의 파장별 분포와 해수의 색

다. 특히 부유 물질이 많은 대륙붕 해역의 경우 이들 부유 물질이 서로 다른 파장의 빛을 반사 · 흡수하여 해수의 색깔이 갈색 또는 녹색으로 보이게 한다. 몇 종류의 바닷가재 또는 새우는 몸체의 색을 해수의 색깔에 적응하는 경우가 있다. 예를 들면 천해에서는 붉은 색을 띠며 붉은빛이 흡수된 심해에서는 흑색을 띠기도 한다.

해수 표면을 투과 · 흡수된 태양광은 열로 변환된 에너지에 의하여 표층 해수의 온도를 상승시킨다. 투과된 빛은 수심 약 10 m에서 대부분 흡수되고 아무리 깨끗한 물이라고 하여도 150 m를 투과하지 못한다. 더구나 해수에 존재하는 미생물과 부유 물질들은 빛의 투과 깊이를 감소시킨다. 해수 표면에서 반사되는 태양광은 입사각에 따라 투과량이 다르며, 해수 표면의 상태, 즉 파도에 의해서 투과량이 다르다.

1-6. pH와 Eh

담수와는 다르게 해수에는 여러 종류의 물질이 녹아 있으며, 산(acid)과 염기(base)의 반응은 해수의 환경에서 매우 중요한 화학적 현상이다. 이러한 해수의 pH 요인은 해양 환경을 기술하고 이해하는 데 중요하다. 일반적으로 수소이온 농도(pH)는 산성을 지시하고 수산화이온은 염기를 대표한다. 어떤 물질의 산도와 염기도 사이의 상관 관계를 나타내는 pH는 '수소이온 농도의 역수의 로그값', 즉 $\log(1/H^+)$ 또는 $-\log(H^+)$로 나타낸다. 이는 실제적으로 수소이온의 농도와 매우 밀접하다. 또한 자연에서 많은 원소들은 여러 가지 산화 상태로 존재하는데, 전자를 제거하거나 부가하는 데 소용되는 에너지의 변화를 산화-환원 전위(Eh)라 한다.

자연 환경의 물이 갖는 수소이온 농도(pH)는 4~9 사이이다. 화산 대지의 호수(자연 호수)에서 2.5 이하로 낮게 나타나거나 증발이 심한 건조 지역의 호수, 예를 들어 남가주의 네바다의 호수에서는 pH가 10.5 이상으로 나타나는 경우도 있으나 해수의 pH는 대개 7.5~8.4의 비교적 좁은 범위이다. 해수의 평균 pH는 7.8이다. 수심에 따른 pH의 변화를 보면 최소값은 광합성 수층 아래와 해저의 심층수에서 관측된다(그림 4-9). 한편 최고값은 표층과 2.0~2.5km의 수심에서 측정된다. 표층에서 높은 값을 보이는 이유는 광합성 때문이다. 광합성 작용에 의하여 해수에 존재하는 이산화탄소가 소비되어 탄산의 생성을 억제시키기 때문에 pH는 증가하게 된다.

수온이 변화하면 수소이온 농도는 약간의 영향을 받는다. 온도가 10°C 상승하면 수소이온 농도는 0.0003 정도 감소하는데 이는 거의 무시할 정도이다. 수소이온 농도에 큰 영향을 주는 요인으로는 증발, 이산화

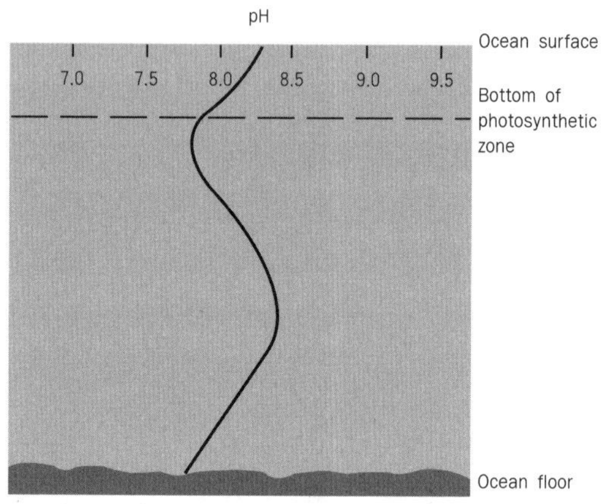

그림 4-9. 해양에서의 수심에 따른 pH 변화

탄소의 분압 및 압력 등으로 해수에서의 침전을 조절한다. 해수내에 존재하는 대부분의 이온은 pH와 Eh, 또는 이중 하나의 영향을 받는다. 그런데 해양에서 침전되는 대부분의 화합물은 pH와 Eh의 영향을 받으므로 이를 근거로 침전 당시의 환경을 추정하기도 한다.

2. 해수의 성분

2-1. 해수 성분의 기원

지구의 역사(45억 년)를 통하여 언제부터 해수가 지금처럼 짜게 되었는지는 정확하게 설명되고 있지 않다. 그러나 여러 가지 지구과학 연구 결과에 의하면 바다가 형성되기 시작한 때부터(약 38억 년 전) 해수는 이미 어느 정도의 염분을 갖게 된 것으로 해석된다. 우선 화석에의 연구 결과에 근거하면, 현재의 해저 퇴적층에 구멍을 뚫고 사는 생물과 비슷한 종류의 생물이 선캄브리아기의 화석으로 발견된다. 캄브리아기의 지층에서 삼엽충과 게(crab)와 유사한 생물이 발견되며, 이들은 현재의 해저에서 유기물 파편을 먹고 사는 생물과 비슷한 종류로 해석된다. 이러한 사실은 그 당시의 생물들이 이미 염분을 갖는 바닷물에서의 생태에 적응한 결과로 해석된다. 두번째의 증거는 과거의 바닷물이 증발하여 형성된 암염층에서 찾을 수 있다. 이러한 과거 지질 시대의 암염(rock salt)은 퇴적층으로 보존되어 있으며 현재의 바다에서 증발 · 생성되는 암염과 비슷하다. 세번째의 증거는 최근에 밝혀진 사실인데, 해수에 용존되어 있는 염 구성 성분의 특징적인 체류 시간(residence time), 즉 순환되는 주기를 갖는다는 사실에서 찾을 수 있다. 체류 시간이란 어떤 물질이 해수로 녹아 들어온 후로부터 제거될 때까지 걸리는 평균 시간으로 정의되며, 여러 원소들의 추정된 체류 시간들은 대부분이 해수 자체의 연령보다 현저한 차이를 나타낸다. 이 사실은 염류 성분이 오랜 지질 시대 동안 계속적으로 축적됨으로써 현재와 같은 염분의 수준에 이르렀을 것이라는 이론을 의미한다.

2-2. 해수의 주성분

해수에 녹아 있는 성분들은 농도에 근거하여 주성분, 부성분 및 미량 성분으로 구분될 수 있다. 각각의 성분들은 그 농도와 생화학적 용도, 공급량 및 제거량 등의 차이에 의해 서로 다른 성질을 갖는다. 또한 각각의 원소의 동력학적(kinetic) 성질에 따라 몇 가지로 구분되기도 한다. 일반적으로 해수에서 200 ppm(parts per million: 백만 분의 일) 이상의 농도를 가진 성분들을 주성분(major constituents)이라고 하며 표 4-1과 같다. 일반적으로 해수의 짠맛을 내는 소금, 즉 염화나트륨(NaCl)은 해수에 가장 많이 포함된 성분으로 평균 34.9‰를 차지하는 염 중의 85%이다. 또한 34.9‰ 의 농도를 갖는 염 중에서 6개의 주성분 이온이 차지하는 비율

표 4-1. 해수의 주성분

원소(이온)	염소량비(g/Cl)	19‰ 염소량의 물에 포함된 양(g/kg)
염소(Cl^-)	0.99840	19.3530
나트륨(Na^+)	0.55610	10.7620
황산염(SO_4^{2-})	0.13940	2.7090
마그네슘(Mg^{2+})	0.06680	1.2940
칼슘(Ca^{2+})	0.02125	0.4130
칼륨(K^+)	0.02060	0.3870

자료: R.A. Horne에 의함. 1969, *Marine Chemistry*.

은 99% 이상이다.

해수에 포함된 주요 성분들 중 가장 많은 부분을 차지하는 염소이온(Cl^-)은 대부분이 지구 내부로부터의 화산 가스로 배출되어 지표수에 녹아 바다로 공급된 것으로 간주된다. 나트륨(Na^+)은 암석을 구성하는 광물 중에서 가장 흔하고 풍화에 약한 장석(feldspars)의 풍화에 의해 충분히 공급된다. 황산염(SO_4^{2-})은 염소의 경우와 같이 주로 화산 활동에 의해 공급된다. 마그네슘(Mg^{2+})과 칼슘(Ca^{2+})은 각각 철-망간을 많이 포함한 광물과 칼슘이 풍부한 장석의 풍화에 의해 공급된다. 또한 칼륨(K^+)도 주로 장석으로부터 공급된다. 이상과 같이 해수의 주성분은 주로 화산 활동과 지각을 구성하는 암석의 풍화에 의해 공급된다.

2-3. 해수의 부성분

1~200 ppm 이하 범위의 작은 양으로 존재하는 해수의 성분들을 부성분(minor constituents)이라 하며, 이들의 농도는 지역적인 해역에서 다소의 차이를 나타내며 성분의 일정성을 보이지 않는 경우도 있으므로 염분

표 4-2. 해수의 부성분

원소(이온)	염소량비(g/Cl)	19‰ 염소량의 물에 포함된 양(g/kg)
중탄산(HCO_3^-)	0.00735	0.1420
브롬(Br^-)	0.00348	0.0673
스트론튬(Sr^{2+})	0.00041	0.0079
붕산(H_3BO_3)	0.00023	0.0044
규소(Si^{4+})	0.00016	0.0032
불소(F^-)	0.00007	0.0014

자료: R.A. Horne에 의함. 1969, *Marine Chemistry*.

을 결정하는 근거로 이용할 수 없다(표 4-2). 해수의 부성분은 농도에 따라 브롬, 중탄산, 스트론튬, 붕소, 규소 및 불소이다. 해수의 부성분은 해양에서의 전반적인 화학적 현상에 중요한 영향을 미치며, 대체로 경제적인 중요성이 있고 생물의 생존에 결정적인 영향을 미치기도 한다.

해수의 부성분 중의 하나인 중탄산이온(HCO_3^-)의 농도는 탄산염의 침전 또는 용해를 결정한다. 브롬(Br^-)은 해수 중에서 이온의 형태로만 존재하며 브롬산염(bromate)은 발견되지 않는다. 해수 중의 브롬의 양은 인간이 사용하는 수요를 충족시키기에 충분한 양이며, 해수의 표층과 저층에서 농도의 차이가 거의 없는 보존성 원소(conservative elements)의 하나이다. 해수 중의 스트론튬(Sr^{2+})은 동식물에 의한 생물학적 침전 과정에서 칼슘을 치환하여 탄산염($CaCO_3$)으로 침전된다. 몇 종류의 갈조류와 녹조류의 생체 조직에는 스트론튬이 해수에서 보다 높은 농도로 농축되기도 한다. 탄산염으로 구성되어 있는 패류에는 스트론튬이 매우 많이 포함되어 있다.

붕소(boron)는 해수 중에서 비교적 불안정한 붕산(H_3BO_3)의 형태로 존재하며, 식물의 생체 조직 속에 농축되기도 한다. 붕소의 농도는 해수의 염소량과 일정한 관계를 가지고 있다. 한편 어떤 유기체들, 특히 식물은 자체내의 세포에 붕소를 농축시키기도 한다. 규소(silicon)는 여러 종류의 해양 식물(규조류, diatoms; 방산충, radiolarians) 및 동물의 골격을 구성하는 데 주로 이용되므로 생물 활동의 정도에 영향을 받아 계절적인 농도의 변화를 보인다. 연안 지역에서는 강물에 의해 공급되는 규소가 비교적 높은 농도의 분포를 보이고 있다. 해수 중의 불소(F^-)는 그 측정에 있어서 매우 정교한 방법이 요구되며, 농도가 일정한 보존성 원소의 하나지만 연체동물의 껍데기를 이루기도 한다.

2-4. 해수의 미량 성분

해수 중에는 많은 종류의 원소가 포함되어 있지만 주성분과 부성분을 제외한 대부분의 원소는 1 ppm 미만의 농도를 갖는다. 이러한 원소들을 해수의 미량 성분(trace constituents)이라 하며, 리튬, 질소, 알루미늄, 인, 철 및 아연 등이 대표적이다. 아연, 알루미늄 및 철 등은 경제적 가치가 있는 원소이나 해수 중에는 ppb(parts per billion: 십억 분의 일)의 단위로 존재하여 아직은 그 가치가 크지 않다. 한편 해수 중에 용존되어 있는 금과 같은 경우는 그 농도가 매우 낮아서 ppt(parts per trillion: 일조 분의 일) 단위를 사용한다. 해수 중의 주성분이나 부성분과는 달리 흔적 성분들은 지역적인 농도의 차이가 매우 크며, 성분의 일정성을 보이지 않는다. 이러한 흔적 성분들은 최근에 들어서 새로운 정밀 분석 기기와 미량 화학 분석법의 개발에 의해 측정이 가능하게 되었다.

흔적 성분의 일부는 해저에서의 광물 침전에 중요한 역할을 하기도 한다. 예를 들어 심해저에서 발견되는 망간 단괴의 경우 단괴의 주성분인 철과 함께 흔적 성분인 망간은 필수적인 원소이다. 산소와 질소 같은 용존 기체는 대부분의 해양 생물의 신진 대사에 결정적인 역할을 한다. 알루미늄(aluminum)은 주로 육지에서 공급되는 점토 광물에서 용출되기 때문에 연안에서 비교적 높게 나타나며, 원양에서의 알루미늄의 농도는 일반적인 검출 방법으로는 검출할 수 없을 정도로 낮다. 비소(arsenic)는 인(P)을 대신하여 영양염으로 이용되기도 하며, 연체동물 및 절족동물내에 농축되기도 한다.

해수 중의 바륨(barium) 농도는 큰 범위로 변하며 해저 지각을 구성하는 알카리성의 원소들 중에서 가장 낮은 것이 사실이다. 해양 생물과 퇴적물에는 약간의 바륨이 검출되는데, 드물게 단괴의 구성 성분으로 높은 농도를 보이기도 한다. 구리(copper)의 농도는 알루미늄과 같이 연안에서 비교적 높다. 무척추동물의 일부는 체내에 구리를 농축시키기도 하지만 일반적으로 해양 생물에 미치는 구리의 영향은 치명적이며, 부착성 해양 생물이 선박에 접근하지 못하도록 하는 데 구리가 이용되기도 한다.

해수로부터 금(gold)을 효과적으로 추출할 수 있는 방법이 앞으로 개발된다면 4×10^{-8} mg/l의 매우 낮은 농도이기는 하지만 경제적인 가치가 있을 수 있다. 요오드(iodine)는 인체에 꼭 필요한 중요한 원소이며, 우리는 해양 동식물로부터 요오드를 섭취한다. 요오드는 굴, 조개 및 새우 등의 생체 조직에 농축되어 있으며, 각종 어류나 연체동물, 절지동물 등의 몸체에서도 높은 농도를 보인다. 해수의 철(iron)의 농도는 1 ppt에서 50 ppt 정도의 농도를 갖는다. 이러한 철의 대부분은 암석에 함유된 유색 광물의 풍화 작용에 기인하며, 식물 등에 필요한 원소 중의 하나이다. 심해저의 망간 단괴에는 30%까지의 철이 포함되어 있으므로 경제적인 가치가 크다.

심해저에 광범위하게 존재하는 망간 단괴에는 코발트, 니켈, 구리 및 철 이외에도 망간이 함유되어 있다. 해수 중의 질소는 질산염, 아질산염, 암모니아 및 유기질 질소와 같은 여러 가지 형태로 존재한다. 대부분의 플랑크톤에는 인(P)이 함유되어 있으며, 생물체가 죽으면 용해되어 해수로 돌아간다. 해수 중에 인의 농도는 6 × 10^{-2} mg/l 정도이다.

2-5. 원소 분포

해수에 녹아 있는 원소 분포 양상은 매우 다양하다. 농도의 변화가 거의 없는 보존성 원소(conservative elements)들은 대체로 육지에서의 풍화작용이나 화산 활동 등으로부터 공급되고 있는 양보다 훨씬 큰 농도를 갖는다. 즉 그들의 체류 시간(residence time)은 해수가 충분히 섞이는 데 소요되는 시간보다 훨씬 길다. 따라서 보존성 원소들의 농도는 항상 일정한 비율을 나타내며 일정 성분비의 법칙을 따른다. 예를 들어 해수내에서 반응성이 낮은 금속류들이 이러한 유형의 수직 분포를 나타낸다.

식물의 생존에 필수적인 탄소, 질소, 규소 및 인 등의 원소를 영양염(nutrients)이라 하며, 이들은 해수의 수직적 · 수평적인 방향으로 불균일

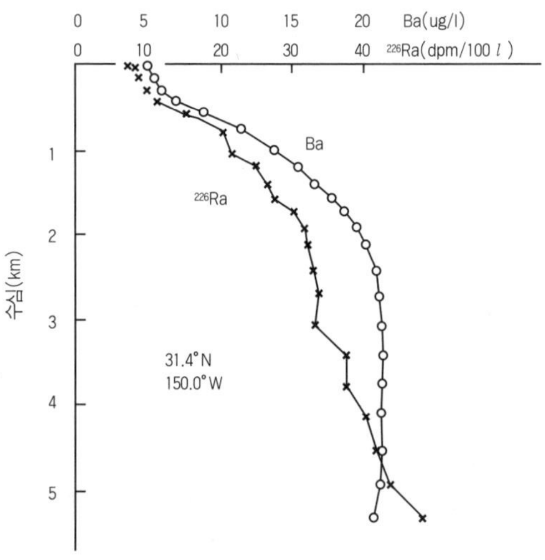

그림 4-10. Ba과 ^{226}Ra의 수심별 농도 변화

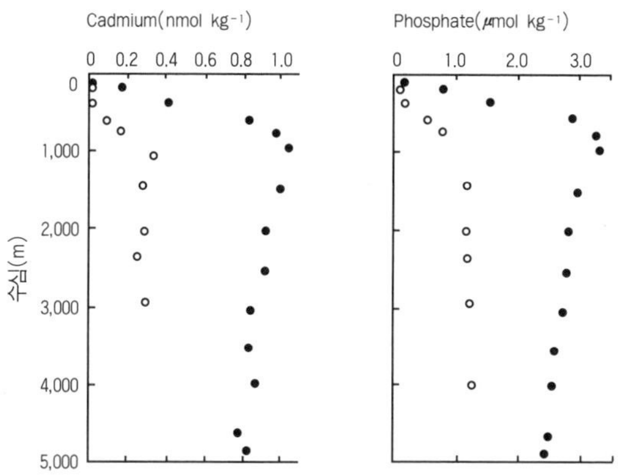

그림 4-11. 영양염의 수심별 농도 분포

한 분포를 갖는다. 영양염의 농도는 광합성이 활발한 표층수에서 식물들에 의해 흡수되므로 낮으며, 유기물의 분해에 의해 원소들이 다시 용존 상태로 존재하는 저층수에서 높게 나타난다. 카드뮴이나 인산염은 잘 알려진 영양염 유형의 수직 분포를 나타낸다(그림 4-11). 예를 들어 규산염, 인산염 및 니켈 등이 생물 활동과 관련 있는 원소로서 동일한 수직 분포를 나타낸다(그림 4-13). 이는 많은 종류의 해양 생물들이 흔적 원소를 영양염류와 같이 동화하는 경향을 가지기 때문이다. 흔적 원소는 생체 구성에 필수적인 것으로 알려져 있다.

해수내의 용존 기체(dissolved gases)는 일차적으로 기체의 용해도에 영향을 주는 온도, 압력 및 염분에 의해서 결정된다. 용존 산소의 분포는 해수 중에 존재하는 생물 활동에 의해 크게 영향을 받는다. 용존 산소의 일반적인 수직 분포를 살펴보면 영양염의 분포와 대칭됨을 알 수 있다(그림 4-14). 해수의 표층에서는 산소의 과포화 상태를 이룬다. 이는 주로 광합성을 하는 일차 생산자인 식물플랑크톤에 의해 대량의 산소 공급에 의한 것으로 또한 표층에서 대기와 상호 교환 과정에서 산소 공급이

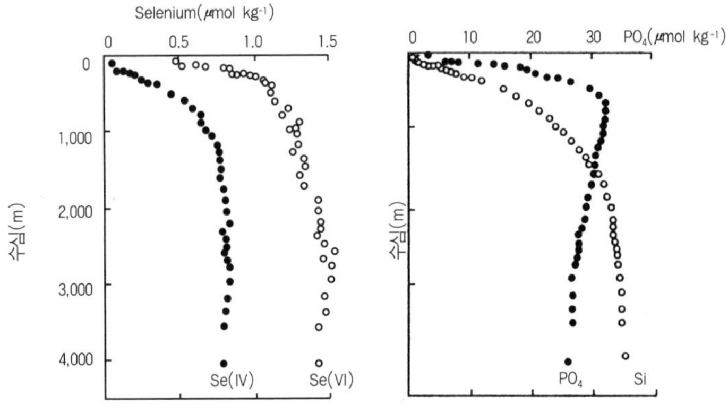

그림 4-12. 대양에서의 Se과 PO_4의 수심별 농도 분포

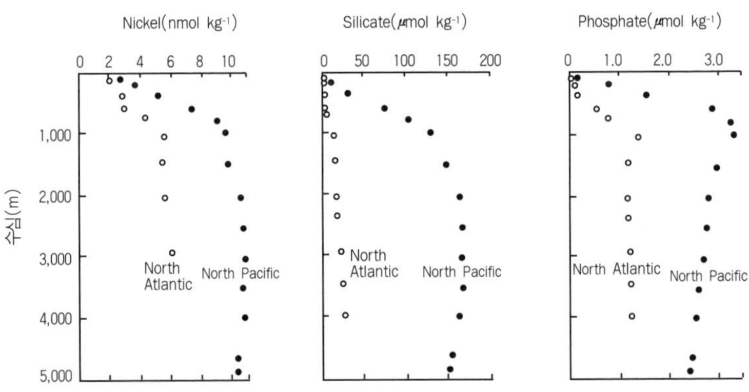

그림 4-13. Silicate, Phosphate, Ni의 대양별 · 수심별 농도 분포

이루어지기 때문이다. 수심이 깊어짐에 따라 용존 산소의 양은 대기와의 상호 교환이 차단되거나 생물 활동이 활발히 일어나 호흡에 의한 소비가 증가하여 감소하게 된다. 또한 해수 중에 존재하는 유기물의 분해 과정에서도 상당량의 산소 소모가 발생하여 일반적으로 수심 약 1,000 m에서 산소 극소층(oxygen minimum layer)이 발견된다. 심해에서 용존 산소가

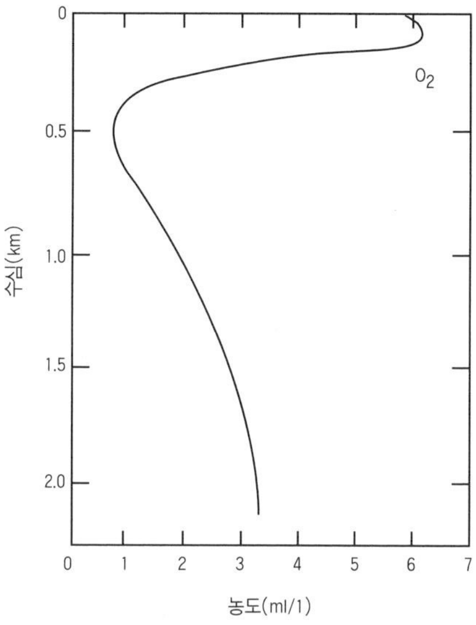

그림 4-14. 용존 산소의 수심별 농도 변화

높게 나타나는 이유는 고위도에서 형성된 용존 산소가 심층 해수로부터 공급되기 때문이다. 한편 생산성이 높은 해역의 대륙붕 저층수에서는 표층에서 침강하는 많은 양의 유기물이 분해되면서 산소가 소비되어 무산소(anoxic) 환경을 이루기도 한다.

이산화탄소는 해수 중에서 가장 높은 농도를 보이는 용존 기체이다. 이산화탄소의 용해도는 해수의 온도와 염도가 증가함에 따라 감소하며, 압력이 증가하면 용해도는 증가한다. 이산화탄소는 해수 중에서 중탄산염이온(HCO_3^-)이나 탄산염이온(CO_3^{-2}) 형태로 존재하게 된다. 용존 이산화탄소의 수직 분포 양상은 표층에서 최소값을 보이다가 수심이 깊어지면 증가하다가 약 1,000 m 이상의 수심에서는 일정한 농도를 유지한다(그림 4-15). 이산화탄소가 표층에서 낮은 농도를 보이는 이유는 일차 생산자인 식물플랑크톤에 의한 광합성으로 유기물이 생성되는 과정에서

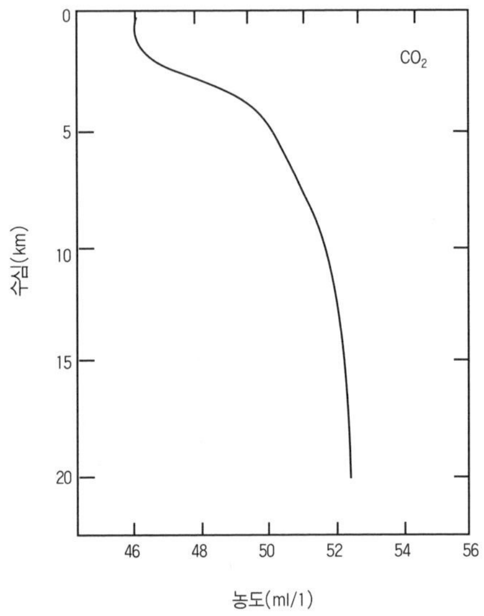

그림 4-15. 용존 이산화탄소의 수심별 농도 변화

이산화탄소가 소비되기 때문이다. 그러나 수심이 깊어지게 되면 이산화탄소는 동 · 식물의 호흡으로 인하여 또한 유기물 분해 과정의 산물로 재생되어 농도가 증가하게 된다.

2-6. 원소들의 체류 시간

해양의 나이를 예측하는 초기의 방법으로는 바다에 유입되는 나트륨의 양을 측정하는 일이었다. 그리고 해수에 녹아 있는 나트륨의 총량을 측정하여 해양의 나이를 계산하였다. 하지만 이러한 값은 해양의 나이를 대표하는 것이 아니라 엄밀히 말해서 나트륨 원소가 해양에서 체류하는 시간(residence time)을 의미하는 것이다. 해수에 포함된 염의 농도가 대체로 평형을 이루고 있다고 가정하면 염을 구성하는 어떤 성분이 해양에 공급되는 양과 제거되는 양은 같다고 할 수 있다. 즉 어떤 성분이 해수에 존재하는 총량(A)과 공급 또는 제거되는 속도(dA/dt)를 알면 그 성분이 해양으로 공급된 후 다시 제거될 때까지 걸리는 평균 시간을 계산할 수 있다. 즉 체류 시간(T) = A/(dA/dt)이다.

체류 시간을 처음으로 계산한 학자는 T.F.W. Barth이고, 그 후 E.D. Goldberg에 의해서 원소가 해저로 침적하는 속도로부터 여러 가지 원소들의 체류 시간을 예측하였다. 그러나 실제로 체류 시간을 추정하는 데에는 여러 가지 문제점들이 제기된다. 예를 들면 해양으로 공급되는 물질은 강물에 의하여 용존 상태와 입자 상태로 들어오는 경우도 있고, 또한 대기나 해저 화산 활동에 의해서도 공급된다. 제거량을 추정하는 경우에도 대양과 연안역에서 원소들이 각각 다르게 행동하기 때문에 신뢰성이 감소된다.

해수가 해양을 완전히 순환하는 데 소요되는 시간은 약 1000년이라고 해석되는데, 체류 시간이 매우 긴 원소는 해수에 균일하게 섞여 있는 것으로 간주될 수 있다. 예를 들어 체류 시간이 백만 년인 원소의 경우 원소가 해양으로 유입된 후로 어떤 형태로든 해수로부터 제거될 때까지 해양을 평균 1000번이나 순환할 것이다. 따라서 체류 시간이 백만 년 이상인 원소들은 전해양의 해수에서 거의 균일한 농도를 가진다고 할 수 있다. 지역적으로 증발이나 강우 또는 담수의 유입이 현저히 우세할 경우 농도의 변화가 있을 것이나, 이런 경우에도 절대적인 양은 변화하더라도 그 상대적인 비는 유지된다. 그러나 생물의 생리 작용이나 생화학적 침전과 관련이 있는 원소와 화학적 반응성이 큰 원소는 일반적으로 dA/dt가 크므로 체류 시간이 짧은 것으로 해석된다. 따라서 전해양의 해수에서 균일하게 혼합되어 있다고 해석하기 어렵다.

3. 해수의 기원과 역사

지구 표면의 71%를 차지하고 있는 해양은 우리의 지구가 온통 바닷물로 덮여 있는 행성이라는 사실을 의미한다. 즉 인공 위성에서 지구 모습을 촬영한 천연색 사진을 보면 쉽게 이해된다. 푸른색의 바다가 지구를 아름답게 둘러싸고 있는 모습의 인공 위성 사진 자료는 지구(地球)를 수구(水球, water planet)라고 명칭을 바꿀 만하다. 그런데 바닷물〔海水〕은 어디에서 생겨났는가? 어느 때에 1.37 × 10^9 km^3(약 14억 km^3)의 바닷물이 생겼으며, 어떤 속도로 바닷물이 생겨나게 되었을까?

지구의 바닷물 총량은 약 14억 km^3에 가까운 엄청난 양인데 이와 같은 많은 양의 물은 우주로부터 근원하여 지구에 온 것이 아니고, 지구 탄생 46억 년 전부터 초기의 10억 년 또는 15억 년 동안에 지구의 내부 구조인 핵(core), 맨틀(mantle) 및 지각(crust)이 형성되면서, 맨틀과 지각의 염기성 현무암의 'degassing' (주로 화산 작용)에 의하여 바닷물 생성이 가능하였다는 연구 결과가 보고되었다. 즉 지구의 물은 지구 내부로부터 근원한 것이다. 지구 탄생의 초기 10억 년 동안은 엄청난 양의 비가 집중적으로 쏟아졌으므로 바다가 생기는 시기였으며, 결국 지구의 바다는 지구 형성 초기 약 20억 년 이내에 빠른 속도로 생성되었다고 해석되고 있다.

그림 4-16은 네 가지 가능성에 따른 해수 체적(양)의 집적 속도(생성 속도)를 제시하고 있다. A 커브는 지구 탄생 후 초기 10억 년 이내에 빠른 속도로 해수 생성이 이루어졌으며, 오늘의 해수 체적인 약 14억 km^3에 도달하였다는 설명이다. B 커브는 A의 경우보다는 약 9억 년 더 늦은 시기, 즉 지구 탄생 20억 년 이내에 오늘의 해수 체적에 도달하였다는 설명이다. C 선은 지구의 나이(연령)와 일차 방정식의 관계로 해수의 총량이 생성되었을 것으로 해석하는 것이다. 그러나 D 커브는 위에 기술된

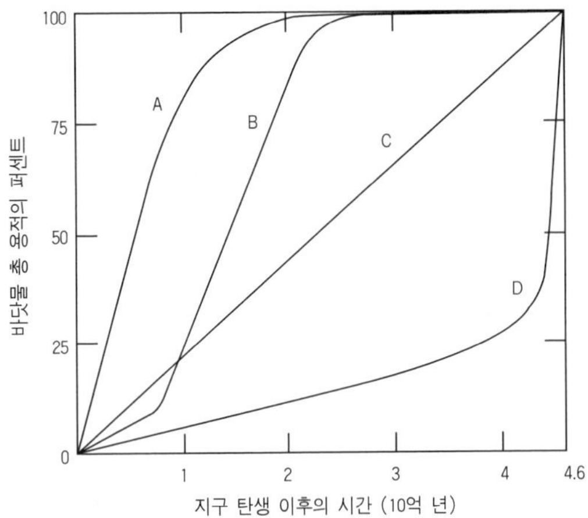

그림 4-16. 지구의 해양 분지에 바닷물이 생기면서 바닷물 총 용적이 증가하는 속도 (46억 년 전부터 현재의 시간에 이르는 기간)

A, B 및 C의 경우와는 다르게 오늘의 해수 총 용적에 도달한 시기가 약 5~6억 년 전이고, 지난 35억 년 동안에는 오늘의 해수 총 용적(약 14억 km^2)의 28%에 해당하는 적은 양(약 4억 km^2)의 해수 존재를 의미하고 있다.

고해양학(Paleoceanography)적 연구 내용에 근거하면 위에 기술된 A, B, C 및 D의 내용 중 B 커브의 내용이 가장 합리적인 것으로 인정된다. 그런데 원시적 초기 해양의 수온에 관한 연구 결과는 다음과 같다. 지구 탄생 초기부터 약 38억 년 전까지의 바닷물 온도(표층수의 수온)는 약 100°C로 매우 뜨거운 바다였으며, 그 후 20억 년 전의 바다는 약 70°C의 수온을 가짐으로써 역시 더운 바다로 해석된다.

이 연구 결과는 해양에서 퇴적된 처트(chert)의 산소 동위원소(oxygen isotope) 분석 자료에 근거한 것이다. 이와 같이 초기의 원시적 해양의 수온은 매우 높은 것으로 해석되고, 그 후부터 점차적으로 수온은 낮아지게 된 것으로 해석된다. 즉 선캄브리아 시기(Precambrian time)는 6억 년 전에서 38억 년 전까지인데, 이 때 지구의 바닷물은 100° C에서 40° C까지의 수온 범위였으며, 선캄브리아 후기(약 8억 년 전)에 이르러 해수의 온도는 30° C로 감소한 것으로 해석된다.

더구나 7억 년 전후의 시기에는 빙하기(glacial time)가 있었으므로 전 지구의 바닷물은 낮은 수온을 나타냈을 것이다. 그런데 고생대 초기(early Paleozoic)부터 현재에 이르기까지 해수의 표층 온도는 30° C 미만이었으며, 지난 7천만 년 동안의 해양의 심층 저층수(bottom deep water)의 수온은 14° C에서 현재의 2° C에 이르는 것으로 해석되고 있다.

산소(O_2)를 생산 · 배출하는 광합성(photosynthesis) 작용은 최초로 어느 때의 해양에서 가능하였는가 하는 질문을 해 본다면 다음과 같이 설명된다. 그린랜드(Greenland)의 서부 해안 지역에 위치한 이수아(Isua) 지역의 이수아 지층군(Isua Formation) 중에 발달한 층상 철 지층(banded iron formation)의 특수한 존재는 매우 중요한 몇 가지 사실을 시사한다. 첫째, 이 이수아 지층의 연령은 38억 년이며, 현재까지의 연구 결과는 이 38억 년의 연령보다 더 오래 된 암층 연령은 발견되지 않았고, 둘째, 이수아 지층의 철 함유 처트 층은 해성층이며, 수 mm에서 수십 cm의 두께로 층상 구조를 나타내며, 셋째, 이수아 지층의 처트 층은 물리 · 화학적 기원으로 생성 가능한 것이나 생물에 의한 영향으로 세립 줄무늬(fine lamination)의 근원을 설명할 수 있다. 따라서 38억 년 전의 지구에는 이미 이수아 지층의 형성이 가능한 바다가 존재하였으며, 광합성(photosynthesis)이 가능한 원시적인 생물이 존재하였다고 해석되는 것이다.

5

해류와 순환

Ocean Currents and Circulation

해류는 해수가 일정한 방향으로 이동하는 지속적인 흐름이다. 해양에는 크고 작은 규모의 해류들이 있으며, 해류에 의하여 해수의 순환이 일어난다. 이러한 해수의 순환은 많은 양의 태양 복사에너지를 받는 저위도 해역과 평균 이하의 적은 양의 에너지를 받는 고위도 해역 사이의 열적 평형을 이루는 데 중요한 역할을 할 뿐 아니라, 일찍이 인류 문명의 이동과 파급에 중요한 역할을 한 것으로 해석된다. 또한 어장의 형성이나 해운에도 밀접한 관계와 영향을 미친다.

해수의 순환은 궁극적으로 태양 에너지에 의해 야기되는 것으로 볼 수 있으나 구동력의 차이에 의하여 풍성 순환(wind-driven circulation)과 열염분 순환(thermohaline circulation)의 두 가지로 구분될 수 있다. 풍성 순환은 바람의 영향으로 형성되는 흐름이며, 주로 수온 약층(thermocline)의 상부에 해당하는 표층 수층에서의 표층 순환과 이에 의해 야기되는 수직 순환을 포함한다. 이 때 지구의 자전에 의해 나타나는 코리올리의 효과가 해류의 방향에 영향을 미친다. 즉 풍성 순환에 있어서 그 구동력은 바람에 의한 변형력이며 그 방향은 코리올리의 힘과 마찰력에 의하여 영향받는다. 표층의 해수는 해수의 밀도 차이 또는 바람이나 해면 경사에 의해 수평적으로 이동하며 이러한 해류로 인하여 발생되는 용승이나 침강에 의하여 수심 수백 m 미만의 작은 규모에서 수직적인 순환이 일어난다. 이러한 표층의 순환은 거의 모든 대양의 표층수를 끊임없이 순환하게 하지만 전세계 대양의 평균 수심이 약 3,800 m인 것을 고려할 때 표층 해류의 영향은 기껏해야 수면으로부터 매우 낮은 수심인 것으로 사료된다.

그러나 열염분 순환은 해수의 수온과 염분의 차이에서 기인하는 밀도 차이에 의한 것으로 비교적 느리며, 주로 심층에서의 수평적인 해류를 야기한다. 적도 해역의 심층수가 차갑다는 사실은 해양 조사 초기부터 알려져 왔다. 그러나 대양의 표층수 하부에 있는 해수의 중요한 물리적 성질, 즉 수온과 염분은 우리가 생각한 것보다 빠른 속도로 변화하고 있다. 예컨대 1981년 북대서양의 심해 순환 연구에서 밝혀진 바에 의하면 북위 50～60°의 해역에서 표층수로부터 수백 m 수심에 있는 해수의 염분은 1972년에 비해 약 0.02‰ 정도, 수온은 0.15°C 정도 낮아졌다. 또한 북위 24～36°의 해역에서 500～3,000 m 수심의 해수의 온도는 1958년에 비해 1982년에는 0.2°C나 상승하였으나 현재는 다시 1958년보다 감소하였다. 이러한 변화의 원인은 해수에 영향받는 기상 변화에서 찾을 수 있으며, 대양의 심층 순환에 관한 좀더 상세한 연구가 필요하다.

1. 수 괴

가장 중요한 해수의 물리적 특성은 수온과 염분이다. 일반적으로 −2°C 이하의 온도로 하강하기 전에 해수는 결빙하므로 해수의 온도는 고위도 해역에서 항상 −2°C 이상이며, 저위도 해역에서는 30°C를 넘는 경우는 거의 없다. 극단적인 경우를 제외하면 대양에서의 심층 수온은 거의 −1~4°C의 범위에 있으며, 염분은 대체로 34~35‰의 범위에 있다.

해수의 중요 성질은 수온과 염분에 의해 결정되므로 세로축에 수온, 가로축에 염분을 나타내는 '수온-염분 도표(T-S nomogram)'를 이용하면 해수의 특징적인 성질을 간결하게 나타낼 수 있다(그림 5-1). 즉 어떤 해수의 수온과 염분은 수온-염분 도표에 하나의 점으로 나타나며 어떤 지역에서 수온과 염분이 수직적 또는 수평적으로 연속적인 변화를 보인다면 이들은 수온-염분 도표에서 하나의 직선 또는 곡선으로 나타난다. 또한 일정한 수심에서의 해수의 밀도는 수온과 염분에 의하여 결정되므로 수온-염분 도표에 등밀도선을 표시하면 수층(수괴)의 안정성을 판단할 수 있다. 따라서 수온-염분 곡선이 등밀도선과 평행하면 밀도의 변화가 없는 것이며, 두 곡선이 교차하면 밀도의 변화가 있는 것이다. 일반적으로 수층의 하부로 가면서 밀도가 증가하면 그 상태에서의 수층은 안정하다.

표층수의 중요 성질을 결정하는 요인은 다양하다. 해수면의 가열과 냉각, 증발과 강수 및 결빙과 해빙 등과 같은 열(heat)과 염분(salinity)의 가감 작용 요인과 이에 따른 불균형을 해소하는 난류(turbulence)와 대류(convection)의 혼합 작용 요인도 해수의 성질을 결정한다. 어떤 해역의 해수가 같은 환경에 오랫동안 노출되면 비교적 일정한 범위의 수온과 염분을 갖게 되며, 수온-염분 도표에서 비교적 일정한 범위에 모인 점들로 나타난다. 이와 같이 수온, 염분 등의 성질에 의해 주변의 해수와 뚜렷이 구분이 되며, 수평적으로 수천 km, 수직적으로 수백 m 이상의 규모를 갖는 해수의 덩어리를 '수괴(water mass)'라고 한다.

수괴의 명칭은 일반적으로 발원지의 지리적인 명칭과 수괴의 수심에

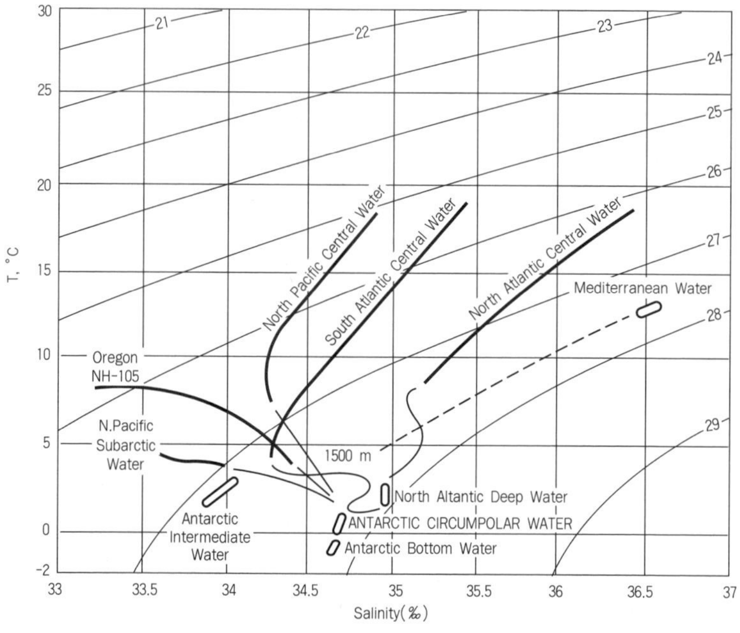

그림 5-1. 여러 수괴의 수온-염분 도표

의하여 결정된다. 수심에 따라서 300 m 수심까지의 수층을 상층수(upper water), 500~1,200 m의 수층을 중층수(intermediate water), 1,200~4,000 m의 수층을 심층수(deep water), 심해저 가까운 곳의 수층을 저층수(bottom water)로 구분한다. 그런데 수심이 깊어질수록 저온, 고염분의 성질을 갖는 수층이 형성된다. 이들 중 상층수의 성질은 위도에 따른 차이가 크므로 저위도에서 고위도로 접근할수록 적도수(tropical water), 온대수(temperature water), 아한대수(subarctic water), 한대수(polar water)로 구분될 수 있다.

모든 수괴는 그 발원지의 표층에서 형성되어 수평 및 수직 방향으로 확산하면서 다른 수괴와의 혼합 작용 또는 열염분 작용에 의해 그 성질

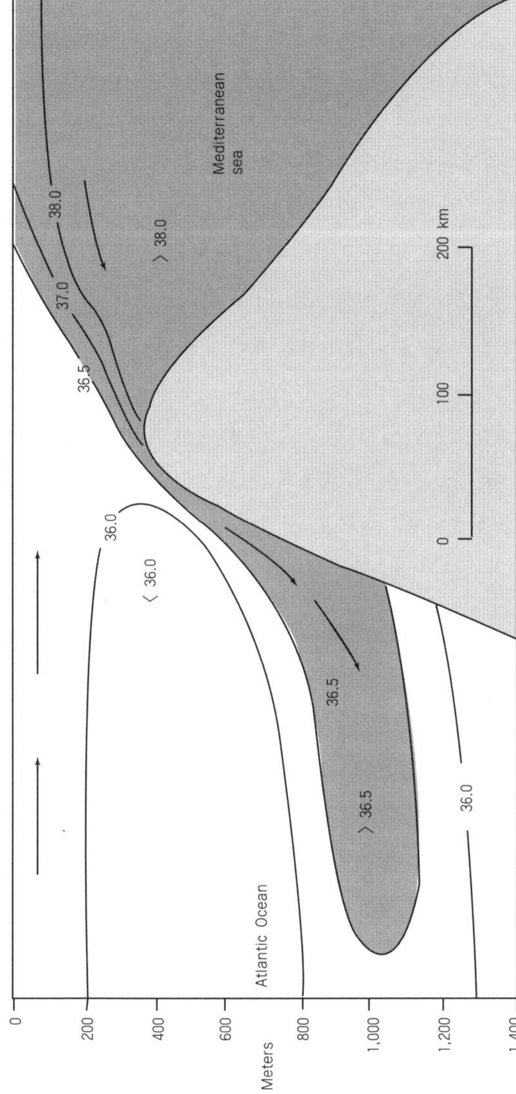

그림 5-2. 대서양으로 유입하는 지중해의 해수(지중해수)
(주의: 〈36.0~〉38.0 등은 염분(‰). 척도(scale)는 m 단위임)

이 점진적으로 변질된다. 이와 같은 수괴의 변질은 수온-염분 도표에서 하나의 곡선으로 나타난다. 그림 5-2는 특별한 수괴 중의 하나인 지중해의 해수(Mediterranean Water)가 대서양으로 흘러드는 현상을 보여 준다. 강수(precipitation)에 비하여 증발이 심한 지중해에서는 표층에서 형성된 고염분의 해수가 침강하여 지중해 분지를 채우고 있는데, 이를 고염분의 지중해수라 칭한다. 지브랄타 해협(Gibraltar Strait)을 통해 대서양으로 흘러들어가는 지중해수는 대서양 표층의 해수보다 상대적으로 고염분으로 밀도가 크기 때문에 해저 지형 댐(sill)의 경사면을 따라 흘러내려 간다(그림 5-2). 이렇게 흘러들어간 지중해수가 대서양 1,200 m의 수심에 도달하면 주변 해수의 밀도와 비슷하게 되고 지중해수는 확산하게 된다. 이러한 현상은 지브랄타 해협의 입구(정점 1)에서 측정된 수온과 염분의 수직적인 변화(그림 5-3)에서 확인될 수 있다. 즉 일반적으로 완만한 곡선을 이루는 수온-염분의 수직 분포 곡선이 약 1,200 m의 깊이에서는 흘러드는 지중해수의 영향으로 부분적으로 심하게 휘어진 형태를 보인다.

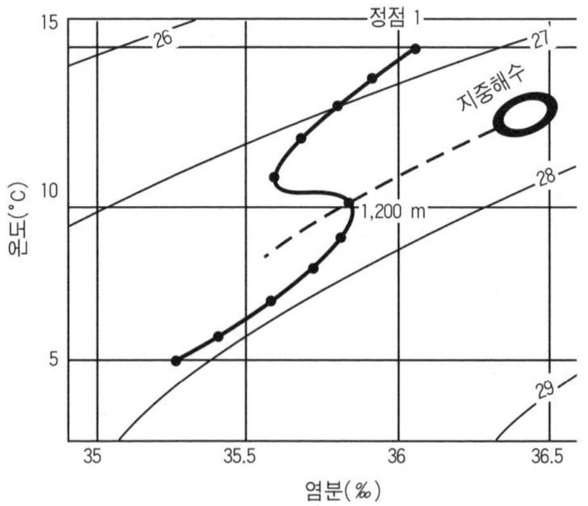

그림 5-3. 지브랄타 해협 입구와 대서양 수심 1,200 m에서 변질된 지중해수의 수온-염분

위와 같이 수온-염분 도표를 이용하면 수괴가 수평적으로 또는 수직적으로 확산 또는 이동하는 모습을 이해할 수 있다. 이와 같이 수온, 염분 및 용존 산소와 같은 해수 성질을 측정하고 도표화하면 해수의 순환, 특히 느린 속도로 일어나는 해수의 심층 순환을 간접적으로 이해할 수 있다.

2. 취송류와 지형류

해류의 규모는 단위 시간당의 이동 거리, 즉 속도로 설명되며 해류가 매우 느린 경우에는 단위 시간당 수송량으로 기술되기도 한다. 수송량을 기술할 때 흔히 사용되는 단위는 'sverdrup(sv)'이며 10^6 m^3/sec에 해당한다. 유명한 해양학자인 Harald U. Sverdrup의 이름을 딴 것으로 m/sec, km/h 등과 함께 해류의 속도를 나타낼 때 흔히 사용되는 단위이다.

19세기 말에 북극해를 탐험하던 F. Nansen은 빙산이 바람이 부는 방향으로 이동하는 것이 아니라 풍향의 오른쪽으로 20~40°만큼 기울어진 방향으로 이동하는 것을 알아 내고 Fram호를 이용하여 이 현상을 자세히 관찰하였다. 그 후 V.W. Ekman은 무한히 깊고 넓은 바다에 일정한 방향의 바람이 충분히 오랫동안 불고 있는 상황을 가정하고 F. Nansen의 관찰 현상을 수학적으로 설명하였다. 북반구의 경우 표층 해류의 유향은 코리올리의 힘에 의해 풍향의 오른쪽으로 45°만큼 치우친 방향이며, 수심이 깊어질수록 시계 방향으로 나선하면서 지수함수적으로 유속은 감소한다. 또한 표층 해류의 유속은 풍속의 약 2~4%에 해당하며, 풍속이 같은 경우에는 저위도 해역에서 빠르다.

이와 같은 유향과 유속의 수직적인 변화를 '에크만 나선(Ekman Spiral)'이라 한다(그림 5-4). 에크만 나선에서 어떤 깊이에 이르면 유향은 표층 해류 유향의 반대가 되고 유속은 표층 해류 유속의 약 4%에 해당되는데 그 깊이를 바람의 영향이 미치는 한계로 간주되는바 이를 마찰

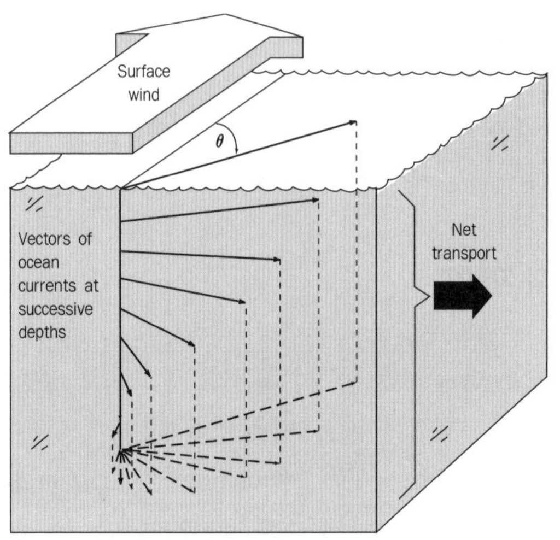

그림 5-4. 에크만의 나선

저항 수심(depth of frictional influence)이라 한다. 이론적으로 마찰저항 수심은 저위도일수록 깊어져서 적도에서는 무한대에 이르고, 마찰저항 수심의 수심 한계는 약 100 m로 추산된다. 해수면에서 이 수심(약 100 m)까지의 속도 벡터를 평균한 '순수송(net transport)' 또는 '에크만 수송(Ekman transport)'의 유향은 북반구의 경우 풍향의 오른쪽 90° 방향이며, 그 크기는 역시 풍속에 비례하고 저위도에서 더 증가한다.

이와 같이 취송류는 바다와 대기 사이의 경계면에서의 변형력(stress)에 의해 발생된다. 해수에 마찰 영향을 미치는 바람의 변형력은 해수에 전달되어 해수의 흐름을 유발하게 되므로 흐름의 크기(속도)는 해수 표면에서 하부로 내려갈수록 작아진다. F. Nansen의 관찰에서 빙산의 이동 방향이 풍향의 오른쪽 90°, 즉 표층 해류 방향의 오른쪽 45°가 아니라 20~40°로 관찰된 것은 이해될 수 있다.

해수의 수온, 압력, 염분 등 밀도에 영향을 주는 요인들이 수평 · 수직적으로 균일하거나 또는 수직적인 변화가 있고 수평적으로 변화가 없는 경우, 바람의 영향 없이 해류는 발생하지 않는다. 그러나 실제로 바다 표면의 표층수는 균일하지 않고 밀도의 수평적인 차이가 있으면 바람과 관계없이 수평적인 흐름이 발생한다. 밀도가 서로 다른 수괴가 평행하게 인접하여 있는 경우, 평형을 유지하기 위하여 해수의 수평적인 밀도(주로 수온)의 차이로 인해 저온 수주와 고온 수주(water column) 사이에는 그림 5-5와 같은 '해면 경사'가 형성된다. 한편 수직적인 압력의 증가는 저온 수주 수괴에서 빠르기 때문에 등압면은 기준면 근처에서 등수준면과 거의 평행하지만 위로 올라갈수록 기울기가 커져서 결국 해면과 거의 평행하게 된다. 따라서 기준면보다 위쪽의 어떤 수준면에서 압력은 고온 수괴에서 크게 나타나고 저온 수괴에서 작게 나타난다. 이와 같이 해수의 밀도가 균일하지 않기 때문에 '해면 경사'와 '압력 기울기'가 생긴다. 따

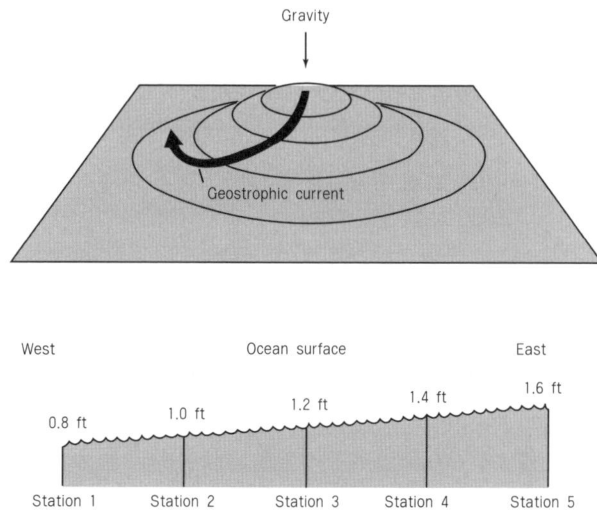

그림 5-5. 해면 경사, 지형류의 모델

라서 해수는 고온 수괴 수주 쪽에서 저온 수괴 수주 쪽으로 운동하기 시작하며 동시에 코리올리의 힘이 작용하여 그 방향이 변화하게 된다.

이와 같이 해면 경사와 압력 기울기에 의한 해류를 지형류(geostrophic current) 또는 밀도류(density current)라 한다. 지형류의 유속은 수평 압력 기울기 크기에 비례하며, 방향은 코리올리의 효과에 의하여 해수면이 높은 고온 수괴를 오른쪽에 두고 등압선에 평행한 방향으로 흐른다. 즉 해류의 구동력을 편의상 바람의 마찰 변형력으로 제한하여 고려한 것을 취송류라 한다면 내부 압력 기울기에 의한 힘만을 고려한 것을 지형류라 할 수 있다. 우리 나라 주변 해역의 경우, 대한 해협을 통해서 동해로 흘러들어가는 대마 난류는 그 속도에 비례하여 부산-대마도 사이의 해수면의 차이가 변화하는 것으로 알려져 있다.

3. 환류와 서안강화

해류의 발생에 영향을 미치는 대기의 순환 중에서 그 범위와 규모 및 일정성에 근거하여 저위도에서 고위도의 순서로 나열하면 무역풍, 편서풍 및 편동풍이다. 이러한 탁월풍의 양상과 발생 원인은 대기과학에서 다룰 내용이나 이것에 의해 발생되는 해류는 실제로 전세계 대양의 해류 거동을 좌우한다(그림 5-6).

적도에서 극지방으로 가면서 이러한 탁월풍의 풍향이 차례로 역전되므로 표층 해류의 방향이 변한다. 무역풍은 저위도에서 적도를 향해서 비스듬하게 불어 가는 동풍으로, 이로 인해 발생된 적도 해류(Equatorial Current)는 저위도 해역에서는 동쪽에서 서쪽으로 흐른다. 편서풍은 중위도 해역의 탁월풍으로 저위도 해역에서 고위도 해역으로 비스듬히 불어 가는 서풍이며, 서쪽에서 동쪽으로 흐르는 서풍 표류(West-Wind Drift)를 일으킨다. 편동풍은 극지방에서 불어 오는 동풍으로 이에 의해

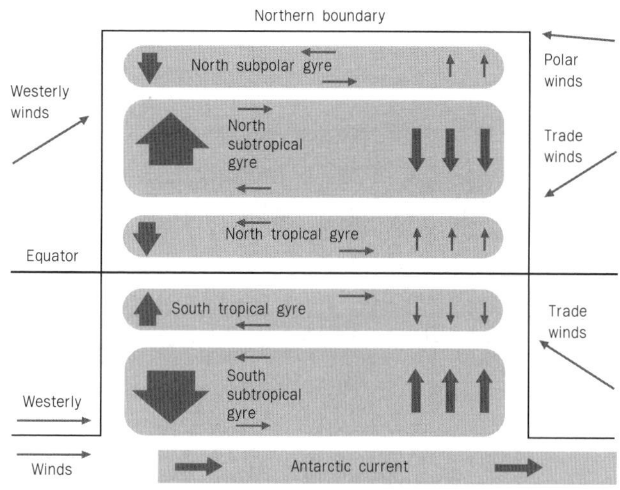

그림 5-6. 모식화된 대양에서의 탁월풍과 해류

발생되는 해류를 동풍 표류(East Wind Drift)라 한다.

적도 해류, 서풍 표류 및 동풍 표류는 해양 대순환의 근간을 이루며, 동서 방향의 성분이 크기 때문에 대상류(zonal flow)라 한다. 만약 지구의 표면이 모두 바다라면 이러한 대상류는 지구를 둘러싸고 흐를 것이며, 실제로 남극해의 서풍 표류는 남극 대륙을 둘러싸고 흐르므로 남극 순환류(Antarctic Circumpolar Current)라 칭한다. 그러나 대부분의 대양은 대륙에 의하여 남북으로 가로막혀 있으므로 대상류는 대양의 동서 양쪽 해안에서 쿠로시오 해류 또는 캘리포니아 해류와 같이 남북 방향의 해류로 발달하는데 이러한 남북 방향의 해류를 경계류(boundary current)라 한다. 또한 동서 방향의 대상류와 남북 방향의 경계류는 대양의 가장자리에서 해면 경사를 형성하게 되는바 이를 보상하기 위하여 반류(counter current)가 발생한다. 이러한 해류들은 서로 연계되어 거시적으로 보면 몇 개의 소용돌이를 형성하는데 이를 환류(gyre)라 한다. 환류의 존재는

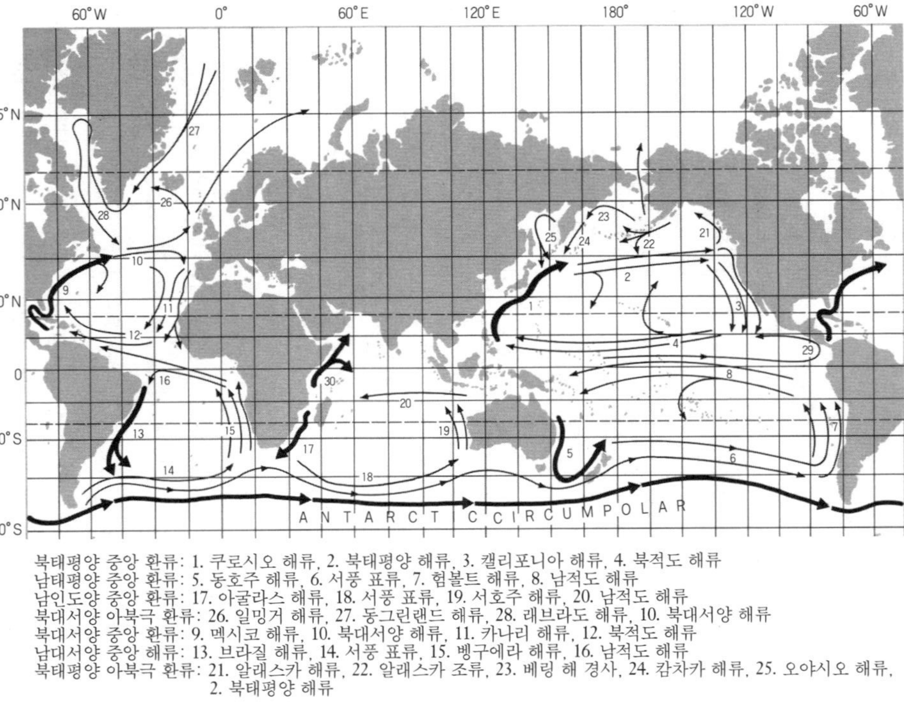

북태평양 중앙 환류: 1. 쿠로시오 해류, 2. 북태평양 해류, 3. 캘리포니아 해류, 4. 북적도 해류
남태평양 중앙 환류: 5. 동호주 해류, 6. 서풍 표류, 7. 험볼트 해류, 8. 남적도 해류
남인도양 중앙 환류: 17. 아굴라스 해류, 18. 서풍 표류, 19. 서호주 해류, 20. 남적도 해류
북대서양 아북극 환류: 26. 일밍거 해류, 27. 동그린랜드 해류, 28. 래브라도 해류, 10. 북대서양 해류
북대서양 중앙 환류: 9. 멕시코 해류, 10. 북대서양 해류, 11. 카나리 해류, 12. 북적도 해류
남대서양 중앙 해류: 13. 브라질 해류, 14. 서풍 표류, 15. 벵구에라 해류, 16. 남적도 해류
북태평양 아북극 환류: 21. 알래스카 해류, 22. 알래스카 조류, 23. 베링 해 경사, 24. 캄차카 해류, 25. 오야시오 해류, 2. 북태평양 해류

그림 5-7. 전 세계 대양의 표층 해류와 환류

Vossius에 의해 이미 17세기에 제의된 바 있으며 현재는 가상적인 환류의 대부분이 실제로 관측되고 있다.

현재까지의 관측의 결과 확인되고 있는 환류는 그림 5-7과 같다. 북태평양 중앙 환류, 남태평양 중앙 환류, 남인도양 중앙 환류, 북대서양 중앙 환류 및 남대서양 중앙 환류 등과 같은 아열대 해역의 환류는 적도 해류와 서풍 표류(West Wind Drift), 그리고 이들을 연결하는 경계류로 이루어지며, 북대서양의 아북극 환류와 북태평양의 아북극 환류 등과 같은 고위도 해역에 위치한 환류는 편동풍에 의한 해류와 서풍 표류에 의하여 영향을 받는다. 한편 적도 주변의 환류는 적도 해류와 적도 반류 및 경계류로 구성된다.

이러한 환류에서 공통적으로 나타나는 특징은 환류의 중심이 지리적으로 서쪽에 치우쳐 있다는 것이다. 환류의 서쪽 경계류인 북태평양의 쿠로시오와 북대서양의 멕시코 만류 등은 비교적 좁고 빠르며 두꺼운 깊이의 흐름인 데 반하여 적도 쪽으로 흐르는 동쪽의 경계류들은 느리고 넓으며, 얇은 깊이를 가진 흐름으로 전체적 윤곽이 비교적 명확하지 않은 것으로 본다. 해류의 서안강화(westward intensification) 현상은 지구자전에 의한 코리올리 그 자체 효과 때문에 생기는 것이 아니며, 지구 타원체에 따른 자전 효과, 즉 코리올리 효과와 위도에 따라 서안강화는 달라진다. 따라서 대양의 서쪽 경계류는 대체로 5 km/h 이상의 큰 유속을 갖는 반면 동쪽의 경계류는 0.9 km/h 이하의 비교적 작은 유속을 갖는다. 이러한 효과는 북반구와 남반구에서 같은 방향으로 나타나며 적도에서 극 방향으로 가면서도 같은 방향으로 나타난다.

4. 용승과 침강

취송류와 지형류는 해수를 수평 이동시키므로 해역에 따라 해수의 수

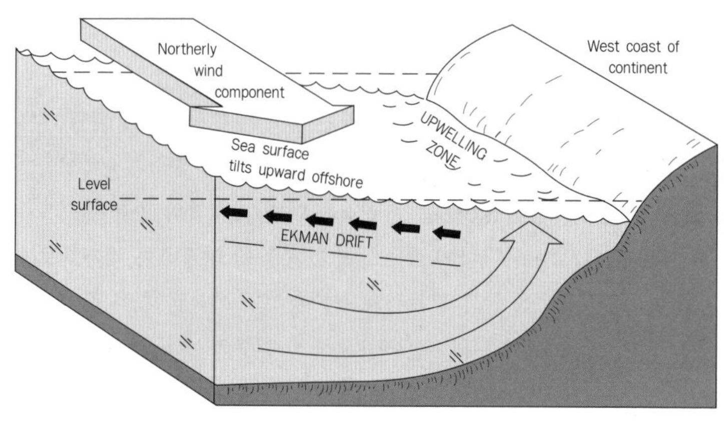

a

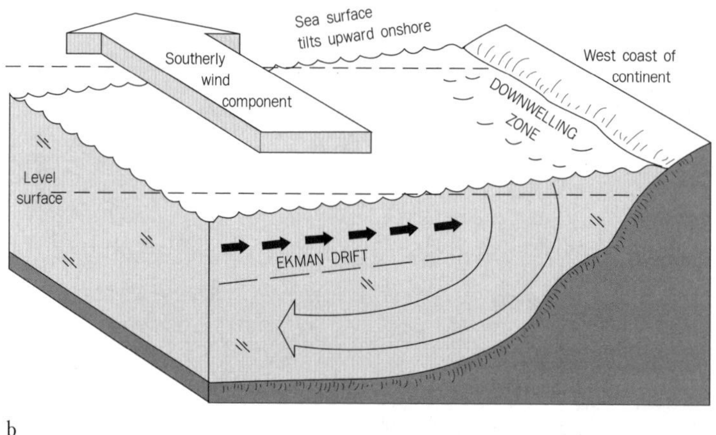

b

그림 5-8. 모식화된 용승(a)과 침강(b)

위는 높아지거나 반대로 낮아질 수 있다. 북반구의 바다에서 육지를 왼쪽에 두고 해안선에 평행한 방향으로 바람이 불어 가는 경우에 '에크만 수송' 은 육지에서 바깥쪽으로 일어나므로 해안의 해수면은 상대적으로 낮게 된다. 이러한 불균형을 보충하기 위해서 '에크만 수송'과 관련이 없는 200~300 m 수심에서 해수는 상승하게 되는데 이러한 현상을 '용승(upwelling)'이라 한다(그림 5-8a). 이러한 용승 현상은 대양과 대륙의 주변 해안을 따라서 발생한다. 이와 반대인 경우, 즉 바람의 방향이 반대이거나 또는 같은 상황이 남반구에서 일어난다면 해안 쪽의 해수면은 상대적으로 높아지게 된다. 이러한 불균형으로 해수는 하강하게 되는데 이를 침강(downwelling)이라 한다(그림 5-8b). 한편 용승과 침강이 흔히 일어나는 해역은 그림 5-9와 같이 해양성 고기압이나 계절풍(monsoon) 등이 우세한 기상 조건에 의해 결정된다. 여름철에 용승이 많이 발생하는 해안에는 표층 수온이 낮아져서 안개가 많이 형성된다. 우리 나라 근해에서는 6~8월의 여름철에 남서-남동 방향으로부터 계절풍이 우세할 때 울산 해역에서 용승이 자주 관찰된다.

용승에 의해서 상승하는 심층의 해수는 표층의 해수에 비교하여 저온이며 영양염(nutrients)이 풍부하다. 이는 표층수에서 형성된 유기물이 침강하고 분해되어 영양염이 재공급되기 때문이다. 따라서 용승이 발생하는 해역에서는 영양염의 공급이 충분하여 식물플랑크톤이 번성하고 좋은 어장이 형성된다. 세계적으로 알려진 용승과 관련된 어장은 페루-칠레 해역, 미국 서부의 캘리포니아-오레곤 해역, 그리고 아프리카의 북서부 해역을 예로 들 수 있다.

인도양의 북적도 해류와 태평양과 대서양의 남적도 해류는 서쪽으로 진행하는 편동풍에 의해 적도 남북에서 각각 흐르기 때문에 적도의 북쪽에서는 오른쪽으로, 적도의 남쪽에서는 왼쪽으로 각각 수송량이 편향되어진다. 따라서 적도 해역의 부족한 물을 보충하기 위해 수심이 깊은 해역으로부터 용승이 발생하게 되는데, 이 현상을 적도 용승(Equatorial Upwelling)이라 하는데 이것은 이미 앞에서 기술한 연안 용승과 대비된다.

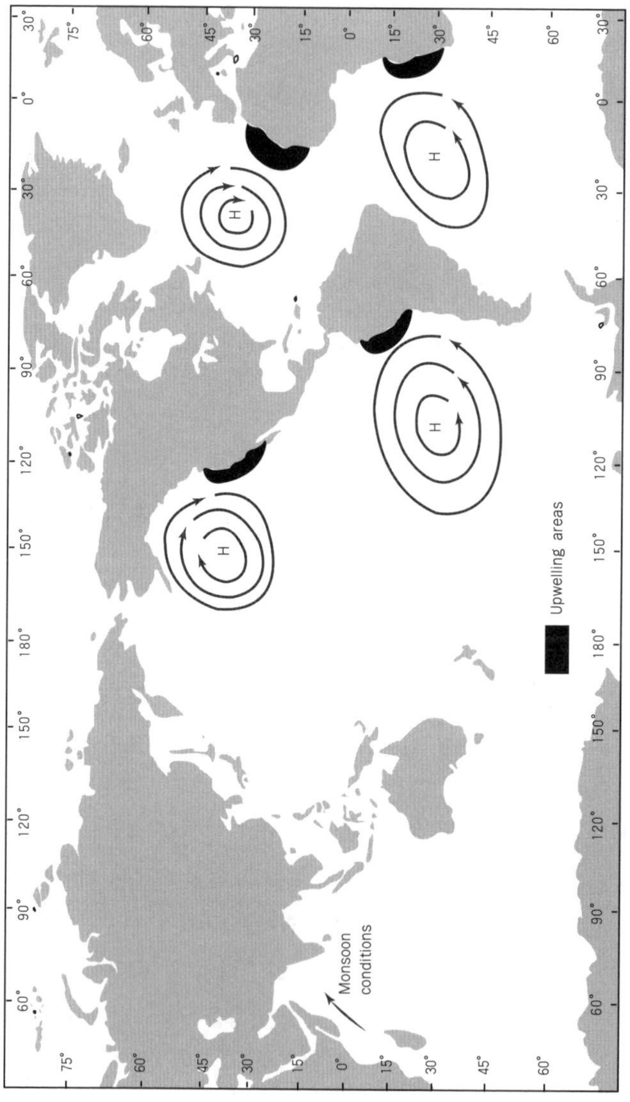

그림 5-9. 용승이 일어나는 해역

5. 대양의 표층 해류

5-1. 태평양의 표층 해류

북태평양의 북적도 해류(North Equatorial Current)는 무역풍에 의하여 행성되는 해류이며, 북위 8~20°의 해역에서 발원된다. 캘리포니아 남부와 멕시코 북부의 근해로부터 시작한 이 해류는 서쪽으로 흘러 필리핀의 동쪽 근해까지 유동하므로 총 연장이 약 12,000 km에 달하며 북태평양 중앙 환류의 일부를 구성한다. 무역풍은 계절적인 변화를 보이므로 북적도 해류도 계절적으로 약간의 차이를 나타내는바 유속은 0.5~1노트, 두께는 약 200 m 정도이다. 그런데 서쪽으로 유동될수록 강하고 두꺼워지며 결국 필리핀 동쪽 해역에서 쿠로시오 해류(Kuroshio Current)로 발생 · 변이되고, 그 일부는 적도 반류(Equatorial Countercurrent)와 연결된다.

쿠로시오 해류는 남북 방향으로 흐르는 경계류(boundary current) 중의 하나이며, 멕시코 만류, 동호주 해류, 브라질 해류, 아굴라스 해류 등과 함께 대양의 서쪽 해안에서 강화된 서안 경계 해류(western boundary current) 중의 하나이다. 쿠로시오 해류는 필리핀의 루손 섬 해역 동쪽으로부터 대만의 동쪽 해안을 따라 지형류의 성격을 나타내며 유동하면서 일본 열도의 동쪽을 지나간다(그림 5-10). 쿠로시오 해류의 유속은 대만 해역 동쪽에서는 2~4 km/h 정도이지만 점차로 빨라져서 오키나와 해역 부근에서는 4~5 km/h에 달하며, 일본 동쪽 해역에서는 8 km/h 이상에 달한다. 쿠로시오 해류의 폭은 80 km, 두께는 400 m 정도이다.

쿠로시오 해류는 일본 열도를 거쳐서 동쪽으로 방향을 바꾸어 계속 흐르는데 이를 쿠로시오 속류(Kuroshio extension)라 한다. 쿠로시오 속류는 160°E 부근까지 거의 같은 속도를 유지하며, 160°E 해역부터 부채꼴로

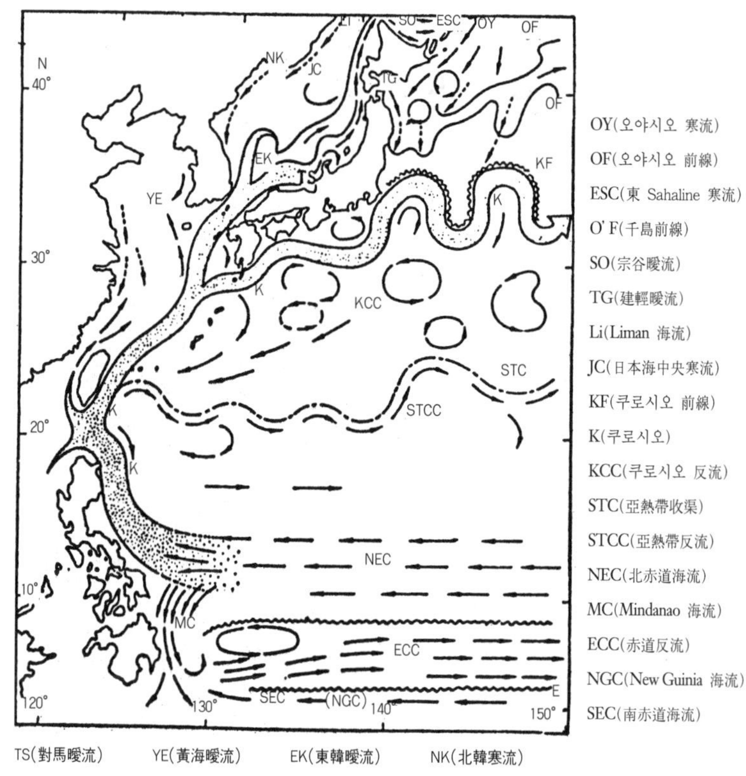

그림 5-10. 쿠로시오 해류의 경로

확산되고 느린 속도로 유동하면서 북태평양 해류(North Pacific Current)로 변화되는 것으로 알려져 있다. 일본 큐슈의 해역 남서쪽에서 북쪽 방향으로 갈라져 유동하는 쿠로시오의 지류를 대마 해류(Tsushima Current)라고 하는데, 이 해류는 대한 해협을 통해 동해로 흘러들어 간다.

미국 서해안 캘리포니아 근해의 북에서 남으로 흐르는 해류를 캘리포니아 해류(California Current)라 한다. 그런데 쿠로시오 해류는 서안강화 작용에 의하여 80 km 정도의 좁은 폭과 2~4 km/h 이상의 유속을 나타내는 반면에 캘리포니아 해류는 1,000 km 정도의 넓은 폭을 가지며, 유속은 1 km/h 이하이다. 이러한 해류의 해안 쪽의 경계 해역에는 남에서 북쪽으로 흐르는 반류(counter current)가 계절적으로 나타난다. 한편 북태평양 해류에서 분리된 알래스카 환류(Alaskan gyre)는 북미 대륙의 북쪽으로 흐른다.

태평양의 적도 잠류(Equatorial Undercurrent)는 최초로 발견한 사람의 이름을 붙여 '크롬웰 해류(Cromwell Current)' 라고 칭하는데 100~300 m의 수심에서 적도를 따라 서쪽에서 동쪽으로 최대 4 km/h의 속도로 흐른다. 남반구와 북반구의 무역풍은 각각 기상학적 적도인 북위 5~10° 로 향하여 수렴한다. 이 때 남반구의 무역풍은 지리적 적도를 비스듬히 횡단한다(그림 5-11a). 그런데 지리적 적도에서는 코리올리의 효과가 사라지므로 표층수는 바람의 방향으로 이동 · 집적되기 때문에 결과적으로 아시아 대륙 필리핀 동해역의 해안에 해수의 언덕이 형성된다(그림 5-11a). 이와 같이 태평양 서단 해역 적도간 수렴대(Intertropic Convergence Zone)에 형성된 해수의 언덕은 태평양 동단 해역 해안에 비교하면 약 1 m 정도 높다. 이러한 언덕은 결국 침강 · 유동하기 시작하여 100~300 m의 두께를 갖는 렌즈 모양의 해류를 형성하고 동쪽으로 흐르게 된다. 이것이 적도 잠류이다(그림 5-11b). 적도에서는 코리올리의 힘이 작용하지 않으므로 적도 잠류는 적도를 따라 동쪽으로 직선에 가깝게 흐른다.

남태평양의 남적도 해류(South Equatorial Current)는 남태평양 환류(South Pacific gyre)의 서쪽 경계류인 동호주 해류(East Australian Current)로 변이된다. 동호주 해류는 상대적으로 느리게 흐르는 서쪽 경계류인데 서풍 표류와 합류하고 남태평양을 횡단하여 남미 대륙의 서해안을 따라 유동한다. 이 해류는 페루 해류(Peru Current)와 연결되면서 다시 서쪽으로 흐르는 남적도 해류에 귀속되면서 남태평양 환류를 완전히 형성한다.

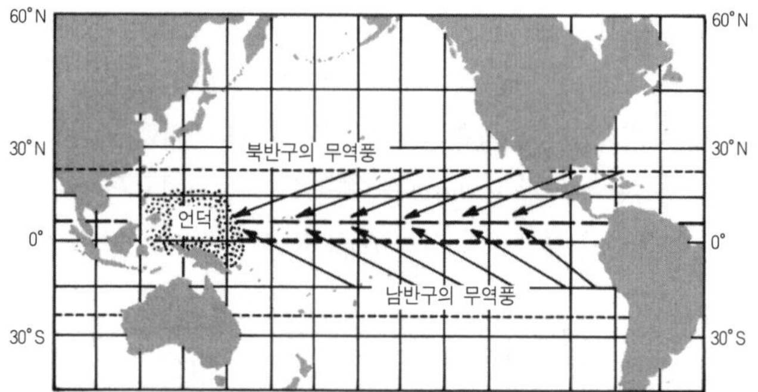

a. 평면도

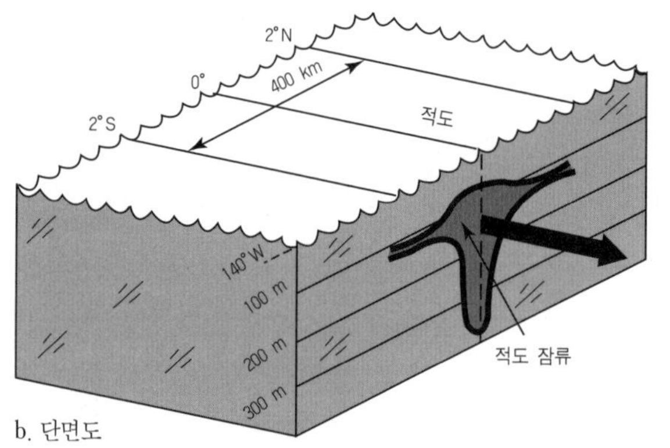

b. 단면도

그림 5-11. 적도 잠류의 발생

5-2. 대서양의 표층 해류

대서양의 표층 해류는 두 개의 커다란 아열대 환류(북대서양 환류 · 남대서양 환류)로 구성된다. 그런데 북대서양 환류는 시계 방향으로 남대서양 환류는 시계 반대 방향으로 흐른다(그림 5-12). 이러한 두 개의 환류들은 대서양의 적도 반류(Equatorial Countercurrent)에 의해 구분된다.

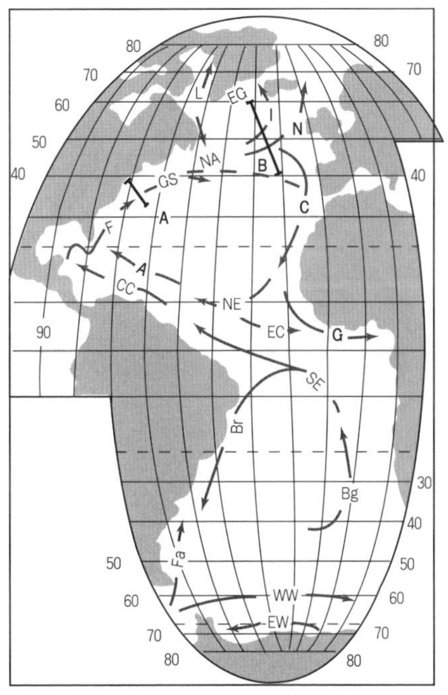

그림 5-12. 대서양의 표층 해류 · 환류

북대서양에는 태평양의 경우와 마찬가지로 적도와 평행하게(동쪽에서 서쪽으로) 흐르는 북적도 해류(North Equatorial Current)가 존재하며, 남아메리카 해안에 접근하면서 이 해류는 '앤틸레스 해류(Antilles Current)'와 캐리비안 해류(Caribbean Current)로 나누어진다. 이 두 해류는 플로리다와 쿠바 사이의 멕시코 만에서 다시 플로리다 해류(Florida Current)로 합쳐진다. 플로리다 해류는 북태평양의 쿠로시오 해류에 대비된다. 플로리다 해류는 북미 대륙의 대서양 해안 가까이 북동쪽으로 흐르며 35 sv 이상의 해수를 수송한다. 플로리다 해류가 케이프 하테라스(Cape Hatteras)를 지나면서 북동쪽을 향해 9 km/h의 빠른 유속을 가진

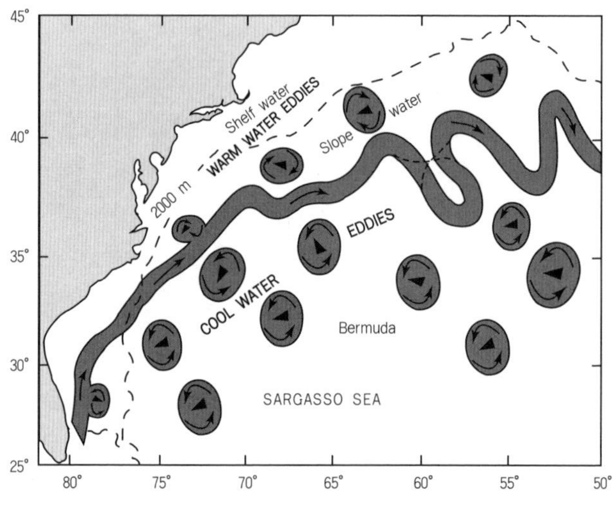

그림 5-13. 걸프 해류

멕시코 만류(Gulf Stream)로 그 성질을 변환한다(그림 5-13). 16세기 초부터 가장 많은 연구의 대상이 된 멕시코 만류는 조해(Sargasso Sea)의 서쪽을 통과하면서 수송량은 일시적으로 90 sv에 달하지만 뉴펀들랜드 연안에서 다시 40 sv 정도로 다소 감소한다. 북위 40°, 서경 45° 해역의 멕시코 만류는 북대서양 해류로 변환되면서 방향을 좀더 동쪽으로 바꾼다.

래브라도 해류(Labrador Current)와 멕시코 만류가 합쳐져서 하나의 큰 해류를 이루고 동쪽을 향하여 유동하다가 아이슬랜드 해안을 따라 북진하는 일밍거 해류(Irminger Current)와 노르웨이의 연안을 따라 흐르는 노르웨이 해류(Norwegian Current)로 나누어진다. 또한 북위 45°를 따라 북대서양을 가로질러 동쪽으로 흐르는 카나리 해류(Canary Current)는 넓은 폭의 해류로서 느린 속도로 남진하여 북적도 해류와 연결되며 북대서양 중앙 환류를 형성한다.

남대서양 환류는 브라질 동쪽의 지형적 조건에 의해 두 개의 해류로 분류되며 남적도 해류(South Euqtorial Current)를 구성한다. 남적도 해류의 일부는 남쪽으로 흐르는 브라질 해류(Brazil Current)로 바뀌어 남대서양을 횡단하는 서풍 표류와 연결된다. 브라질 해류는 북대서양의 멕시코 만류에 비교하여 수송량이 매우 작은 것이 사실인데 그 이유는 이 해류가 남적도 해류에서 분리되었기 때문이다. 벵구엘라 해류(Benguela Current)는 아프리카의 서해안을 따라 천천히 흐르며 매우 낮은 수온을 유지한다. 또한 남대서양의 서쪽 해역에서 북쪽으로 흐르는 또 하나의 한류인 포크랜드 해류(Falkland Current)는 남위 25~30°의 아르헨티나 연안을 따라 북쪽으로 흐른다.

5-3. 인도양의 표층 해류

인도양의 표층 해류는 대서양과 태평양의 경우에 비교하여 상대적으로 매우 변화가 많으며, 북위 20°까지 확장된다. 11월부터 3월까지 인도양의 적도 해류(Equatorial Current)는 다른 대양의 경우와 유사하게 적도 반류(Equatorial Countercurrent)에 의해 구분되는 두 개의 해류로 구성된다. 그런데 대서양과 태평양의 경우와 다르게 인도양에서 적도간 수렴대(ITCZ)는 지리적 적도의 남쪽에 치우쳐 있다. 적도 반류는 북위 20°와 남위 80° 사이의 해역에서 유동하며, 이 해류는 북위 10°까지 확장된 북적도 해류(North Equatorial Current)와 남위 20°까지 확장된 남적도 해류(South Equatorial Current)로 경계를 이룬다. 북반구의 겨울 동안 발달하는 북동 무역풍은 전형적인 북동 몬순(northeast monsoon)인데, 이러한 무역풍은 아시아 대륙 상공의 겨울 대기 온도 급하강과 고기압 형성에 의하여 강화된다(그림 5-14).

해수와 대륙의 상대적 열수용 차별에 근거하면 여름 동안 대륙 상공에는 저기압이 발달하고 적도를 횡단하며 남동 무역풍이 형성되므로 결국

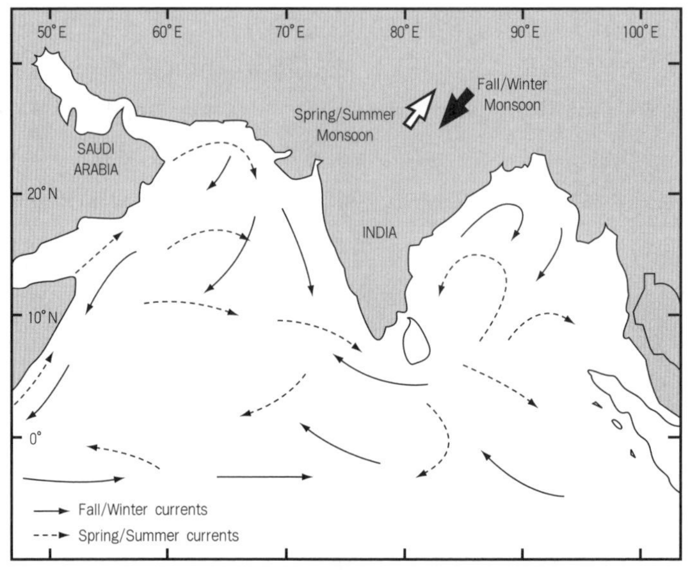

그림 5-14. 인도양에서의 몬순적 순환(monsoonal circulation)

남동 몬순(southeast monsoon)으로 발달된다. 남동 몬순 동안에 북적도 해류는 소멸되고, 서쪽에서 동쪽으로 흐르는 남서 몬순 해류(Southwest Monsoon Current)가 발달하게 된다. 그러나 9월 또는 10월경에 북동 무역풍이 다시 우세하면 북적도 해류는 다시 나타나게 된다.

남인도양의 표층 해류는 반시계 방향의 환류와 유사하다. 북동 무역풍이 우세한 동안에 남적도 해류는 적도 반류와 아프리카 동해안을 따라 남쪽으로 흐르는 아굴라스 해류(Agulhas Current)와 연결된다. 서풍 표류(West Wind Drift)가 북쪽으로 방향을 바꾸면서 남적도 해류와 연결되는 서호주 해류(West Australia Current)와 합류된다. 남서 몬순이 우세하면 적도를 향해 북쪽으로 흐르는 빠른 유속의 소말리 해류(Somali Current)가 발달하게 된다.

남인도양의 동쪽 경계류는 매우 특징적이다. 왜냐하면 다른 대양의 동쪽 경계류는 적도를 향해 흐르는 한류이기 때문이다. 남인도양의 서호주 해류는 남쪽을 향해 흐르는 리우윈 해류(Leeuwin Current)와 연결된다. 이 해류는 태평양의 적도 해류에 의하여 모이게 된 따뜻한 수괴가 호주의 연안을 따라서 남쪽으로 흐르는 지형류이다. 이 해류는 엘니뇨 동안에 약화되어 호주에 가뭄을 가져온다.

5-4. 남극 순환류

남극해(Antarctic Ocean or Southern Ocean)는 남위 50° 이상의 고위도 해역으로 남극 대륙을 둘러싸고 있는 바다이다. 태평양이나 대서양 또는 인도양과 같은 대양은 아니지만 남극해에는 매우 빠른 유속의 해류인 남극 순환류(Antarctic Circumpolar Current)가 존재한다(그림 5-15). 편서풍

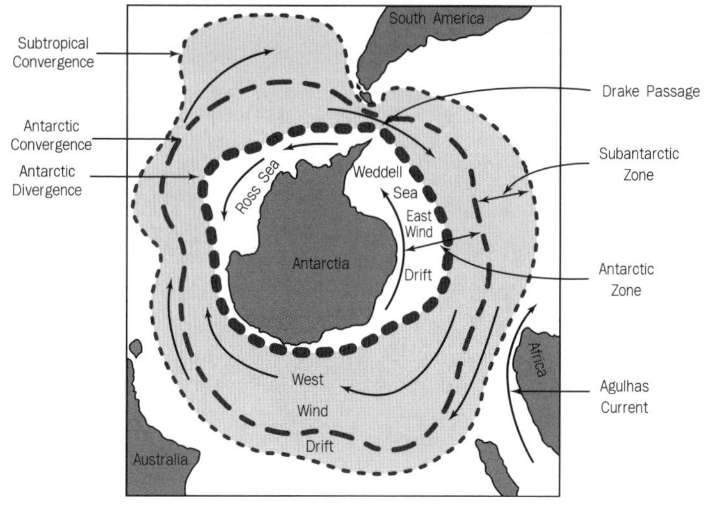

그림 5-15. 남극 순환류

에 의해 발생된 남극 순환류는 남태평양과 남대서양 및 남인도양에서의 남위 40° 이상의 고위도 남극 대륙의 둘레를 시계 방향으로 감싸고 유동한다. 이러한 남극 순환류의 표층 해류를 서풍 표류(West Wind Drift)라고 부른다. 남극 순환류는 대륙에 의하여 막히지 않은 유일한 해류이다.

남극 순환류의 유속은 최대 0.5 km/h 정도이나 그 폭과 깊이가 크기 때문에 수송량은 매우 크다. 남극 순환류의 수송량을 처음으로 측정한 H.U. Sverdrup는 약 150 sv으로 계산하였으며, 그 후 러시아의 연구진은 아프리카 대륙과 남극 대륙 사이를 통과하는 수송량을 190 sv으로 계산하였다. 이는 멕시코 만류의 최대 수송량의 두 배에 이르는 것이다. 서풍 표류와 반대 방향, 즉 동에서 서쪽으로 흐르는 소위 동풍 표류(East Wind Drift)의 발생은 서풍 표류와 남극 대륙 사이에서 일어난다. 동풍 표류는 극지방에서 바다 쪽으로 불어 나오는 편동풍에 의한 것으로 웨델해(Weddell Sea)와 로스 해(Ross Sea)에서 가장 현저하다.

6. 열염분 순환

해수의 밀도는 수온과 염분에 의하여 결정되며, 이러한 해수의 밀도 차이에 의하여 수괴가 이동 · 순환하는 현상을 해수의 열염분 순환(thermohaline circulation)이라 하며, 전해양 해수의 약 90%가 이러한 영향을 받는 것으로 알려져 있다. 일반적으로 열염분 순환을 표층 해류 순환에 비교하면 매우 느린 유속으로 흐른다고 해석된다.

열염분 순환은 저온, 고염분의 밀도 큰 극지방의 해수가 침강함으로써 시작된다. 그런데 극지방에서의 표층 해수는 한냉한 대기에 의하여 냉각되고 결빙됨으로써 밀도가 큰 해수로 변하게 된다. 왜냐하면 해수가 결빙할 때 얼음은 거의 순수한 물이므로 주위의 해수 염분은 결국 높아지기 때문이다. 이러한 해수의 열염분 순환의 모델은 1814년 Alexander von

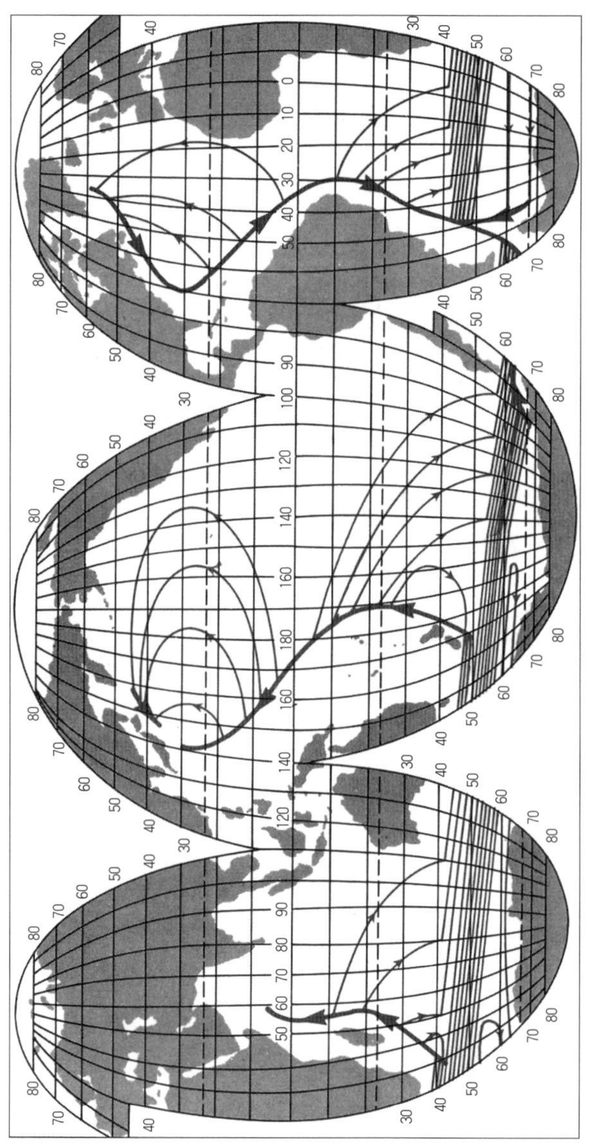

그림 5-16. H. Stommel이 제시한 심층수의 일반 순환 모델

Humboldt에 의하여 처음으로 제안되었다. 그의 모델은 수온에 의한 밀도의 변화만을 고려한 것으로 극지방 해역에서 침강한 해수가 해저를 따라 저위도 해역의 해저로 유동하고 적도에서 상승하는 단순한 순환으로 설명한다. 그러나 실제로는 증발과 결빙, 강우, 지구의 자전 및 해저 지형 등에 의하여 훨씬 복잡한 양상을 나타낸다.

1958년 Henry Stommel이 제시한 심층수의 일반 순환 모델(그림 5-16)은 현재 일반적으로 인정되고 있다. 이 모델에 의하면 대서양의 심층수는 북극해에서, 태평양과 인도양의 심층수는 남극해에서 각각 만들어진 후에 이동된다. 그런데 이러한 심층 해류는 밀도 차이에 의한 압력 경사로 유동을 시작하며 코리올리의 힘에 의하여 조종되므로 일종의 지형류로 볼 수 있다.

6-1. 대서양의 심층 순환

대양의 심층 순환은 지구의 자전에 의하여 대양의 서쪽에서 좀더 빠른 유속을 나타내나, 일반적으로 2～3 cm/sec의 느린 유속을 나타낸다. 이렇게 느린 순환은 일반적인 오일러 방법이나 라그랑지 방법으로는 관측하기 어려우므로 수온, 염분 및 용존 산소 또는 다른 화학적 추적자의 수직 · 수평 분포 분석에 근거하여 간접적으로 규명된다.

대서양의 남북 단면에 따른 수온, 염분 및 용존 산소의 분포는 그림 5-17과 같다. 수심에 따라 서로 다른 성질을 갖는 수괴들이 분포하는바, 이들은 수평적으로 길게 연장되어 있으므로 각각 일정한 방향으로 유동하고 있음을 알 수 있다. 대서양의 해수 수괴는 표층수의 하부로부터 남극 중층수(AAIW: Antarctic Intermediate Water), 북대서양 심층수(NADW: North Atlantic Deep Water), 남극 저층수(AABW: Antarctic Bottom Water) 등이며, 북위 20～30° 해역의 중층에는 지중해수의 영향이 미치고 있다.

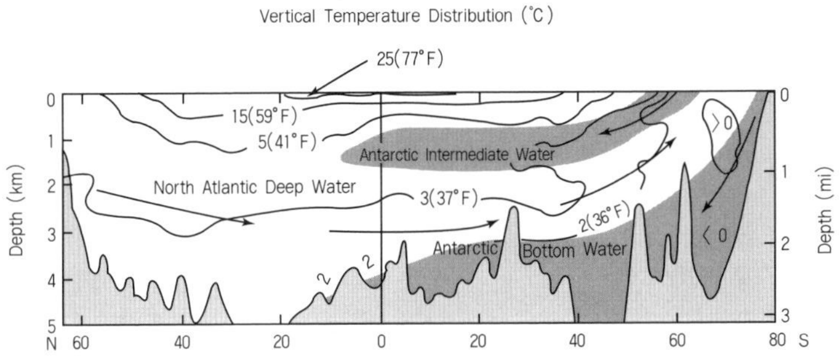

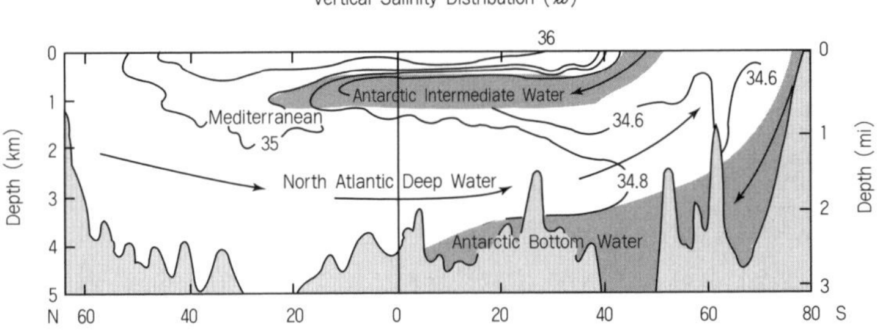

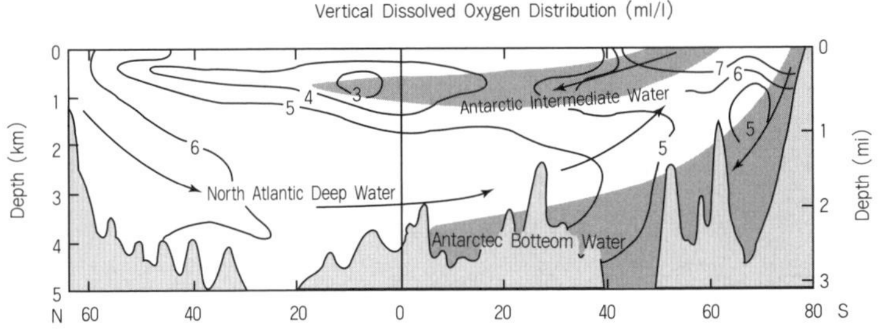

그림 5-17. 대서양의 남북 단면에 따른 수온, 염분 및 용존 산소의 분포

남대서양 저위도 해역의 표층 해수 하부에 분포하는 남극 중층수는 남극 수렴선(Antarctic Convergence: 45~55° S)의 근처에서 형성된다. 남극 수렴선 주위에는 두 가지의 해수가 수렴하는바, 남극 대륙의 대륙붕 해

수는 0°C 정도로 한냉하며 빙하수로 희석되어 염분이 낮은 해수로서 북쪽으로 유동하며 남극 수렴선에 이른다. 또한 고온 · 고염분인 남대서양 중앙수는 남진하므로 서로 다른 성질의 두 가지 해수가 남극 수렴선 주변에서 서로 합류하고 혼합되어 밀도가 큰 등밀도선을 따라 1,000 m 정도 수심의 중층으로 침강하며 남대서양 중앙수의 하부를 따라 북진한다. 남극 중층수의 수온은 3~5°C, 염분은 34.1~34.6‰이다. 남대서양, 남태평양, 남인도양, 특히 남대서양에서 남극 중층수는 적도를 가로질러 북대서양의 북위 25° 부근까지 유동하며, 북대서양에서의 경우는 지브랄타 해협을 통과한 지중해수에 의해 희석된다.

남극 저층수는 웨델 해에서 형성되며 생성 당시의 염분은 34.6‰ 정도이지만 온도는 −1.9°C 정도로 모든 수괴 중에서 가장 낮다. 용존 산소는 7 ml/l 내외이나 심도에 따라 급격하게 감소한다. 남극 저층수는 전세계 해수 중에서 가장 밀도가 크므로 해저 지형을 따라 흐르면서 태평양, 인도양 및 대서양의 수심 4,000 m 이상의 깊은 곳을 채우고 있다. 대서양에서 남극 저층수가 북진하는 수송량은 약 14 sv 정도이며, 범위는 지역적인 굴곡에 영향을 받아서 대서양 중앙 해령을 사이에 두고 서쪽에서는 북위 45°의 Argentine Rise에서, 동쪽에서는 북위 30°의 Walvis Ridge에 의하여 그 북진(북쪽 방향의 유동)이 제한된다.

그린랜드(Greenland)와 노르웨이 사이의 해역에서는 겨울철에 비교적 고염분인 표층 해수가 냉각되면서 밀도가 증가하여 상층과 하층의 밀도 분포가 역전되면서 심층으로 가라앉는다. 이러한 저온, 고밀도의 해수는 스코틀랜드와 아이슬랜드 사이의 수중 제방(sill)을 통과하여 북대서양으로 유입되며 1,500~4,000 m 범위의 수심으로 넓게 퍼져 북대서양 심층수를 형성한다. 한편 인접한 래브라도 해역은 멕시코 해류에 의해 고온 · 고염분인 해수의 영향을 받는 해역으로 냉각된 후에는 역전이 일어나 래브라도 해의 중간 수심까지는 표층수와 교환이 일어난다. 혹독한 겨울에는 이러한 해수가 북태평양 심층수에 추가된다. 지중해로부터 지브랄타 해협을 통과한 고온 및 고염분의 지중해수(그림 5-2)가 추가되며, 지중해수의 일부는 다시 북쪽으로 이동하여 북태평양 심층수의 근원지인 그린랜드와 노르웨이 해역의 해수 염분 상승에 영향을 미치기도 한다. 생성 당시의 북대서양 심층수의 염분은 34.9‰ 정도로 전세계 심층 수괴 중에서 비교적 높으며 수온은 0.5°C 정도이나 이동 중에 상승하여 2~3°C까지 상승한다.

남극해에 이르러 상승한 북대서양 기원의 심층수는 용존 산소 함량이 매우 낮으나 남극해의 생산성(productivity)에는 매우 중요한 역할을 한다. 이는 오랜 기간 동안 유광대(euphotic zone) 하부를 따라 이동하면서 표층으로부터 가라앉은 영양염(nutrients)을 많이 포함하게 되었기 때문이다. 북대서양 심층수가 남극해에서 상승한 후에는 남극 순환류에 의해 동쪽으로 유동하면서 남극 대륙 주변을 순환하고 남태평양과 남인도양으로 유입한다.

6-2. 태평양과 인도양의 심층 순환

태평양의 남북 단면에 따른 수온, 염분 및 용존 산소의 분포는 그림 5-18과 같으며, 대서양의 경우와 크게 다르지 않지만 표층수의 염분은 대서양에 비교하여 다소 낮다. 표층수의 하부에는 저염분의 남극 중층수와 북태평양 중층수(NPIW: North Pacific Intermediate Water)가 존재한다. 대서양의 중층수는 남극 수렴선의 근처에서만 형성되지만 태평양의 경우에는 북극 수렴선(Arctic Convergence: 북위 45~55°)에서도 형성된다. 남태평양과 북태평양에서 각각 형성된 북태평양 중층수와 남극 중층수는 생성 당시의 수온과 염분이 각각 2°C, 33.8‰ 정도이며, 용존 산소는 7ml/l 정도이다. 수렴선 주변에서 등밀도선을 따라 800~1,000 m 수심의 중층으로 침강하며 중앙수의 하부를 따라 적도를 넘어 확산된다.

한편 중층수의 하부에는 수온이나 염분의 변화가 심하지 않다. 이는 태평양의 표층 염분이 대서양에 비해 낮아서 북대서양 심층수와 같은 심층수의 형성이 어렵기 때문이다. 태평양의 2,000 m 이하의 깊은 곳을 채우고 있는 해수는 북대서양 심층수와 남극 저층수의 혼합으로 형성된 것으로 이를 공통수(OCW: Oceanic Common Water)라 한다. 공통수는 남극 순환류에 의해 24 sv 정도로 태평양에 유입되며 그림 5-18의 남북 단면에서 2,000 m 이하의 수온, 염분 및 용존 산소 등이 남쪽에서 북쪽으로 갈수록 점차로 증가하는 현상에서 공통수가 북진함을 알 수 있다.

대서양의 중층 하부에 위치하는 해수의 용존 산소는 4.5~6.5 ml/l 정도인 데 비하여 태평양에서는 3.5~4.5 ml/l로 비교적 낮다. 이는 태평양의 심층 순환이 대서양에 비하여 상대적으로 느리기 때문이다. 해수 표면이 대기와 접촉하여 산소(용존 산소)를 공급받지만, 일단 수괴가 유광층 하부로 이동하게 되면 대기로부터의 산소와 광합성 작용에 의한 산소 공급이 중단되고 대부분의 산소는 유기물을 분해하는 데 사용된다. 따라서 수괴의 형성 시기가 오래 된 것일수록 용존 산소의 양은 낮게 측정된다. 즉 대서양과 태평양의 심층 수괴의 용존 산소량이 다른 이유는 대서양의 심층수의 체류 시간이 약 300년인 데 비하여 태평양의 심층수의 체류 시간은 약 510년이기 때문이다.

인도양의 표층수 하부에는 저온, 저염분의 남극 중층수가 존재한다. 홍해의 해수는 고염분이며, 용존 산소의 함량이 낮으므로 쉽게 구분되며, 홍해로부터 유입된 이 수괴는 1,000~1,500 m의 수심까지 침강한다(그림 5-19). 태평양의 경우와 마찬가지로 남극 순환류에 의해 인도양으로 유입되는 공통수는 1.5° C의 수온과 34.7‰의 염분을 가지며 수송량은 20 sv 정도이다.

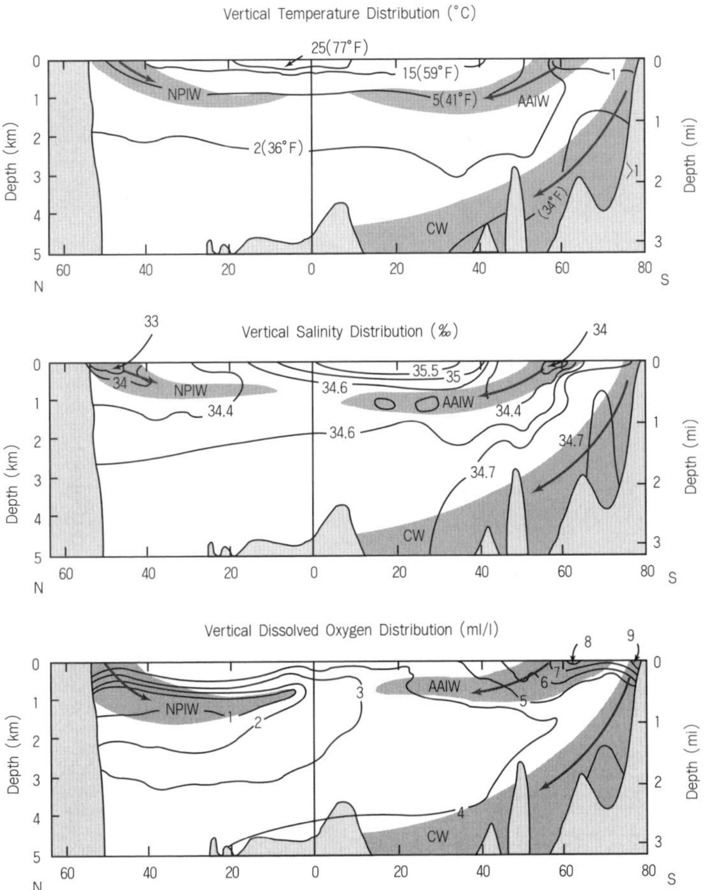

그림 5-18. 태평양의 남북 단면에 따른 수온, 염분 및 용존 산소의 분포

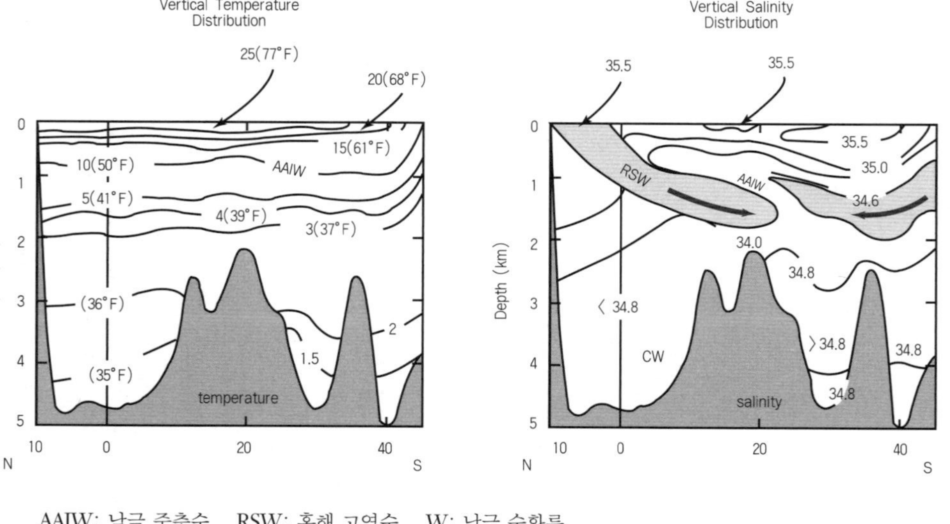

AAIW: 남극 중층수 RSW: 홍해 고염수 W: 남극 순환류

그림 5-19. 인도양의 수직적 수온과 염분 변화에 따른 수괴 분포

7. 엘니뇨

태평양 중앙에 위치한 키리티마티(Kiritimati Island) 섬 해역에서 서식하던 1천7백여 만 마리의 새떼가 모두 보금자리를 떠난 사태가 1982년 11월에 있었다. 이는 비정상적으로 높은 수온을 가진 표층수의 확산으로 영양염이 풍부한 저층 해수가 상승하지 못해 부유 생물과 유영 어류가 사라지고 이에 따라 먹이를 구하지 못한 새들이 그 일대의 해역에서 떠난 것이다.

1983년 초에는 대서양의 무역풍이 강해지면서 적도 강우대가 북위 5~10° 까지 북상하여 적도 근처의 브라질 북동부에는 극심한 가뭄이 있었다. 1983년 11월부터 1984년 6월까지는 반대로 무역풍이 약해지고 적도 강우대가 적도 이남으로 남하하였으며, 대서양의 적도 주변 표층수의 수온이 예년보다 2° C나 상승하였다. 이로 인하여 브라질 북동부에는 평균보다 2배 정도의 강우가 있었으며, 아프리카 서부의 사하라 사막에서는 반대로 사막화가 촉진되었다. 전에 없던 이러한 사건은 1982~1983년 사이의 엘니뇨(El Niño) 현상과 관련이 있다. 엘니뇨의 현상은 아기 예수란 뜻으로 성탄절 연휴에 즈음하여 페루(Peru) 해안 해역을 따라 비정상적으로 높은 수온과 낮은 함량의 영양염 해류 해수가 남하하는 현상을 말한다. 용승(upwelling)에 의해 좋은 어장이 형성되는 태평양의 동쪽 연안 해역에 엘니뇨 현상이 발생하면 높은 수온의 해수 수괴에 의하여 용존 산소와 영양 염류가 풍부한 심층해수의 용승이 차단되며, 이에 따른 해안 표층수의 영양염이 고갈되어 앤초우비(anchovy: 멸치와 비슷한 어류)와 같은 수산업의 근거가 되는 해양 생물이 사라지게 된다.

이러한 엘니뇨 현상은 남태평양 일대의 대규모 기상 이변 현상과 관련이 있는 것으로 해석되고 있다. 그림 5-20과 같이 오스트레일리아 동부 ·

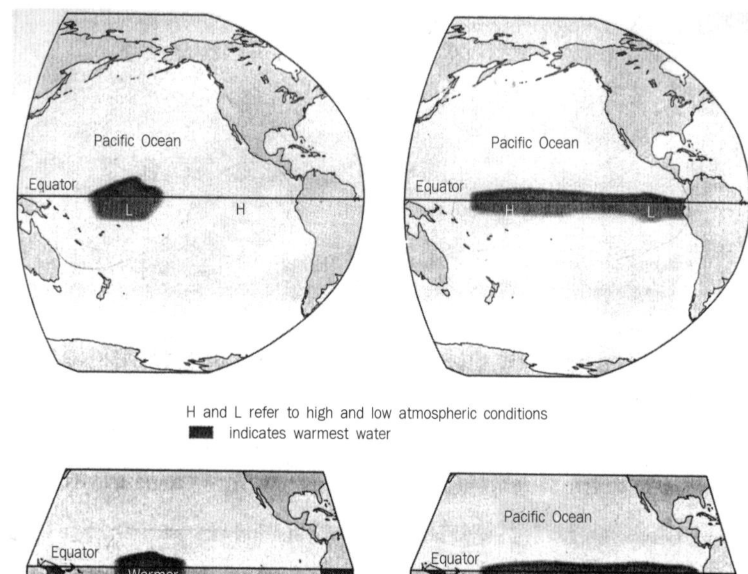

그림 5-20. 태평양 적도 해역에서의 대기권 패턴과 해수 수온 구조[a: 동태평양의 표층 수괴 수온이 낮은(cool) 상태이며, 고기압의 대기권임. b: 엘니뇨와 남방 진동(Southern Oscillation)의 상태; 주의: 위의 그림은 평면도이며, 아래 그림은 단면도임]

북동부 해역에 현저한 고기압이 발생하고 태평양의 동부에 현저한 저기압이 발생함으로써 대규모의 대기 순환계가 형성되고 양쪽 지역의 기압 차이는 무역풍의 세기, 동태평양의 표층 수온 또는 적도 반류의 세기와 관련이 있으며, 이른바 남방 진동(Southern Oscillation)으로 해석되는 이러한 현상으로 무역풍이 현저히 약해지면 아시아 해안에 존재하는 해수의 언덕(hill)이 유지되지 못하고 흘러내려 태평양의 페루(Peru) 동해안에 이르게 된다. 결국 인도네시아와 오스트레일리아 해역에 형성된 고염 · 고온의 해수 언덕의 해수가 태평양 동쪽으로 이동하여 페루 해안에 도달하고 다시 남쪽과 북쪽으로 유동하게 되어 엘니뇨 현상을 일으키는 것으로 알려져 있다. 이러한 엘니뇨 현상은 2년 내지 10년마다 주기적으로 일어나며, 1950년과 1983년 사이에는 일곱 번 반복되어 평균 3년의 주기로 나타났다. 이러한 엘니뇨 현상은 태평양의 동쪽 연안뿐만 아니라 전세계적인 기상 이변을 발생하게 한다.

사내아이(엘니뇨)는 페루 어부들에게 반복되는 생계 위협을 안겨 주었고, 그래서 페루 어부들에게는 신(神)의 나쁜 아이가 고기잡이(엔초비)를 방해하는 것으로 인식되었다. 아무튼 지구과학자와 해양과학자에게 엘니뇨, 라니냐 및 남방 진동이 각각 ENSO 중에서 “바다의 이상고온기간”, “바다의 이상저온기간” 및 “엘니뇨 + 라니냐”와 연계된 “대기이상현상”으로서 인식되고 있는데, 일반 대중에게는 이들의 전체 현상이 하나의 단어 “엘니뇨”로 인식되고 있는 것으로 보아야 한다. 1998년 8월 초에 10여 일 동안 우리 나라에서는 70년 만의 대 집중호우가 내려 1조원 이상의 재산 피해와 10여 명 이상의 사망자가 있었던 자연 재해는 경기도, 서울, 충남 등 여러 곳에서 뜻하지 않게 발생하였다. 중국 양쯔강 상류(무한 지역)에서도 홍수 발생으로 수십만 명의 인명 피해와 더불어 재산을 잃었다. 사실상 엘니뇨는 바다와 공기의 협주곡 중의 한 부분이며, 불규칙 또는 규칙적으로 반복되는 무심한 대자연현상(natural phenomena)일 따름인데 어떤 때는 강하게 어떤 때는 약하게 그 재앙의 폭이 변하는 것이다.

결국 이러한 대자연의 재앙을 과학적으로 분석하고 대비하는 것이 인간이 할 수 있는 최상의 방책이고 수단이라고 인정하여야 한다. 끊임없이 바다와 공기의 협주곡은 계속될 것이기 때문이다.

6

파랑과 조석

Wave and Tide

우리 생활 주위에는 음파, 광파, 전파, 지진 등과 같은 수없이 많은 종류의 파동이 존재한다. 인간이 바다에 접근하여 가장 먼저 관찰할 수 있는 파동 현상은 파도, 즉 파랑(wave)일 것이다. 연안에서 관찰되는 파랑은 대부분이 바람에 의한 것인데, 해수 표면뿐만 아니라 수중에도 파랑이 존재한다. 이러한 파랑이 보유하고 있는 에너지는 인간 생활에 도움을 주는가 하면 종종 피해를 주기도 한다. 해양에서 관찰되는 파랑은 인간 활동에 영향을 주는 매우 중요한 현상 중의 하나이다.

조석(tide)은 해안에서 누구나 쉽게 인지할 수 있는 해수면의 주기적인 상승과 하강이다. 일찍이 고대의 Herodotus, Aristotle, Pytheas, Strabo 등 자연과학자들은 지중해에서 조석을 관찰하고 이와 같은 현상은 달의 운동과 관련이 있음을 지적하였다. Isaac Newton의 만유인력 법칙에 의하여 조석의 원인이 적합하게 설명되었다. 한편 켈빈 경(Sir Kelvin)은 조석이 존재한다는 사실로부터 지구가 강철과 같은 굳기를 갖는 탄성체임을 추론하기도 하였다. 조석의 파장은 수 km이고 파고가 0~18 m에 달할 수 있는 매우 큰 해파로서 간주되기도 한다. 이와 같은 해수면의 상승과 하강은 해수의 수평 운동을 야기하기도 한다.

1. 파랑과 표면파

해양학적으로 중요한 파동은 대기와 바다의 경계면에서 발생하는 표면파(surface wave)이다. 표면파의 형태는 어느 순간의 수직 단면에서 정지 수면에 대한 수면의 변위를 나타내는 곡선적 파형(wave form)으로 나타난다(그림 6-1). 일반적으로 파형은 사인 곡선(sine curve)과 비슷한 모양을 갖는다. 파형에서 가장 높은 부분을 마루(crest), 가장 낮은 부분을 골(trough)이라 한다. 마루와 골 사이의 높이 차를 파고(wave amplitude, H)라 하며, 마루와 마루 사이, 또는 골과 골 사이의 거리를 파장(wave length, L)이라고 한다. 파장이 1.73 cm 이하인 것을 잔 물결, 표면 장력파 또는 모세관파(capillary wave)라 하며, 파장이 1.73 cm 이상인 것을 중력파(gravity wave)라 한다. 표면파의 모양을 표면에서 관찰할 때 마루를 연결한 곡선을 마루선(crest line)이라 하며, 표면파는 이 마루선과 수직인 방향으로 진행한다. 파랑의 주기(period, T)는 골 또는 마루가 어느 한 고정점을 통과하는 데 걸리는 시간이다.

바다에서 표면파를 일으키는 요인 중에서 가장 중요한 것은 바람이다. 바람에 의해 형성되는 표면파의 크기와 속도는 풍속(wind velocity), 취송거리(fetch), 취송시간(duration)에 의해 결정된다. 일반적으로 해파의 크기(H)와 속도(T)는 다음 세 가지 요인의 함수이다.

$$H,\ T = f(W,\ F,\ D)$$

여기서 W: 풍속, F: 취송거리, D: 취송시간

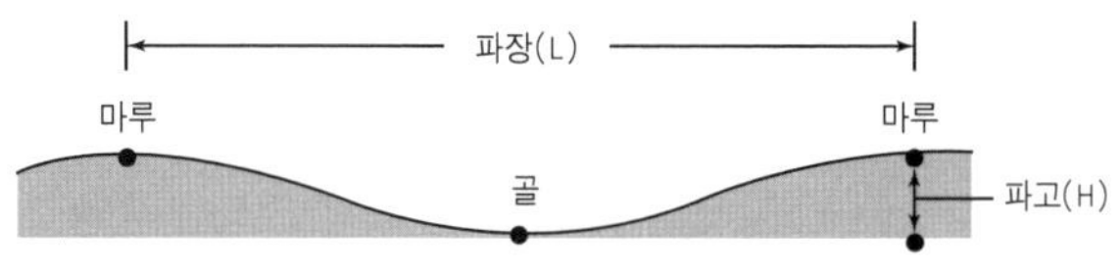

그림 6-1. 사인(sine) 곡선과 비슷한 표면파의 모양

바람에 의해 형성될 수 있는 최대 파고는 30 m 이상으로 알려져 있다. 1933년 태평양을 항해하는 한 선박에서 폭풍에 의한 해파의 파고를 34 m로 측정한 바 있으며, 미국 오레곤 주의 한 등대에서는 해수면으로부터 40 m 높이에 있는 창문 유리창이 파도에 의하여 던져진 돌덩어리에 의해 깨어진 기록도 있다. 그러나 먼 외해에서는 대체로 10 m 미만의 파고를 나타낸다. 또한 1 m 미만의 파고를 갖는 파랑은 약 50%에 달하며 4 m를 넘는 경우는 25%가 안 되는 것으로 알려져 있다.

연근해역의 표면파는 바람의 영향에 따라 해파(sea wave), 너울(swell), 쇄파(surf)로 구분한다. 해파는 직접 바람에 의해 생긴 모든 표면파의 총칭으로 각각의 파형은 대체로 뾰족한 마루와 둥근 골을 갖지만 모양과 양상이 다양하고 복잡하게 중첩된 형태를 보인다. 해파는 바람에 의해 형성되므로 해파에 의한 해면의 상태를 관찰하여 바람의 세기를 추정할 수 있다. 18세기 영국의 제독인 Francis Beaufort는 표 6-1과 같이 해면의 상태로부터 풍력을 추정할 수 있는 'Beaufort 척도'를 만들었으며, 이는 항해 중인 선박에서 풍속을 쉽게 측정하는 데 이용될 수 있다.

너울은 직접적으로 바람의 영향을 받지 않는 해파로 모양이 단순하고 마루와 골이 둥그스름한 사인 곡선 모양이다. 해파가 형성된 후에 바람이 멈추거나 해파가 다른 곳으로 전파되는 경우에 파랑은 너울의 형태를 갖는다. 이러한 여러 가지 형태의 해파는 파형이 해수면 위를 이동하기 때문에 진행파(progressive wave)라 하고, 파형이 상하로 운동하지만 수평 방향으로 진행하지 않는 해파를 정상파(standing wave)라 한다. 쇄파는

표 6-1. 해면 상태에서 풍력을 추정하는 데 이용되는 Beaufort 척도

보퍼트 No.	명칭	풍속 (m/sec)	해면의 상태
0	고요 (calm)	—	거울면같이 고요하다.
1	실바람 (light air)	1	고기 비늘 같은 작은 파가 일어나지만 거품은 없다.
2	남실바람 (slight breeze)	3	해면에 작은 파가 이는 것이 보인다.
3	산들바람 (gentle breeze)	5	작은 파가 커져서 파 머리가 부서져 거품이 생기고 해면의 군데군데에서 백파를 볼 수 있다.
4	건들바람 (moderate breeze)	7 ½	파도는 그리 높지 않으나 파장이 길어지고 백파가 많아진다.
5	흔들바람 (fresh breeze)	10	파도의 파장이 길어지고 명확해지며, 해면의 거의 전부가 백파로 된다.
6	된바람 (strong breeze)	12 ½	큰 파가 일어나기 시작하고, 백파가 전면에 발생한다.
7	센바람 (moderate gale)	15	파도가 부서져서 생긴 물거품이 바람에 날린다.
8	큰바람 (fresh gale)	18	상당히 높은 큰 파가 일어나고 파장도 길어진다. 파도의 물결이 바람에 날린다.
9	큰센바람 (strong gale)	21	큰 파는 보다 더 높아지고, 바람에 날리는 물결이 심해지며, 포말에 시계가 막히기 시작한다.
10	노대바람 (whole gale)	24	큰 파는 상당히 높아지고, 긴 파도에서 생긴 포말은 덩어리가 지면서 바람에 날리고, 해면은 흰색으로 되며, 시계가 나빠진다.
11	왕바람 (storm)	27	큰 파가 산더미 같고 보통 선박은 보이지 않을 때도 있다. 해면은 포말로 덮인다.
12	싹쓸바람 (hurricane)	—	해상은 물거품과 포말로 덮이고, 해면은 날리는 포말 때문에 완전히 흰색으로 덮이며, 시야는 극히 나쁘다.

해파나 너울 등의 표면파의 마루가 뾰족해지면서 부서지는 것으로 그 모양에 따라 파편상 쇄파(spilling breaker), 돌진형 쇄파(plunging breaker), 벽상 쇄파(surging breaker)로 구분된다. 사실상 해안에 연안 사주(longshore bar)가 있거나 수면 위로 드러나지 않는 돌출 지형이 있는 경우에도 쇄파가 형성된다.

바다에 발생하는 파랑의 주기는 0.1초 정도에서 24시간 이상까지 다양하며 엘니뇨 등에서는 10년 정도의 주기를 고려할 수 있다(그림 6-2). 바람에 의해 형성된 해파는 대체로 수십 초보다 짧은 주기를 가지며, 중력과 표면 장력으로 유지 · 전달된다. 5분 이상의 긴 주기를 갖는 해파는 주로 폭풍에 의한 기압의 변화나 지진에 의해 야기된다. 폭풍 등에 의한 기압의 갑작스런 변화는 수면의 상하 운동을 일으키는데, 이러한 현상은 대규모의 호수에서 출렁거리는 부진동(seiches)으로 관찰될 수 있다. 부

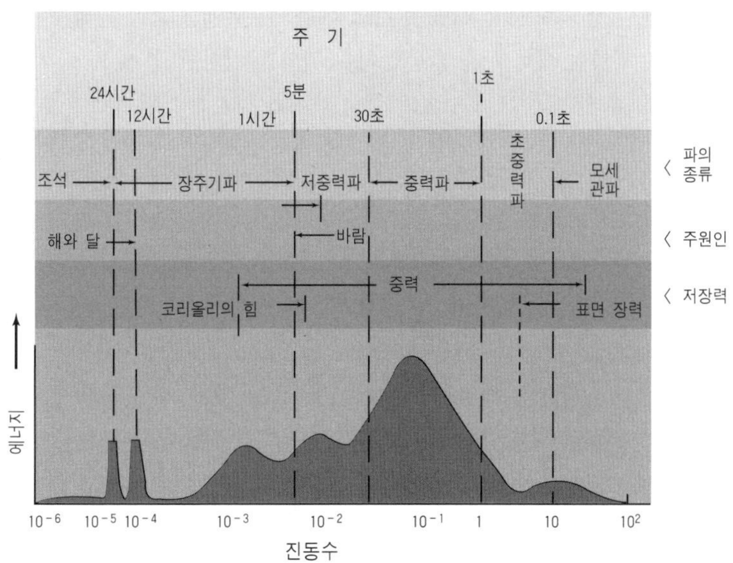

그림 6-2. 해양에 존재하는 여러 주기의 파랑과 파동

진동의 주기는 비교적 길며 진폭은 작다. 이 밖에도 해저 지진 등의 지구구조적인 원인에 의한 쯔나미(tsunami)가 있다. 이러한 지진 해일의 파괴력과 힘은 엄청난 재해를 가져온다.

바람에 의해 발생된 해파의 규모를 알기 위하여 파랑의 주기와 파고를 측정한다. 해파가 계속 움직이므로 사진을 이용하지 않고는 그 파장을 측정하기는 어렵다. 연안에서는 고정된 구조물에서 이를 지나가는 해파의 마루와 골의 수준 위치를 각각 측정함으로써 그 차이로 파고를 알 수 있다. 그러나 같은 환경에서도 파의 크기가 변하므로 여러 번의 측정치를 평균해야 한다. 외해에서는 선박이 해파에 의해 움직이므로 선체의 크기에 비교하여 측정할 수 있으나 정확성이 떨어진다. 해파의 주기는 여러 개의 파장이 지나가는 데 걸리는 시간을 측정하여 해파의 수로 나누어 산출한다. 일반적으로 11개의 마루(10개의 해파)가 지나가는 시간을 측정하여 10으로 나눈 값을 주기로 본다. 이 밖에도 조석을 관측하는 검조기로 해파에 의한 해수면의 상하 움직임을 감지할 수 있으며, 해파의 골과 마루가 통과할 때 수위의 높이 차이가 감도계에 압력 변화로 나타난다. 이 원리를 이용한 수중 압력 감도계 이외에도 검조척, 반전 음향 측심기, 가속계 등을 이용하여 해파를 관측할 수 있다.

2. 심해파와 천해파

실제로 바다 표면에서 물 입자의 운동을 관찰하는 일은 거의 불가능하다. 하지만 출렁거리는 물 위에 떠 있는 물체를 관찰하면 부유 물체가 겉보기에 상하로 왕복 운동을 하고 있음을 알 수 있다. 수심이 충분히 깊은 경우 표면파의 마루에서는 물 분자가 파동의 진행 방향으로 움직이고 골에서는 반대 방향으로 움직인다. 이론적으로 표면파에서 하나의 물 분자가 움직이는 경로는 파랑의 진행 방향을 포함한 수직 단면내의 원 궤도이며, 수면보다 그 하위의 물 분자도 원 운동을 하지만 깊어질수록 원 궤도의 지름은 지수 함수적으로 감소하여 파장의 1/9만큼 깊은 곳에서 원 궤도의 지름은 1/2로 줄고 파장의 1/2만큼 깊어지면 원 궤도의 지름은 표면에서의 1/23로 무시할 정도로 작아진다. 즉 파장이 30 m인 표면파인 경우에도 15 m 이상의 깊이에서는 물의 움직임을 거의 느끼지 못한다. 이와 같이 표면파에 의한 교란이 미치는 한계를 뜻하는 파한(wave base)은 대체로 파장의 1/2에 해당하는 깊이로 간주되며, 수심이 파한(wave base)보다 더 깊은 경우의 표면파를 심해파(deep-water wave)라 한다. 심해파의 전파 속도는 파장의 제곱근에 비례하여 커진다. 따라서 서로 다른 파장을 가진 여러 개의 파가 같은 방향으로 진행하는 경우에 긴 파장을 가진 파가 더 빨리 진행하여 파의 분산(dispersion)이 일어난다.

수심이 해파의 반파장보다 얕은 곳에서의 표면파를 천해파(shallow-water wave)라 한다. 수심이 충분히 깊은 경우에 원 궤도를 따라 운동하던 물 분자가 천해파에서는 바닥의 영향을 받아 파랑의 진행 방향으로 장경을 갖는 타원 궤도를 따라 운동하게 된다. 이론상으로 궤도의 장경은 파장(L)과 파고(H)에 비례하며 수심(h)에 반비례하여 어느 심도(z)에서나 일정하지만($z = LH/2\pi h$), 단경의 길이는 파장과는 무관하고 파고에 비례하며 깊이에 따라 작아져서〔$L = H(1 - z/h)$〕 심도(z)와 수심(h)이 같아지는 해저면에서는 0이 된다. 즉 해저에서는 파의 진행 방향으로 전진과 후퇴가 반복되는 왕복 운동으로 변한다.

심해파가 진행하여 해안에 점차적으로 접근하면 수심이 얕아지고 천해파로 변하게 된다. 천해파의 전파 속도는 수심의 제곱근에 비례하므로 점점 느려진다. 심해파가 천해파로 바뀌면서 전파 속도, 파고 및 파장 등은 변하지만 주기는 변하지 않는다. 그러나 파장이 작아지고 마루는 뾰족해지며 파고가 커져서 파형 경사(L/H)가 증가하기 때문에 어느 한계를 넘으면 깨어져서 쇄파(surf)를 이룬다. 이론적으로 쇄파가 형성되는 조건은 수심이 파고의 1.28배보다 작게 되거나 파형 경사가 1/7보다 클 경우이다.

3. 내부파

표면파는 바다와 대기 사이의 뚜렷한 경계면에서 나타나는 현상이다. 대부분의 해양은 수직적으로 성층화(stratification)되어 있고 수온이나 염분이 서로 다른 수괴들의 사이에 밀도 차이로 형성되는 불연속면이 존재한다. 이와 같이 해수면 아래의 불연속면에서 주기적으로 나타나는 상하운동을 내부파(internal wave)라 한다. 이는 물과 물보다 가벼운 기름이 담겨 있는 용기에서도 쉽게 관찰될 수 있다. 기름과 공기 사이의 경계면에는 흔히 관찰할 수 있는 출렁거림이 있지만 기름과 물의 경계면에도 주기적으로 오르내리는 움직임, 즉 내부파가 있다.

실제로 바다에서의 내부파는 눈으로 관찰될 수는 없으며, 정점에서 측정되는 수온의 수직적인 분포가 시간에 따라 변화할 때에 인지될 수 있다. 때로는 대륙 사면의 경사면에서 부분적으로 부유 퇴적물의 양이 크게 증가하는 현상이 관찰되는데 그 원인을 내부파에 의한 재부유 현상으로 해석하기도 한다. 대체로 내부파의 주기는 수분 내지 하루 정도이며 파장은 비교적 길다.

4. 파랑의 회절, 반사 및 굴절

파랑은 진행 경로 중에 존재하는 장해물이나 수심의 변화로 인하여 회절(diffraction), 반사(reflection) 또는 굴절(refraction)되어 진행 방향이 변한다. 이러한 경로의 변화는 대개 수심이 얕은 천해에서 이루어진다. 회절이란 파가 좁은 통로를 통해 장해물의 뒤쪽으로 전달되는 것이다. 해안에 돌출한 지형이나 섬, 보초섬(barrier island) 또는 방파제 등이 존재하는 경우에 그림 6-3과 같이 파랑이 장해물을 지나면서 마루선과 진행 방향이 휘어져서 장해물의 뒤쪽으로 전달된다. 이 때 파의 원래의 진행 방향을 따라 원래 파고의 약 50%의 파고를 갖는 파랑이 전달된다. 이 때 회절된 각이 클수록 파고는 작아져서 장해물의 뒤쪽으로 크게 휜 방향으로 원래 파고의 약 10%의 파고를 갖는 파랑이 전달된다. 이는 벽의 뒤쪽에서 울리는 소리가 들려 오는 것과 같은 원리로 방파제에 있던 선박도 파도의 출렁거림을 느끼게 된다.

파랑의 반사는 해안 절벽이나 인공 구조물 등의 장해물에 파랑이 접근하는 경우에 일어난다. 특히 장해물이 파의 진행 방향과 수직으로 발달한 경우에는 수조나 컵 등에서 볼 수 있는 정상파(standing wave)가 형성된다. 정상파는 수평적인 이동이 없이 제자리에서 상승과 하강을 반복하는 것으로 교점(node)과 파복(antinode)이 만들어지며(그림 6-4b), 해안에서 형성된 정상파는 다음 파도가 밀려올 때까지 유지된다.

수심이 변하면서, 즉 얕아지면서 파의 파두(wave front) 또는 마루선이 휘는 현상이 발생하는데 이것을 굴절이라 한다(그림 6-5). 파랑은 수심이 급격히 감소하는 천해에서 심하게 굴절한다. 파랑이 해안에 접근하면 수심이 얕아지면서 해저 지형과의 마찰이 발생하여 파랑의 진행 방향으로 압축되며 파랑의 속도가 감소한다. 이에 따라 해안에 접근하는 천해파는

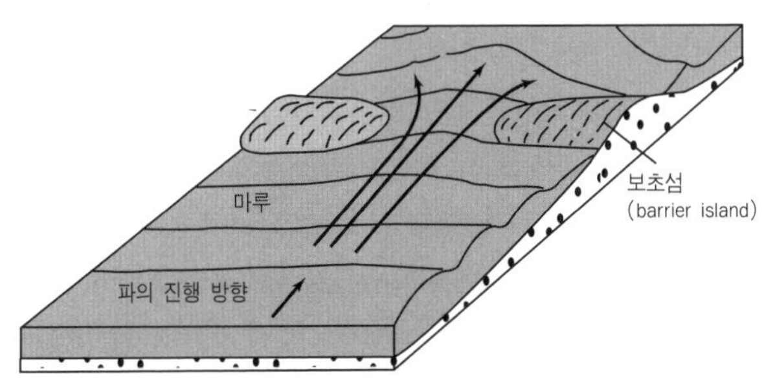

그림 6-3. 해파의 회절

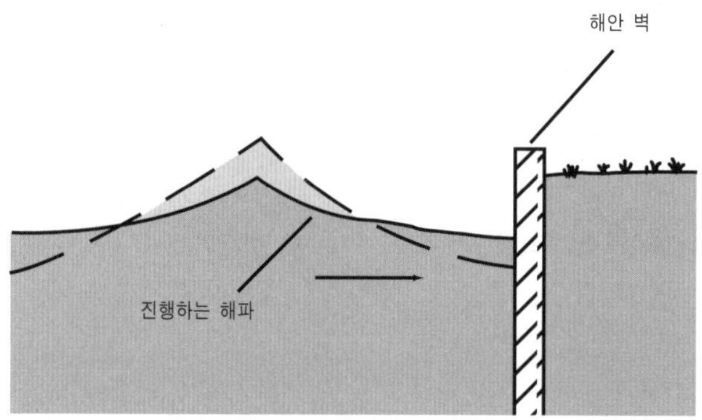

a. 해안에서의 정상파

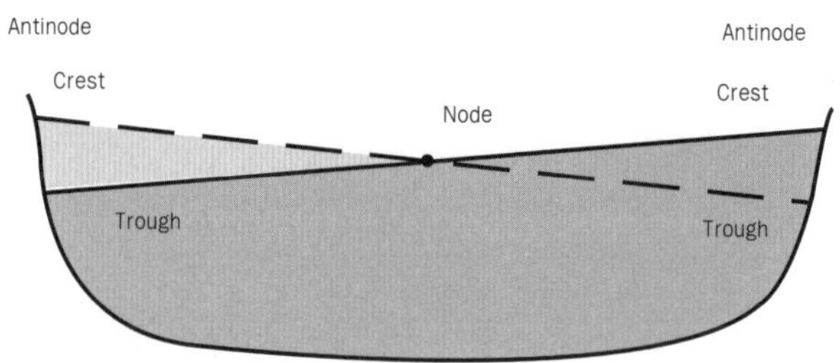

b. 수조에서의 정상파

그림 6-4. 정상파(standing wave)

마루선이 해안에 평행하게 굴절한다. 한편 파랑에 의해 전달되는 에너지는 마루선과 직교하는 방향으로 전달되므로 해안 지형에 따라 불균일한 에너지를 받는다. 즉 파랑의 전달 방향이 곶(headland)과 같이 돌출한 지형으로 수렴하고 만(bay)에서는 발산하므로, 에너지가 집중된 곶(headland)에서는 침식이 집중적으로 일어나며 만 내부에서는 퇴적이 일어나기도 한다.

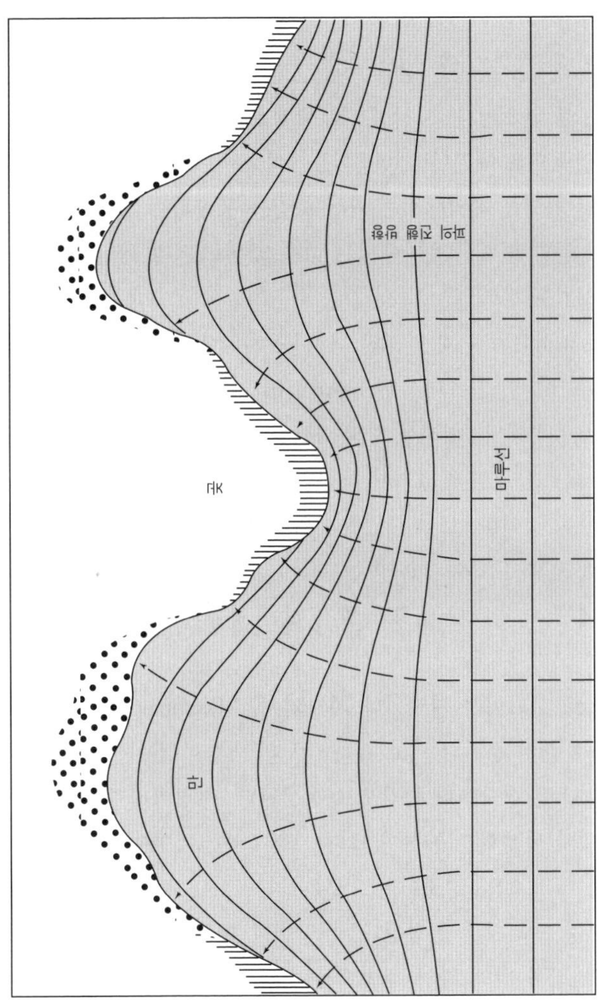

그림 6-5. 해파의 굴절(주의: 곶(headland)에서는 침식, 만 내부에서는 퇴적됨)

5. 해일과 쯔나미

폭풍이나 태풍을 동반한 강한 바람은 연안 해역에서 해수면 위로 5 m 이상의 파도를 일으킨다. 일시적으로 발생하는 이러한 현상은 파장이 긴 중력파의 일종으로 해일이라고 한다. 심해에서는 그 현상이 뚜렷하지는 않지만 연안 가까운 해역에서는 거센 바람을 동반하는 경우에 굉장히 파괴적이어서 특히 평탄한 해안에서는 매우 넓은 해역과 해안 평원까지 범람을 야기하기도 한다.

쯔나미(tsunami)는 현재 알려진 파랑 중에서 에너지가 가장 크며 파괴적인 것으로 쯔나미라는 명칭은 'wave in bay' 라는 뜻의 일본어에서 비롯된 것이다. 이 밖에도 '지진성 해파' 또는 '조석파' 라 불리기도 한다. 그러나 쯔나미는 그 원인에 있어서 조석과는 무관한 것으로 조석파라는 표현은 부적당한 것이다. 조석은 연속적으로 기조력의 영향을 받는 강제파(forced wave)임에 비하여 쯔나미는 한 번의 대규모 충격으로 발생하며, 발생한 후에는 그 충격의 영향을 받지 않는 자유파(free wave)라고 할 수 있다.

일반적으로 쯔나미는 지진이나 해저의 사태(slumping), 화산 분출 등과 같이 주로 해양 분지의 크고 작은 규모의 변형이 갑자기 발생할 때 해수면의 갑작스런 상승이나 하강으로 발생된다. 지진이나 화산 활동이 활발한 해역에서 발생할 가능성이 크다(그림 6-6). 이 때 형성되는 파랑의 주기는 6분 내지 60분 정도이며, 쯔나미의 규모는 해저 지진과 해저 화산 폭발의 정도에 의해 결정된다. 대양에서 대부분의 쯔나미는 파고가 1 m 이하인 경우 항해 중인 선박에서는 감지하기 어렵다. 예컨대 전파속도가 720 km/h, 주기가 10분인 쯔나미의 경우 이웃한 마루 사이의 거리는 120 km 정도로 이로 인한 상하 운동은 일반적인 바람에 의한 것보

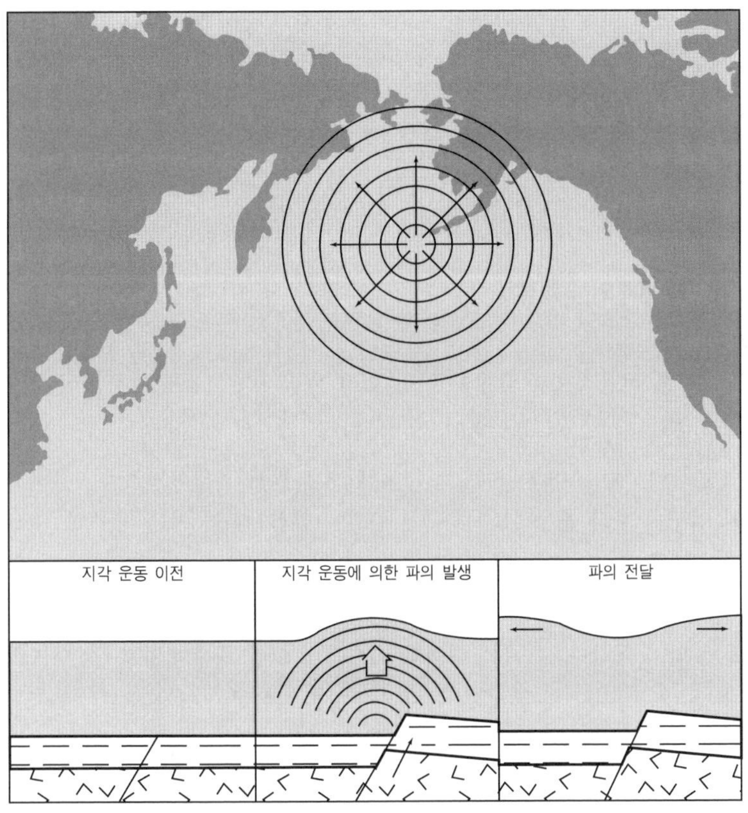

그림 6-6. 쯔나미 발생의 예

다 현저히 작은 것이어서 선박에서는 거의 느낄 수 없다. 그러나 천해로 진행함에 따라 전파 속도가 급격하게 작아지면서 파장이 압축되고 파고가 매우 커지게 된다.

현재까지 보고된 최대의 쯔나미는 1946년 4월 1일 알류샨 열도의 지진에 의한 것으로 해수면으로부터 평균 30 m 이상의 높이에 있던 송신탑이 파괴된 기록이 있다. 우리 나라에도 환태평양 지진대에 속하는 일본 열도에서의 지진에 의해 발생한 쯔나미가 동해의 중심부를 지나 우리 나라의 동해안에 영향을 미치는 경우가 있다. 쯔나미에 의한 피해를 감소하기 위해 해양학자들은 환태평양의 지진 관측소와 연계하여 쯔나미의 발생 예상 해안에 신속하게 경고할 수 있는 쯔나미 조기 경보 체계(TEWS: Tsunami Early Warning Stations)를 운영하고 있다.

6. 파랑에 의한 해류

파랑은 이론적으로 물질의 이동 없이 에너지만을 전달하는 것이지만 해양 환경에서는 이로 인하여 야기되는 몇 가지의 해류가 존재한다. 먼저 파송류(wave-drift current)는 바람에 의해 해파가 형성되어 물 입자가 원 궤도를 따라 운동하는 중에 실제로는 바람이 불어 가는 방향으로 조금씩 이동하기 때문에 형성되는 해류이다. 파송류는 심해파에서는 관찰이 가능하지만 파형이 불규칙하게 깨어지는 천해파에서는 그 양을 정확하게 알기 어렵다. 그러나 대체로 파송류에 의한 해수의 수송량은 수심이 낮은 연안에서 더 큰 값을 가지며 방향은 마루선에 직각이다.

연안에서 파랑의 진행 방향은 굴절에 의해 해안에 수직한 방향으로 변하며 이에 따라 마루선과 해안선이 평행하게 되려는 경향을 보인다. 그러나 실제로 파랑이 해안선에 도착할 때 마루선과 해안선이 정확하게 평행하게 되지는 못하며 다소의 각을 가지게 된다. 따라서 연안에서 파송류에 의한 해수의 수송은 해안선에 수직인 성분과 수평인 성분으로 나누어진다. 이 때 해안선과 평행한 방향의 해수 수송을 연안 해류(longshore current)라 한다(그림 6-7). 연안 해류는 파도가 부서지는 쇄파대(surf)와 해안선의 사이를 흐르며 크기와 방향은 파랑의 크기와 접근 방향에 따라 결정되고 시간에 따라 변할 수 있다. 폭풍시에는 연안 해류의 속도가 2~3 m/sec에 이르며, 해안에서 연안 해류에 의한 퇴적물의 이동량은 매

그림 6-7. 연안 해류(주의: 이 그림에서는 연안류의 방향이 오른쪽임)

우 중요한 양으로 해안 지형에 큰 영향을 미치기도 한다.

이 밖에도 파랑에 의해 발생되는 해류에는 이안류(rip current)가 있다. 이안류는 해안에서 멀어져 가는 해류로 그 폭이 좁고 강하게 발달하는 것이 보통이며, 파송류에 의해 해안에 축적되는 해수로 인한 해면의 상승을 해소하기 위해 형성되는 것으로 연안에서의 파송류 흐름에서 해안선에 수직인 성분에 대한 보상이라 할 수 있다. 연안에서 수영이나 수상 스포츠를 즐기는 사람들에게 이안류가 때로는 위험한 상황을 만들기도 한다.

7. 기조력

지구에 만유인력으로 영향 미치는 중요 천체는 달과 태양이다. 태양은 달보다 26 × 10^6배의 질량을 가지며 거리는 약 390배이므로 지구에 미치는 만유인력은 태양이 달보다 약 100배 정도 크다. 그러나 조석(tide)

을 일으키는 힘, 즉 지구상의 임의의 점에 작용하는 만유인력과 원심력의 합력인 기조력(tide generating force)의 크기는 이론적으로 조석을 일으키는 천체의 질량에 비례하며 거리의 세제곱에 반비례하므로 기조력에 비치는 태양의 영향은 달의 영향에 비해 46.6% 정도이다.

지구와 달 사이에 작용하는 만유인력은 전체적으로 지구와 달의 공통 무게 중심을 중앙으로 회전함으로써 생기는 원심력과 평형을 이룬다. 그러나 지구 표면의 어떤 임의의 지점에서의 원심력과 만유인력은 불균형을 이루며 이에 따라 조석이 이루어진다. 즉 달이 보이는 쪽에서의 만유인력은 공통 무게 중심을 공전함으로써 생기는 원심력보다 큰 까닭에 만조이며, 반대로 달이 보이지 않는 쪽에서의 원심력은 만유인력보다 큰 원인으로 역시 만조가 생긴다(그림 6-8).

이와 같이 조석은 태양과 달의 천체의 위치에 크게 영향을 받으며, 지구의 자전 효과, 지역에 따른 위치, 즉 위도 또는 해안선의 형태 및 해저 분지의 지형에 의하여 크게 다르게 일어난다. 이러한 조석의 결정 요소 중에서 지역적인 요소는 시간에 따라 거의 변하지 않으나 천체들의 위치

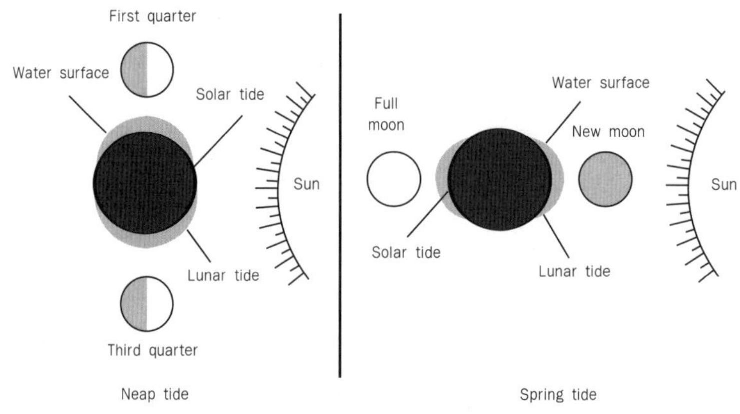

그림 6-8. 조석 작용(주의: 소조와 대조)

와 지구의 자전 등은 주기성을 가지므로 조석은 비교적 정확하게 예보될 수 있다. 해수면의 수직 이동은 조석뿐 아니라 기압이나 바람과 같은 기상 요소의 영향을 받으므로 그 영향을 제거한다면 10개 정도의 분조를 합성한 조석 예보의 오차는 ± 2 cm 이내이다. 1872년 Kelvin 경이 최초의 조석 예보기를 제작한 이후로 현재는 전자 계산기를 이용하여 훨씬 빠르고 정확하게 조석을 예보하고 있다. 국내에서는 매년 1년간의 조석을 미리 예측하여 조석표를 발간하고 있다.

8. 조석의 조화 분석

조석은 주로 태양과 달의 상대적 운동의 영향으로 여러 가지 조석 주기를 가지며, 각각의 주기에 따라 변하는 규모, 즉 다양한 진폭을 보인다. 실제로 계기 등을 통하여 측정되는 해수면의 변화는 이러한 여러 주기와 진폭을 갖는 파장, 즉 분조(partial tides)들이 중첩되어 나타나는 것이다(그림 6-9). 이와 같이 관측된 조석으로부터 규칙적인 조석인 분조를 분해하는 것을 조석의 조화 분석이라 한다. 조석을 이루는 많은 분해 요소 중에서 실제로 중요한 것은 4개(M_2, S_2, K_1, O_1)이다(표 6-2).

기조력에 가장 큰 영향을 미치는 달은 24시간 50분을 주기로 지구 둘레를 공전하면서 두 번의 만조(high water)와 두 번의 간조(low water)를 일으키므로 간조와 만조는 12시간 25분의 주기로 나타난다. 이를 주태음반일주조(M_2)라 하며 가장 중요한 주기이다. 역시 달의 공전 주기에 의해 만들어지는 주태음일주조(O_1)는 25.82시간의 주기를 가지며, M_2 분조의 영향을 1로 하면 약 0.415의 영향을 미친다. 주태양반일주조(S_2)는 지구의 자전에 의해 태양이 일주 운동을 함으로써 12시간의 주기를 갖는 분조로 M_2에 비해 0.466의 영향을 미친다. 태양과 달이 상대적인 위치가 변하여 만들어지는 일월합성일주조(K_1)는 각각 23.93과 11.97시간의 주

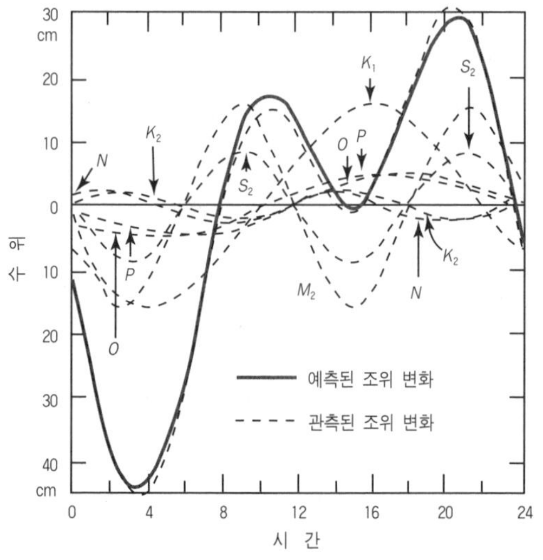

그림 6-9. 분조의 합성으로 예측되는 조위 변화

기의 주기를 가지며, 그 영향은 M_2에 비하여 0.584 정도이다.

태음반월주조(M_f)는 327.86시간(약 13.7일)의 주기와 0.172의 영향을 주며, 조금과 사리를 나타낸다. 해, 달 및 지구가 일직선으로 배열되는 그믐과 보름은 기조력이 최대인 대조 또는 사리(spring tide)이며, 달, 지구, 해가 직각인 상현과 하현은 기조력이 최소인 소조 또는 조금(neap tide)이다. 이 밖에도 태음월주조(Mm)는 661.30시간(약 27.6일), 태양반년주조(Ssa)는 4382.8(약 6개월), 태양연주조(Sa)는 8765.5(약 1년)의 긴 주기를 가지나 실제로 조석에 미치는 영향의 크기는 매우 작다. 이러한 여러 가지 분조의 영향으로 한 지점에서의 조석은 주기적으로 그 조차를 달리한다(표 6-2).

표 6-2. 주요한 분조 일람표

	명칭	속도(매시)	주기	계수
	반일주조			
M_2	주태음반일주조	28.98410	12.42時	0.45426
S_2	주태양반일주조	30.00000	12.00	0.21137
N_2	주태음타원조	28.43973	12.66	0.08796
K_2	월일합성반일주조	30.08214	11.97	0.05752
	일주조			
K_1	일월합성일주조	15.04107	23.93	0.26522
O_1	주태음일주조	13.93404	25.82	0.18856
P_1	주태양일주조	14.95893	24.07	0.08775
Q_1	주태음타원조	13.39867	26.87	0.03651
S_1	기상일주조	15.00000	24.00	
	배조			
M_4	태음1/4일일주조	57.96821	6.21	
S_4	태양1/4일일주조	60.00000	6.00	
M_6	태음1/6일일주조	115.93642	4.14	
	복합조			
MS_4	$(M_2 + S_2)$	58.98410	6.01	
$2MS_2$	$(M_4 - S_2)$	27.96821	12.81	
$2MN_2$	$(M_4 - N_2)$	29.52848	12.19	
$2SM_2$	$(S_4 - M_2)$	31.01590	11.59	
	장주기조			
Mf	태음반월주조	1.09804	327.86	0.07827
Mm	태음월주조	0.54437	661.30	0.04136
Ssa	태양반년주조	0.08214	4382.76	0.03643
Sa	태양년주조	0.04107	8765.52	

9. 조석의 분포

조석 현상은 전해양에서 항상 존재하는 것으로 조석에 의한 해수면의 수위는 항상 변하고 있다. 이를 조사하기 위해서는 관측의 기준이 되는 기준 수준면을 설정할 필요가 있다. 이 기준 수준면의 높이에서 파랑과 해안의 고유 진동의 단주기 변화를 뺀 값을 그 지점 그 시각의 조위(tidal level)라 한다. 조위가 상승하는 상태를 밀물(flood)이라 하며 하강하는 상태를 썰물(ebb)이라 한다. 조위가 극대 · 극소인 순간을 각각 만조 · 간조라 하고 해면의 상승 · 하강에 따른 조류의 멈추는 상태를 정조(stand of tide, slack water)라 한다. 만조와 간조의 수위 차이를 조차(tidal range)라 한다. 조차가 가장 큰 때를 사리(spring tide), 가장 작은 때를 조금(neap tide)이라 한다.

시간에 따른 조위의 변화를 나타낸 그래프를 조위 곡선(tidal curve)이라 한다. 조위 곡선에서 연속되는 고조 또는 저조 사이의 시간을 조석 주기라 하며, 조석 주기가 평균 12시간 25분인 조석을, 즉 하루에 두 번의 조석이 일어나는 현상을 반일주조(semidiurnal tide), 반면에 주기가 24시간 50분인 조석을 일주조(diurnal tide)라 한다. 지구 자전축이 기울어져 있어서 달이 지구를 공전할 때 생기는 인력의 세기가 두 번의 밀물과 썰물 때 동일하지 않으므로 반일주조의 조석에서 연속하는 고조 또는 저조의 조위와 그 사이의 시간은 같지 않은 것이 보통이며, 이를 일조부등(diurnal inequality)이라 한다(그림 6-10). 이 때 하루 두 번의 고조 중에서 더 높은 것을 고고조(higher high water), 낮은 것을 저고조(lower high water)라 하며, 저조 중에서 높은 것을 고저조(higher low water), 낮은 것을 저저조(lower low water)라 한다.

조차는 해역에 따라서 큰 차이를 나타내는데 평균 조차가 2 m 미만인

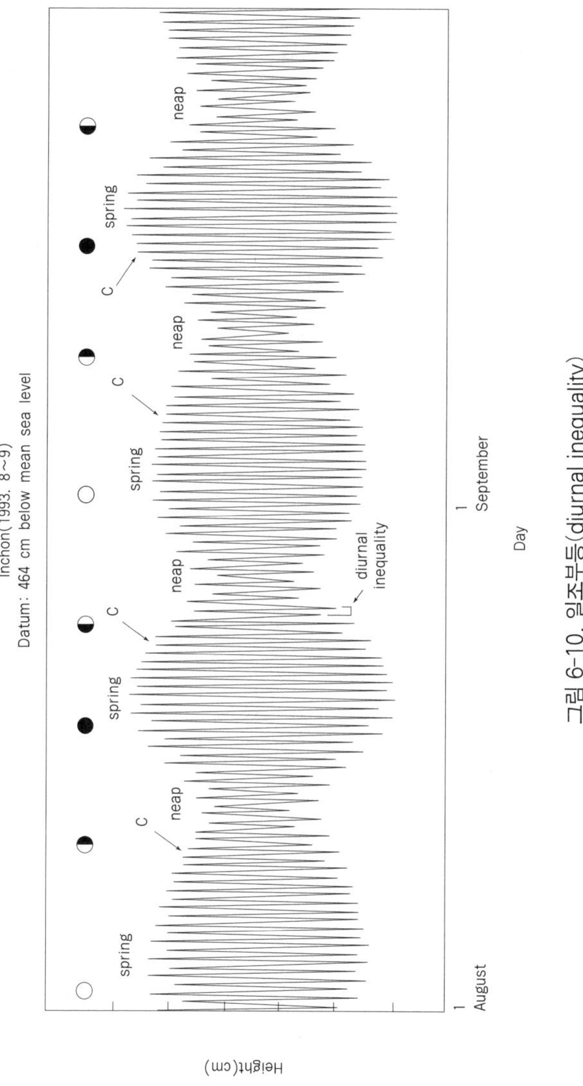

그림 6-10. 일조부등(diurnal inequality)

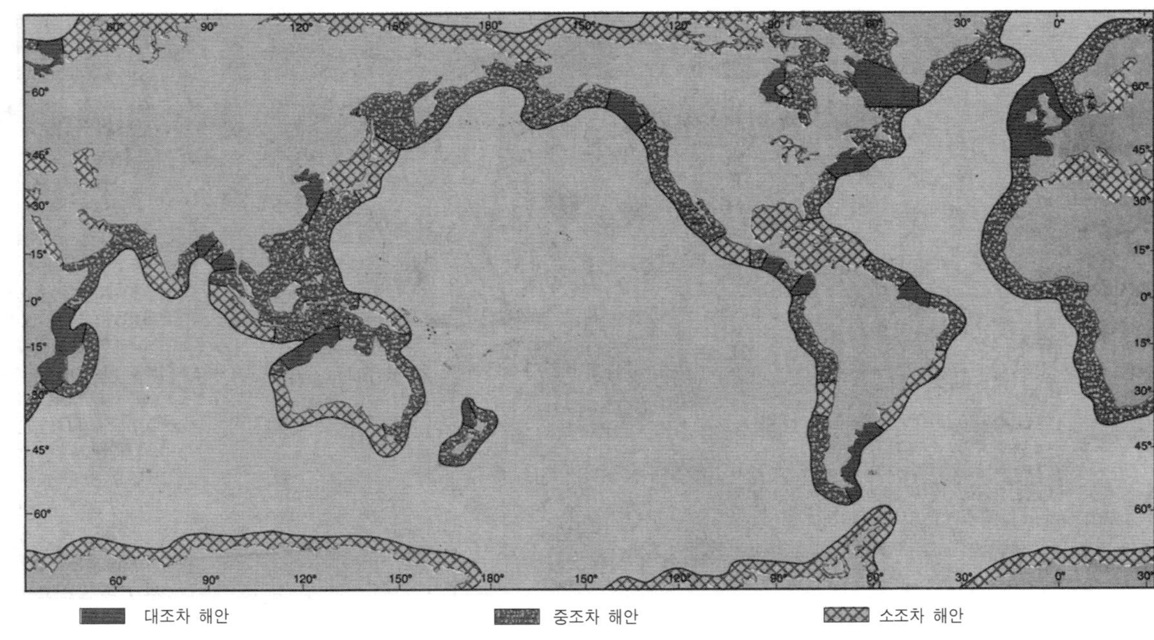

그림 6-11. 전세계 해안의 조차 분포

경우를 소조차(microtidal range), 2~4 m인 경우를 중조차(mesotidal range), 4 m 이상인 경우를 대조차(macrotidal range)라 한다(그림 6-11). 해역에 따라 차이가 크지만 대체로 중조차의 해안이 가장 많이 분포되어 있다. 해역에 따라 조차가 같지 않는 가장 중요한 원인은 해안의 모양과 해저 지형(해저 분지 모양) 및 육지의 분포에 있다. 수심이 깊고 육지가 멀리 떨어진 외해에서의 조석은 쯔나미와 같이 진폭이 작게 나타난다. 그러나 조석이 육지 쪽으로 접근함에 따라 진폭은 몇 배씩 증가된다. 이는 쯔나미가 육지에 가까워지면서 지형의 영향을 받는 것과 같은 것으로 쯔나미를 조석파라고 잘못 부르게 된 것은 이러한 유사성 때문이다.

지리적으로 인접한 해역에서도 조차가 크게 다르게 나타난다. 캐나다 동해안의 펀디 만, 잉글랜드 서해안의 브리스톨 해협, 프랑스의 북서 해

표 6-3. 세계적으로 조차가 큰 해역

구 역	장 소	대조차
캐나다 동안 펀디 만	Burntcoat Head	13.6 m
잉글랜드 서안 프리스톨 해협	Beachley	13.1
프랑스 북서안	Granville	12.2
알래스카 남안	Sunrise	12.0
아르헨티나 남안 마젤란 해협 부근	Coy Inlet	9.8
멕시코 서안 캘리포니아 만	Rio Colorado 하구	9.6
오스트레일리아 북서안	Hall Point	9.3
프랑스 북서안	Le Tr'eport	9.3
브라질 북동안	Maracca I	9.1
잉글랜드 서안	Garston	8.8
한국 서안	아산	8.2
중국 남동안	瀨浦	8.0
캐나다 동안 허드슨 해협	Upper Savage Is.	7.6
중국 남동안	三堵奧	7.6
오스트레일리아 동안	Mangrove Is.	7.6

안, 알래스카의 남쪽 해안, 아르헨티나 마젤란 해협 부근, 멕시코의 서해안, 미국의 캘리포니아 만, 오스트레일리아의 북서 해안 및 브라질 북동 해안 등은 조차가 큰 해역으로 유명하다(표 6-3). 우리 나라를 둘러싸고 있는 주변 해역의 조석 체계는 각각 서로 다른 형태를 나타낸다. 우리 나라 서해안은 대조차 해안으로 세계적으로 조차가 가장 큰 해역 중의 하나이며, 남해안은 중조차 해안, 동해안은 소조차 해안에 속한다.

10. 등조시 분포와 무조점계

지구는 매끈한 구체가 아니라 지구 표면에는 크고 작은 여러 개의 대륙과 수없이 많은 섬들이 존재한다. 해저의 마찰력 또는 지구 자전에 의한 편향력의 효과는 조석이 여러 곳에서 매우 다르게 나타나게 한다. 시간에 따른 조석의 진행을 한눈에 파악하기 위해 같은 시간에 만조가 되는 해역을 선으로 연결한 곡선을 등조시선(cotidal line)이라 한다. 등조시 분포도에는 조석이 매우 긴 주기를 갖는 천해파와 같이 진행하는 파랑으로 나타난다. 이러한 조석파(tidal wave)의 진행은 해양과 육지의 불규칙한 분포에 의해 복잡한 양상을 띤다.

등조시선의 로마 숫자는 태음시를 나타내며 몇 개의 지점에서는 시간에 따른 간만의 변화가 없음을 알 수 있다. 이와 같은 마디점(nodal point)을 무조점(amphidromic point)이라 하며, 이를 중심으로 등조시선들이 방사상의 분포를 보인다. 예컨대 북대서양의 조석파는 하나의 마디점을 중심으로 반시계 방향으로 회전하는 양상을 보인다. 이러한 무조점은 태평양과 인도양에서도 나타나서 각각의 무조점계(amphidromic system)를 이룬다. 무조점계는 북대서양, 태평양, 인도양 등의 대양에서뿐만 아니라 북해나 지중해 또는 연안의 만(bay)이나 염하구, 미국 오대호 등의 큰 호수에서도 나타난다(그림 6-12). 우리 나라 주변의 해역에서

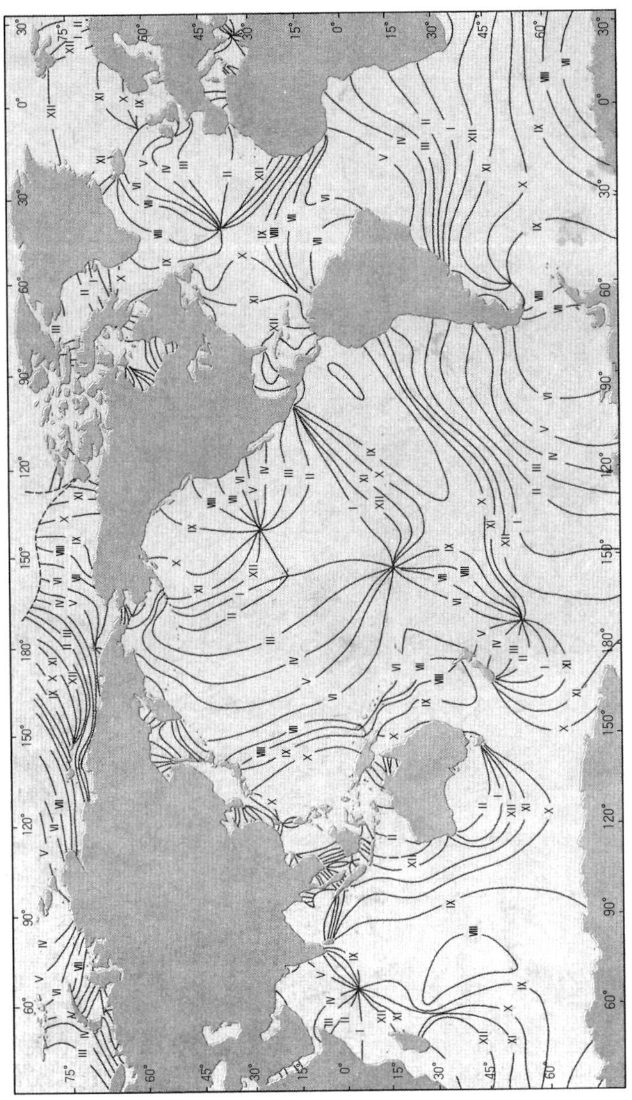

그림 6-12. 대양의 등조시와 무조점 분포도

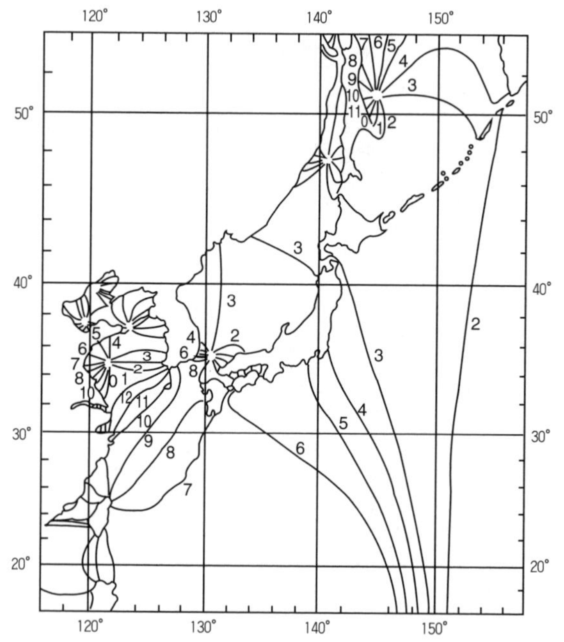

그림 6-13. 우리 나라 주변 해역의 등조시와 무조점 분포도

는 그림 6-13과 같이 서해와 동해에서 여러 개의 무조점이 나타난다.

무조점계는 강 어귀에서도 흔히 관찰되며 그림 6-14와 같이 설명된다. 즉 만조(그림 6-14A)에는 외해 쪽의 수면이 상대적으로 낮고 간조(그림 6-14C)에는 반대로 높아지므로 해안선에 수직인 방향으로 경사가 생기며 해안선과 평행한 방향으로 수위의 변화가 없는 마디선(nodal line)이 형성된다. 한편 썰물(그림 6-14B)과 밀물(그림 6-14D) 동안에는 해류와 함께 지구의 자전에 의한 코리올리의 힘이 작용하여 오른쪽이 높고 왼쪽이 낮은 경사를 이루며 흐른다. 따라서 한 번의 조석 주기가 지나는 동안 등조시선은 무조점을 중심으로 방사상의 분포를 보이며 조석파는 반시계 방향으로 회전하게 된다.

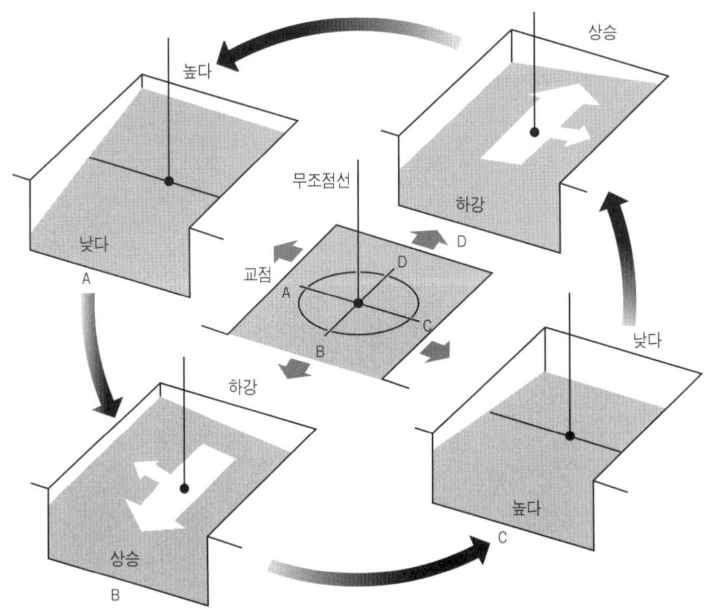

그림 6-14. 강 하구에서의 무조점계

11. 조 류

조석은 어느 한 해역에서 해수면의 상승과 하강을 일으키며 밀물과 썰물의 현상이 일어나는 것이다. 이 때 많은 양의 물이 수평 방향으로 이동된다. 이러한 해수의 흐름을 조류(tidal current)라 한다. 즉 달과 태양의 기조력에 의한 해수의 주기적인 수직 운동은 조석이고 수평 운동은 조류이다. 외해에서의 조류는 거의 무시할 정도로 느리지만 대륙붕에서는 15 cm/sec 정도의 유속을 나타내기도 한다. 연안에서의 조류는 일반적으로 조차가 클수록 빠르지만 지형에 따라 많은 차이가 있다. 일반적으로 외해와 연속된 해안에서는 조류가 느리며 파랑의 영향 때문에 인지되기

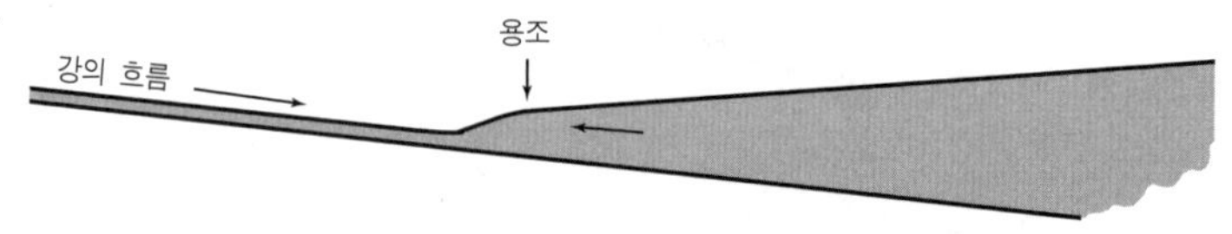

그림 6-15. 강 하구에서의 용조

어렵다. 그러나 지형적으로 외해와 연속되지 않고 좁은 입구로 제한된 해안의 경우, 특히 해협이나 만에는 조류가 매우 빠르게 흐른다. 이럴 경우에 조차가 작더라도 좁은 통로를 통하여 짧은 시간내에 조석량(tidal prism)이 통과해야 하므로 조류가 매우 강하여 퇴적물을 침식하고 멀리 운반하기도 한다.

염하구나 삼각주와 같이 강의 유입이 있는 경우에는 밀물의 세기를 약하게 하고 썰물을 더욱 강하게 한다. 또한 이 경우 조석파는 강의 흐름에 의해 방해를 받아 조석파의 경사는 심해지며 진행이 둔해진다. 밀물의 영향이 강을 따라 상류 쪽으로 수백 km까지 미치기도 한다(그림 6-15). 어떤 경우에는 밀물에 의해 용조(tidal bore)라 불리는 물의 벽이 강을 따라 상류 쪽으로 진행하는데 용조의 높이는 보통 수십 cm이나 중국의 첸탕강에서는 7 m 이상인 경우가 관찰된 바 있다. 용조가 진행하는 속도는 강의 길이와 용조의 높이에 따라 결정되는데, 수심이 깊고 용조의 높이가 높을수록 속도는 빨라진다.

7

해양 생태계와 생산성

Ocean Ecology and Productivity

해양 생물은 육상 생물과 마찬가지로 C. Linnaeus가 제안한 7단계의 생물학적 분류 체계로 분류된다. 예를 들면 식용으로 쓰이는 굴(oyster)은 가장 높은 단계에서는 후생동물(Kingdom Metazoa)로 분류되며, 아래 단계로 내려가면서 패각(shell)을 가진 연체동물문(Phylum Mollusca), 2개의 패각을 가진 부족강(Class Pelecypoda), 여과 식자로써 구멍을 뚫고 사는 사새목(Order Filibranchia)으로 분류할 수 있다. 사새목에는 굴과 홍합(mussel) 등이 포함되며, 식용으로 쓰이는 굴은 굴과(Family Ostriedae)에 속하는 *Crassostrea virginica*라는 종(species)으로 분류된다.

해양 생물들은 서식 환경에 따라서 표영생물(pelagic organism)과 저서생물(benthic organism)로 양분할 수 있다. 표영생물은 수중(pelagic zone)에 존재하는 생물의 총칭으로, 유영 능력에 따라서 해수의 움직임에 비해 자신의 유영 능력이 작거나 거의 없는 플랑크톤(plankton)과 해수의 운동에 관계없이 이동 가능한 유영동물(neckton)로 나누어진다. 저서생물은 해저에 살고 있는 생물의 총칭으로 부착 해조류(algae), 저서무척추동물(invertebrate animal) 등이며, 저서어류(demersal fish)를 이에 포함시키기도 한다. 이와 같이 해양 생물은 생물학적 유사성, 크기 또는 진화 정도에 의한 분류 및 생물의 생활 양식의 차이에 따라 플랑크톤, 유영동물 및 저서생물로 구분하는 것이 일반적이다.

지구의 역사(약 46억 년)를 통하여 최초의 생물이 탄생한 곳은 바다로 알려져 있다. 해양 생태계는 여러 가지 점에서 육상 생태계와는 다르다. 근본적으로 육상의 생태계가 공기, 즉 대기에 의하여 영향을 받는 것이라면 해양의 생태계는 해수에 의하여 영향을 받는 것이다. 따라서 육상 생태계와 해양 생태계에서 가장 현저한 차이는 생물이 살고 있는 매질의 차이이다. 물의 비중은 공기의 비중에 비교하면 약 900배 정도 크므로 생체를 구성하는 물질의 비중에 근접한다. 육상 생태계의 대부분의 생물은 중력을 이길 수 있는 강한 골격 구조를 가져야 하지만, 해양 생물은 지지 골격 구조가 불필요하다.

1. 플랑크톤

플랑크톤은 유영 능력이 없거나 미약한 이동 능력만을 가지고 수중에 떠다니는, 즉 해수의 흐름을 거슬러 위치를 조절할 수 없는 생물이다. 여러 가지 종류의 플랑크톤은 몸의 크기에 따라 다음과 같이 분류된다. 몸의 크기가 0.2 ㎛보다 작은 것은 펨토플랑크톤(femtoplankton)이라 하며, 또한 바이러스 등이 이 종류에 포함된다. 몸의 크기가 0.2～2.0 ㎛인 초미소플랑크톤(picoplankton)은 주로 박테리아 종류인데 남조류, 미세편모류 등이 이에 해당된다. 몸의 크기가 2.0～20 ㎛인 것을 미소플랑크톤(nanoplankton)이라 하며, 편모조류 그리고 대부분의 식물플랑크톤 등이 이에 해당한다. 몸의 크기가 20～200 ㎛인 것을 소형플랑크톤

(microplankton) 또는 망플랑크톤(netplankton)이라 하며, 대부분의 규조류, 쌍편모조류가 이에 속한다. 몸의 크기가 200 ㎛ 이상으로 몸이 큰 것을 대형플랑크톤(macroplankton)이라 하며, 대부분의 동물플랑크톤이 이에 속한다. 또한 플랑크톤은 그 종류가 매우 다양하며, 영양 섭취 방법에 따라 식물플랑크톤(phytoplankton)과 동물플랑크톤(zooplankton)으로 나눌 수 있다.

1-1. 식물플랑크톤

식물플랑크톤은 광합성을 하는 생물로서 해양의 일차 생산자이며, 해양 생태계에서 식물플랑크톤이 차지하는 비중은 매우 크며 그 종류는 다양하지 않다. 식물플랑크톤의 대부분은 단세포 생물이므로 현미경으로만 관찰이 가능하다. 생물 분류에서는 황갈조식물문(Chrysophyta), 녹조식물문(Chlorophyta), 남조식물문(Cyanophyta), 갈조식물문(Phaeophyta) 또는 황적조식물문(Pyrrophyta)에 속하는 것이 많다. 중요한 식물플랑크톤에는 다음과 같은 종류가 있다.

(1) 규조류

규조류(diatom)는 황갈조식물문(Chrysophyta)의 규조강(Bacillariophyceae)에 속하며, 황갈색의 규산질 외부 골격, 즉 피각(test)을 가지므로 황갈조류라 한다. 대체로 2~3 ㎛부터 1 mm의 지름을 가지므로 전자 현미경이나 실체 현미경으로 관찰할 수 있다(그림 7-1). 규조류는 주로 체형의 변화, 기름의 분비 등을 통하여 부유 능력을 극대화한다. 규조류는 규산화된 외부 골격을 유지하기 때문에 성장을 위하여 인산염이나 질산염 외에 규산염이 필요하기 때문에 해수내의 규산염의 양이 성장의 제한 요소로 작용한다.

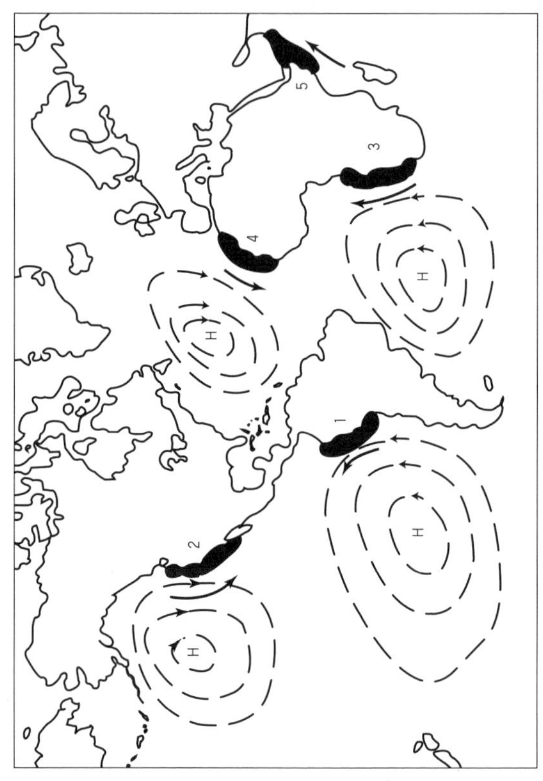

그림 7-2. 규조류 번성과 관련 있는 용승 해역

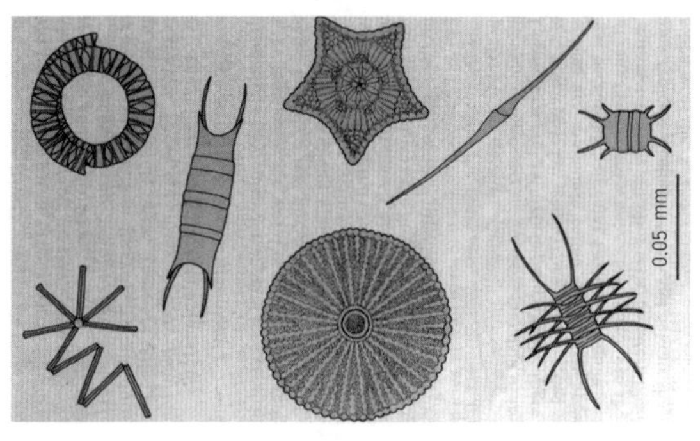

그림 7-1. 규조류

죽은 후에는 대부분 상층에서 초식동물에 의해 소비되지만 일부는 해저에 퇴적되어 규산질 연니(siliceous ooze)를 형성하기도 한다. 규조류는 전세계의 해양에서 발견되지만 특히 용승(upwelling)이 발생하는 해역과 고위도의 해역과 같이 비교적 수온이 낮고 영양염이 풍부한 곳에 번성한다(그림 7-2).

(2) 인편모조류

크기가 매우 작아 미세플랑크톤에 속하는 인편모조류(coccolithophore)는 황갈조식물문의 석회질 조류(calcareous algae)로 탄산염으로 구성된 석회질 골격을 가진다. 외각에는 여러 개의 비늘 모양을 하고 있는 coccolith가 붙어 있다. 방사 대칭형으로 2~3 μm의 지름을 가지며 죽은 후에 석회질 연니(calcareous ooze)를 형성한다(그림 7-3). 일반적으로 따뜻하고 얕은 해역에서 잘 번식한다.

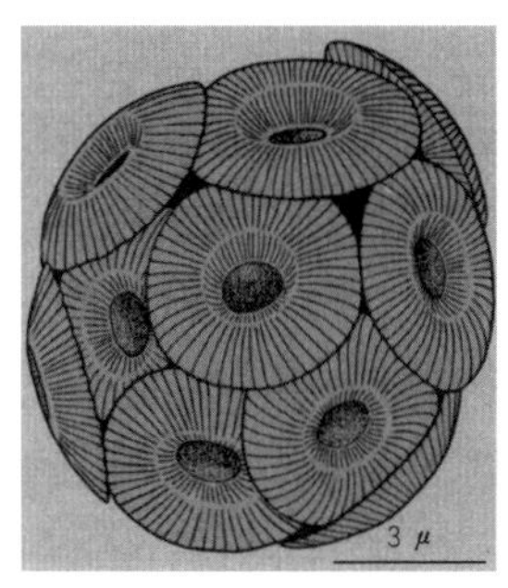

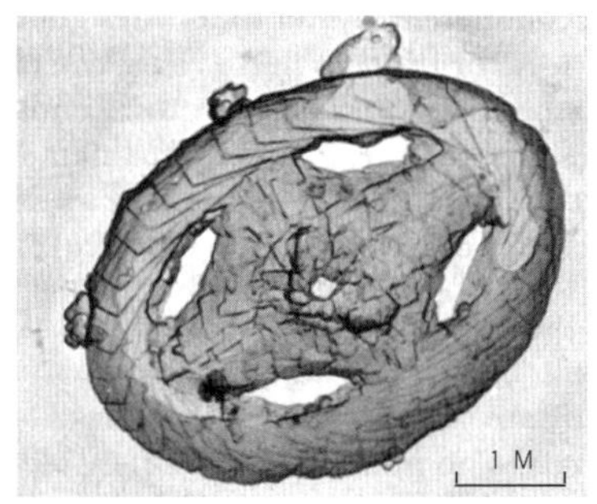

그림 7-3. 인편모조류

(3) 쌍편모조류

쌍편모조류(dinoflagellates)는 황적조식물문(Pyrrophyta)에 속하며 대부분 두 개의 편모(flagellate)를 갖는다(그림 7-4). 쌍편모조류는 편모를

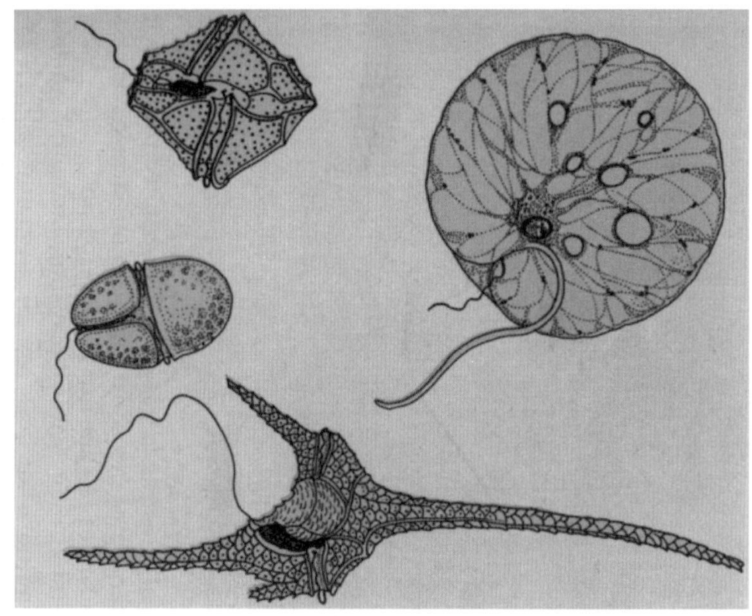

그림 7-4. 쌍편모조류

이용하여 미약하나마 운동 능력을 지닌 점이 특징이다. 쌍편모조류는 규조류나 코콜리소포와는 달리 딱딱한 껍데기를 가지지 않아 해저의 퇴적물로 크게 중요하지는 않다. 세포 표면에 판(plate)을 갖는 종류와 가지지 않는 것이 있으며 생체 발광(bioluminiscent)을 하는 종류가 많으며 따뜻한 바다에서 잘 번식하고 적조(red tide)의 원인이 되기도 하는 생물이다. 적조란 해안에 많은 오염 물질 등의 공급으로 인하여 풍부한 영양염 때문에 쌍편모조류가 대량 번식하여 바닷물의 색이 붉게 되는 현상을 말한다. 적조가 발생하면 해수내의 산소가 부족하게 되어 어류 및 패류와 같은 해양 생물들에 폐사를 일으킨다.

(4) 규산질편모류

규산질편모류(silicoflagellate)는 규산질의 골격을 가지며 1~2개의 편모를 가진다(그림 7-5). 죽은 후에 규산질 연니를 형성하며 양은 적지만 넓은 해역에 분포한다.

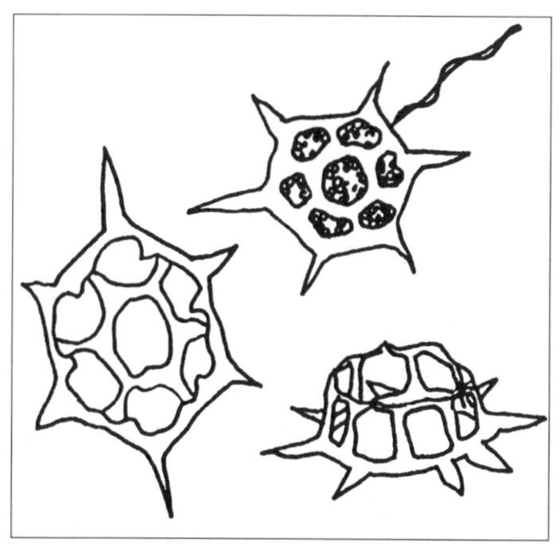

그림 7-5. 규산질편모류

(5) 모자반류

갈조식물문(Phaeophyta)에 속하며 모자반(sargassum)이라는 명칭은 '포도' 라는 뜻을 가진 포르투갈의 단어에서 유래한 것이다. 저위도 해역에서 긴 줄기와 볼록한 기포를 이용하여 수면에 떠서 해수의 흐름을 따라 흘러 다닌다. 북대서양의 조해(Sargasso sea)는 모자반의 서식지로 유명한 곳이다.

1-2. 동물플랑크톤

해양 환경에서 일차 소비자의 역할을 하는 동물플랑크톤은 식물플랑크톤에 비하여 생물량(biomass)은 적지만 종류는 더 다양하다. 동물플랑크톤은 수 ㎛의 지름을 갖는 현미경적 크기로부터 때로는 1 m 이상의 초대형 플랑크톤까지 존재한다. 생활 주기(life cycle)에 따라서는 유생 또는 어린 기간에만 플랑크톤으로 생활하다가 성체가 되면 유영동물이나 저서생물로 생활하는 임시플랑크톤(meroplankton)과 전생애를 걸쳐 플랑크톤으로 생활을 하는 종생플랑크톤(holoplankton)으로 나눌 수 있다. 해양 동물의 거의 대부분이 생애의 어떤 기간에는 플랑크톤의 생활을 한다고 할 수 있다.

(1) 유공충과 방산충

유공충(foraminifera)과 방산충(radiolaria)은 가장 다양한 동물플랑크톤이다(그림 7-6). 이들은 모두 원생 생물계(Kingdom Protista) 중의 원생동물문(Phylum Protozoa)에 속하는 단세포 동물로 위족을 사용해 먹이를 포획하고 무성 생식을 하는 허족충강(Class Sarcodina)에 속한다. 허족충강에는 유공충목(Order Foraminifera)과 방산충류(Order Radiolaria)가 있다. 유공충은 탄산염의 피각(tests)을 가지며, 방산충은 규산염의 피각을 가지고 있어 연니의 주요 구성 성분이 된다.

유공충 중의 하나인 글로비게리나(Globigerina)는 흔한 동물플랑크톤 중의 하나로 다공질의 껍데기에 많은 가시와 위족이 발달한 섬세한 구조를 갖는다(그림 7-7). 이러한 구조는 부피에 대한 표면적의 비율을 크게 하여 부유하는 데 도움을 준다. 또한 글로비게리나의 어떤 종류는 수온에 매우 민감하게 반응하기 때문에 고기후(paleoclimate)의 연구에 중요

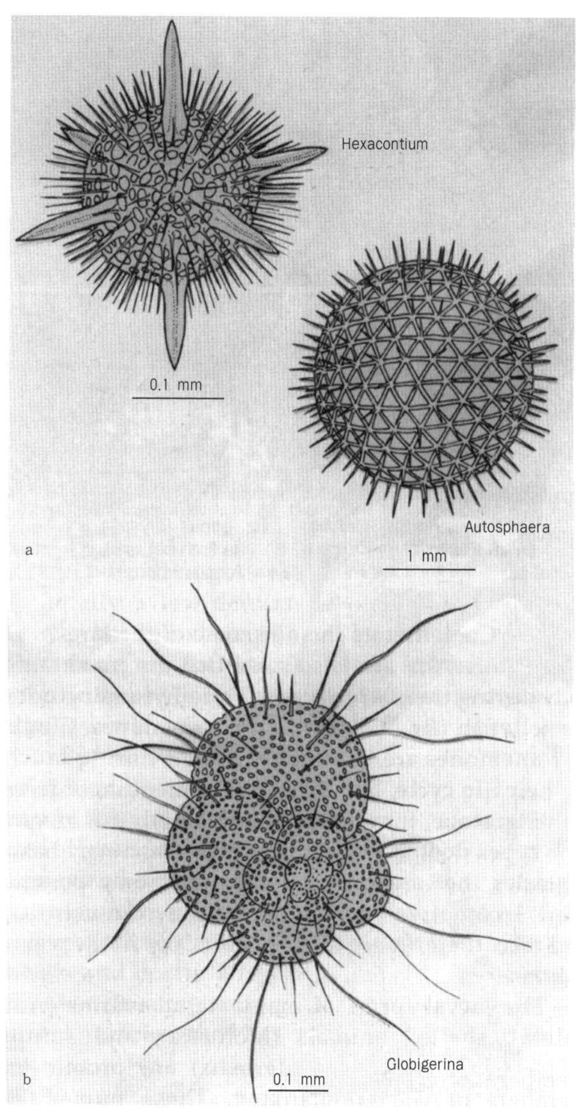

그림 7-6. 동물플랑크톤(a: 방산충, b: 유공충)

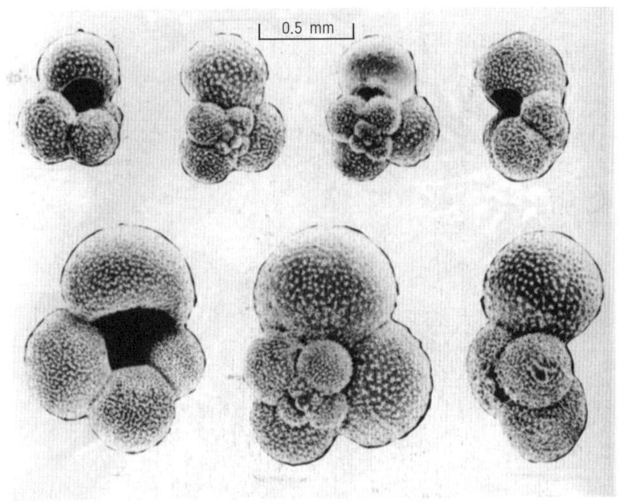

그림 7-7. 유공충 중의 한 종류인 글로비게리나

한 자료로 이용되기도 한다.

(2) 절지동물

관절이 있는(jointed) 부속지(appendages)를 갖는 동물로서의 절지동물문(Phylum Arthrophoda)은 동물플랑크톤에 있어서 중요한 문(Phylum)이다. 절지동물문은 검미강(Class Xiphosurida)과 갑각강(Class Crustacea)으로 세분되는데 동물플랑크톤의 가장 많은 종류가 갑각강에 속한다. 갑각강 중에서 개형아강(subclass Ostracoda)에 속하는 동물들은 주로 연안에 살며 그림 7-8과 같이 5 mm 미만의 크기를 갖는 두 개의 탄산염 패각을 갖는다.

갑각강 중에서 요각아강(Subclass Copepoda)은 가장 많은 동물플랑크톤들로 전체의 90% 정도를 차지한다. 주로 규조류와 유기 파편(organic detritus)을 먹고 사는 여과 식자(filter-feeder)로 2~4 mm 길이의 몸체는

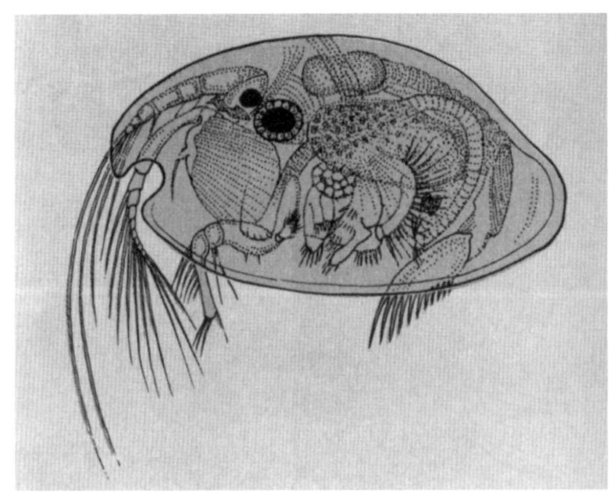

그림 7-8. 개형아강에 속하는 개형류(5 mm 미만의 크기임)

두부(head), 흉부(thorax) 및 복부(abdomen)로 이루어진다. 한 쌍의 더듬이(antenna)와 여러 쌍의 길고 섬세한 부속지가 발달하여 부유 생활에 유리하며 약간의 이동 능력을 갖는다. 요각아강은 전계절에 걸쳐 거의 모든 해역에 서식하며 크고 작은 육식 동물의 중요한 먹이가 된다(그림 7-9).

연갑아강(Subclass Malacostraca)은 몸이 가장 크고 경제적인 가치가 있는 동물플랑크톤 중의 하나이다. 고래의 중요한 먹이로 유명한 남극해의 크릴(krill)은 연갑아강의 유파우시아목(Order Euphausiids)에 속하며 요각아강과 함께 동물플랑크톤 중에서 가장 중요하다(그림 7-10). 새우(shrimp), 게(crabs), 바닷가재(lobster) 등과 같이 경제적인 가치가 큰 해양 생물들도 연갑아강 중의 십각목(Order Decapoda)에 속하며 유생 시기에 플랑크톤으로 생활한다.

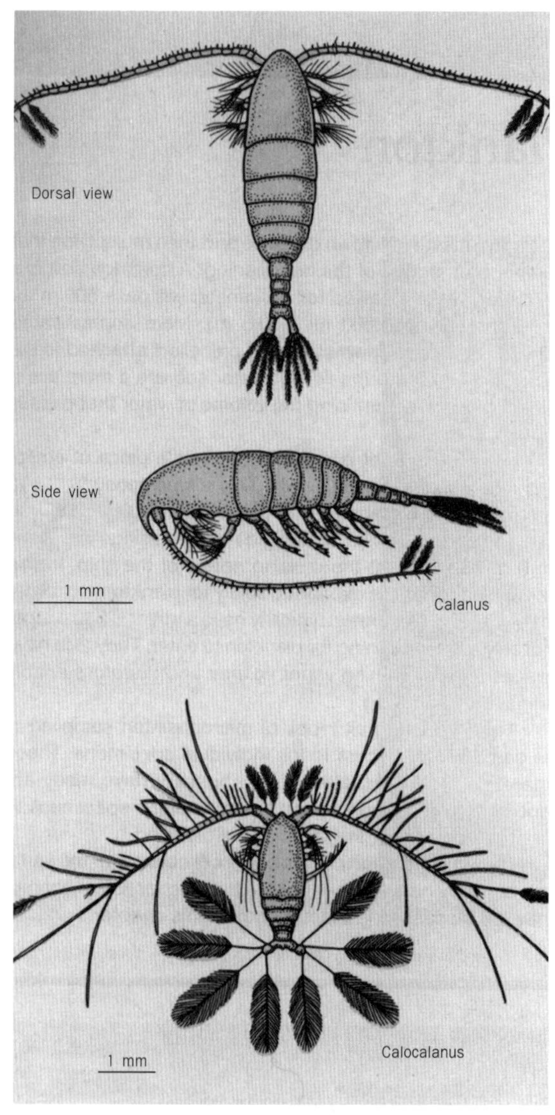

그림 7-9. 섬세한 부속지를 가진 요각류

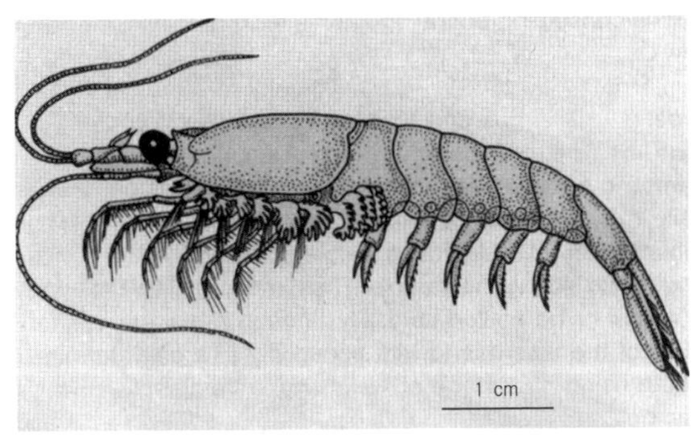

그림 7-10. 유파우시아목에 속하는 krill 새우

(3) 그 밖의 동물플랑크톤

이 밖에도 후생동물계(Kingdom Metazoa)에 속하는 많은 동물들이 전 생애를 걸쳐, 또는 일시적으로 플랑크톤의 생활을 한다. 해면동물문(Phylum Porifera)에 속하는 동물들은 대개 수일간의 유생 시기를 거친 후에 저서동물로 생활한다. 강장동물문(Phylum Coelenterata)에 속하는 동물들은 세대 교번을 하므로 어떤 종류는 종생플랑크톤이며 어떤 것은 유생 시기에만 플랑크톤으로 생활한다. 해면동물은 대체로 가장 큰 동물플랑크톤에 속하며 치명적인 독성을 갖는 것도 있다. 그 중 히드라충강(Class Hydrozoa)에 속하는 동물들은 가장 큰 플랑크톤 중에 속하며 특히 고깔해파리 등은 강한 독성을 갖는 것으로 유명하다(그림 7-11). 강장동물의 가장 큰 특징은 촉수(tentacle)에 자포(nematocyst)를 가지고 있어 먹이를 감지하게 되면 자포를 쏘아 먹이를 마비시킨 뒤 촉수를 이용하여 먹이를 입으로 가져간다.

갯지렁이를 포함하는 환형동물문(Phylum Annelida)과 성게와 같이 껍데기에 가시가 많은 극피동물문(Phylum Echinodermata)에 속하는 동물들은 대부분이 유생 시기에 플랑크톤 생활을 하며, 이는 종족을 넓은 지역

그림 7-11. 독성을 가진 고깔해파리(genus Physalia)

에 분산시키는 데 도움을 준다. 편형동물문(Phylum Platyhelminthes), 유형동물문(Phylum Nemertinea) 및 선충동물문(Phylum Mematoda) 중의 일부도 유생 시기에 플랑크톤으로 생활한다. 극피동물문(Phylum Echinodermata)은 플랑크톤으로는 중요하지 않으나 그 유생이 연안에서 플랑크톤으로 발견되며 이를 채집하기 위하여 플랑크톤 망이 처음 사용되었고, 플랑크톤 연구가 활성화되는 계기가 되었다.

척색동물문(Phylum Chordata) 중 척추동물아문(Vertebrata)에 속하는 경골어류 등은 비록 짧은 기간이기는 하나 플랑크톤으로 생활한다. 연안에서는 이러한 플랑크톤의 양이 일시적으로 상당한 중요성을 갖는다.

1-3. 플랑크톤의 분포

플랑크톤은 운동 능력이 거의 없기 때문에 해수의 움직임이나 비중에 의해 자신의 위치가 결정된다. 거의 모든 플랑크톤의 비중은 해수의 비중보다 약간 크기 때문에 이론적으로 모든 플랑크톤은 계속 가라앉게 된다. 실제로 규조류의 어떤 종류는 일생 동안 천천히 가라앉다가 결국 유광대의 아래로 내려가면 죽는 것으로 알려져 있다. 플랑크톤은 여러 가지 방법으로 침강의 속도를 완화하고 있다. 일반적으로 플랑크톤은 가늘거나 얇고 섬세한 부속지(appendage) 등의 기관을 많이 가진다. 이는 부피에 대한 표면적의 비율을 크게 하여 표면 장력을 크게 함으로써 침강 속도를 줄일 수 있다. 플랑크톤은 체액의 용질을 변화시킴으로써 침강 속도를 작게 하기도 한다. 생리 작용에 장애가 되지 않는 범위에서 무거운 이온을 가벼운 이온으로 교환함으로써 부력을 조절하는 것이다. 예컨대 해파리와 같은 아교질의 부유 생물들은 칼슘이나 마그네슘 등의 양이온을 나트륨이나 칼륨으로 대치함으로써 몸을 가볍게 할 수 있다. 플랑크톤의 많은 종류는 껍질을 최소화하여 몸을 가볍게 하기도 한다. 예컨대 유공충은 탄산칼슘으로 구성된 외피를 만들고 방산충이나 규조류는 규산질의 외피를 만든다. 그런데 이들 중에서 부유 생활을 하는 종류의 외피는 저서 생활을 하는 종류에 비하여 얇다. 또한 연골(Cartilaginous)의 내부 골격(internal skeleton)을 갖는 두족류의 오징어류도 저서 생활을 하는 종류(genus Sepia)보다 부유 생활을 하는 종류(genus Loligo)에 속하는 것이 더 얇은 골격을 갖는다. 이 밖에도 지방을 분비하거나 기공을 만들어서 비중을 작게 하여 침강 속도를 줄이기도 한다. 편모나 부속지를 움직이거나 해파리와 같이 근육 조직을 이용하여 어느 정도의 이동을 하는 종류도 있다.

(1) 식물플랑크톤

식물플랑크톤의 분포는 동물플랑크톤에 비하여 많은 제한을 받는다. 광합성이 가능한 유광대(euphotic zone)를 벗어나서는 살 수 없으며, 수온이나 영양염, 염분 등에도 훨씬 민감하다. 일반적으로 규조류는 차가운 고위도의 해역에서 무성하며 쌍편모조류나 코콜리소포는 저위도의 따뜻한 해역에서 번성한다.

(2) 동물플랑크톤

동물플랑크톤은 빛에 대한 제한 요인이 없기 때문에 식물플랑크톤에 비하여 넓은 범위에 분포한다. 유기물이 존재하는 곳이면 어디에나 살 수 있으며 유광대보다 더 깊은 해수에 분포하는 동물플랑크톤은 유광대로부터 침강하는 유기물을 섭취함으로써 생존할 수 있다. 또한 해류를 따라 어디로든지 이동될 수 있으므로 거의 모든 해역에 존재한다. 그러나 어떤 한 종류의 동물플랑크톤이 존재하는 범위는 대체로 제한되어 있으며 특별한 몇 종류만이 전해역에 걸쳐 분포한다. 동물플랑크톤의 분포를 이렇게 제한하는 요인은 주로 수온인 것으로 생각된다. 이러한 판단은 분포 경계선이 대체로 위도와 평행한 방향의 등수온선과 평행하며 쿠로시오나 멕시코 만류 등에 의해 크게 휘어지는 경향을 보이는 데에 근거한다.

한편 연안의 동물플랑크톤에는 저서동물이나 유영동물의 유생으로 부유 생활을 일시적으로 유지하는 임시플랑크톤(meroplankton)이 어느 정도 많이 포함되어 있다. 해안이나 염하구와 같이 해수와 담수가 혼합되는 기수 해역(brackish water)에서는 개형류(개형아강)에 속하는 동물플랑크톤이 많이 분포한다.

2. 유영동물

플랑크톤은 운동 능력이 전혀 없거나 미약한 것이 사실이다. 그런데 강한 유영 능력을 가지고 있어 해류를 거슬러 이동할 수 있는 생물을 유영동물(nekton)이라 한다. 유영동물은 유영 능력이 필요하므로 대체로 몸이 큰 것이 보통이며 이것들은 인간의 단백질 식량으로 매우 큰 경제적인 가치가 있다. 그러나 분류학적으로 다양하지 못하다. 주요 종류에는 연골어류(cartilaginous fish), 경골어류(bony fish), 바다거북(sea turtles) 및 해양포유류(marine mammal) 등과 같이 척추동물아문(Subphylum Vertebrate)에 속하는 것과 연체동물문(Phylum Mollusca)에 속하는 오징어(squid) 등이 있다.

2-1. 어류

어류는 등뼈(backbone), 아가미(gills) 및 지느러미(fins)를 가지고 서식하는 냉혈동물(cold-blooded animal)로 유영 생활을 한다. 서식 환경에 따라 해저 부근에서 서식하는 저서어류(demersal fishes)와 해저와 연관성이 없는 부어류(pelagic fishes)로 구분할 수 있다. 생물 분류에서 어류는 대부분 경골어강(Class Osteichthyes)에 속하며 일부는 무악강(Class Agnatha)의 원구목(Order Cyclostomata)이나 연골어강(Class Chondrichthyes)에 속하는 것들도 있다.

(1) 무악어류

무악강(Class Agnatha)은 턱이 없는 동물군으로 과거 지질 시대의 퇴적층에서 많은 화석이 발견되어 어류의 진화에 단서가 되기도 한다. 살아

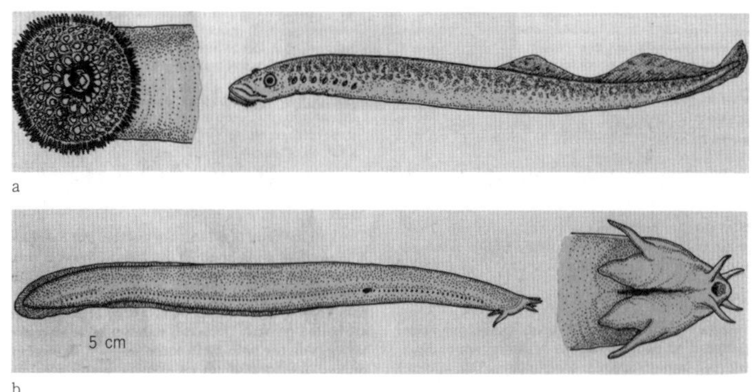

그림 7-12. 칠성장어(a)와 먹장어(b)

있는 화석으로 불리는 칠성장어(lampreys)와 먹장어(hagfish)는 무악강의 원구목(Order Cyclostomata)에 속하는 동물로 현존하는 어류 중에서 가장 원시적인 것이다(그림 7-12). 이들은 가늘고 긴 형태이며 섭식이나 부착에 이용되는 빨판 모양의 입을 가진다. 칠성장어는 1 m, 먹장어는 50 cm 정도의 길이를 가지며 어류의 상처에 빨판을 대고 파고들어가 살을 먹거나 몸에 입을 거칠게 비벼서 피를 빨아먹는 포식자이다. 칠성장어는 바다에서 일정 기간 서식한 후 담수 환경으로 이동하여 산란을 하지만 먹장어는 전생애를 바다에서 보낸다. 우리 나라에서 먹장어는 식용으로 사용되고, 껍질은 가죽의 원료로 쓰인다.

(2) 연골어류

상어(sharks)와 가오리류(rays)는 연골어강(Class Chondrichthyes) 중의 판새아강(Subclass Elasmobranch)에 속하고, 턱이 있으며 모든 뼈가 연골로 되어 있다. 이들은 보통의 어류와 비슷하나 중요한 두 가지 기관, 즉 부레(bladder)와 아가미(gills)가 없다. 부레는 어류로 하여금 적당한 부력을 갖도록 도와 주는 기관으로 부레가 없는 판새어류는 가라앉지 않기

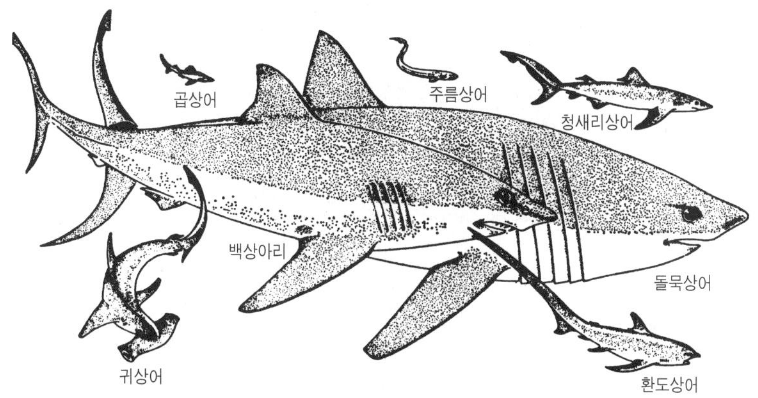

그림 7-13. 크기가 다른 여러 종류의 상어

위하여 쉬지 않고 유영을 하여야 한다. 판새어류의 꼬리지느러미, 가슴지느러미 및 배지느러미는 몸을 상승시키는 데 유리하도록 모두 변형되어 있다. 보통 어류는 아가미를 이용하여 거의 정지한 상태에서도 산소를 공급받을 수 있으나 판새어류는 아가미 대신에 새열(gill slit)을 가지고 있어 이 새열을 통하여 끊임없이 물을 순환시켜야 한다. 따라서 이들은 쉬지 않고 유영을 하지 않으면 가라앉을 뿐 아니라 산소의 결핍으로 죽게 된다. 또한 판새어류는 알을 낳지 않고 체내 수정을 하여 태자를 갖는 난태생(ovo-viviparous)의 생식 방법을 보인다.

상어는 판새어류의 대표적인 동물로 대부분이 육식이며 몸이 큰 것들이 많아 다른 유영동물이나 인간들에게도 위협적인 존재이다(그림 7-13). 특히 후각이 고도로 발달되어 있어 상처를 입어 피를 흘리는 동물들은 상어의 공격을 받기 쉽다. 상어 중에서 고래상어(whaleshark)는 길이가 20 m에 이르는 것도 있어 어류 중에서 가장 큰 종류 중의 하나이다. 창자 안에는 나선형의 판막이 있어 창자의 내부 면적을 넓혀 소화된 음식의 흡수를 돕는다. 우리 나라 주변 해역에는 괭이상어, 강남상어, 악상

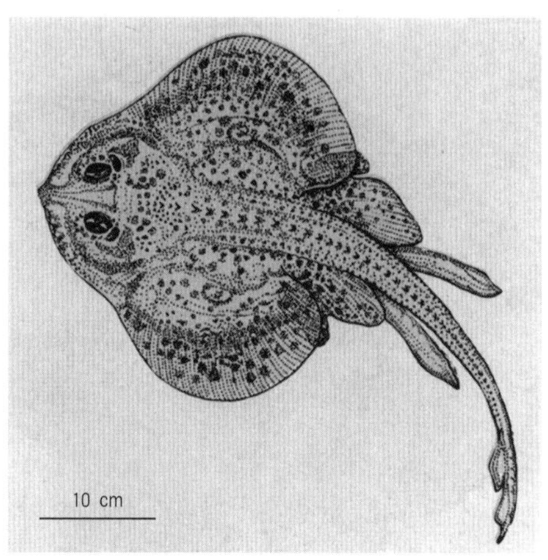

그림 7-14. 흔한 저서어류인 가오리

어, 청상아리, 두툽상어, 별상어, 귀상어 등 다양한 어종이 발견된다. 종종 해녀들이 상어의 공격을 받는다. 우리 나라 서해 법성포 해안 해역에서는 상어 공격에 의하여 몇 사람이 사망했었다.

판새어류 중의 하나인 가오리류는 유영 능력을 크게 하기 위해 매우 큰 가슴지느러미가 이상적으로 발달한 저서어류이다(그림 7-14). 가슴지느러미를 날개처럼 펄럭거리며 유연하게 유영하며 저서 생활에 유리하도록 위쪽이 잘 위장되어 있다. 또한 서식 생활에 따라 몸 색깔을 변화시키는 종도 있다. 가오리류의 일부는 전기적인 충격이나 날카롭고 긴 꼬리를 가지고 있어 위협적인 존재이다. 가오리류 중에서 큰 쥐가오리(manta ray)는 날개의 폭이 2~3 m에 이른다.

(3) 경골어류

어류의 대부분을 이루는 경골어류의 공통적인 특징은 부레, 쌍을 이룬 지느러미, 뚜껑이 있는 아가미, 그리고 비늘을 가지고 있다는 것이다. 부레는 비중의 조절, 호흡, 청각, 발성 등을 도와 주는 기관으로 자신의 위치를 조절하는 데 사용된다. 쌍을 이룬 지느러미는 유영 능력과 안정성을 크게 해 준다. 경골어류의 호흡은 아가미 뚜껑으로 보호되어 있는 아가미를 통하여 물이 순환되어 이루어지며 비늘은 몸을 보호하는 역할을 한다. 생식 방법은 다량의 알을 낳은 후 물 속에서 수정시키는 체외 수정으로 판새어류와는 다르다.

경골어강(Class Osteichthyes)은 3개의 목과 100개 이상의 과(family)로 구성되며 종(species) 수는 30,000을 넘는다. 이중 대부분의 과는 진골상목(order Teleostei)에 속하는 진골어류이다. 경골어류에 속하는 유영동물들은 서식 범위에 따라 저서어류, 부어류, 심해어류로 나눌 수 있다.

저서어류 중에서는 대구와 명태를 포함하는 대구과(Family Gadidae)와 가자미과(Family Pleuronectidae), 그리고 넙치과(Family Bothidae)의 어류들로 식용 가능하며 경제적인 가치가 크다(그림 7-15). 대구과의 어류는 대부분 600 m 미만의 얕은 해저에 서식하며 갑각류 등의 무척추동물이나 작은 어류를 먹고 산다. 가자미과의 어류는 해저 생활에 적응된 몸체를 갖는다. 어린 시기에는 일반적인 어류와 같은 좌우 대칭의 유선형 몸체를 가지나 변태를 하면서 거의 타원형에 가까운 납작한 몸체로 변한다.

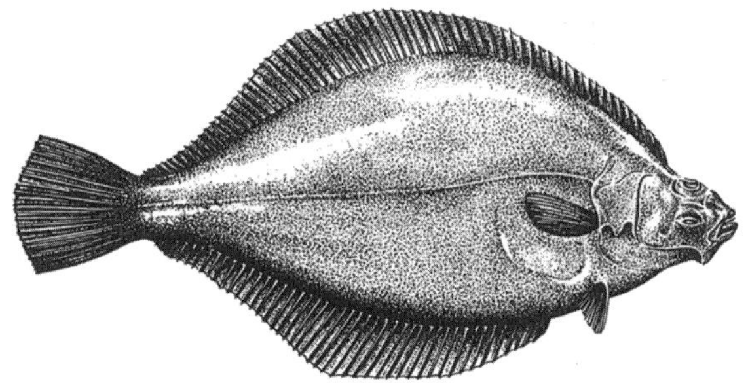

그림 7-15. 전형적인 저서어류 가자미(Parophrys vetutus)

눈의 위치도 변하여 왼쪽이나 오른쪽에 편재하는 모습을 갖게 된다. 저서어류 중의 일부는 몸의 색이나 무늬를 환경에 따라 변화시키거나 퇴적물 속으로 숨어서 위장하는 능력을 가지고 있다.

부어류에는 수산업자가 가장 많은 관심을 갖는 어획 대상 어류가 많이 속해 있다. 청어과(Family Clupeidae)에 속하는 청어, 정어리, 전어, 밴댕이, 연어과(Family Salmonidae)에 속하는 연어, 송어, 은어, 고등어과(Family Scombridae)에 속하는 다랭이, 가다랭이, 고등어, 삼치, 멸치과(Family Engraulidae)에 속하는 멸치 등 이러한 여러 어류들은 모두 경제적인 가치가 크다. 청어과에 속하는 어류들은 몸길이가 50 cm 정도이며 군집 생활을 하기 때문에 어획에 유리하며 식용, 비료, 사료, 기름 등으로 이용된다. 연어과의 어류들은 대개 담수에서 산란하는 회유종이며 몸의 길이가 1 m가 넘기도 한다. 고등어과에 속하는 어류는 연근해에서 군집 생활을 하기 때문에 청어류와 함께 경제적인 가치가 큰 어류이다.

심해어류는 압력이 높고 어두우며 먹이가 풍부하지 못한 환경에 적응하여 낯선 모습을 하고 있는 것들이 많다. 높은 압력을 견디기 위해 심해어류들의 부레는 거의 퇴화되어 장으로부터 격리되어 있다. 몸이 검거나 어두운 색을 띠고 있으며 눈은 퇴화되었거나 오히려 극단적으로 발달한 것도 있다. 심해상어(Spinaxniger)나 샛비늘치(Myctophum) 등과 같은 어류는 발광 기관을 가지고 있으며, 발광박테리아와 공생함으로써 발광하는 종류도 있다. 심해는 먹이가 풍부하지 못한 환경이므로 40여 개의 과(family)에 이르는 심해어류는 대체로 몸이 작으며 먹이를 얻는 특별한 적응을 하고 있다. 아귀(Anglerfish)는 등지느러미가 일리슘(illicium)이라고 하는 유연한 줄로 변형되어 그 끝에 발광 기관이 있어 먹이를 유인한다. 어떤 과(Family Chiasmodontidae)에 속하는 어류들은 매우 큰 입과 탄력성이 좋은 위를 가지고 있어 자신보다도 큰 먹이를 먹을 수 있다. 이는 먹이를 만나기 힘든 심해 환경에서 큰 먹이를 만나면 잡아 먹어 장기간의 영양을 충당할 수 있게 해 준다. 또한 아귀와 같은 심해어류는 수컷이 암컷보다 엄청나게 작으며 암컷의 몸에 기생을 하기도 한다. 이는 산란기 때 배우자를 찾고 열악한 환경에서 번식률을 증대시키기 위한 적응의 한 방법으로 나타난 것이다.

2-2. 무척추 유영동물

무척추동물 중에서 절지동물문에 속하는 새우와 같은 종류는 유영 능력을 가지고 있다. 연체동물문의 두족류도 오징어와 같이 뛰어난 유영 능력을 가진 것이 있다(그림 7-16). 오징어(Squid)는 두족류 중에서 내골격을 가진 것으로 먹물을 뿜어 포식자를 피하며 분사 형식으로 뛰어난 유영 능력을 발휘한다. 남서 태평양에서 발견된 몇 종류의 앵무조개(nautilus)는 꼴뚜기와 같이 두족류에 속하며 겉껍데기를 가진다. 앵무조개의 유영 능력도 물을 분사하면서 전진하는 것이다(그림 7-17).

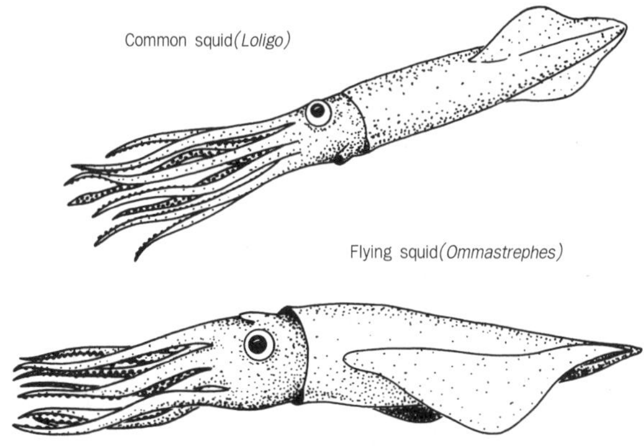

그림 7-16. 두족류의 일종인 오징어류

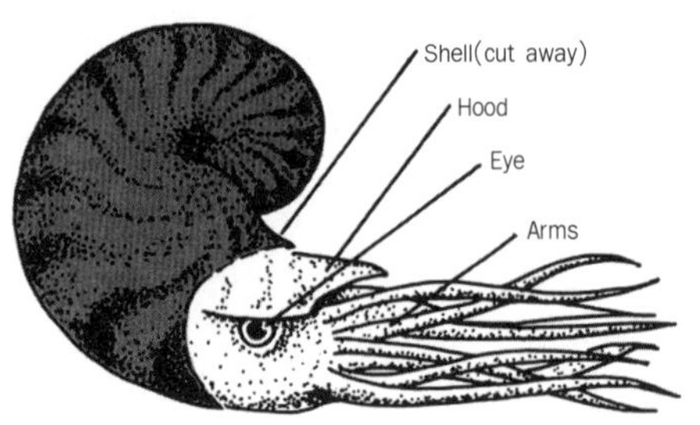

그림 7-17. 두족류의 일종인 앵무조개

2-3. 해양 파충류

파충강(Class Reptillia)에 속하는 파충류는 과거 지질 시대에는 개구리류와 함께 해양 환경에 크게 번성하였으나 현재는 몇 종류만이 해양 환경에서 발견된다. 현생 해양 파충류의 하나인 바다거북(Sea turtle)은 유영 능력을 크게 하기 위하여 네 발은 지느러미 모양의 노처럼 변형되었다(그림 7-18). 바다거북은 대부분이 열대나 아열대 해역에 한정되어 분

그림 7-18. 오스트레일리아 근해의 바다거북

포하고 있다. 바다뱀류는 어류의 꼬리지느러미의 역할을 할 수 있도록 편평한 꼬리가 발달해 유영 능력을 크게 해 준다. 바다거북류는 대부분의 기간을 바다에서 생활하지만 해안의 모래에 산란을 해야 하나 바다뱀류는 어린 새끼를 낳기 때문에 육지로부터 완전히 독립해서 생활할 수 있다. 해양에 서식하는 유일한 바다도마뱀은 남태평양의 갈라파고스 군도 주위에 발달하고 있는 해안가의 바위와 바위 틈에서 발견되는 이구아나(iguana)이다.

2-4. 해양 포유류

포유강(Class Mammalia)의 해우목(Order Sirenia), 기각목(Order Pinnipedia) 및 고래목(Order Cetacea)에 속하는 동물들은 해양에서의 생활에 적합하게 적응되어 있다. 매너티(manatee), 두공(dugong) 등은 해우목에 속하는 동물로 뒷다리는 없고 앞발은 유영을 위해 지느러미 모양으로 변형되어 있다. 매너티는 몸이 크고 매우 느린 초식동물로 담수 또는 해안가에서 생활한다(그림 7-19). 기각목에 속하는 동물들은 지느러미 모양으로 변형된 네 발을 가지며 육상에서 번식한다. 바다사자, 물개, 바다표범, 해마, 해상 등이 이에 속한다. 해우목과 기각목에 속하는 동물들은 거의 대부분 연안에서 생활한다. 그 대부분이 6000만 년 이후의 진화 역사를 가진다.

고래목(Order Cetacea)은 짐승강 중에서 해양 환경에 가장 잘 적응한 동물군이다(그림 7-20). 고래류는 바깥 귀가 없어 물 속에서 유영하는데 능률적인 체형을 가지고 있으며, 새끼를 바다에서 출산한다. 고래는 체온을 유지하고 영양분을 저장하기 위해 두꺼운 지방층을 가지고 있어서 현존하는 생물 중에서 가장 큰 몸체를 갖는다. 30 m 이상의 길이와 100톤 이상의 체중을 갖는 고래가 보고된 바 있다. 위턱에 발달한 고래

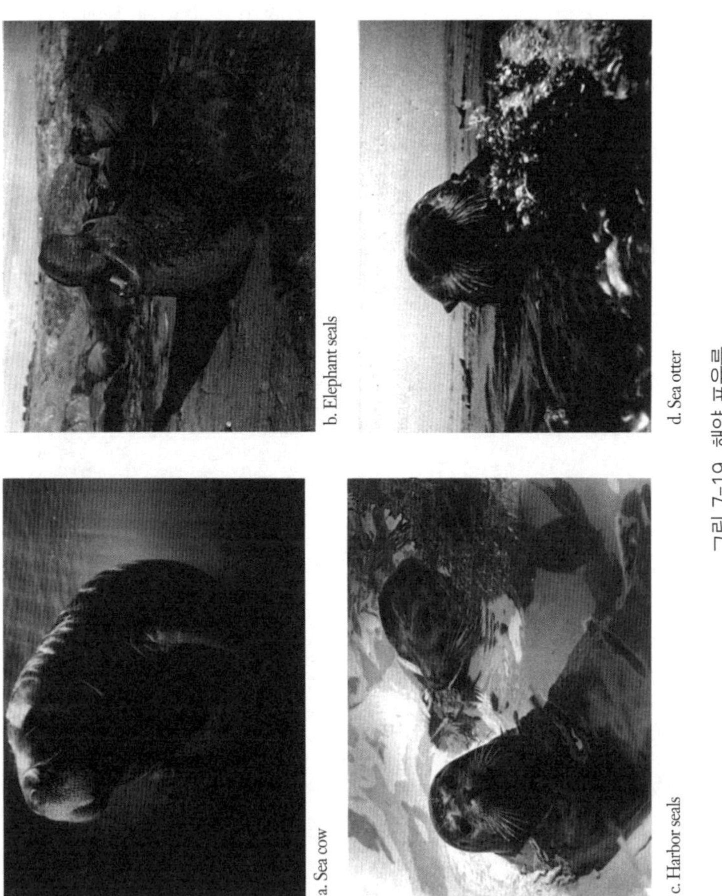

a. Sea cow

b. Elephant seals

c. Harbor seals

d. Sea otter

그림 7-19. 해양 포유류

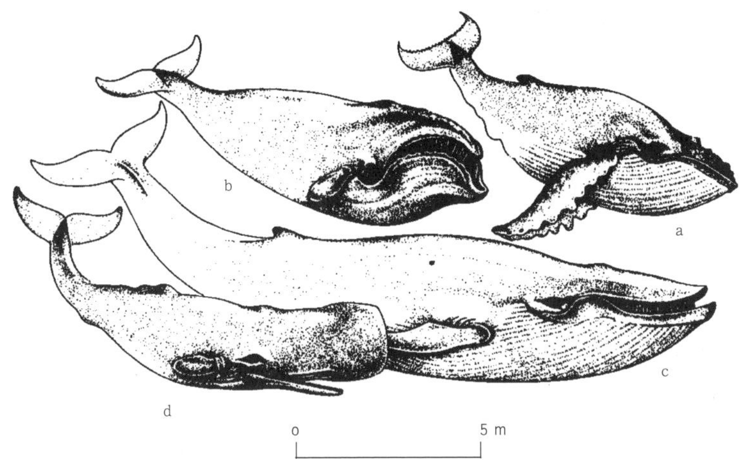

그림 7-20. 여러 가지 종류의 고래(a: humpback whale, b: bowhead whale, c: blue whale, d: sperm whale)

수염(baleen)을 이용하여 해수를 여과하여 요각류와 유파우시아 등을 섭취하는 수염고래아목(suborder Mysticeti)에 속하는 고래와 이빨을 사용하여 꼴뚜기 등을 잡아먹은 물돼지아목(suborder Odontoceti)에 속하는 고래 종류가 있다.

3. 저서생물

저서 환경, 즉 해저에서 서식하는 생물을 저서생물(benthos)이라 한다. 지구상에서 발견된 약 1,200,000종의 생물 중에서 약 200,000종이 해양생물이며, 해양 생물의 약 2%만이 표영(표층수) 생태계에서 서식하고 나머지 196,000종은 해저에서 서식하는 저서생물이다. 저서생물에는 많은 종류의 식물과 무척추동물이 포함되나 척추동물 중에서 저서 생활을 하는 종류는 거의 없다. 저서생물들은 생활 방식에 따라 부착성 저서생물(sessile benthos)과 이동성 저서생물(vagrant benthos)로 구분된다. 부착성의 저서생물은 스스로 움직일 수 없으며 먹이를 얻기 위해서 해류 또는 그 밖의 특별한 방법을 이용한다. 저서 해조류(benthic algae)와 해초(seagrass) 등의 식물과 산호 등의 동물이 부착성 저서생물에 속한다.

빠르게 이동하거나 느리게 이동하는 능력(locomotive power)을 가진 이동성 저서생물은 서식지의 장소에 따라 해저 표면에서 사는 표생동물(epifauna)과 해저면 하부 퇴적층의 내부에 사는 내생동물(infauna)로 구분될 수 있다. 그런데 바다 밑바닥이 암석인 경우에는 구멍을 뚫고 들어가(boring) 부착하여 살며, 또는 모래나 진흙인 경우에는 구멍을 파고들어가(burrowing) 기어다니며 산다. 먹이를 취하는 방식에 따라서 퇴적물 중의 유기물 파편을 먹는 청소동물(scavenger), 공격적인 포식(predator), 퇴적물을 무차별하게 먹거나 구멍을 파면서 흡수관으로 먹이를 취하는 종류 등 여러 가지로 구분될 수 있다.

3-1. 저서식물

해양 저서식물에는 해조(marine algae)와 몇 종류의 피자식물(angiosperms)이 있다. 해조는 색소의 종류에 따라 남조식물문(Phylum Cyanophyta), 녹조식물문(Phylum Chlorophyta), 갈조식물문(Phylum Phaeophyta) 및 홍조식물문(Phylum Rhodophyta)으로 구분된다. 해조의 대부분이 원생생물계(Kingdom Protista)에 속하나 남조식물문은 유일하게 모네라계(Kingdom Monera)에 속하는 식물이다.

남조류(blue-green algae)는 해조류 중에서 가장 원시적이고 오래 된 것으로 선캄브리아기의 암석에서도 그 화석이 발견되는 단세포 생물이다. 남조류는 광도와 염분 및 온도의 변화 범위가 넓어도 견딜 수 있으며, 대기중에 오랫동안 노출되어도 견딜 수 있다. 일부 남조류는 질소 고정 능력이 있으므로 주변의 식물이 질소를 이용할 수 있도록 큰 도움을 준다. 녹조류(green algae)는 해양 환경보다는 담수 환경에 많이 분포하며 해양 녹조류 중에서 일부는 석회질이며 열대 해역의 해저 퇴적물의 공급원이 된다. 우리 나라 연안에서는 파래류, 홑파래류, 그리고 청각류와 같은 주요 종이 발견된다. 대부분의 갈조류(brown algae)는 일반적으로 다세포 생물로 크고 형태가 복잡하다. 중위도와 고위도 해역에 많이 분포되어 있으며, 식용이나 사료뿐만 아니라 아이스크림, 화장품, 페인트, 의약품 등의 제조에 사용되는 알긴산(algin acid)의 원료로써 경제적인 가치가 크다. 우리 나라 연안에서 발견되는 주요 종은 미역류, 감태류, 다시마류, 모자반류 등이다. 해조류 중에서 가장 다양한 홍조류(red algae)는 조간대

그림 7-21. 얕은 수심의 대륙붕 조하대에 흔한 거북말

로부터 200 m 정도의 수심에까지 분포하며 열대 해역에서 서식하는 종이 많다. 홍조류 중에서 일부는 석회질이며 열대 해역의 초(reefs)를 이루기도 한다. 이들 해조류의 분포는 기후와 수심, 그 밖의 요인들에 의해 다양한 변화를 보인다.

해조류에 비하면 고등한 식물인 피자식물 중 단지 몇 종류만이 해양 환경에서 발견된다. 그 중에 일부는 조간대에 발달한 습지(marsh)에 서식한다. 이러한 습지에 서식하는 식물은 습지, 즉 육지 쪽의 상부에 서식하는 종류(Juncus 등)와 하부, 즉 바다 쪽에 서식하는 종류(Spartina 등)로 구분된다. 조하대(subtidal zone)에서 발견되는 식물 중 대표적이며, 수심 15 m 해저에서 서식하는 현화식물은 거머리말(Zostera)과 거북말(Thalassia)이다(그림 7-21). 이들은 천해 동물들의 먹이로써뿐만 아니라 은신처의 역할도 한다. 거머리말은 주로 고위도 조하대 해역에 흔하며 거북말은 주로 저위도의 조하대 해역에 흔하다.

3-2. 저서동물

현재까지 약 150,000종의 저서동물이 발견되었으며 거의 모두가 무척추동물이다. 저서동물은 매우 다양하며 생활 양식에 따라 이동성 표생동물(vagrant epifauna), 부착성 표생동물(sessile epifauna) 및 내생동물(infauna)로 나누어 살펴보는 것이 효율적이다.

(1) 이동성 표생동물

저서동물 중에서 개체 수와 다양성이 매우 많은 이동성 표생생물은 해저면에 살면서 다소간의 이동 능력을 가지고 있다. 그러나 이동 속도의 차이, 해저 퇴적물의 입도 차이, 또는 몸의 크기 차이 등 여러 요인들이 큰 차이를 나타내는 것이 흥미롭다. 매우 느린 이동성 표생동물로서 몸체가 매우 작은(약 100 μ) 저서 유공충과 같은 단세포의 원생동물이 주목할 만하다. 1 mm 미만의 작은 몸체를 갖는 이들은 대개 여러 개의 방으로 나누어져 있으며, 피각(tests)의 모양이 매우 다양하다. 저서 유공충의 피각도 부유 유공충과 같이 석회질로 만들어지며 부유 유공충에 비하여 분포 지역이 제한적이기는 하지만 해저 퇴적물의 주성분이 되기도 한다.

대합(clams), 고둥류(snails), 군부(chitons) 및 문어와 낙지 같은 팔완류(octopuses) 등의 연체동물문(Phylum Mollusca), 섬게(sea urchin), 방패연잎성게(sand dollars), 불가사리(starfish) 및 해삼(sea cucumbers) 등의 극피동물문, 게(crabs)나 바닷가재(lobsters)와 같은 절지동물은 이동성 표생저서동물의 대부분을 차지한다.

이동성 저서연체동물 중에는 외각(external shells)을 갖는 것들이 많으며 이들은 분당 수 mm 내지 수 cm의 작은 속도로 움직인다. 게를 비롯한 저서동물은 퇴적물 표층을 파고들어 움직이며 퇴적물을 먹은(섭취) 후에 그 중에 포함된 유기물을 가려 내고 부산물과 퇴적물을 펠렛(pellets)으로 배설한다(그림 7-22). 펠렛은 해양 퇴적물의 한 종류로 큰 비중을 차지하기도 한다. 저서연체동물은 포식자들로부터 공격이나 악천후를 견디기 위해 두껍고 무거운 껍데기를 이루기도 하며 부드러운 퇴적

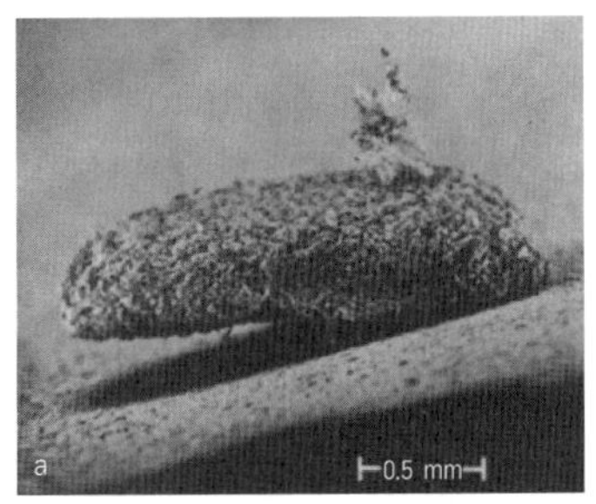

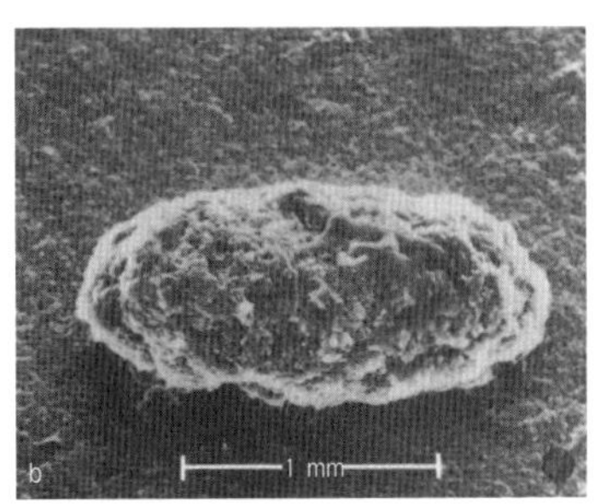

그림 7-22. 저서동물의 배설물인 펠렛

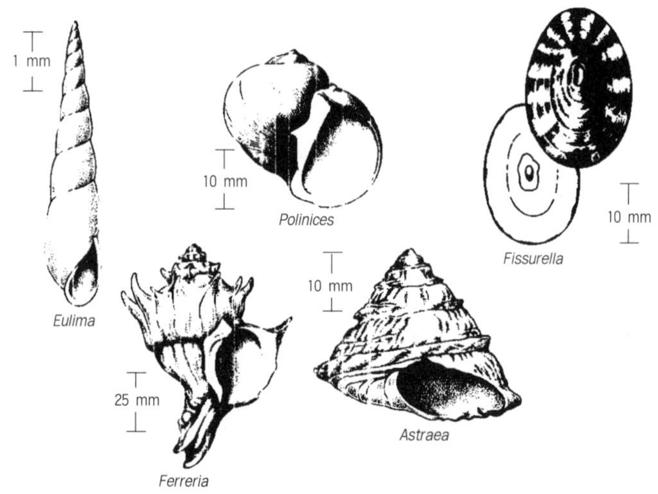

그림 7-23. 퇴적물 속으로 빠지는 것을 방지할 수 있도록 변형된 복족류

물 위에 사는 동물은 퇴적물 속으로 빠져 드는 것을 방지할 수 있는 모양을 갖기도 한다(그림 7-23).

바닷가재는 절지동물 중에서 가장 큰 이동성 저서동물이며 운동 능력도 가장 뛰어나다. 이들은 빠른 속도와 함께 딱딱한 겉껍데기를 이용하여 피식을 피하며 먹이를 가리지 않는 청소동물(scavenger)이다.

(2) 부착성 표생동물

많은 종류의 저서동물은 일생 동안 부착 생활을 하며 운동 능력이 없는 것이 특징이다. 이들은 하나의 개체로 살기도 하지만 수백 개 이상의 개체가 모여 군체(colony)를 이루기도 한다. 이들은 외적인 요인으로 부착 상태로부터 뜯어짐으로써 다른 곳으로 이동되거나 죽기도 한다. 부착성 저서동물은 거의 전적으로 여과 식자(filter feeder)로 물의 움직임에 의해 영양분을 공급받는다.

그림 7-24. 부착성 저서동물인 완족류

완족류(brachiopods)와 부족류(pelecypods) 등은 이매패류(bivalve)로 여과 식자이다. 완족류는 그림 7-24와 같이 힌지선(hinge line) 근처에서 두 개의 패각을 결합하고 있는 줄기 모양의 발을 이용하여 부착하며, 홍합류는 실 모양의 구조를 가지고 있어 부착한다. 홍합류는 매우 강력하게 부착할 수 있어서 강한 해류나 파랑의 영향을 받아도 떨어지지 않는다(그림 7-25).

강장동물문(Phylum Coelenterata)에 속하는 말미잘(*anemones*)과 극피동물문(Phylum Echinodermata)에 속하는 해백합(*sea lillies*)은 생물 분류상 먼 동물군에 속하는 데 비하여 매우 유사한 섭식 기능을 갖춘 부착성 저서동물들이다(그림 7-26). 이들은 모두 많은 부속지를 이용하여 먹이를 잡는다. 말미잘은 부속지로 먹이를 움켜잡고 포위하여 소화시키는 육식 동물이다. 어떤 종류는 먹이를 잡기 위하여 부속지에서 끈적끈적한 물질이나 독을 내기도 한다. 이에 비하여 해백합의 부속지는 플랑크톤과 유기 파편을 중앙에 있는 입으로 순환시키는 기능을 가진다.

따개비류(barnacles)는 절지동물문 중의 갑각강에 속하는 동물로 두 가지의 부착성 저서동물로 나누어진다(그림 7-27). 피복형(encrusting) 따

그림 7-25. 부착성 저서동물인 홍합

개비는 석회질의 껍데기를 견고한 기반 위에 부착시키며 연질 부분은 먹이를 잡을 때만 뻗어 나오고 공격을 받으면 곧 수축한다. 이런 종류의 따개비는 선박이나 교량 등의 해안 구조물에 부착되기도 한다. 거위목형(goose-necked) 따개비는 껍데기의 안쪽에 있는 연질부로부터 줄기 모양의 근육질 구조를 뻗어 딱딱한 기반 위에 부착한다.

군체를 이루는 부착성 저서동물에는 산호(corals), 바다버들(sea whips), 뿔산호(sea fans) 및 태형동물(bryozoan)이 있다. 태형동물들은 매

a

b

그림 7-26. 말미잘(a)과 해백합(b)

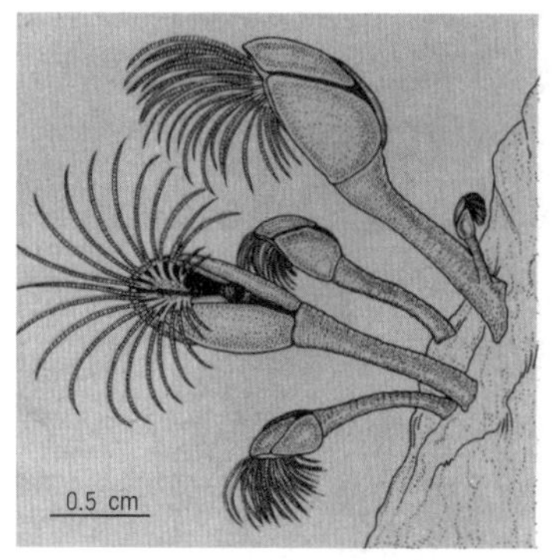

그림 7-27. 따개비의 종류

우 작으며, 피복 또는 섬세하게 가지 뻗는 형태를 이룬다. 태형동물의 석회질 외각은 섬세한 레이스 모양을 가지며 '이끼동물'이라는 별명은 이로부터 유래된 것이다.

산호, 바다버들 및 뿔산호는 말미잘과 같은 강장동물문에 속한다. 바다버들과 뿔산호는 딱딱한 껍데기를 가지고 있지 않으므로 죽으면 모두 분해되지만 산호의 경우는 석회질의 골격을 이룬다. 이들도 모두 여과식자이다.

(3) 내생동물

연체동물 중에서 굴족강(Class Scaphopoda)에 속하는 이빨조개(tusk shells)와 같은 것은 전적으로 내생동물이지만 고둥류(snails), 대합(clams), 벌레류(worms), 성게류(sea urchins)와 갑각류 중의 일부도 굴을 파거나 구멍을 뚫고 사는 내생동물에 속한다. 일부는 퇴적물을 갉아먹으면서 내생하며 일부는 복잡한 굴을 파거나 만들어 놓고 산다.

퇴적물과 같은 물질을 갉아먹는 내생동물에는 섬게류, 고둥류, 대합 등의 일부가 있다. 이들의 패각은 유선형으로 변형되어 있으며, 퇴적물과 유기물을 구별하지 않고 먹은 뒤에 배설물과 퇴적물을 혼합한 펠렛으로 배출한다.

유령새우(ghost shrimp) 등은 구멍을 파는 능력이 매우 뛰어나서 표면으로부터 2 m 정도까지도 파고들어갈 수 있다. 긴 구멍을 통하여 해수를 순환시킴으로써 유기물을 섭취하고 퇴적물과 배설물을 배출한다. 많은 종류의 대합류도 이와 유사한 방법으로 먹이를 취한다. 대합류는 퇴적물층의 표면과 퇴적층 속으로 입수관(inhalent siphon)과 출수관(exhalent siphon)을 뻗어 해수를 순환시킴으로써 먹이를 구한다. 대부분의 벌레류도 이와 유사한 기작으로 먹이를 구하며, 구멍이 파괴되기 전에는 다른 곳으로 이동하는 일이 거의 없다.

대합이나 해면류(sponges)는 물리적으로 갈아 내는 작용과 분비물을 이용하여 화학적으로 녹이는 방법으로 견고한 암석이나 패각을 뚫을 수 있다. 대합류는 퇴적물 속에서 보호받고 있으므로 무거운 패각이 불필요하며 섬세하고 얇은 패각만을 가지고 있다.

4. 해양 생태계

해양 환경은 생물이 존재 · 서식하는 범위에 관한 한 평면적이고 일차원적 공간이 아닌 3차원의 공간이다. 그러므로 어떤 종류의 동물이 고정된 위치를 유지하고 있어도 주위의 해수가 움직이므로 새로운 먹이를 계속 공급받을 수 있다. 이러한 방법으로 먹이를 섭취하는 종류는 해수에 떠다니는 작은 먹이들을 선택할 수 있는 여과 능력을 갖추고 있다. 육상의 환경에서는 보기 힘든 이러한 포식동물을 여과식자(filter feeder)라 한다. 육상 동물이 바다에서 살고자 할 때 가장 큰 문제는 부력의 조절이다. 생물 유지 활동의 대부분의 범위는 태양 복사에너지가 미치는 표층수에 집중되어 있으므로 해양 생물들은 생존을 위하여 중력의 반대 방향으로 상승하여 적당한 수심을 유지하여야 한다. 다행스럽게도 해수의 비중은 공기보다 현저하게 크므로 해양 생물은 거추장스런 근육이나 골격 구조를 갖는 대신에 부력을 조절함으로써 체형을 유지하거나 적당한 수심을 수월하게 유지할 수 있다. 플랑크톤을 상세히 관찰하면 대부분 매우 섬세한 구조와 부속지를 가진 것을 알 수 있는데 이는 단위 부피당 표면적을 크게 함으로써 쉽게 부유 상태를 유지하기 위한 것이다.

해양 생태계가 육상 생태계와 다른 또 하나의 차이는 햇빛의 투과에 있다. 육상과 바다의 식물이 광합성 과정에 주로 이용하는 빛은 파장이 400~700 nm인 가시 광선이다. 대기를 통과하여 해수면에 도달한 햇빛의 5~10%는 해수면에서 반사되며 해면을 통과한 햇빛은 해수와 해수에 포함되어 있는 입자에 의하여 산란 또는 흡수된다. 해수면에 도달하는 햇빛의 양을 에너지로 환산하면 평균 500 cal/cm^2 정도이며 해면에서의 광도(I_0)는 위도, 계절, 기상, 태양의 입사각 등에 의해 결정되고 수심이

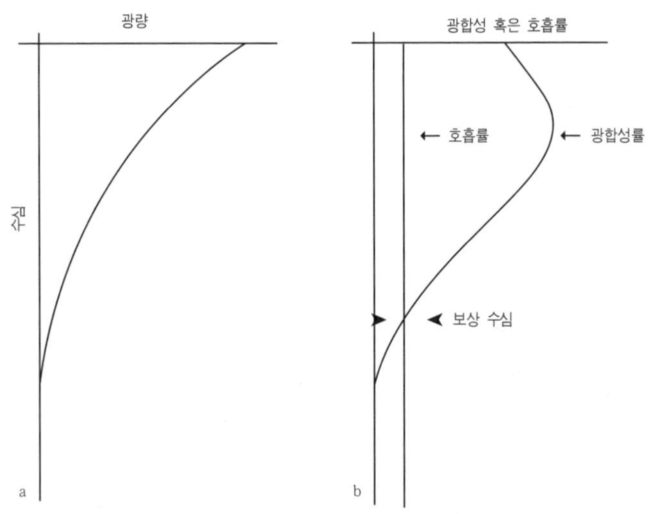

그림 7-28. 해수내 광도의 변화(a: 투과광량, b: 광합성률)

깊어질수록 기하 급수적으로 감소한다(그림 7-28). 즉 어떤 수심(z)에서의 광도(I_z)는 $I_z = I_0 e^{-kz}$의 Beer-Lambert의 법칙으로 표시된다. 이 때 상수 k는 소광 계수(extinction coefficient)로 빛이 흡수되는 비율을 의미한다. 외해 먼 바다에서의 맑은 물의 k는 1/1,000,000 정도이나 연안의 해수에서는 0.4 정도이다.

4-1. 표영 생태계

생태적인 관점에서 해양 생태계는 해수 자체에 의하여 크게 지배되는 표영 생태계(pelagic environment)와 해저의 여러 조건(퇴적 물질 등)에 영향받는 저생 생태계(benthic environment)로 구분되며, 표영 생태계는 두 개의 구(province)로 구분된다(그림 7-29). 수심이 200 m보다 얕은 바다의 표영 생태계를 천해구(neritic province)라 하고 200 m보다 깊은 바다의 표영 생태계를 원양구(oceanic province)라 한다. 천해구는 육지로부터 유기물의 공급이 충분하고 햇빛이 거의 해저면까지 투과되므로 광합성이 활발한 해역이다.

원양구는 수심이 10,000 m에 이르기까지 변화 폭이 매우 크므로 수심에 따라 네 부분으로 세분한다. 즉 해면부터 약 200 m의 수심까지를 표층(epipelagic) 원양대, 200~1,000 m의 부분을 중층(mesopelagic) 원양대, 1,000~4,000 m인 부분을 저층(bathypelagic) 원양대, 4,000 m보다 더 깊은 부분을 심층(abyssopelagic) 원양대라 한다. 이와 같이 구분된 원양구들 사이의 가장 큰 차이는 광 투과(light penetration)이다. 일반적으로 햇빛이 충분하여 광합성이 가능한 최대 수심은 대부분 100 m를 넘지 못하며 이 부분을 유광대(euphotic zone)라 한다. 유광대의 하부로 약 1,000 m의 수심까지는 햇빛이 도달하기는 하지만 그 양이 매우 적어 박광대(disphotic zone)라 하며, 햇빛이 전혀 도달하지 못하는 깊은 곳을 무광대

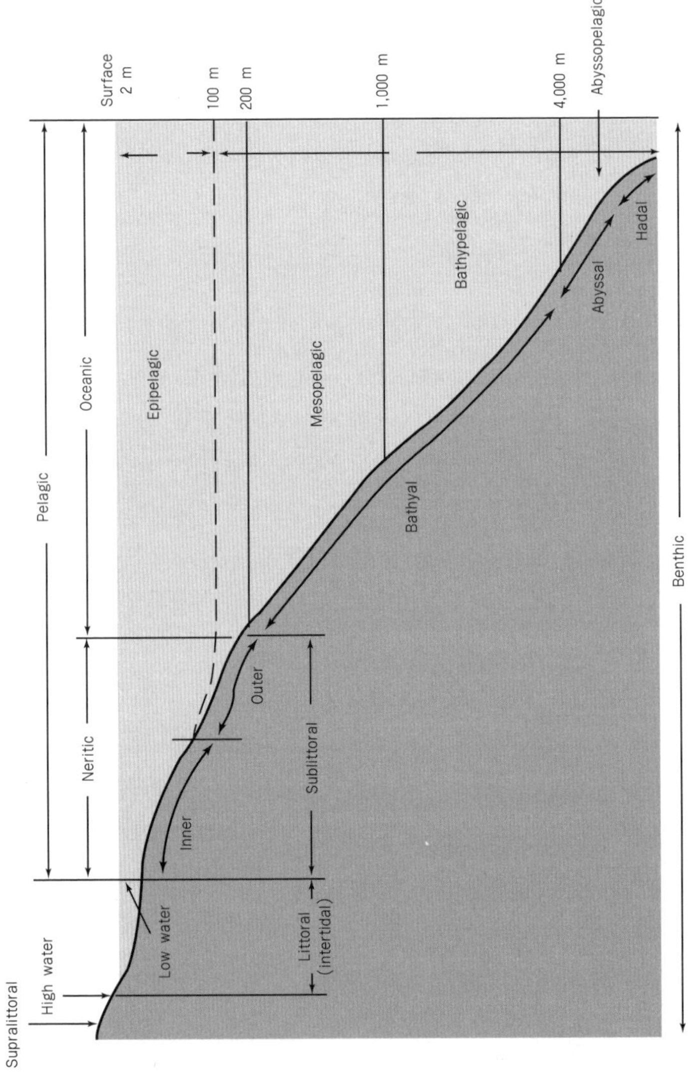

그림 7-29. 해양 환경 생태계의 구분(표영계와 저생계)

(aphotic zone)라 한다. 즉 표층 원양대의 상부에서만 활발한 광합성이 가능하다.

표층 원양대는 지역과 시간에 따라 변화를 크게 나타내므로 생물해양학의 측면에서 가장 중요한 부분이며, 광합성이 활발하여 생물량(Biomass)이 가장 크게 나타난다. 또한 해수의 순환이 활발하고 계절과 위도에 따른 수온의 변화가 매우 크다. 저위도의 해역에서는 24~26°C의 비교적 일정한 수온이 연중 유지되며, 고위도의 해역에는 연중 0°C에 가까운 매우 낮은 수온이 유지된다. 극지방의 바다는 대부분의 기간에 얼음으로 덮여 있다. 계절적인 변화가 심한 중위도의 해역에서는 표층 원양대의 평균 수온이 겨울에 10°C 정도부터 여름에는 15°C 정도까지 변화한다. 수온의 변화와 함께 염분의 변화도 위도에 따라 현저하다. 비슷한 위도에서는 환류계의 중심에 해당하는 해역에서 가장 높은 염분이 나타난다. 일반적으로는 중위도에서 36~37‰, 저위도에서 34‰ 정도의 염분이 우세하다.

표층 원양대와 중층 원양대의 경계에서는 대체로 햇빛의 투과량과 용존 산소의 양이 현저하게 감소하며 영양염의 양은 급격하게 증가되는 수심이다. 중층 원양대에서는 햇빛의 부족으로 광합성에 의한 일차 생산은 극히 미미하며 표층 원양대에서 떨어지는 유기물이 분해되는 부분으로 영구 수온 약층이 발달하며 혼합이 거의 일어나지 않으므로 용존 산소의 양은 700~1,000 m의 수심에서 최소이다. 중층 원양대에 서식하는 생물 중에는 생물 발광(bioluminescence)의 능력을 가지고 있는 종류도 많다.

한편 중층 원양대는 동물플랑크톤과 유영동물의 주기적인 상하 운동이 관찰되는 부분이기도 하다. 동물플랑크톤이 미약하나마 수직 이동의 능력을 가지고 있어 시간에 따라 수직적인 위치를 변경할 수 있다. 실제로 많은 동물플랑크톤과 소형 유영동물들은 하루를 주기로 일정한 범위를 오르내리는 주기적인 이동을 하고 있다. 이를 일주조 수직 이동

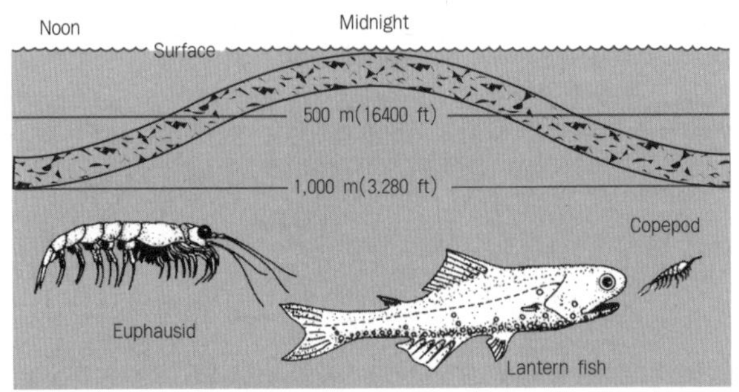

그림 7-30. 일주조 수직 이동(주기적 상승과 하강)

(diurnal vertical migration)이라 한다(그림 7-30). 이런 사실은 같은 장소에서 밤과 낮에 채취한 표본 중에 동물플랑크톤의 양이 현저하게 다르다는 사실과 심해 산란층(Deep Scattering Layer)의 발견으로 알려졌다. 심해 산란층은 음향측심기를 이용하여 수심을 측정할 때부터 관찰되기 시작하였다. 결과적으로 심해 산란층은 소형 유영동물과 대형 동물플랑크톤의 수직적인 이동에 원인이 있는 것으로 밝혀졌다.

일주조수직이동은 이렇게 하루(24시간)를 주기로 이루어지는 이동이므로 궁극적으로 햇빛의 유무, 또는 강도와 연관되어 있다. 중층 원양대에 서식하는 소형 어류 중의 일부는 약한 빛까지도 감지할 수 있는 능력을 가지고 있다. 일주조 수직 이동을 하는 생물들은 낮에는 깊은 곳에 있고 밤이 되면 상승하므로 적당한 수준의 광도를 유지할 수 있으며, 필요 이상으로 밝은 빛에 노출되지 않음으로써 자외선에 의한 원형질의 파괴나 피식될 가능성을 줄일 수 있다. 또는 식물플랑크톤이 피식을 모면하기 위하여 분비하는 어떤 물질이 광합성이 활발한 낮에 많아져서 이로부터 피하기 때문일 수도 있다.

플랑크톤의 종류에 따라 수직 이동의 범위는 다양하지만 대체로 100~400 m인 것으로 알려져 있다. 그런데 동물플랑크톤은 미약한 운동 능력을 고려하면 하루에 수백 m를 왕복하는 것은 매우 비능률적인 것으로 해석된다. 동물플랑크톤의 일주조 수직 이동의 원인과 그로부터 얻을 수 있는 이해에 대해서 다음과 같은 사항이 지적된 바 있다. 먼저 수온이 높은 낮 동안에 표층에 있으면 신진대사(metabolism)의 활동이 활발하여 에너지의 소모가 많으므로 일주조 수직 이동으로 이를 피할 수 있다. 열대 해역에서 더욱 뚜렷한 수직 이동이 관찰되는 현상에서 이를 확인할 수 있다. 또한 식물플랑크톤이 왕성하게 성장하는 낮에는 포식하지 않음으로써 먹이의 양을 유지시킨다거나 무리(patch)를 지어 다님으로써 피식될 가능성을 줄인다는 이점도 있다. 이 밖에도 수층에 따라 해류의 방향과 속도가 다르므로 수직 이동을 함으로써 결과적으로 수평적으로 먼 거리를 이동할 수 있다는 이점이 있다. 이렇게 새로운 수괴로 이동함으로써 먹이의 고갈을 막을 수 있으며, 분포 해역을 넓게 하고, 다른 집단과의 혼합으로 유전자의 교환을 촉진하는 등의 이점이 있다.

1,000~4,000 m의 수심인 저층 원양대는 해수의 물리·화학적인 성질이 대체로 일정하고 대부분의 해양에서는 해저까지 이르며 지구에서 생물이 서식하고 있는 공간의 약 75%를 차지한다. 그러나 햇빛이 거의 투과되지 않고 위쪽에서 떨어지는 유기물의 양이 적어서 소수의 포식동물만이 존재한다. 저층 원양대와 심층 원양대의 생물들은 어둡고 먹이가 적은 환경에 적응하여 특별한 감각 기관과 섭식 기관을 가지고 있다.

4-2. 저생 생태계

저생 생태계는 크게 천해저구와 외양저구로 나눌 수 있다. 대륙붕과 같이 수심이 얕은 천해저구는 여러 가지 면에서 외양저구와 다르다. 즉 강으로부터 많은 양의 영양염이 용존 상태 또는 부유 상태로 공급되며 퇴적물의 공급이 우세하므로 해수의 투명도는 외양저구에 비교하여 큰 차이를 나타낸다. 그러나 수심이 얕으므로 햇빛이 해저까지 투과되어 해저에서의 광합성이 가능하고 부착성 저서식물이 서식할 수 있다. 천해저구에는 밀물과 썰물에 의하여 조정되는 조간대와 간조선부터 200 m 수심까지의 아연안대(sublittoral zone), 일명 대륙붕이 포함된다.

연안대는 조류와 파랑에 의하여 해저 퇴적물이 재동되며 물리적인 교란이 심한 부분이다. 특히 연안대에서는 많은 양의 파랑 에너지가 소산되므로 대륙붕의 바다와 구분하여 파랑 에너지 분산부(coastal energy dissipation zone)라 할 수 있다. 이 부분은 조석과 폭풍 등에 의해 해수면이 항상 변하므로 매우 특별한 환경이라 할 수 있다. 그러나 태양 복사 에너지, 용존 산소 및 유기물의 공급은 충분하여 많은 종류의 부착 식물과 부착성 또는 이동성 동물들이 번성하고 환경에 적응하고 있다. 아연안대 중에서 식물이 성장하는 한계까지를 내아연안대(inner sublittoral zone)라 하여 외아연안대(outer sublittoral zone)와 구별된다. 대체로 내아연안대의 한계는 광량에 의해 결정되므로 탁도(turbidity)와 관련이 있으며, 대부분의 경우 수심 50 m에서 그 한계를 한정할 수 있다. 외아연안대는 유광대(photic zone)를 벗어난 해저이며, 이 곳에서 부착 식물을 찾아볼 수 없으나 수층에 존재하는 소형 부유 조류(algae)에 의한 광합성 산물이 있으며, 이것에 의하여 생태계가 유지된다.

수심이 200 m보다 더 깊은 해저를 원양저구라고 한다. 유광대에서 침강되는 유기 입자는 대부분이 수층을 통과하면서 소모되지만 일부는 해저에 도달하여 원양저구의 생태계를 유지하는 에너지원이 된다. 원양저구는 수심에 따라 세분될 수 있다. 수심이 200~4,000 m인 해저를 반심해저대(bathyal zone)라 하며 주로 대륙 사면에 해당한다. 표층에서 생성되어 침강한 각종 생물들의 탄산염이 녹는 탄산염 보상 심도(carbonate compensation depth)가 대체로 반심대에 형성되므로 이 곳의 해수에는 탄산염이 풍부하다. 수심이 4,000~6,000 m인 부분은 저생 생태계 면적의

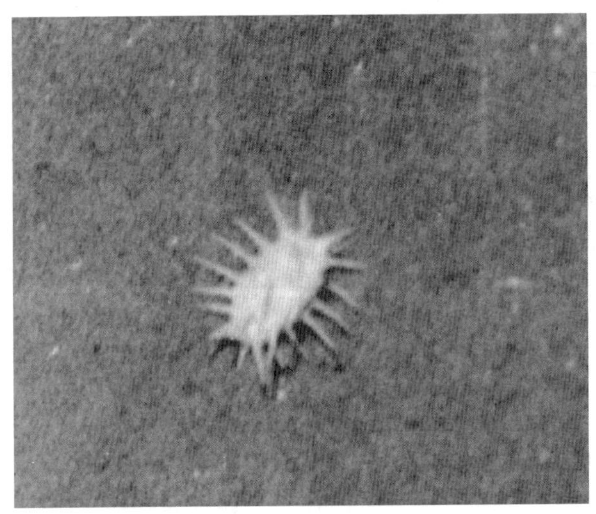

그림 7-31. 심해(abyssal)대에 서식하는 해삼류(Deima)
〔태평양의 하와이 심해저(4,430 m 수심)에서 발견된 것임〕

약 80%를 차지하며, 심해저대(abyssal zone)라 한다. 그림 7-31은 태평양의 하와이 심해저대(수심 4,430 m)에서 서식하는 해삼류의 모습이다. 심해저대의 해저는 대체로 부드러운 점토층으로 덮여 있으며, 저서동물이 기어간 흔적(trails)이나 뚫은 흔적(burrows)이 발견되기도 한다. 주로 대륙 주변부의 해구(trench)에서만 나타나는 6,000 m 이상의 깊은 해저를 초심해대 또는 심연(hadal zone)이라 하며, 이 곳에는 고립된 생태계가 형성되어 독특한 생물종들이 발견된다.

4-3. 해저 열수계

육상의 온천수와 같이 뜨거운 해수가 실제로 해저에 존재하며 그 주변에는 매우 특징적인 종류의 생물들이 서식한다는 사실이 1977년 잠수정

그림 7-32. 해저 열수구와 그 주위의 생태 환경

Alvin호에 의해 Galapagos 근해의 수심 2,500 m에서 최초로 확인되었다. 해수가 뜨거운 마그마의 영향을 받으므로 해저 온천수(325° C)라 할 수 있는 뜨거운 열수가 분출되는데, 이것을 해저 열수구(submarine hydrothermal vent)라 한다(그림 7-32). 이러한 분출구의 주위에는 매우 특별한 먹이사슬의 생물계가 형성되며 분출된 해수 속의 황화합물과 관련되어 일차 생산을 담당하는 박테리아가 화학합성(chemosysnthesis)을 이루고 유기물을 생산하여 생태계를 유지한다. 이 곳에는 원시적인 어류, 지렁이, 게 또는 피조개가 서식하고 있다.

5. 생산의 수직적 변화

해양에서의 생산력(productivity)은 대체로 기후를 좌우하는 위도에 따라 일관성 있게 변하며 육지로부터의 거리에 따른 변화와 해류의 영향으로 그림 7-33과 같은 분포를 나타낸다. 전체적으로 천해구와 중위도의

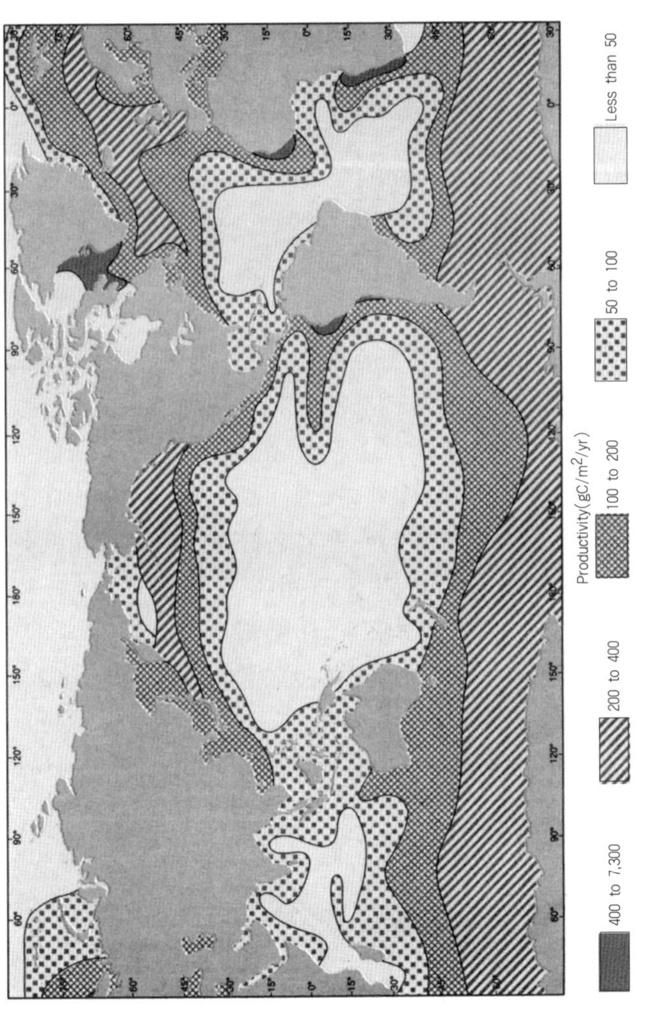

그림 7-33. 해양의 생산력(g/m^2/yr)의 분포

원양구에서는 100 g/m^2/yr 이상의 생산력을 가지나 육지로부터 멀리 떨어진 원양구에서는 대체로 50 g/m^2/yr 이하의 낮은 생산력을 갖는다. 한편 용승이 일어나는 대륙의 동쪽 해안에서는 400 g/m^2/yr 이상의 높은 생산력이 나타나기도 한다. 또한 수심에 따라서 광량과 혼합 등의 차이에 의해 일관된 변화를 보인다.

육상 환경에서의 생산력은 열대 쌀농사에서 70 g/m^2/day, 열대 우림에서 50 g/m^2/day, 또는 온대의 숲이나 초원에서 1~5 g/m^2/day이므로 해양에서의 생산력은 현저하게 큰 것이다.

특별한 기상 조건을 제외하면 육지에서는 공기가 있음으로 인해서 햇빛이 지표까지 도달하는 데 방해되지 않으므로 식물의 분포는 특정한 고도에 제한되지 않는다. 그러나 물은 공기에 비교하여 빛을 흡수하는 능력이 훨씬 크기 때문에 식물의 성장은 일정량 이상의 빛이 존재하는 부분에서만 가능하다. 이와 같이 해양에서의 광량은 광합성이 가능한 범위를 결정한다. 일반적으로 광합성이 가능한 유광대(euphotic zone)의 범위는 수층의 탁도와 햇빛의 입사각, 해면의 상태 등에 의해 좌우되며 가장 맑은 원양구에서 150~200 m의 수심까지이다. 유광대에서 수심에 따른 광합성의 양은 수심이 깊어질수록 감소하며 광량이 가장 많은 해면부터 10~15 m의 수심에서는 광이 지나치게 강하여 오히려 광합성이 감소하는 광저해(Photo-inhibition)나 엽록체가 파괴되는 광산화(Photo-oxidation)가 일어나므로 광합성량이 최대인 곳은 수심이 약 15~30m인 수층이다.

일반적으로 생물에 의한 호흡(respiration)의 양은 수심이 깊어지면서 뚜렷한 변화가 없으며, 광합성량은 해면하 최대 수심(subsurface maximum)을 지나 계속 감소하므로 어떤 수심에 이르면 호흡량과 광합성량이 같아지게 되는데 이 수심을 보상 수심(compensation depth)이라 한다(그림 7-34). 즉 어떤 생물 개체가 스스로의 광합성에 의해 생산을 이

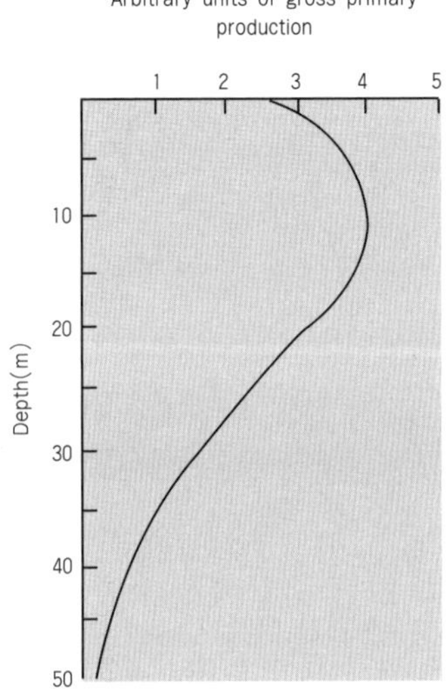

그림 7-34. 일차 생산량의 수직적 변화의 모델

루기 위해서는 보상 수심보다 윗부분에 머물러야 한다. 또한 해면부터 어떤 수심까지의 총 광합성량과 총 호흡량이 같아지는 경우에 그 수심을 임계 수심(critical depth)이라 한다. 바람이 강한 겨울철에는 활발한 혼합(mixing)에 의해 플랑크톤의 일부가 임계 수심보다 하부로 보내지므로 그만큼 생산이 감소한다.

6. 일차 생산

육상에서의 일차 생산(primary production)은 거의 전부가 지표면에 접한 좁은 범위에서만 이루어지지만 해양에서의 일차 생산은 해면부터 빛이 도달하는 수심까지 비교적 넓은 범위에서 이루어진다. 이에 따라 육상에서의 일차 생산은 주로 단위 시간당 단위 면적에서의 생산으로 나타내는 데 비하여 해양에서의 일차 생산은 단위 시간당 단위 면적, 또는 단위 부피에서의 생산으로 나타낼 수 있다. 일반적으로 채취된 하나의 시료에서 측정되는 일차 생산은 $g/m^3/day$ 등의 단위로 나타낼 수 있다. 그러나 한 지점에서 여러 개의 서로 다른 수심에서 시료를 채취하고 분석한 결과로부터 단위 면적당 생산을 유추하는 경우에는 $g/m^2/day$ 등의 단위를 사용할 수 있다.

6-1. 일차 생산의 측정

어떤 장소에서 정해진 시간에 생체량(Biomass)을 정확하게 측정할 수 있으면 시간에 따른 생체량의 변화를 계산함으로써 일차 생산을 분석할 수 있다. 직접적으로 일정한 부피의 해수 표본에 함유된 개체수를 직접 계산하거나 건조 무게를 측정하여 이를 탄소량으로 환산하고 이로부터 생체량을 추정할 수 있다. 또한 화학 분석 기기를 이용하는 경우에는 일차 생산의 결과로 형성되는 유기물 성분의 양을 측정하여 이로부터 생체량을 측정할 수 있다. 이 때 이용되는 성분으로는 탄소, 질소, 인, 규소, 단백질, 지방, 광합성 색소, 효소, ATP 등이 있으며, 이중 흔히 사용되는 것은 광합성 색소 중의 클로로필과 ATP이다.

일차 생산의 크기를 결정하는 것은 기본적으로 광합성량이므로 광합성의 양을 측정함으로써 일차 생산을 분석할 수 있다. 광합성의 과정을 간단히 나타내면 다음과 같다.

$$CO_2 + H_2O \rightarrow CH_2O + O_2$$

따라서 이산화탄소의 양이나 산소의 양을 측정할 수 있으면 광합성량을 알 수 있다. 산소의 양을 측정하려면 빛이 투과되는 밝은 병(light bottle)과 빛이 차단된 어두운 병(dark bottle)을 동시에 사용하며 채취된 시료에 각종 시약을 넣어 적정함으로써 용존 산소의 양을 측정하는 Winkler법이나 DO meter를 이용한다. 이산화탄소의 양은 pH의 변화로 추정하거나 방사성 동위원소인 ^{14}C를 이용하여 측정한다. 일정량의 해수에 일정량의 ^{14}C를 넣고 일정한 시간 배양한 후에 식물플랑크톤에서 ^{14}C의 방사능 비율을 측정한다. 이 때 처음 해수의 이산화탄소의 양을 알면 식물플랑크톤이 광합성으로 흡수한 이산화탄소의 양을 계산할 수 있다.

이 밖에도 광합성이 진행됨에 따라 영양염의 양이 변화하므로 인산염이나 초산염 등의 양 변화, 또는 인이나 질소의 양 변화로 광합성량을 추정하기도 한다. 또한 광합성에 의한 유기물의 생산은 해수 속으로 투과하는 빛의 파장과 강도에 의해 결정되므로 이를 이용하여 어떤 해역에서의 일차 생산을 분석하기도 한다.

6-2. 영양염과 용승

식물의 생장에 필수적인 유기물 또는 무기물을 영양염(nutrients)이라 하는데 해양에서 그 영양염의 양이 부족하여 생산에 영향을 주는 경우 그 주요 요소는 질소와 인이다. 수심이 얕은 해역이나 육상에서 생물이 죽으면 그 유해가 영양염으로 분해되며 이들의 대부분이 다시 식물에 공급된다. 따라서 육상의 얕은 호수나 습지, 수심이 얕은 해안이나 염하구(estuary) 등은 이러한 영양염이 풍부한 부영양(eutrophic)의 환경이다. 그러나 원양구에서는 생물 유해의 상당한 부분이 완전히 분해되기 전에 혼합층(mixing zone)의 아래로 떨어지므로 광합성이 일어나는 표층에서 영양염이 계속 제거되는 셈이다. 따라서 대부분의 원양구는 영양염이 충분하지 않은 빈영양(oligotrophic)의 해역이다.

이와 같이 영양염이 해양에서의 생산력을 제한하는 요인이며 해양의

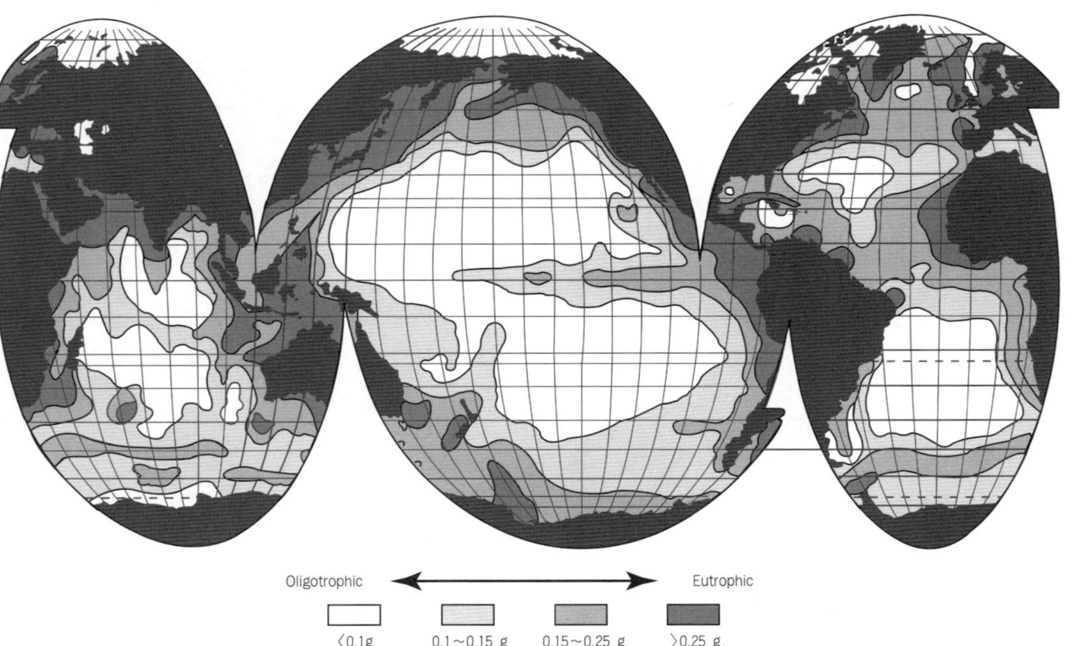

그림 7-35. 생산력의 수평 분포(연안-외해)

유기물은 주로 육지로부터 공급되므로 생산력의 수평적인 분포는 해안으로부터의 거리와 유관한 분포를 갖는다(그림 7-35). 연안에 인공적으로 충분한 양의 영양염이 공급되는 경우에 대증식(blooming)이 일어나는 것도 영양염이 해양에서의 생산력을 제한하는 요인이기 때문이다.

광합성이 가능한 표층 원양구에 영양염이 공급되는 또 하나의 경로는 용승(upwelling)에 의한 것이다. 빛이 도달하지 않는 해저에서는 생물 유해의 분해로 영양염이 만들어지지만 광합성이 불가능하여 소모되지 않으므로 영양염이 풍부하다. 용승에 의해 이러한 저층의 해수가 상승하면 생산이 크게 증가한다. 페루 연안과 아프리카의 동해안은 용승이 자주 일어나는 해역으로 생산력(productivity)이 매우 크다.

한편 해양에서의 일차 생산을 담당하는 주역인 식물플랑크톤은 주로 초식성 동물플랑크톤에 의해 피식되며 그 정도는 생산력을 제한하는 요인이 되기도 한다. 예를 들어 식물플랑크톤의 대번성은 동물플랑크톤의 대번성을 야기하며 이에 따라 식물플랑크톤의 생체량은 다시 급격하게 감소한다.

7. 환경 수용력과 생존 전략

어떤 환경에서 생물의 양이 더 이상 증가할 수 없는 수준을 그 환경의 환경 수용력(carrying capacity)이라 한다. 대부분의 환경에서 이러한 환경 수용력이 제한되어 있으므로 여러 종류의 생물들은 여러 가지 방법으로 종(species)간의 경쟁에서 유리한 위치를 차지하려 한다. 수명이 길며 천천히 성장하는 생물들이 자연 환경이 허락하는 한 자신의 체구를 크게 키워서 생존하기에 유리하게 하는 전략을 K전략이라 한다. 일반적으로 K전략을 사용하는 생물은 안정된 환경에서 서식하며 고래와 같이 수명과 임신 기간이 길고 출산하는 자손 수가 적지만 일단 출산된 자손은 매우 정성스럽게 양육하여 어릴 때의 사망률이 낮고 자신의 환경에 매우 적합하게 진화되어 있다. 이러한 생물에서 개체군의 크기는 포식, 기생, 종간 경쟁 및 종내 경쟁 등의 영향을 받는다.

한편 자손의 출생률을 극대화하여 개체군의 크기를 증대시키려는 전략을 r전략이라 한다. r전략을 사용하는 생물은 일반적으로 불안정하고 변화하는 환경에서 서식하며 수명과 임신 기간이 짧고 대구나 청어 등의 어류와 같이 많은 자손을 출산하지만 일단 출산된 자손은 돌보지 않아서 어릴 때의 사망률이 매우 높다.

8

판구조론

Pate Tectonics

Vasco da Gamma가 1497~1498년에 걸쳐 희망봉을 돌아 인도양을 항해함으로써 인도양의 존재를 서양에 소개하였고 아프리카 서해안에 대한 해양 탐험과 측량을 완료하였다. 그 후 16세기 중엽까지 Gerhardus Mercator 등에 의해 북대서양과 남대서양을 포함한 여러 해역의 지도가 제작되었다. Francis Bacon은 이미 1620년에 그의 저서인 *Novum Organum* 에서 대서양 양쪽 해안의 해안선이 서로 유사한 형태를 나타내고 있음을 지적한 바 있다. 습곡 산맥이 수평적인 압축에 의해 형성되며 정단층은 수평적인 팽창에 의한 것으로 알려지면서 대륙의 수평적인 이동을 생각할 수 있게 되었다. 1858년에 Antonio Snider는 프랑스에서 발간한 지도에서 그림 8-1과 같이 대륙이 떠다니는 것으로 표현한 바 있으며, 이러한 현상을 대륙 이동(continental drift)의 개념으로 설명하고 이에 따른 지질학적 유사성을 설명하였다. 그는 북미의 동부와 서부 유럽에서 발견되는 석탄층의 존재는 두 대륙이 하나로(한 개의 대륙으로) 붙어 있었을 때 형

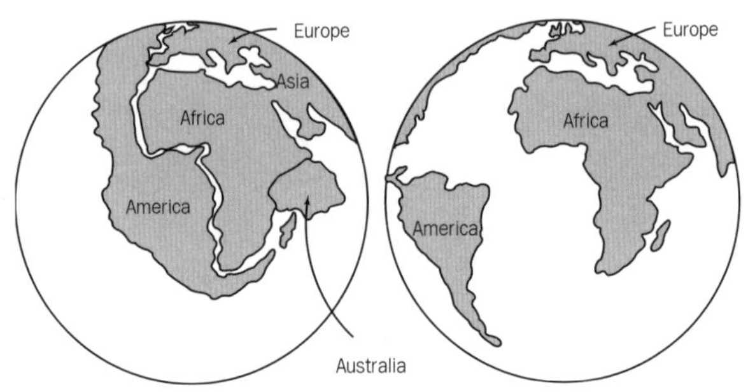

그림 8-1. Antonio Snider의 세계 지도(1858년 프랑스에서 제작됨)

성된 것이라고 믿었다.

19세기 후반에는 남반구에 분포하는 여러 대륙 사이에 지질 구조와 화석 분포의 유사성이 있다고 보고된 바 있다. 오스트리아의 지질학자인 E. Suess는 오늘날 남반구에 있는 대륙들이 과거에는 모두 한 곳에 모여 있었다고 주장하였으며, 그 거대한 대륙을 인도의 지명을 따서 곤드와나 대륙(Gondwana land)이라고 명명하였다. 20세기 초에 Howard Baker 등은 지구를 가깝게 스치고 지나간 어떤 천체와 지구 사이에 작용한 만유인력으로 지각의 일부가 떨어져 나가 달(Moon)이 되었으며, 이 때 태평양이 생겼다는 주장을 펴기도 하였다. Frank B. Taylor는 비록 기작(mechanism)을 설명하지는 못했지만 대서양이 열리면서 태평양이 축소되어 '환태평양 조산대'가 형성되었다고 주장하였다.

1. 대륙이동설

20세기 초에 들어 정확한 세계 지도가 완성되고 세계 여러 지역에서 화석이 연구되었다. 이러한 자료를 근거로 고기후(paleoclimate)의 패턴이 알려졌으며, 광물 자원의 산업적인 수요가 증가하여 지질학이 크게 발달

그림 8-2. Alfred I. Wegener의 모습

하였다. 이러한 시기에 대륙의 수평적 이동에 대한 증거들을 수집하여 대륙 이동의 개념을 이론적으로(학술 논문으로) 체계화한 최초의 인물이 Alfred I. Wegener(1880~1930)이다(그림 8-2).

Wegener는 독일의 과학자로 지질학, 천문학, 기상학, 탐험 등 다양한 분야에 관심을 가졌으며, 학교를 마친 후 항공 관측소에서 일하면서 독일과 덴마크 상공에서 52시간의 기구 비행 기록을 세우기도 하였다. 그 후 그린랜드 탐험대에 2년간 참여하기도 하고 Marburg 대학에서 천문학과 기상학을 강의하고 대기의 열역학에 관해 저술하기도 하였으며, 한편으로는 대서양의 양쪽 해안 지방에서 화석, 암석, 지질 구조 등 대륙 이동에 대한 증거를 수집하여 체계화 · 정리하였다. 그리고 Wegener 교수는 1911년 1월에 그의 아내에게 보낸 편지에서 다음과 같이 쓴 바 있다.

> …… 나의 동료인 Take 박사는 성탄절 선물로 'Andree Handatlas' 라는 지도를 받았소. 우리는 그 훌륭한 지도를 바라보며 감탄을 금할 수 없었소. 그 순간 나에게는 어떤 아이디어가 떠올랐소. 세계 지도를 다시 한번 자세히 보시오. 남아메리카의 동해안과 아프리카의 서해안이 마치 이전에는 그들이 연결되어 있었던 것처럼 딱 들어맞지 않소? …… 현재의 해안선이 아닌 깊은 바다의 대륙 사면 경계를 비교하면 훨씬 더 정확하게 일치하고 있소. 나는 이 아이디어를 연구해야겠소 …….

Wegener는 1912년 1월 6일 Geological Society of Frankfurt에서 그의 연구 결과를 공개 발표하였으며, 같은 해 1월 10일에도 Advancement of Natural Science에 관한 학술 대회가 개최된 Marburg에서 대륙이동설과 관련된 발표를 하였다. 1915년에는 이러한 발표 내용을 *Die Entstehung der Kontinente und Ozeane*이란 제목으로 출판하였으며, 1919년, 1922년, 1924년에 각각 2판, 3판, 4판을 출판하고 *The Origin of Continents and Oceans*이란 제목의 영어판으로도 출판되었다.

Wegener의 주장은 남미 대륙 동부와 아프리카 서부의 지형적 연관성을 언급하면서 대륙의 수직 운동이 있으므로 수평적 이동도 가능하다는 가정에서 시작된다. 그의 주장을 요약하면 다음과 같다. 첫째, 현재 분포하고 있는 모든 대륙은 팡게아(Pangaea)라는 하나의 초대륙(super-continent)으로 붙어 있었다(그림 8-3). 둘째, 팡게아는 약 2억 년 전부터 갈라지기 시작하여 북아메리카와 유럽, 남아메리카와 아프리카의 사이에 대서양이 형성되고 아프리카-인도, 호주-남극 사이에 인도양이 형성되었

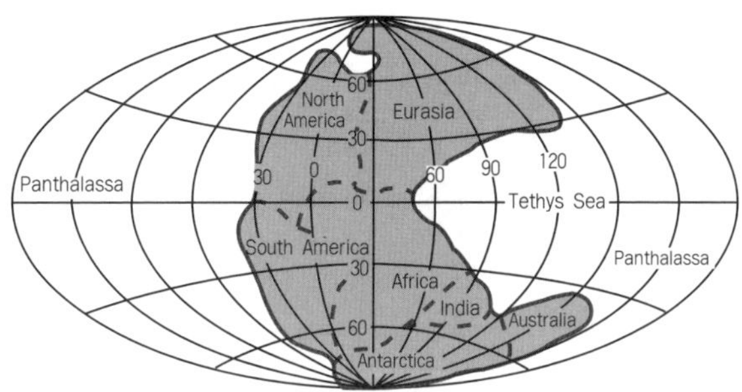

그림 8-3. Alfred Wegener의 팡게아

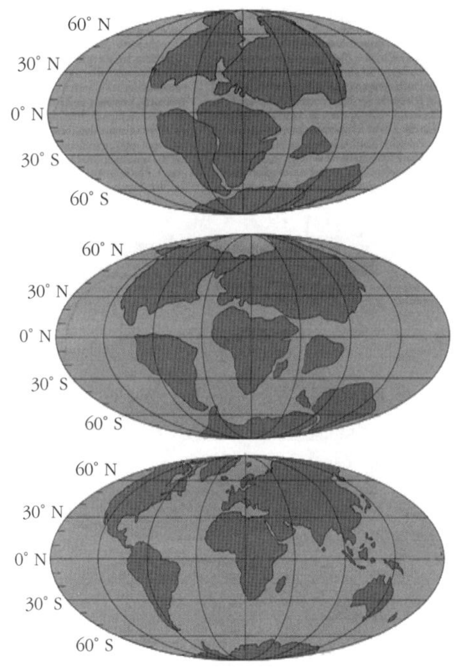

그림 8-4. 팡게아 큰 대륙하나가 분리 이동되는 과정

다. 셋째, 팡게아를 둘러싸고 있던 과거의 거대한 해양 "Panthalassa"가 존재하였으며, 이것은 초기 태평양(Proto-Pacific)이라고 해석하였다. 또한 인도와 아시아 대륙 사이에는 테티스(Tethys)라는 얕은 바다가 신생대까지 존재하였다. 넷째, 신생대 때에 인도 대륙이 북쪽으로 이동하기 시작했으며, 7천5백만 년 전에는 아시아 대륙과 충돌하여 히말라야 산맥을 형성하였고, 이와 유사한 방식으로 제3기(Tertiary)의 습곡 산맥으로서의 알프스 산맥과 록키 산맥 등이 형성되었다. 다섯째, 대륙이 이동하면서 섬으로 떨어진 하나의 조각을 실제적인 예로 캐나다 북동부의 섬들, 칠레 남쪽의 열도, 마다가스카르, 타스마니아, 뉴질랜드 등을 설명하였다.

그는 대륙들이 수평적으로 이동할 수 있는 힘의 근원이 지구 자전에 의한 원심력에 있다고 주장하였으나 물리학자들의 반대로 인정받지 못하였고, 이로 인하여 대륙이동설(hypothesis of continental drift)은 정설로 받아들여지지 못하였으며, 50년이 지나서야(1960년대 후반부터) 널리 받아들여지게 되었다.

1912년 1월 6일과 같은 해 1월 10일에 Frankfurt와 Marburg의 학술대회에서 Alfred Wegener 교수는 "대륙이동설"의 논문을 발표하였고, 1915년에는 대륙이동의 논문내용을 *Die Entstehung der Kontinente und Ozeane* (Origin of the Continent and Ocean)이란 제목으로 단행본 책을 출판하였다. 이때부터 유럽의 여러 나라의 과학자들, 특히 영국의 지질학자, 지구물리학자, 생물학자, 물리학자등은 대륙이동의 원인과 메카니즘을 밝히지 못한 Wegener교수의 논문을 인정할 수 없다고 반박하고 하나의 웃음거리에 불과하다는 혹평을 하면서 대륙이동 이론을 아예 무시해 버렸다. 그런데, 아메리카대륙과 아프리카대륙이 하나의 큰 대륙으로 붙어있었고 그 후 떨어져 분리되었다는 과학적 관찰을 최초로 발표한 사람은 Antonio Snider-Pelligrini이며 발표 시기는 1858년이다. 즉, Snider-Pelligrini는 약 3억 년 전에 서부유럽과 아메리카 대륙이 붙어있었고 대륙에는 하나의 큰 퇴적분지가 엄청난 석탄층 퇴적과 발달을 가능하게 하였다는 것이다. 따라서 Wegener 교수의 대륙이동설은 1858년 이후 독립적으로 전 세계의 대륙을 하나의 큰 대륙덩어리로 관찰하고 논리를 전개하면서 분리되고 이동했다는 대륙이동의 주장이다. 필자가 서울대학교 문리과대학 이학부 지질학과의 학부와 대학원과정을 수료하는 동안 Wegener 교수의 대륙이동 이론을 공부하거나 설명을 접해본 기회가 전혀 없었던 것이 사실이었다.

Alfred Wegener 교수의 사망 후, 대륙이동의 이론은 그와 함께 사망 하였으며, 미국의 과학자와 지질학자들은 대륙이동의 이론에 관심을 지속하였는데, 특히 프린스톤대학교의 Harry H. Hess 교수는 1960년에 대양의 해저확장 개념(concept of seafloor spreading)을 새롭게 발표하였다. 이로서 미국 과학재단(National Science Foundation: NSF)은 Hess 교수의 해저확장 이론을 증명할 수 있는 중요한 연구프로젝트인 DSDP(Deep Sea Drilling Project)를 계획하였고 시추연구탐사선 "Glomar Challenger"을 건조하여 1968년 12월에 진수 후 1983년까지(15년 동안) 해저확장의 규명하기 위한 대서양중앙 해령(Mid-Atlantic Ridge) 동서 좌우 방향의 심해저 시추를 비롯한 태평양과 인도양의 심해저 시추를 실시하였고 각종 연구를 추진하였다. 결과적으로 오래전에 거부되고 사장되었던 Wegener 교수의 대륙이동설이 Hess 교수의 해저확장의 이론이 규명됨으로서 대륙이동의 메카니즘이 밝혀져 Wegener 교수의 대륙이동설은 다시 살아나게 된 것이다. Wegener 교수의 대륙이동 이론과 Hess 교수의 해저확장이론을 모두 설명할 수 있는 내용의 그림은 그림 8-5이다. 결국, 1970년대 중반에 이르러 판구조론(Plate Tectonics)이 대두되고 그 중요한 원인이 밝혀짐에 따라 화산대, 지진대, 조산작용 등의 발생원인과 과정이 규명되어 지구과학 분야의 혁명(revolution)이 일어났다. 지구의 지각은 큰 조각(plate)으로 나누어졌고 각각의 판은 이동하고 있다는 판구조론의 엄청난 새로운 내용과 사실을 이해하게 되었고 지구의 대륙, 대양, 대산맥, 대분지, 지진, 화산활동의 원인과 과정 및 역사를 새롭게 인식하고 그 신비를 풀어나가게 된 것이 사실이다. 이 책의 제8장 4절과 5절에서 분명한 여러 가지 중요한 내용을 이해할 것이다.

DSDP의 획기적인 해양지질학연구 프로젝트에 사용된 시추연구 선박

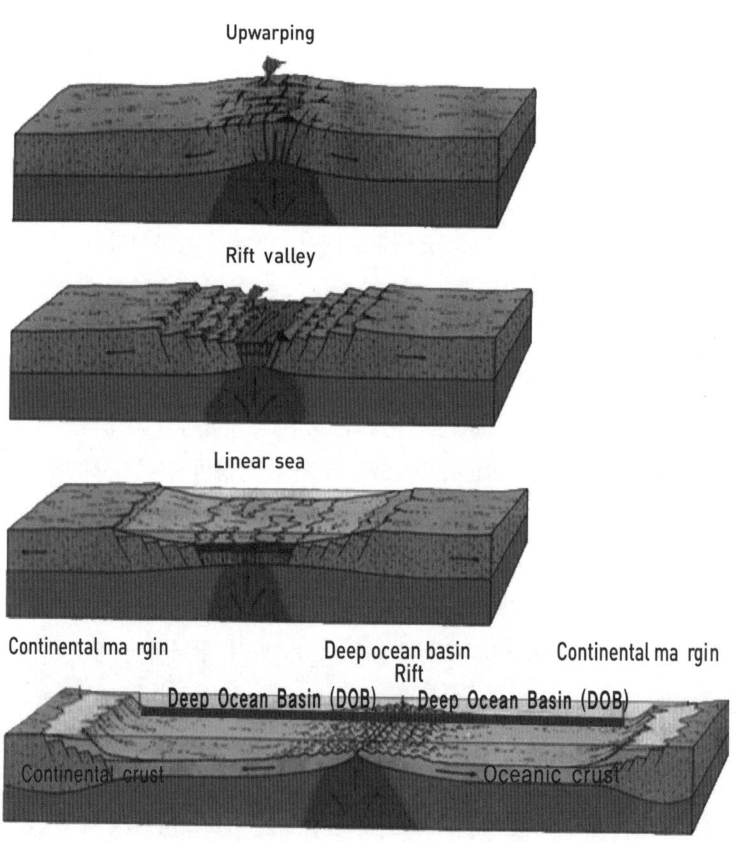

그림 8-5. 대륙의 분리(갈라짐)와 이동(A, B, C) 및 해확장(D)

그림 8-6. Glomar Challenger(a)와 JOIDES Resolution호(b)

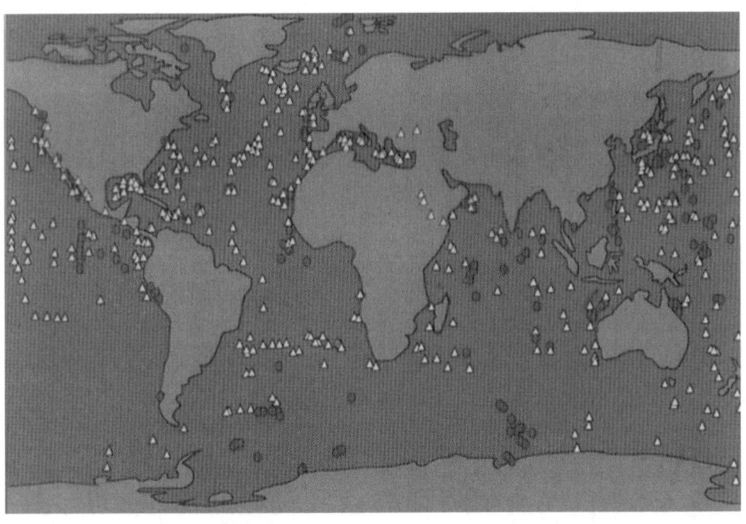

그림 8-7. DSDP의 시추지점(삼각형)과 JOIDES Resolution 시추지점(원)

인 Glomar Challenger호(그림 8-6a)는 1968년부터 1983년까지 15년 동안 수 많은 시추표품을 생산했으나, 선박 노후에 따라 새로운 시추연구 선박이 필요하게 되어 ODP(Ocean Drilling Project)라는 새로운 심해저 시추연구 계획 프로젝트를 추진하였고 JOIDES Resolution호(그림 8-6b)라는 새로운 시추선이 1983년부터 2003년까지 20년 동안 엄청난 해저지각과 지구역사의 신비를 밝히는데 결정적인 역할을 하였다. 그림 8-7은 DSDP와 ODP의 연구를 위하여 성공적으로 시추를 시행한 시추지점을 제시한다.

그런데 일본의 대형해양연구기관 "JAMSTEC"(Japan Agency for Marine-Earth Science and Technology)이 미국이 중심이 되어 추진된 1968~1983년(15년)의 DSDP와 1983~2003년의 ODP(20년)를 뒤이어 IODP(Integrated Ocean Drilling Program)를 추진하였고, 이른바 국제공동해양시추사업(IODP)을 성공적으로 수행하기 위한 새로운 개념의 시추연구 선박을 건조하고 진수하였다(그림 8-8). 선박이름은 지구호

그림 8-8. 지구호(DSDV/CHIKYU)

(DSDV/CHIKYU)이다. 즉, IODP는 2003년부터 지구호의 사용으로 본격적으로 활발한 연구를 진행하고 있다고 보아야 한다. 지구의 역사, 지구의 내부구조(Core, Mantle, Crust)와 물질규명, 지구의 고환경변화 규명, 지구의 생명원인과 물질의 진화연구, 심해생물의 진화연구 등 판구조론에 버금가는 지구와 대양의 신비를 좀 더 밝혀내고 설명할 수 있을 것이다. 더구나, Wegener 교수의 대륙이동설의 내용과 같이, 2억 년 전의 하나의 큰 대륙인 팡게아(Pangea) 대륙이 현재의 대륙분포 모양과 같이 떨어져 갈라지고 이동하였다는 지구역사가 밝혀졌는데, 앞으로 2억 년 후에는 팡게아와 같은 하나의 큰 대륙덩어리로 다시 뭉치게 되고 또 다시 떨어져 분리이동될 것인가의 이론과 결국에는 지구내부의 핵(core)과 맨틀(mantle)에서의 에너지가 모두 소진되어버리고 그에 따른 원인으로 화산활동과 지진활동이 없어져버리고 지구는 차겁고 죽어버린 행성으로 변하게 되고, 이 지구는 지구외부의 우주로부터의 에너지만을 받을 것으로 예상하는 이론 등을 IODP는 밝혀낼 것인가의 숙제가 있다.

2. 대륙 이동의 증거

2-1. 대륙들의 형태적 연관성

대륙의 형태와 모습이 시간에 따라 크게 변하지 않는다고 가정하고 현재 멀리 떨어져 있는 여러 대륙들이 마치 그림 맞추기의 조각들처럼 형태적인 연관성을 나타내는 사실은 여러 대륙들이 과거 언젠가는 하나로 붙어 있었으며 어떤 원인에 의해 갈라지고 상대적으로 떨어지는 수평적 이동에 의해 현재와 같은 분포를 나타내는 것으로 생각할 수 있다.

한편 Wegener의 편지에서 언급되었던 바와 같이 대륙 사면(continental slope) 경계의 등수심선에서 좀더 유사한 연관성을 보이는 경우가 있었다.

그림 8-9. E. Bullard가 컴퓨터를 이용하여 맞춘 대륙들

이에 대하여 1965년에 Edward Bullard는 컴퓨터를 이용하여 2,000 m의 등수심선에서 가장 작은 오차가 있음을 보였다(그림 8-9). 이는 대체로 대륙사면의 중간 정도에 해당하는 수심이다.

2-2. 대륙 간의 지질학적 연관성

현재와 같이 멀리 떨어져 있는 대륙들에 분포되어 있는 서로 다른 단층, 습곡 산맥 및 변성암 중의 일부는 대륙들을 서로 가깝게 이동시켜 놓으면 과거에는 연결되어 있었던 것처럼 서로 이어지는 현상을 나타낸다.

예를 들면 스코틀랜드의 Great Glen Faults와 북미 뉴잉글랜드의 Cabot Faults, 스코틀랜드의 Hebrides mountains와 북미의 Labrador mountains, 남아프리카의 Cape mountains와 아르헨티나의 Sierra mountains 및 마다가스카르와 인도의 편마암대 등은 지질학적 연성성의 대표적인 예이다. 그리고 이러한 구조적 연관성은 중생대의 백악기 이전에 형성된 것에 국한되며 그 후에 형성된 구조에서는 그와 같은 연관성을 찾아볼 수 없다. 즉 이와 같은 대륙 간의 구조적 연관성은 중생대 백악기 이전에는 북아메리카와 유럽, 남아메리카와 아프리카, 마다가스카르와 인도 등이 서로 연결되어 있었으며, 백악기부터 대륙이 이동함에 따라 서로 떨어지게 되었음을 의미한다.

2-3. 고생대 말기 기후대의 분포

남미의 아르헨티나, 남아프리카의 여러 지역, 인도, 오스트레일리아의 남부 및 남극에서 고생대의 석탄기와 페름기에 해당되는 약 2억 5천만 년 전에 존재했던 빙하의 흔적을 찾아볼 수 있다. 이러한 빙하의 흔적이 나타나는 지역은 위도로 보아 남극으로부터 북위 30° 근처까지로 약 120°의 범위에 분포한다(그림 8-10). 고생대 말기에 대륙들의 상대적 위치가 현재와 같았다면 남극의 위치가 어디에 있었더라도 남반구의 거의 전부가 빙하로 덮여 있었을 것이다. 그러나 북반구의 대륙에는 같은 시기에 빙하의 흔적이 전혀 없는 것도 이해하기 어려운 일이다. 한편 고생대 말의 지층에서 발견되는 화석에 근거하여 유추되는 고 기후대(paleo-climate)의 분포 모습이 현재와 같은 대륙의 분포에서는 있을 수 없는 것이다. 결국 당시의 대륙 분포가 현재와는 크게 달랐을 것임을 알 수 있게 한다.

Wegener는 이러한 빙하의 위치와 흐름 방향 등을 근거로 고생대 말에

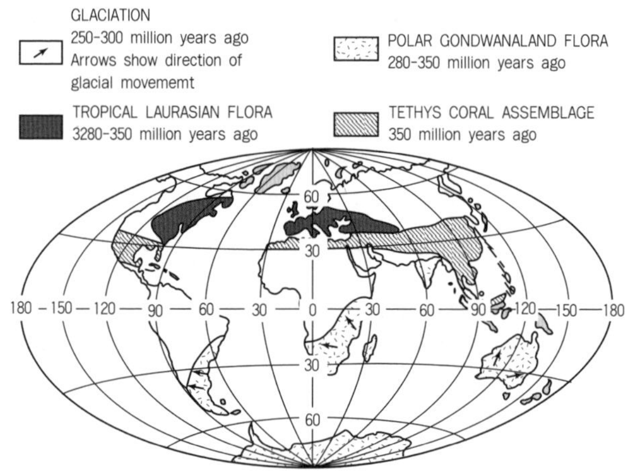

그림 8-10. 대륙 이동을 뒷받침하는 고생대 말기의 빙하와 화석의 분포

는 대륙들이 하나로 모여 남극 근처에 있었다고 추정하였으며, 이를 E. Suess가 가정하였던 곤드와나 대륙으로 간주하였다. 이와 같이 복원하면 당시의 빙하의 흔적이 있었던 지역은 위도로 보아 과거의 남극을 중심으로 대체로 30° 이내의 범위에 있었다. 한편 위와 같은 추정에 의하면 같은 시기의 석탄층이 형성된 애팔래치아, 뉴우펀드랜드, 아일랜드, 스코틀랜드, 폴란드, 중앙아시아 등은 당시의 적도 지방에 해당된다.

2-4. 겉보기 극 이동

마그마가 식어 가면서 자성을 갖는 광물이 정출되는 경우에 광물 종류에 따라 그 때(퀴리 온도)의 우세한 자장이 광물에 기록되는바, 이러한 자기를 잔류 자기(remnant magnetism)라 한다. 따라서 암석의 잔류 자기를 측정하면 암석이 형성될 당시의 '극 위치'를 알 수 있다. 이렇게 추정된 과거의 극 위치가 시간에 따라 이동한 경로를 '겉보기 극 이동 경로

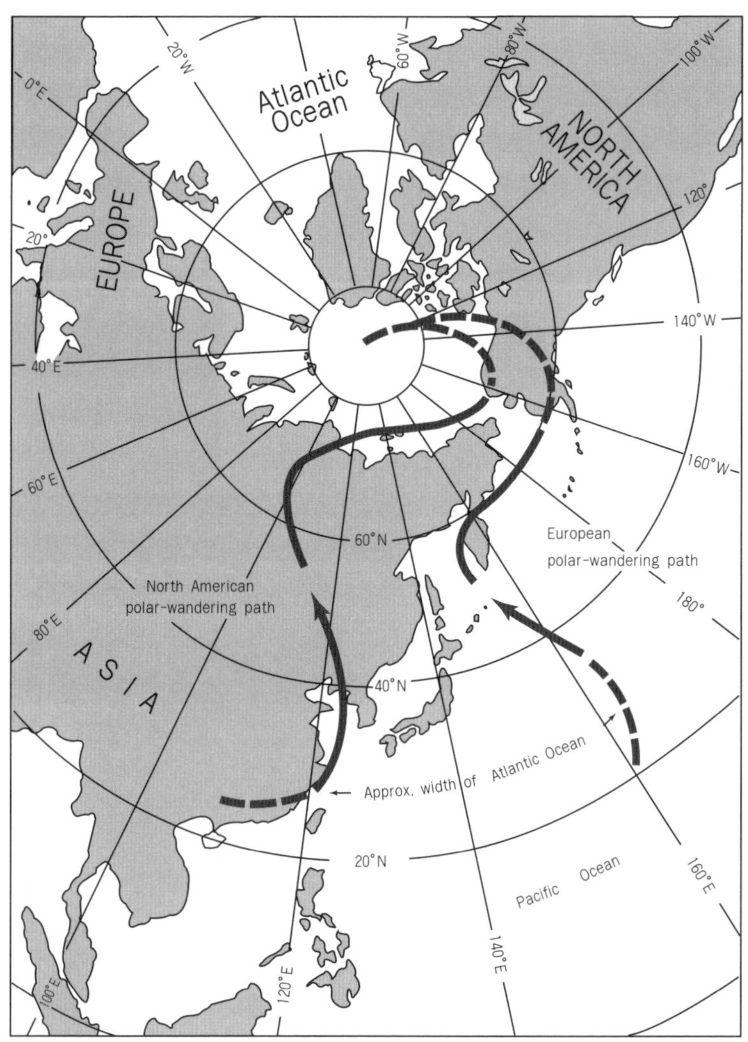

그림 8-11. 겉보기 극 이동 경로

(Apparent Polar Wandering Path)'라 한다. 겉보기 극 이동은 실제로 극이 이동한 결과가 아니라 대륙들이 이동했기 때문에 나타나는 것이다.

4억 년 전부터 약 2억 8천만 년 전까지 남아메리카와 아프리카에서의 겉보기 극 이동 경로가 일치하지 않지만 형태적 윤곽의 유사성을 보인다(그림 8-11). 두 대륙을 가까이 이동시켜 해안선을 맞추어 놓은 상태로 수정된 겉보기 극 이동 경로는 정확하게 일치하는바 이는 과거에 두 대륙이 붙어 있었음을 의미한다. 두 개의 대륙에서 2억 8천만 년 전의 암석으로 각각 추정되는 당시의 극 위치는 현재의 대서양 폭에 해당하는 거리만큼 떨어져 있으며, 시간이 지나면서 두 대륙의 겉보기 극 이동 경로는 점점 가까워져서 현재에 이르러 결국 일치하는 양상을 보인다. 이는 2억 8천만 년 전에 두 대륙이 쪼개져서 점점 멀어져 결국 현재와 같은 거리를 갖게 되었음을 증거한다.

2-5. 화석의 유사성

석탄층을 함유한 퇴적암에서 발견되는 화석에 대한 고생물학적 연구에 의하여 과거 약 5억 7천만 년간의 층서 시간적 대비가 가능하다. 20세기 초에 몇 가지의 화석 조합(fossil assemblage, specific combination of fossils)이 서로 다른 대륙에서 공통으로 나타남이 알려졌다.

석탄기와 페름기의 석탄층에서 발견되는 Glossopteris의 화석이 남반구의 모든 대륙과 인도에서 공통으로 나타나며 여우원숭이의 한 종류(lemur)는 현재 인도, 동남 아시아, 아프리카에서 발견된다. 또한 북미의 애팔래치아 산맥에서 발견되는 삼엽충의 화석이 록키 산맥보다는 오히려 영국에서 발견되는 것과 유사하다.

이와 같이 남미와 아프리카, 인도와 오스트레일리아, 아프리카와 호주 및 남극과 같이 수천 km 떨어져 있는 대륙에서 동시대의 같은 종류의 생

표 8-1. 암석의 절대연령에 사용되는 방사성 동위원소

방사성 동위원소			반감기
모원소		자원소	
	붕괴		
^{14}C	→	$^{14}N + \beta$	5천7백 년
^{87}Rb	→	$^{87}Sr + \beta$	470억 년
^{238}U	→	$^{206}Pb + 8\,^{4}He$	45억 년
^{235}U	→	$^{207}Pb + 7\,^{4}He$	7억 1천만 년
^{232}Th	→	$^{208}Pb + 6\,^{4}He$	130억 년
$^{40}K + e$	→	^{40}Ar	14억 5천만 년

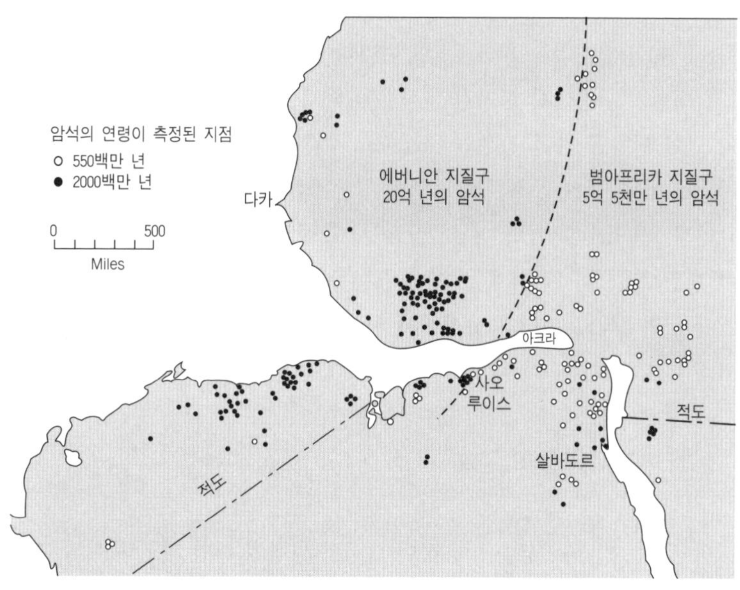

그림 8-12. 절대연령으로 구분되는 아프리카의 지질구

물이 서식했었음을 설명하기 위하여 생물학자와 동물학자들은 대륙 간 육교(land bridge)의 가설을 주장하였다. 그러나 생물학자들의 육교 가설은 생물지리학적 경계(biogeographic boundary)를 설명할 수 없으며, Wegener의 대륙 이동 가설로 설명할 수 있게 되었다.

2-6. 암석의 절대연령

1896년 Henri Becquerel이 방사능(radioactivity)을 발견한 후 원소 붕괴의 과정과 경로가 밝혀지고 암석의 절대연령(radiometric age or absolute age)을 측정할 수 있게 되었다. 암석의 절대연령 측정에 흔히 이용되는 Uranium-235 → U-207의 반감기는 7억 1천만 년이며, Potassium-40 → Argon-40의 반감기는 14억 5천만 년이다(표 8-1).

절대연령 관점에서 현저한 차이를 나타내는 아프리카의 두 지역, 즉 20억 년의 연령을 가진 동부의 Eburnean 지질구 5억 5천만 년의 연령을 가진 Pan-Africa 지질구 사이에 경계선이 존재한다(그림 8-12). 남아메리카의 브라질 San Luis 지역의 지질 조사에서도 이와 같은 연령 차이의 경계선이 발견되었으며, 두 대륙을 가까이 이동시켰을 때 이 두 경계선이 자연스럽게 연결된다. 이러한 사실에서 적어도 5억 5천만 년 전에는 남아메리카와 아프리카 대륙이 서로 인접해 있었음을 추정할 수 있다.

2-7. 인공 위성에서의 관측

최근에는 인공 위성을 이용하여 대서양 양쪽의 해안 지형 사이의 거리를 계속 측정하여 대서양의 넓이가 일정한 비율로 넓어지고 있음을 알게 되었다. 이는 실제로 대륙 사이의 상대적 위치가 변하고 있다는 직접적인 증거이다.

3. 맨틀 대류설

대륙이동설을 처음으로 주장한 A.I. Wegener는 대륙이 수평적으로 이동할 수 있는 기구(mechanism)에 대하여 만족할 만한 설명을 하지 못하였으며, 캘리포니아 대학의 D.T. Griggs는 이를 설명하기 위하여 맨틀 대류(mantle convection)를 제안하였다. 그는 방사성 동위원소의 붕괴로 열이 발생하여 맨틀이 부분적으로 팽창하고 밀도가 감소하여 결국 대류한다고 주장하였다.

1929년 에딘버러 대학의 Arthur Holmes는 고체 상태의 맨틀에서도 대류가 발생할 수 있으며, 그 대류 작용이 대륙 지각을 쪼개고 벌어지게 한다고 주장함으로써 Wegener가 제시하지 못했던 '힘의 근원'에 대해 새로운 가능성을 제시하게 되었다(그림 8-13). 한편 이와는 달리 1939년 요하네스 대학의 A.L. Du Toit는 *Our Wandering Continents*에서 지향사(geosyncline)의 중요성을 강조하고 대륙 주변부에 발달한 지향사에 두껍게 퇴적되는 퇴적물이 그 무게로 인해 천천히 가라앉으며 대륙은 대양을 향해 기울어져 미끄러진다고 주장하였다. 이 때 대륙은 장력에 의해 갈라지고 이 곳에 마그마가 관입하여 대륙의 분열을 촉진할 수 있다. 그러나

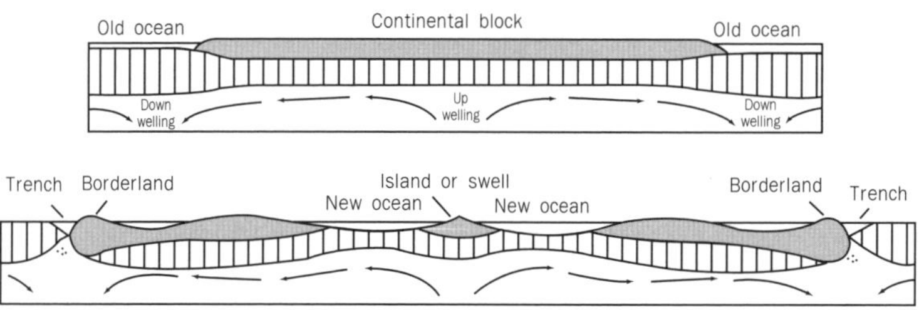

그림 8-13. 맨틀 대류에 관한 A.L. Holmes의 개념

역시 증거가 부족하고 대륙의 중앙부에 발달한 지향사와 이동하는 대륙의 바다 쪽을 따라 후기에 발달한 지향사를 각각 설명할 수 없다는 문제점을 안고 있었으므로 폭넓은 지지를 받지 못하였다.

맨틀의 대류에 대하여 현재까지 알려진 바로는 맨틀의 점성 계수는 $10^{21} \sim 10^{23}$ poise, 열전도도(thermal conductivity)는 약 0.01 cal/cm/sec/degree이며, 탄성파 탐사로 인지되는 맨틀 대류 깊이는 약 700 km이다. 이와 같은 맨틀의 물리적 성질에서 유추되는 대류환(convection cell)의 발생에서 소멸까지 주기는 약 2억 년이며, 맨틀 대류의 속도는 약 5 cm/year인 것으로 알려져 있다.

4. 해저확장설과 그 증거

A.I. Wegener의 대륙이동설이 발표 후 꾸준한 지지를 받지 못하였으며 1960년대 초반까지도 지질해양학에서 그의 이론은 사장되었다. 그러나 1950년대 후반부터 해저에 관한 해양지구물리학적 자료가 꾸준히 축적되고 1960년대 후반에 해저확장설(hypothesis of sea-floor spreading)이 확립되면서 대륙이동설은 다시 거론되게 되었다.

H.H. Hess는 그림 8-14에서 보여 주는 것과 같이 지각과 맨틀의 상부를 암권(lithosphere)과 연약권(asthenosphere)으로 나누어 생각하였으며, 음향측심 자료를 분석하면서 대서양의 중앙 해령(mid-oceanic ridge)의 중심부인 열곡 양측 지형이 거의 대칭인 점에 착안하여 Robert Dietz와 공동으로 해저확장설을 제안하였다. 해저확장설이란 '모든 해저의 중앙 해령에 발달한 열곡(rift valley)으로부터 새로운 해양 지각이 만들어져 좌우로 해양 지각을 밀어 낸다'는 것이 주요 내용이다. 즉 D.T. Griggs나 A. Holms가 주장하였던 맨틀 대류로부터 발전된 개념으로 볼 수 있다.

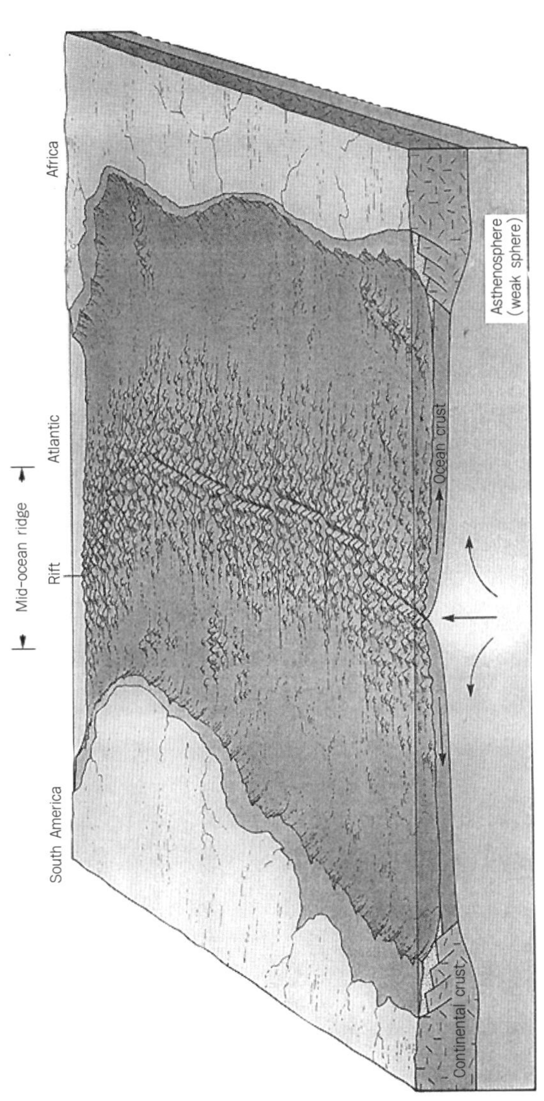

그림 8-14. 해저 확장의 모델

4-1. 화산섬과 해양 지각의 절대연령

해저 물질에 대한 표본 채집은 Challenger호의 항해(1873~1876)에 의해 이루어진 바 있으나, 당시의 장비는 해저 표면의 표품(sample)만을 얻을 수 있는 것이어서 해양 지각의 연령에 대한 연구는 우연히 채집된 적은 수의 암석 표품에 한하여 이루어졌다. 1960년대의 후반에 J.T. Wilson 등은 Glomar Challenger호의 탐사에 의하여 채취된 많은 수의 해양 지각 표품과 여러 대양에서 발견되는 화산섬들의 암석을 대상으로 절대연령을 측정하였다(그림 8-15).

과거 대륙의 일부였다고 해석되는 몇 개의 섬을 제외하면 대부분의 화산섬은 대륙 이동이 시작되었을 1억 5천만 년보다 더 오래지 않으며 중앙 해령에서 멀어질수록 화산섬과 해양 지각의 생성 연대가 증가한다는 사실이 밝혀졌다. 또한 심해저 시추 계획(DSDP)으로 북대서양 주변부의 해저에서 채취된 1억 5천만 년 전의 퇴적층에서 천해 유공충의 화석이 발견되어 당시의 수심이 현재보다 훨씬 얕았음을 알게 되었다.

서부 태평양에서 시추된 기반암의 방사성 절대연령과 퇴적층의 화석으로 밝혀진 동태평양 해령(East Pacific Rise)과 마리아나 해구(Mariana Trench) 사이에 있는 해양 지각의 생성 연대 분포에서도 이와 비슷한 결과가 밝혀졌다. 동태평양 해령에서 열곡(rift valley) 주변의 기반암이 생성된 연대는 플라이스 토세(Pleistocene)였으며, 마리아나 해구와 보닌 해구(Bonin Trench)의 생성 연대는 약 1억 3600만 년 전인 중생대의 주라기(Jurassic Period)였다.

이를 근거로 대양저 산맥의 열곡 주변에서 새로운 해양 지각이 형성되고 이들이 양쪽으로 멀어지고 있음을 알 수 있다. 한편 해양 지각의 생성 시기와 열곡과에서 떨어진 해양 지각의 거리에 근거하여 추정된 해양 지

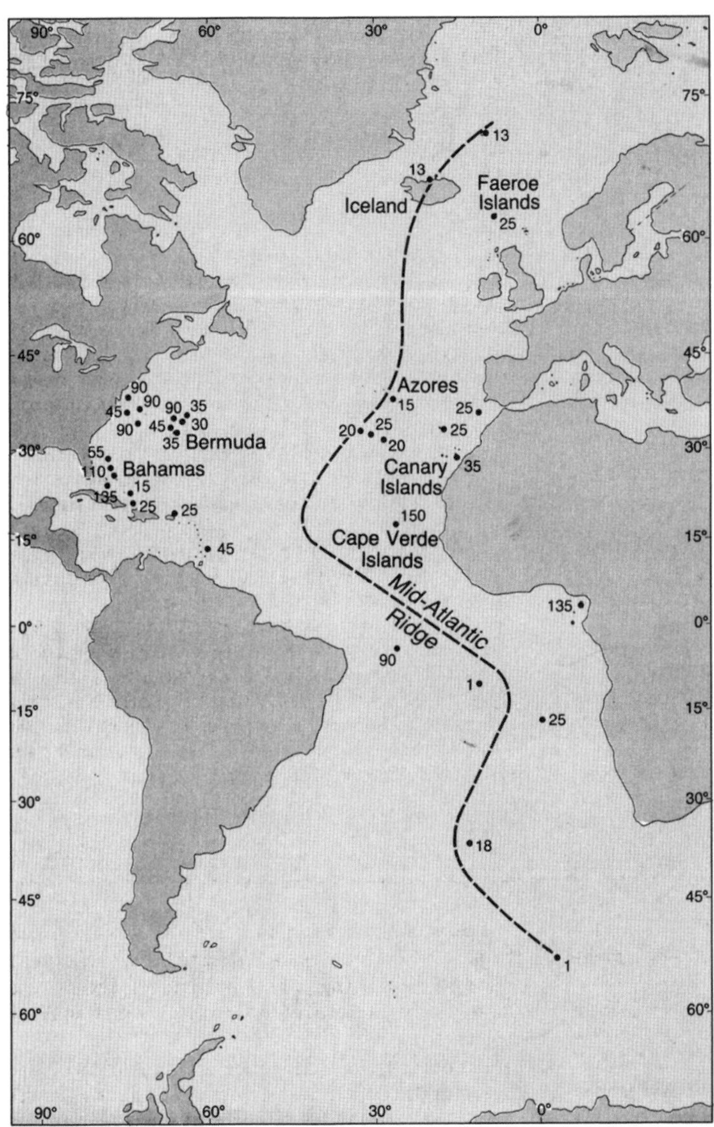

그림 8-15. 대서양 중앙 해령을 중심으로 화산섬(•)의 연령 분포(백만 년 단위)

각판 이동의 속도는 2~6 cm/year로 맨틀 대류의 속도와 유사하다.

4-2. 해양 지각에 기록된 지구 자기 역전

제2차 세계대전 이후 지구물리학의 발달로 인하여 1950년대의 지구물리학자는 체계적 탐사를 수행하였다. 정확한 자력을 측정하기 위해서 선박의 영향을 감소하여야 하므로 자력측정기(magnetometer)를 선박에서 멀리 떨어져 예인(towing)해야 한다.

태평양 북동부 해역에서의 세밀한 탐사에 근거하여 자기 강도(magnetic strength)가 밝혀진바 매우 독특한 분포를 나타내는 사실이 규명되었다(그림 8-16b). 즉 자기 강도가 평균에 비교하여 높거나 낮은 값의 해양 지각이 대상으로 평행하게 반복되었으며, 이들은 또한 대양저 산맥과 평행한 방향으로 나란히 배열되어 있다. 이러한 자기 이상(magnetic anomaly)을 각각 양의 이상(positive anomaly)과 음의 이상(negative anomaly)이라 불렀으나 당시에는 그 생성 원인을 해석할 수 없었다.

또한 용암이 분출되고 굳어질 때 그 당시의 지구 자기장이 기록된다는 사실이 밝혀짐으로써 과거 여러 차례에 걸쳐 지구 자기장의 남극과 북극이 뒤바뀐 적이 있음이 알려졌다. K-Ar 동위원소에 의한 해양 지각의 연령 측정으로 지구 자기가 역전된 시기를 확인하게 되었다. 현재 존재하는 기간을 정상(normal) 자극기, 현재와 반대되는 자극 기간을 역전(reversed) 자극기라 하였다. D.H. Matthew와 F.J. Vine가 지각의 연령과 지구 자기 역전을 연관시켜 다음과 같이 추리하였다. 즉 정상 자극기에 용암이 분출되어 굳어지면 현재와 같은 방향의 지구 자기가 암석에 기록된다. 반면에 역전 자극기에 형성된 암석에 기록된 지구 자기는 현재의 지구 자기와 반대 방향이므로 음(−)의 자기 이상이 측정된다. 대양저 산맥의 열곡에서 계속적으로 용암이 분출된다면 이들에는 분출 당시의 지구 자기가 기

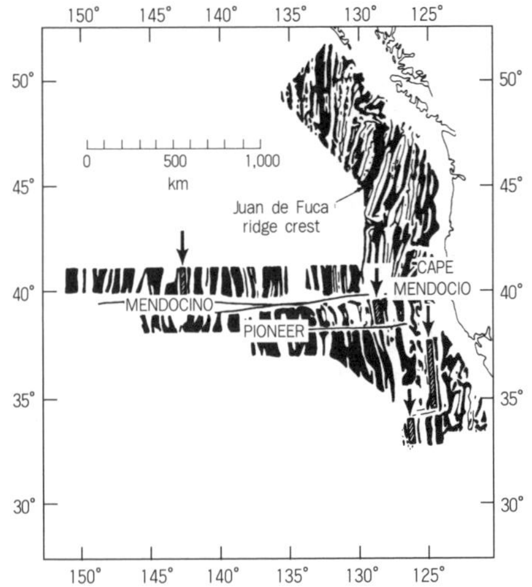

a. 북동 태평양의 지자기 이상 분포

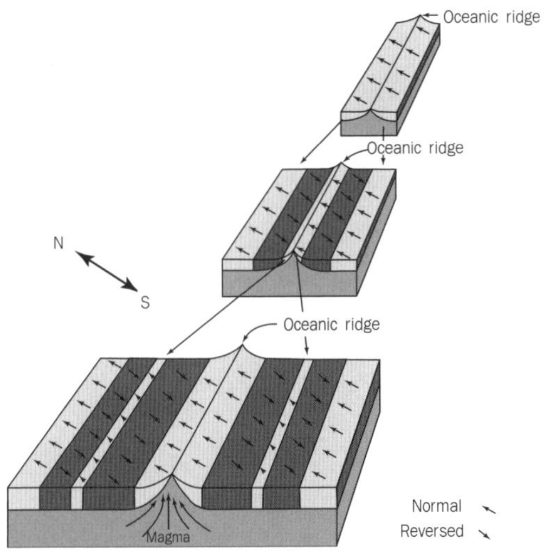

b. 지자기 역전에 의한 줄무늬의 형성

그림 8-16. 지자기 역전에 의한 줄무늬

록될 것이며 이미 분출되어 굳어져 지구 자기를 기록하고 있는 암석을 양쪽으로 밀어 내어 해양 지각은 지구 자기 역전의 역사를 차례로 기록하는 커다란 녹음기(tape recorder)의 역할을 하게 된다(그림 8-16a). 결과적으로 해양 지각을 구성하는 암석에 기록된 고지구 자기 형태는 대양저 산맥을 중심으로 대칭적 자기 줄무늬(magnetic strips)로 나타난다.

4-3. 해저확장설의 그 밖의 증거들

지각 열류량과 진앙의 분포에서도 해저가 확장한다는 사실을 알 수 있다. 지각 열류량이란 지구의 내부로부터 지각을 통하여 전도되는 열을 의미하며 지구 내부의 온도가 지표에 비교하면 높다는 증거가 된다. 이러한 지각 열류량의 측정값은 맨틀 대류에서 상승하는 부분으로 생각되는 대양저 산맥에서 높은 값으로 나타나서(약 5 μcal/cm^{2}sec) 맨틀 대류의 가설을 뒷받침한다. 그러나 이론적으로 대양저 산맥에서 훨씬 더 큰 지각 열류량이 있어야 한다. 이러한 차이에 대한 의문은 1979년 이후에 R/S Alvin을 이용하여 대양저 산맥의 열곡에 접근하여 열수 분출구(hydrothermal vents)를 발견하고서야 이해될 수 있었다.

지진이 발생한 진앙은 그림 8-17과 같이 대양저 산맥이 위치하는 곳과 태평양의 주변에 밀집되어 있다. 이러한 사실은 해저 확장 이론에 근거하여 대양저 산맥에서는 새로운 해양 지각이 만들어져 양쪽으로 밀려 나가는 방향으로 해양 지각이 움직인다는 증거가 된다.

5. 판구조론

1960년대 중반에 들어 해저에서 발견된 여러 종류의 자료가 축적됨으로써 판구조론(plate tectonics)의 이론이 제기되었으며, 1970년대 초반의

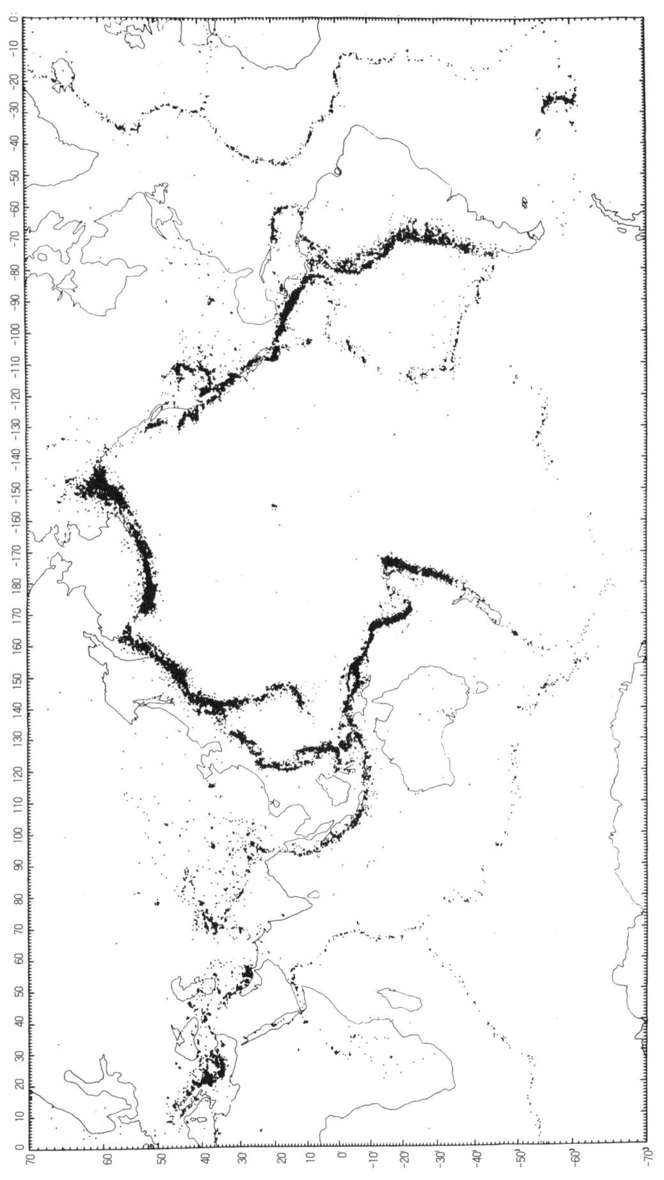

그림 8-17. 천부와 심발 지진의 진앙 분포

검증을 거쳐 1970년대 중반 이후에는 판구조론이 보편화되었다. 판구조론이란 '지각은 여러 개의 딱딱한 판(plate)으로 구성되어 있으며 이들은 서로 상대적인 이동을 하고 있다' 는 이론이다. 1955년부터 1975년까지 약 20년 동안 해양 지각에 대한 탄성파 탐사(seismic survey)와 지구 자기 연구와 함께 주요 대양에 대한 많은 양의 시추 자료에 관한 해저해양학적 연구 결과에 근거하여 대륙과 대양을 12개의 단위, 즉 판(plate)으로 나눌 수 있었다(그림 8-18). 또한 이들의 상대적인 운동을 정량화할 수 있었으며 서로 다른 판들의 경계가 지진과 화산 활동이 심한 지역임을 확인하게 되었다.

판구조론의 관점에서 판경계(plate boundary)는 인접한 판들의 상대적 운동에 따라 다양한 특징을 갖게 되며, 이러한 판의 경계를 크게 세 가지로 구분할 수 있다(그림 8-19). 대양저 산맥과 같이 인접한 판이 서로 멀어지는 상대적 이동을 하는 경우에 이 경계(그림 8-19a)를 발산형 판경계(divergent plate boundary)라 한다. 해구에서는 인접한 판이 서로 가까워지는 상대적 운동을 하는 곳으로 이런 판의 경계(그림 8-19b)를 수렴형 판경계(convergent plate boundary)라 한다. 한편 두 개의 판이 그 사이의 경계를 따라 발달한 변환 단층(transform fault)에 의해 서로 어긋나는 운동을 하는 경우에 이 경계(그림 8-19c)를 변환형 판경계(transform plate boundary)라 한다. 미국 서해안의 San Andres Fault는 태평양 판(Pacific plate)과 북아메리카 판(north American plate) 사이의 경계를 이루는 변환단층으로 해석된다. 현재 두 판의 이동 속도와 방향으로 보아 5천만 년 후에는 샌프란시스코와 알래스카가 이웃하게 될 것이다(그림 8-20).

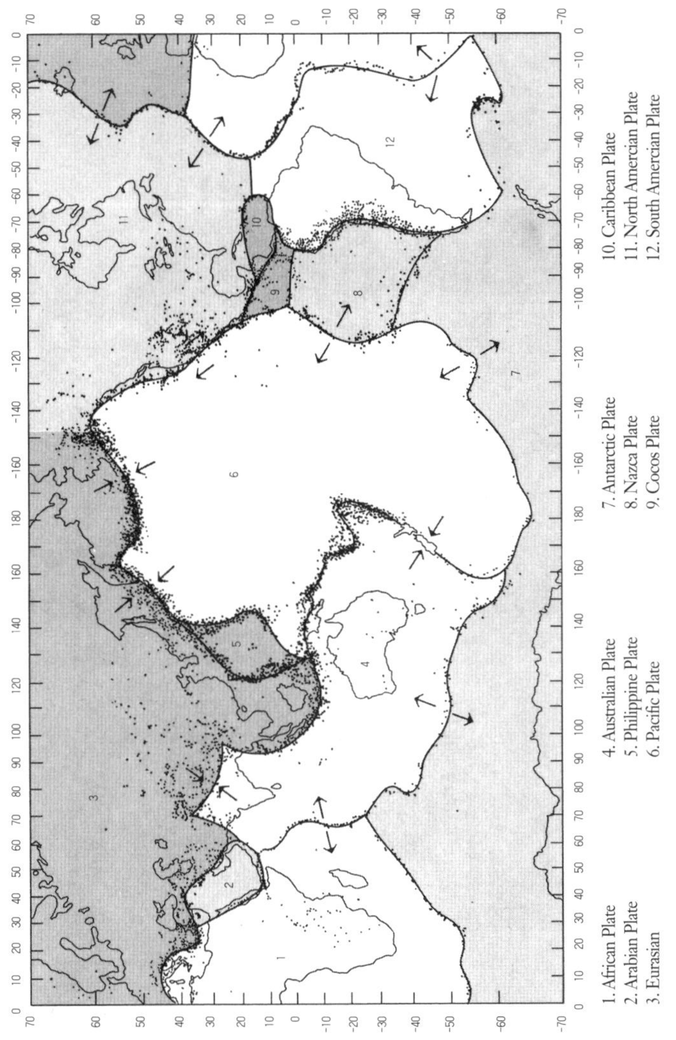

그림 8-18. 지각을 구성하는 주요 판(plate)들과 그 상대적 운동

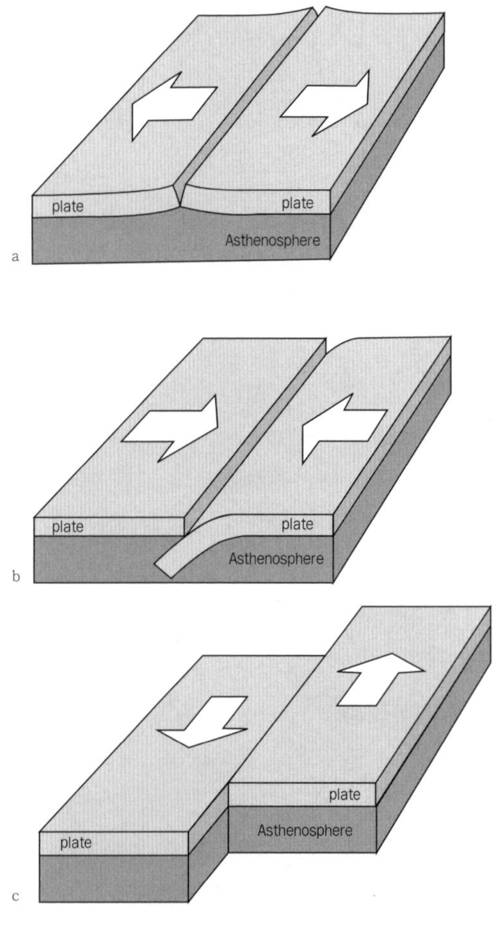

그림 8-19. 세 가지 판경계

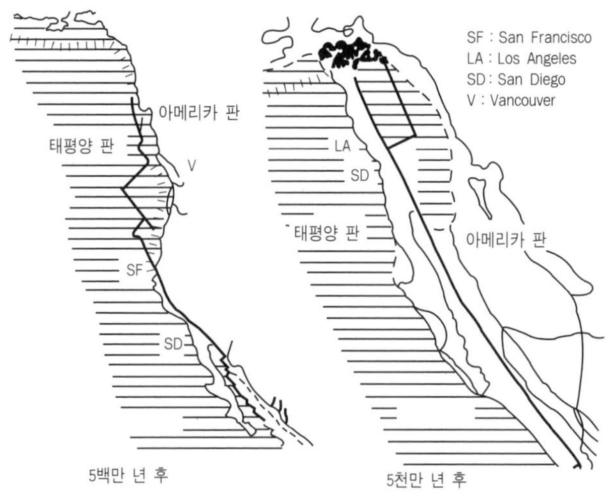

그림 8-20. 판의 이동에 대한 예측

5-1. 섭입과 열점

대륙 이동과 해저 확장이 증명됨에 따라 판구조론의 대부분은 설명될 수 있으나 1억 5천만 년 이전에 형성된 해양 지각이 어디로 사라졌는지 그리고 과연 지각이 어떻게 움직일 수 있는지에 대한 의문이 남는다.

1960년대부터 지진이 발생하는 진앙과 진원을 정확하게 알게 되었고, 태평양의 동쪽 해안 지방의 지진 지역의 경우 바다 쪽에서 대륙 쪽으로 가면서 지진이 발생하는 진원의 심도가 증가하는 것이 알려졌다. 해양 지각(oceanic crust)과 대륙 지각(continental crust)이 충돌하는 경우에 비교적 무거운 물질로 구성된 해양 지각이 상대적으로 가벼운 대륙 지각의 아래로 미끄러지듯 내려가는 것이 밝혀졌으며, 이러한 과정을 섭입(subduction)이라 한다(그림 8-21). 1억 5천만 년보다 오래 된 해양 지각이 발견되지 않는 것은 이러한 섭입의 결과로 설명된다. 이를 통하여 지각의 물질이 다시 맨틀로 돌아가기도 하며 일부는 해구의 주변에서 부분 용융에 의해 다시 화산으로 분출되기도 한다. 서로 다른 밀도를 갖는 대륙 지각과 해양 지각이 충돌하는 경우에 섭입이 일어나는 사실과는 달리 대륙 지각이 비슷한 밀도를 가진 다른 대륙 지각과 충돌하는 경우에는 광범위한 습곡과 융기가 일어나게 된다. 히말라야 산맥은 그 대표적인 예로 인도 대륙과 아시아 대륙의 충돌로 형성된 대규모의 습곡 산맥으로 해석된다.

한편 상부 맨틀에는 위치가 고정된 열점(hot spot)이 존재하는 것으로 알려져 있다. 열점은 해양 지각보다 깊은 맨틀에 존재하며 해양 지각은 그 위를 미끄러져 이동한다. 열점으로부터 간헐적인 분출이 있는 경우에 그로 인해 형성된 화산섬들은 선형의 분포를 보이게 된다(그림 8-22). 하와이 열도를 비롯한 태평양의 여러 화산 열도는 그 좋은 실례가 되며, 판의 이동에 대한 또 다른 증거이며 또한 판의 절대적인 운동 방향을 암시할 수 있는 근거가 된다. 이 밖에도 앞에서 제시되었던 대륙이동설이나 해저확장설의 증거들은 판구조론을 뒷받침하는 증거도 된다.

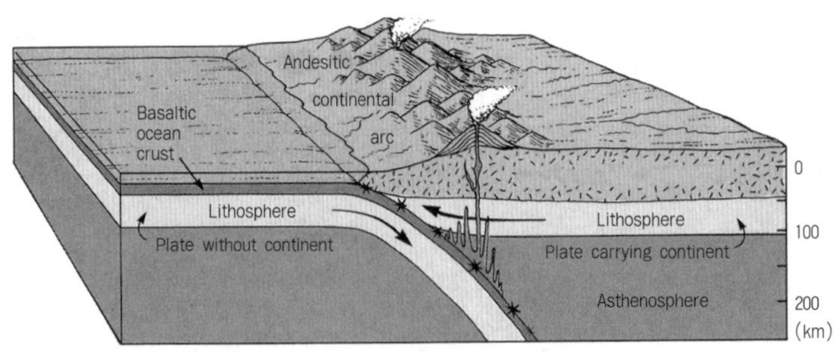

그림 8-21. 대륙 지각과 해양 지각의 충돌에 의한 섭입(subduction)

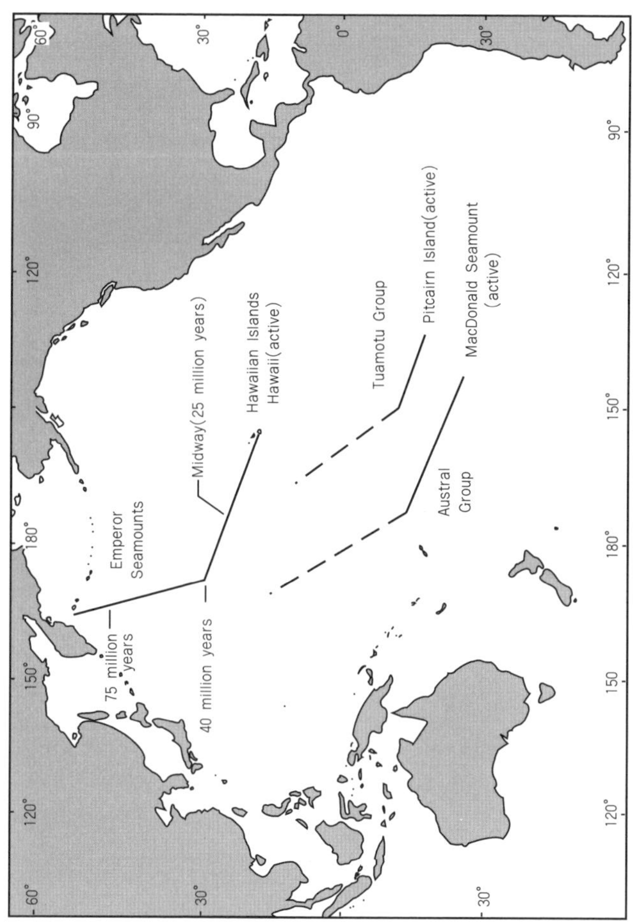

그림 8-22. 열점(Hot spot)에 의한 열도(island-chain)의 형성

5-2. 판 이동의 기구

Wegener가 대륙이동설을 제시한 후 오랫동안 대륙의 이동, 또는 판의 이동을 정확하게 설명할 수 있는 이론이 정립되었다고 보기는 어려웠다. 그러나 1960년대부터 판의 운동이 맨틀에서의 대류와 무관하지 않다고 보는 견해가 지배적이었다. 이에 대하여 판의 하부에 있는 맨틀에서 대류환(convection cell)을 이루는 흐름 중에서 수평 성분에 의해 판이 끌려간다는 설, 맨틀 대류의 상승하는 수직 성분에 의해 맨틀 물질이 해령의 하부로 관입(intrusion)하며 그 힘으로 판이 양쪽으로 밀려간다는 설, 또는 해구에서 맨틀 대류의 하강하는 수직 성분에 의해 판이 맨틀 속으로 끌려간다는 설 등이 제시된 바 있다. 또는 위의 세 가지 중의 하나가 아니라 두 가지 이상의 원인의 복합적으로 작용하여 판이 움직인다는 주장도 있다. 이 밖에도 대양저 산맥의 부분이 지형적으로 해구의 부분보다 높기 때문에 판이 대양저 산맥의 열곡에서 해구 방향으로 미끄러진다는 주장도 제시된 바 있다.

이상의 주장들은 모두 맨틀 대류에 의해서 직접적으로 판의 이동이 야기된다는 것으로 판의 크기와 맨틀 대류 세포(cell)의 크기가 서로 밀접히 관련되어 있어야 한다. 그러나 실제로 지각판을 구성하는 12개, 또는 그보다 많은 판들은 모두 각기 다른 크기를 가진다. 이는 맨틀에서 일어나는 대류의 규모가 다양하다는 증거이기도 하다.

이러한 관점과는 다르게 해양 지각판으로서의 암권(lithosphere)의 밀도가 그 하부의 연약권(asthenosphere)의 밀도보다 커서 해구에서 하부로 미끄러져 들어간다는 주장이 있다. 이는 흔히 물 위에 펼쳐져 떠 있는 수건에 비유하여 설명된다. 잔잔한 수면에 수건을 가만히 펼쳐 놓으면 수건이 물에 떠 있지만, 시간이 지나 수건이 물을 흡수하면 밀도가 커지고 어느 한 부분으로부터 물 속으로 빨려 들어간다. 이 때 물을 연약권 상대적으로 밀도가 커진 수건을 딱딱한 지각판에 비유하면 수건이 물 속으로 들어가는 것은 해구(trench)에서 해양 지각판이 섭입(subduction)하는 과정과 비슷한 현상이다. 대양저 산맥에서 새로운 해양 지각이 형성되는 것은 물에 뜬 수건이 끌려가고 빈자리를 물이 채우듯이 연약권의 물질이 상승하는 것으로 설명할 수 있다. 이와 같은 이론에 따르면 판의 이동과 대류 운동은 크기와 방향이 서로 독립적이어도 상관없다. 다른 여러 판(plate)에 비교하여 판경계의 여러 부분이 해구(trench)와 접하는 태평양 판은 비교적 빠른 속도로 이동한다는 사실이 이러한 설의 설득력을 크게 한다.

6. 한반도 주변의 판구조론

한반도는 현재의 지구 지각판 12개의 판 중에서 가장 큰 판(plate)의 하나인 유라시아 판(Eurasian plate)의 주변부에 위치한다. 대표적인 대륙 판인 유라시아 판은 일본 열도의 태평양 해안을 경계로 해양 지각으로 이루어진 태평양 판(Pacific plate)과 필리핀 판(Philippine plate)에 접하고 있다. 필리핀 판과 유라시아 판의 경계, 태평양 판과 유라시아 판의 경계는 모두 수렴형 판경계이며, 호상 열도(island arc)인 일본 열도에는 화산과 지진이 자주 발생한다.

한편 태평양 판과 유라시아 판의 경계부의 내륙 쪽, 즉 유라시아 판의 가장자리에 위치한 동해(East Sea)는 일본 호상 열도의 대륙 쪽의 배후에서 열개(rifting)에 의해 신생대(Miocene 초기)에 형성된 후열도 분지(back-arc basin)로 간주된다.

최근 들어 한반도의 암석에 기록된 지구 자기를 분석하여 과거 지질시대를 통하여 한반도의 위치가 어떻게 변하였으며, 인접한 지괴들과의 상대적 위치는 어떻게 변하였는지에 관한 연구가 활발히 진행되고 있다.

현재까지 알려진 바에 의하면 고생대 이전의 한반도는 유라시아의 서로 다른 여러 판의 부분들로 나누어져 있었던 한 판의 부분이었다. 그 후 여러 판들의 접합 충돌에 의하여 아시아 대륙이 형성되면서 현재와 같은 아시아 대륙의 모습으로 이루어졌다.

9

해양 퇴적물

Sediments on the Ocean Bottom

육상의 강이나 호수의 바닥은 유속이 큰 곳을 제외하면 대체로 진흙(mud)이나 모래(sand)로 퇴적되어 있으며, 이 진흙과 모래는 하천을 통하여 운반된 것이다. 해양 환경의 여러 곳에는 다양한 퇴적물 종류가 퇴적되어 있다. 해안선 주변의 연근해저에 모래와 진흙 또는 자갈이 층을 이루고 있음을 쉽게 관찰할 수 있고, 대륙붕 해저의 대부분은 세립질 또는 조립질 퇴적물로 퇴적되어 있다. 실제적인 탐사와 연구 결과는 두꺼운 퇴적층이 해저에 발달하고 있음을 밝혔다. 해저(지질) 해양학적 연구가 수행되면서 연안과 대륙붕 또는 대부분의 심해 대양저와 수심이 10,000 m를 넘는 해구(trench)의 밑바닥에도 쇄설기원 퇴적물이 집적되어 있음이 밝혀졌다. 이와 같이 대부분의 해저 환경은 여러 종류의 퇴적물로 집적되어 있으므로 해저(지질) 해양학적 연구는 경제적인 해저 광물 자원 개발 관점뿐만 아니라 학문적인 연구 목적의 관점에서 매우 중요하다.

1. 운 반

지층 노출의 풍화 생성물인 쇄설성 입자 퇴적물(clastic sediment)은 하천과 강, 바람 또는 빙하에 의하여 바다로 운반되고, 강 하구(estuary), 해빈, 삼각주(delta) 또는 대륙붕 해저에 집적(deposition)된다. 전세계 대륙의 큰 강과 대하천에 의하여 운반되는 쇄설성 퇴적물의 총량은 약 12,696 ± 7 × 10^6 ton에 달하는 것으로 추산된다. 또한 남극 빙하의 영향을 받아 생성 · 운반되는 쇄설성 빙하기원 퇴적물(morain)의 총량은 약 35,000~48,000 × 10^6 ton에 달하는 것으로 해석되고 있다. 따라서 빙하에 의하여 생산되고 운반되는 쇄설성 빙하기원 퇴적물의 단위 시간과 단위 면적 비례의 총량은 대륙으로부터의 총량보다 큰 것이 사실이며, 해

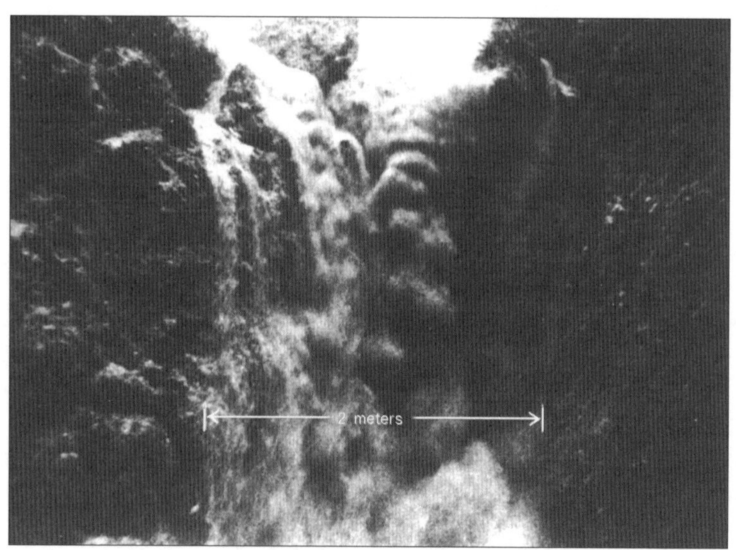

그림 9-1. 태평양 남캘리포니아 심해 협곡의 저탁류

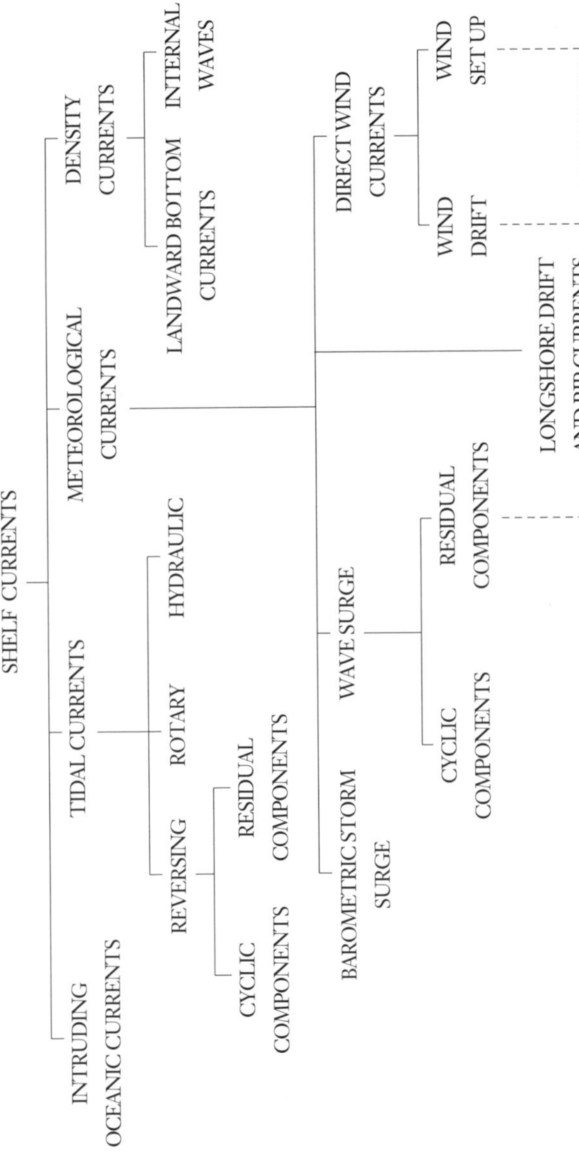

그림 9-2. 대륙붕 해류(shelf current)의 요소

저 퇴적물의 국지적 분포에 크게 영향을 미친 것으로 해석된다.

얕은 바다(대륙붕 바다)의 쇄설 물질이 깊은 바다(대륙 주변부의 심해 방향)의 해저로 운반되는 기작(mechanism)은 저탁류와 사태(mass flow) 또는 슬럼프(slump)로 구분된다. 대륙대(continental rise)의 쇄설성 퇴적물 대부분은 대륙붕과 대륙 사면을 횡단하여 운반된 육성기원 퇴적물이라는 사실과 그 증거는 위에 기술된 운반 기작의 중요성이 인정된다. 그림 9-1은 태평양 남캘리포니아의 심해저에 발달한 해저 협곡(submarine canyon)을 빠른 속도로 흐르고 막대한 양의 쇄설성 물질을 대륙대와 심해 평원(abyssal plain)으로 운반하는 모습을 나타낸다. 이것은 해저에서의 실제적인 저탁류(turbidity current) 운반 현상을 심해용 촬영 장비로 찍은 것이다.

연근해의 연안 해저(조하대 해저)에서 쇄설물의 운반 능력이 충분한 요인으로서의 해수의 흐름, 즉 연근해 해류(coastal current)는 해역별 동력 요소(바람, 수온, 염분, 파랑)에 의하여 발생되며, 규모와 속도에 따라 운반 기작의 전체 범위가 달라진다. 그림 9-2는 소위 'shelf currents'의 개념에 따른 운반 능력의 current component를 제시한다. 이러한 shelf currents의 해저 쇄설물 운반 · 퇴적의 영향과 분포 패턴은 Swift et al.(1971)의 연구 논문에서 합리적으로 제시되고 설명된다.

2. 퇴적물 종류

해저에 집적되는 퇴적물은 그 기원(origin)과 입자의 크기에 따라 분류된다. 또한 퇴적물이 형성되는 장소와 과정에 근거하여 현지적 퇴적물(authochthonous sediments)과 멀리 떨어진 곳까지 이동된 후 퇴적된 타지적 퇴적물(allochthonous sediments)로 구분할 수 있다. 해양에서 발견되는 퇴적물은 매우 다양한 기원을 나타내고 있는데 일반적으로 암석기원 퇴적물(lithogenous sediments), 생물기원 퇴적물(biogenic sediments), 자생기원 또는 화학적 침전 퇴적물(authigenic or hydrogenous sediments), 그리고 외계기원 퇴적물(cosmogenic sediments)로 구분된다. 따라서 네 종류의 퇴적물로 분류될 수 있다.

2-1. 암석기원 퇴적물

암석기원 퇴적물은 지각을 구성하는 암석이 지표에 노출됨으로써 풍화·침식되고 해양 환경으로 운반되어 퇴적된 것이다. 해양 환경에 퇴적물이 공급되는 경로는 이미 설명된 바와 같이 강과 하천인데 전세계의 큰 강과 하천을 통하여 해마다 엄청난 양의 퇴적물이 해양으로 유입되고 있다(표 9-1). 예를 들어 한국의 서해(황해)에는 중국의 황하가 연간 약 11억 톤의 퇴적물을 황해로 공급하고 있다. 해양 환경으로 유입(빙산)된 빙하가 녹으면서 빙하에 포함된 퇴적물(그림 9-3)이 해저에 집적되기도 하고, 바람에 의해서 소량의 암석기원 퇴적물이 해저에 집적되기도 한다(그림 9-4).

기계적인 또는 화학적인 풍화 작용은 노출된 암석을 침식하거나 용해하는 작용을 의미하며 풍화 과정에서 근원암의 종류에 따라 여러 종류의 풍화 광물 퇴적물이 생성된다. 이렇게 생성된 풍화 쇄설 퇴적물은 입자의 크기에 따라 공기나 물 또는 빙하 등의 매질에 의하여 선택적으로 침식 및 운반되며 퇴적된다. 퇴적물의 광물 조성은 경광물, 중광물 또는 점토 광물 등으로 분류된다.

화산기원 퇴적물(volcanogenic sediments)은 화산의 분출로 인하여 형성된 퇴적물이며 그 조성과 크기 등은 용암의 성질과 화산의 분출 양상에 의하여 다양하게 산출된다. 화산기원 퇴적물은 전체적으로 그 양이 많지 않으며 화산 분출이 있는 해역에 집중적으로 분포한다(그림 9-5). 이렇

표 9-1. 전세계 중요 강(하천)의 쇄설물 배출량

(단위 : 10^6 ton/y)

순위	강 명칭	배출량
1	Ganges/Brahamaputra	1,670
2	Yellow (Huangho)	1,080
3	Amazon	900
4	Yangtze	478
5	Irrawaddy	285
6	Magdalena	220
7	Mississippi	210
8	Orinoco	210
9	Hungho (Red)	160
10	Mekong	160
11	Indus	100
12	MacKenzie	100
13	Godavari	96
14	La Plata	92
15	Haiho	81
16	Purari	80
17	Zhu Jiang (Pearl)	69
18	Copper	70
19	Danube	67
20	Choshui	66
21	Yukon	60

게 분출된 화산기원 퇴적물이 해수에 의해 이동되는 경우에 화산 쇄설성 퇴적물(volcaniclastic sediments)이라 한다.

2-2. 생물기원 퇴적물

생물기원 퇴적물은 생물의 유해와 그 파편 또는 생물의 배설물과 같은

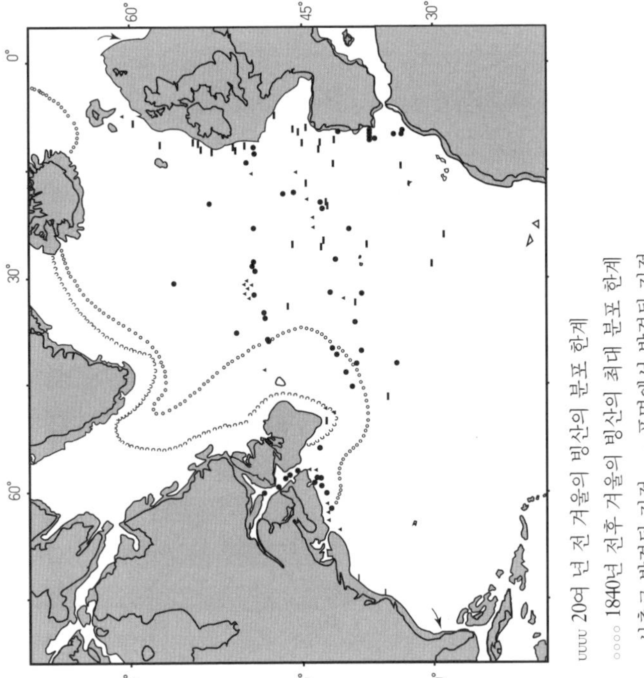

그림 9-3. 북대서양 해저에서 발견된 빙하 운반 물질의 분포

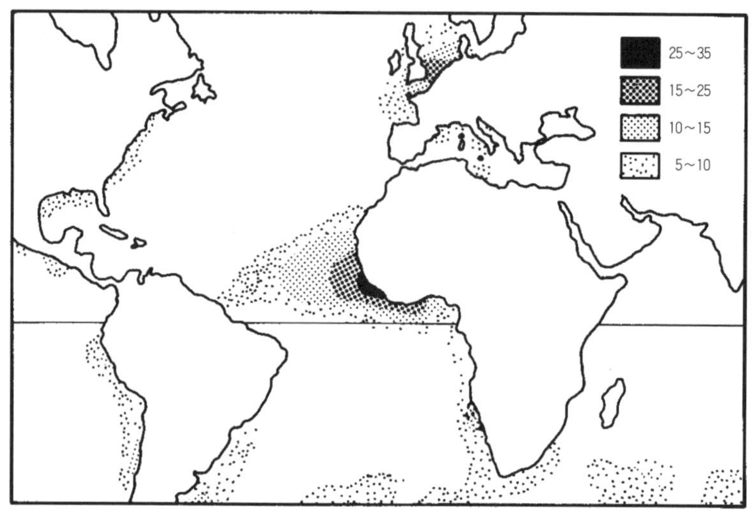

그림 9-4. 바람에 의하여 운반 퇴적된 해저 퇴적물의 상대적 함량(%)

그림 9-5. Aegean Sea 해저에 분포한 화산재(ash)의 범위

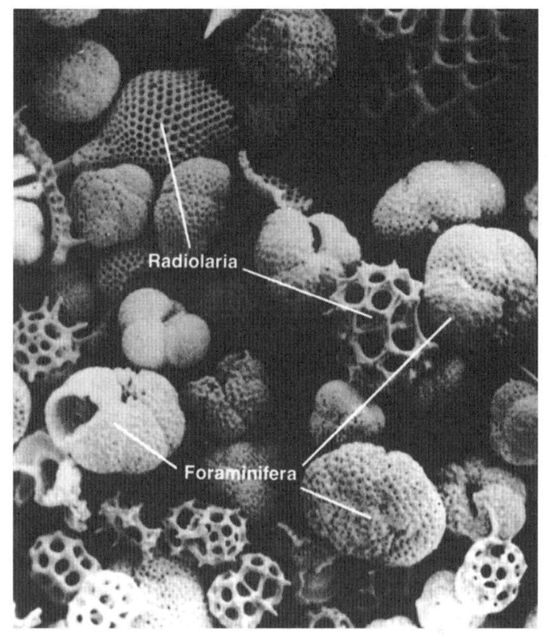

그림 9-6. 생물기원 퇴적물(심해 퇴적물인 유공충과 방산충 골격 입자)

물질로서 생물에 의해 생성된 퇴적물이다(그림 9-6). 궁극적으로 모든 해양에는 생물기원 퇴적물들이 공급된다고 볼 수 있다. 생물기원 쇄설 퇴적물은 대체로 석회질($CaCO_3$)이나 규산질(SiO_2)의 화학 성분이다. 어류 등의 척추동물의 뼈가 퇴적물로 공급되는 경우 인산염 성분의 퇴적물이며, 그 양은 매우 적다. 대부분의 경우 생물이 서식하던 해역에서 멀지 않은 해저에 퇴적되는 것이 보통이나 부유 생물의 퇴적물인 경우 상당한 거리를 이동하여 퇴적된다.

생물의 유해로서의 퇴적물은 그 광물이 주로 방해석(calcite)이나 아라고나이트(aragonite)이며 규산질 성분의 것도 있다. 생물 종에 따라 어떤 연체동물에서는 아라고나이트와 방해석이 교대적으로 골격을 이룬다. 절지동물, 극피동물 및 일부의 연체동물에서는 고 마그네슘(high Mg) 방해석으로 이루어진 탄산염 패각을 볼 수 있다. 한편 일부의 녹조류는 물리-화학적인 침전의 산물인 바늘 모양의 아라고나이트를 가진다.

생물기원 퇴적물의 함량이 30% 이상인 세립 퇴적물을 연니(ooze)라 한다. 연니는 생물기원 퇴적물의 공급이 많고 암석기원 퇴적물의 공급이 거의 없는 심해저에서만 생성될 수 있다. 미세한 생물기원 퇴적물이 침적 중에 또는 퇴적 직후에 용해되어 없어지지 않아야만 연니로서 보존된다. 석회질 성분이 우세한 경우에 석회질 연니(calcareous ooze)라고 하며, 그 대표적인 미생물은 유공충이다. 또한 규산질 성분이 우세한 경우에 규질 연니(siliceous ooze)라 하며, 이 연니는 규조류(diatoms), 방산충(radiolaria) 해면(sponge) 등으로 구성되어 있다. 일반적으로 해양 생물의 골격이나 껍데기는 석회질 성분이며, 대부분의 심해저의 퇴적물은 석회질 연니이다.

생물에 의한 탄산염 성분의 퇴적물은 산호초의 퇴적 환경에서도 쉽게 발견된다. 고해양학적인 연구의 대상이 될 수 있는 것으로서 여러 토픽이 있으나 예를 들어 고생대 초기(Ordovician)와 중생대 백악기의 석회질 생물에 의한 탄산염 침전의 결과인 층서와 퇴적 환경 기록은 매우 중요하다. 심해저에 침전된 탄산염은 거의 대부분이 생물기원이며, 천해에서 침전된 경우에는 생물기원의 탄산염 퇴적물과 물리 화학적으로 침전된 탄산염 퇴적물이 공존한다.

2-3. 자생기원 또는 화학적 침전 퇴적물

자생기원 또는 화학적 침전 퇴적물은 용존 상태로 존재하던 물질이 화학적 과정(processes)을 통하여 침전되거나 또는 기존의 물질이 해수와 반응하여 성분이 변화된 퇴적 물질을 말한다. 주로 육상의 호수와 해안 또는 천해역에서 증발에 의하여 형성되는 증발기원 광물과 대륙붕과 대륙 사면에서 형성되는 인회토, 황철석이나 침철석, 해록석, 그리고 심해저에서 형성되는 망간 단괴나 망간각 등이 자생기원 퇴적물에 속한다. 화학기원의 퇴적물을 수성기원 퇴적물(hydrogenous sediments)이라 하기도 한다.

(1) 무기적 탄산염

탄산염은 결정 구조와 화학 성분에 따라 아라고나이트(aragonite), 방해석(calcite) 및 돌로마이트(dolomite)로 구분될 수 있다. 정방정계(orthorhombic)에 속하는 아라고나이트는 자연 상태에서 불안정하여 방해석으로 치환된다. 방해석은 육방정계(hexagonal)에 속하는 광물인데, 칼슘의 일부가 속성 작용을 거쳐 마그네슘으로 치환된 것을 돌로마이트라 한다.

탄산염의 침전은 생물의 유해로부터의 직접 침전, 물리 · 화학적 침전 및 생물의 영향을 받은 간접적 침전 등의 과정을 통하여 발생한다. 탄산염의 침전은 해수의 수소이온 농도(pH)에 의해 좌우되며, 산을 가하면 탄산염은 용해된다. 또한 이산화탄소의 농도, 온도, 압력 등의 물리 · 화학적 환경에 따라 탄산염의 침전이 진행되거나 탄산염의 용해가 일어난다. 즉 해수 중에서 이산화탄소가 제거되면 탄산염이 침전된다. 온도가 상승하면 칼슘의 용해도가 감소하고 이산화탄소의 농도가 낮아져서 침전을 야기한다. 압력이 감소하면 탄산염의 용해도는 낮아지고 이산화탄소의 농도가 감소하여 침전이 촉진된다. 이 밖에도 해면 기압의 변화와 화산 폭발 등에 의해 이산화탄소 분압(partial pressure)이 변하면 탄산염의 침전이나 용해가 야기되기도 한다. 광합성에 의해 이산화탄소가 제거되므로 침전이 촉진되고 호흡에 의해 이산화탄소가 생산되면 침전이 억제된다. 증발이 활발하면 이온의 농도가 증가하여 침전이 촉진되며, 해수의 심한 요동(파랑 작용)이 있는 경우에는 이산화탄소가 대기중으로 배출되어 침전이 촉진된다. 때로는 박테리아의 활동에 의해 암모니아가 형성되어 수소이온 농도(pH)가 상승하여 침전이 촉진되기도 한다.

(2) 인회토

인회토는 1870년대 챌린저호의 탐사 항로 중에 아프리카 희망봉 남쪽의 아굴라스 뱅크에서 처음으로 발견되었다. 인회토를 구성하는 성분인 인(P)은 비료 및 다른 화학 약품의 원료로 사용되므로 경제적인 가치가 높으며, 주로 인회석〔apatite, $Ca_5(F^*Cl, OH)(PO_4)_3$〕이라는 광물에 포함되어 있다(그림 9-7).

인회토는 퇴적 속도가 느린 해역이나 해류의 흐름이 비교적 강한 곳에서 형성될 수 있어 해저의 급경사면, 뱅크나 해저 산맥의 정부(crest), 해저 협곡의 벽 또는 대륙붕의 주변에서 볼 수 있다.

용승, 해류의 이상, 대륙 주변부의 염분 변화와 생물의 떼죽음 등에 의해 생물의 사체가 해저에서 분해되어 인의 농도가 증가하면 암초 등의 표면에 침전되거나 기존의 인회토 단괴에 부착되어 형성된다. 후자의 경우에는 단괴내에 층상 구조를 형성한다. 인회토가 형성되기 위해서는 낮은 pH, 음의 Eh 등의 조건이 필요하다. 현재 캘리포니아 연안 해역에서 인회토가 형성되고 있는 것으로 알려져 있다.

(3) 망간 단괴

망간 단괴는 심해저에 단괴의 형태로 존재하는 자생 광물이며, 다금속(polymetalic) 퇴적물이다. 인회토와 함께 망간 단괴도 챌린저(H.M.S. Challenger)호의 탐사 항해 중 태평양 남동쪽에서 처음으로 발견되었다. 그 후로 심해저에 대한 탐사가 진행되면서 대부분의 대양 심해저에서 망간 단괴가 발견되는 것으로 규명되었는데 그 분포 면적이 심해저 평원의

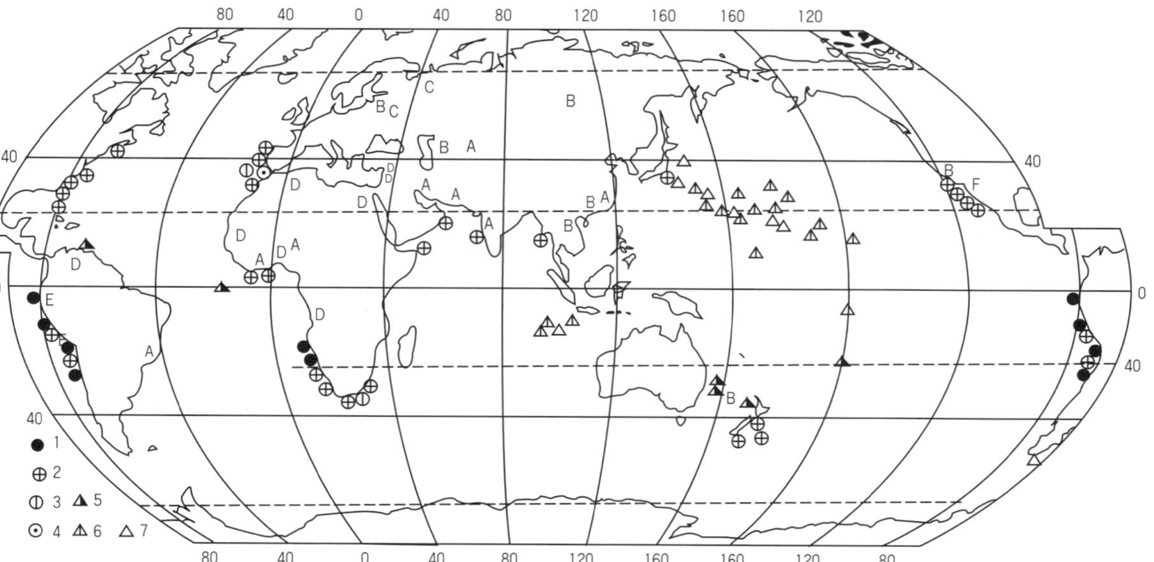

1. Holocene, 2. late Tertiary, 3. early Tertiary, 4. Cretaceous; *triangles* sea mount phosphorites, 5. late Tertiary, 6. early Tertiary, 7. Cretacee [G.N. Baturin, P.L. Bezrukov, 1979, Mar. Geol. 31: 317]. Continental phosphate ceposits: A. I combrium, B. Paleozoic, C. Jurassic to Lower Cretaceous, D. Senon to Eocene, E. Miocene to PI tocene [M. slansky, 1980. Mém. BRGM, France, 114]

그림 9-7. 인회토와 그 분포

그림 9-8. 망간 단괴(남서 태평양 5,292 m 심해저에 발달 · 분포한 모습)

25%에 이른다. 특히 태평양의 적도 주변에서는 100 kg/m^{2}의 높은 분포 밀도를 나타낸다(그림 9-8). 주로 퇴적 속도가 매우 느린 4,000 m 이상의 심해저에서 형성된다.

망간 단괴는 망간, 철 등의 금속 원소가 어떤 쇄설 물질의 핵을 중심으로 구형 또는 불규칙한 형태로 침적된 덩어리이며, 망간 단괴를 이루는 망간은 육지로부터 공급되는 것과 화산 활동이나 해저에서 광물의 분해에 의해 공급되는 것으로 알려져 있다. 이러한 망간이나 철은 해수 속에 콜로이드의 형태로 존재하거나 퇴적물 속의 공극수 중에 용존 상태로 존재하다가 농도가 증가하여 과포화 상태로 되면 산화 망간이나 산화철의 형태로 부착되어 단괴를 형성한다. 이 과정에 대해 정확한 경로는 알려져 있지 않지만 박테리아가 중요한 역할을 할 것이라는 주장도 있다. 망간 단괴의 성장은 대체로 10^{-6} mm/year의 매우 느린 속도로 진행된다. 한편 금속 원소들이 단괴를 이루지 않고 수평적으로 먼 거리를 이동하여 퇴적층에 침전되는 경우가 있는데 이를 망간각(manganese crust)이라 한다. 망간 단괴에는 산화 망간이 평균 30%, 산화철이 평균 20% 정도 포함되어 있으므로 잠재적인 경제적 가치가 크다. 현재까지 심해저 망간 단괴의 개발 · 생산 비용이 너무 많이 들어 경제적인 가치가 작지만 장래에는 채광 및 운반 기술의 발달로 생산 비용이 감소하고 육상 자원의 고갈로 가격이 상승하는 때에는 경제적으로 중요한 자원이 될 것으로 예상되고 있다. 망간 단괴는 망간과 철 이외에도 구리, 코발트, 니켈 등의 유용 금속을 높은 품위로 함유할수록 개발 가치를 갖는다.

2-4. 외계기원 퇴적물

외계에 기원을 둔 퇴적물이 매우 적은 양이지만 해양과 대륙에 집적된다(그림 9-9). 예를 들어 자성을 가지고 있는 니켈-철의 소구(spherules)

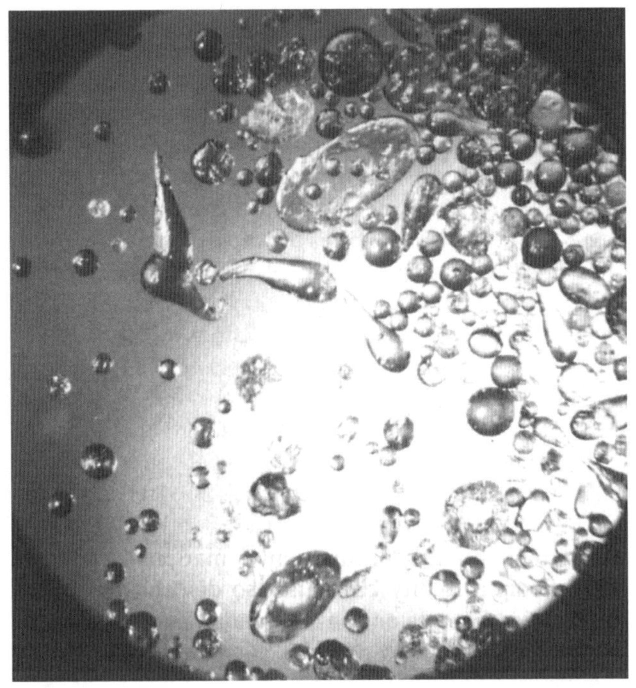

그림 9-9. 외계기원 텍타이트(tektite) 퇴적물(아프리카 Ivory 해역에서 채취된 것으로 입자는 0.2~0.8 mm의 장경을 나타냄)

가 태평양과 대서양 심해저에서 발견되는데, 이것은 외계기원 해양 퇴적물이다. 수천 톤에 달하는 많은 양의 운석 입자가 지구상에 공급되지만 대부분이 대기중에서 산화되어 버리고 지표면과 대양에는 매우 적은 양이 집적된다.

3. 퇴적물 입자에 의한 분류

퇴적물의 입자가 어떻게 운반되고 집적되는지를 자연 환경에서 관측

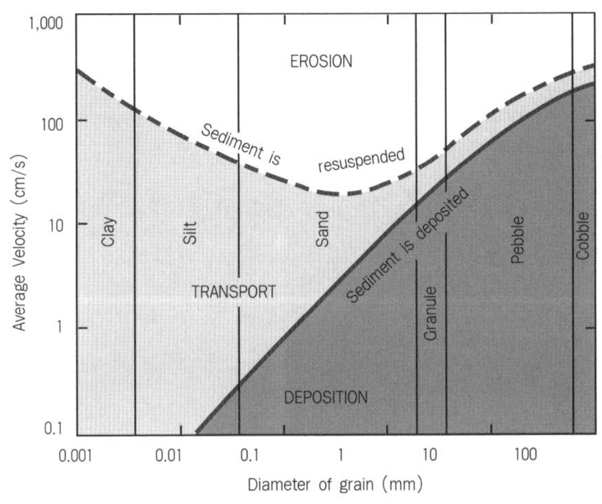

그림 9-10. Hjulstrom의 곡선

할 수 있으며, 실내 실험 장치에서도 수심, 유속 및 여러 조건을 변화시켜 가며 관찰·분석할 수 있다. Hjulstrom은 쇄설 입자의 운동 상태, 즉 침식, 운반 및 퇴적은 그림 9-10과 같이 유속에 의해 결정됨을 밝혔다. 즉 직경이 약 0.5 mm 이상인 경우 직경이 커질수록 침식이나 운반되는 데 더 큰 유속이 필요하다. 그러나 0.5 mm 이하의 세립질 입자의 경우 입자가 작다고 해서 더 낮은 유속에 의하여 침식되거나 운반되지 않는다.

입도는 퇴적물 입자의 크기를 지름의 숫자로 표현한 것이다. 이 때 작은 모래나 진흙에서의 1 mm는 중요한 차이를 갖으나 지름이 수십 cm에 이르는 자갈에서는 1 mm의 차이가 중요하지 않으므로 산술적인 단위인 mm는 입도를 나누는 구간으로 적당하지 않다. Udden(1898)은 입도를 나누는 구간을 4 mm, 2 mm, 1 mm, 0.5 mm, 0.25 mm, 0.125 mm와 같은 2의 거듭 제곱으로 할 것을 주장하였으며, Krumbein 등(1934)은 “$-\log_2$(직경mm)”를 ϕ(phi)로 정하여 이를 입도를 나누는 단위로 제안하였다. 이를 이용하면 입도를 −2, −1, 0, 1, 2 등의 간단한 정수로 나타낼 수 있다. 가장 많이 사용되는 Udden-Wentworth의 퇴적물 입도 분류를 산술적인 mm 단위와 Krumbein의 ϕ(phi) 단위를 이용하여 나타내면 표 9-2와 같다.

자갈과 같이 큰 입자는 눈금이 표시된 자를 이용하여 입자의 직경을 직접 측정하기도 하며, 세립질 모래와 실트 크기의 입자는 현미경이나 그 밖의 광학적 방법으로 입자의 크기를 측정 수 있다. 모래의 입자는 대체로 Udden-Wentworth의 퇴적물 입도 분류 기준과 일치하는 표준체

표 9-2. Udden-Wentworth의 퇴적물 입도 분류

구 분		Phi 단위 = $-\log_2$(직경 mm)	산술적 mm 단위
보울더(boulder)		〉 −8	〉 256 mm
왕자갈(cobble)		−8~−6	256~128 mm
잔자갈(Pebble)		−6~−2	256~128 mm
왕모래(granule)		−2~−1	4~2 mm
모래 (sand)	극조립	−1~0	2~1 mm
	조 립	0~1	1~0.5 mm
	중 립	1~2	0.5~0.25 mm
	세 립	2~3	0.25~0.125 mm
	극세립	3~4	0.125~0.062 mm
실트 (silt)	극조립	4~5	0.062~0.031 mm
	조 립	5~6	0.031~0.016 mm
	세 립	6~7	0.016~0.008 mm
	극세립	7~8	0.008~0.004 mm
점토 (clay)	극조립	8~9	0.004~0.002 mm
	조 립	9~10	0.002~0.001 mm
	세 립	10~11	0.001~0.0005 mm
	극세립	11~12	0.0005~0.00025 mm

(standard sieve)를 이용하여 분석한다. 여러 개의 체를 차례로 쌓아 놓고 진동시켜 분석에 필요한 시간을 줄일 수 있다.

퇴적 입자가 수중에서 침강하는 속도를 측정함으로써 입도를 계산하는 방법은 주로 실트와 점토의 입도를 분석하는 데 이용된다. 퇴적 입자의 침강 속도는 다음과 같은 Stokes의 법칙에 의해 결정된다.

$$V = CD^2$$

C는 g(ds-df)/18 μg, D는 입자의 직경을 뜻하며 ds는 입자의 밀도로 약 2.65 g/cm^{3}이고, df는 증류수의 밀도, g는 중력 가속도인 980 cm/sec^2, μ는 증류수의 점성 계수를 나타낸다. 퇴적물의 침강 속도를 측정하면 퇴적물의 표 10-2 Udden-Wentworth의 퇴적물 입도 분류 입도가 계산된다. 이런 원리로 퇴적물의 크기를 측정하는 데는 피펫법(pippeting method)이 흔히 이용되며, 광학적인 방법이나 침전 저울(sedimentation balance), 침전관(settling tube) 또는 시간에 따라 바닥에 쌓이는 높이를 측정하는 에머리관(Emery tube), 시간에 따른 비중의 변화를 측정하는 비중계를 이용하기도 한다.

4. 퇴적물의 조직

특정한 수력학적 환경에서 어떤 퇴적물 입자가 침식 또는 운반, 퇴적될 수 있느냐 하는 것은 그 입자의 크기와 모양 등에 의해 결정된다. 따라서 퇴적물의 조직(texture)을 분석하면 운반 과정이나 집적 과정을 해석할 수 있다. 퇴적물 조직은 입자의 크기를 나타내는 '입도(grain size)'와 입자의 모양을 나타내는 '형태(grain shape)' 및 입자들의 '집합 성질(mass properties)' 을 의미한다.

4-1. 퇴적물의 입도

퇴적물의 입도 조직 성질(textural property)은 평균 입도(mean size), 분급(sorting), 왜도(skewness) 및 첨도(kurtosis) 등의 통계적 조직 변수로 설명된다. 평균 입도는 입자 크기의 대표값으로 퇴적 당시의 수력학적 환경을 반영하며 분급은 입자 크기의 산포도를 나타내는 값으로 퇴적물의 입자가 어느 정도 균일한 것인가를 나타낸다. 평균 입도를 단위로 나타내는 경우에 그 값이 양(+)의 값을 가지면 퇴적물이 대체로 세립인 것을 의미하며, 음(−)의 값은 조립 입자로 구성되었음을 뜻한다. 왜도와 첨도는 각각 입도 분포가 세립으로 치우쳐 있는지 또는 조립으로 치우쳐 있는지와 분포 곡선의 뾰족한 정도를 나타낸다. 이러한 조직 변수의 pair diagram을 작성하여 동력 퇴적상을 분석하면 퇴적물 mass가 나타내는 퇴적 과정을 이해할 수 있다. 이 밖에도 어느 입도 구간의 퇴적물이 가장 많이 포함되어 있는지를 나타내는 최빈 입도(mode)도 흔히 사용된다. 한편 입도 분포가 쌍봉 분포(bimodal distribution)를 보이는 경우는 서로 다른 두 가지 운반 기작이 작용한 증거로 설명되기도 한다.

4-2. 퇴적물의 형태

기존의 암석이 풍화 작용을 받음으로써 쪼개질 때에는 암석의 종류와 암석 조직 또는 풍화 작용의 종류 등에 의하여 구형이나 원반형, 또는 침상으로 입자의 다양한 형태(shape)가 결정된다. 그러나 퇴적물은 침식 작용과 운반 작용을 받으면서 마모되어 입자의 형태는 변하므로 구형도(sphericity)와 원마도(roundness)의 조직 변수로 그 형태를 분류하고 설명할 수 있다.

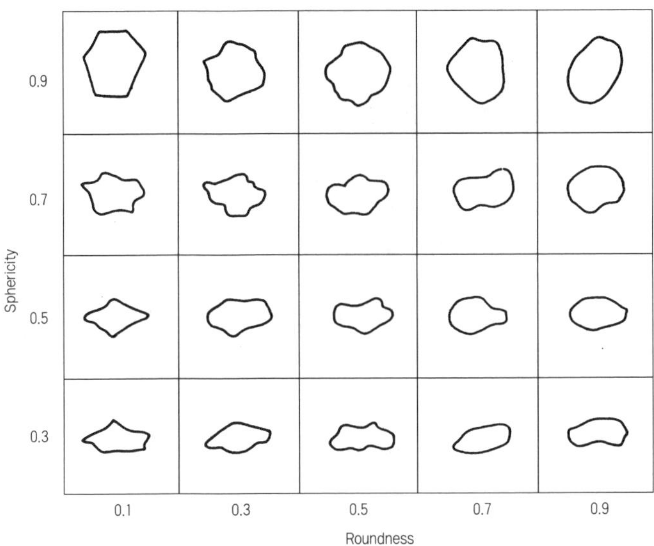

그림 9-11. 구형도와 원마도의 지표

구형도는 입자의 형태가 구(sphere)에 가까운 정도를 나타내는 조직 변수로 어떤 입자에서 장축, 중간축 및 단축의 길이의 비율로부터 계산될 수 있으며, 그림 9-11과 같이 지표가 되는 입자와 비교해서 결정할 수도 있다. 원마도는 입자 가장자리의 날카로운 정도나 표면의 곡률을 나타내는 조직 변수이다. 입자의 단면을 확대해서 관찰할 수 있는 경우에는 가장자리의 곡률 반경과 입자의 평균 반경의 비로 계산되는 원마율, 원마 지수 등이 사용된다. 이보다 간편한 방법은 원마도가 서로 다른 지표 입자(index particle)들과 비교하여 결정하는 것이다(그림 9-11). 원마도는 풍화 과정이나 운반 과정을 겪은 동안에 입자의 뾰족한 모서리가 어느 정도로 둥글게 마모되었는지를 나타내므로 논리적으로 운반 거리가 길고 마찰이 많을수록 원마도는 증가한다.

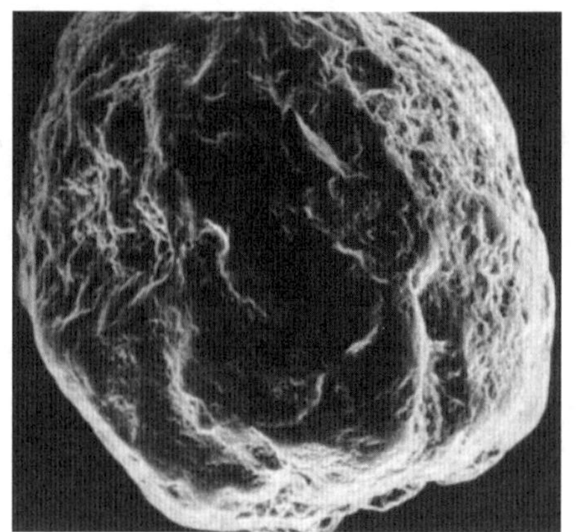

a. 바람에 의한 운반과 관련된 표면 조직

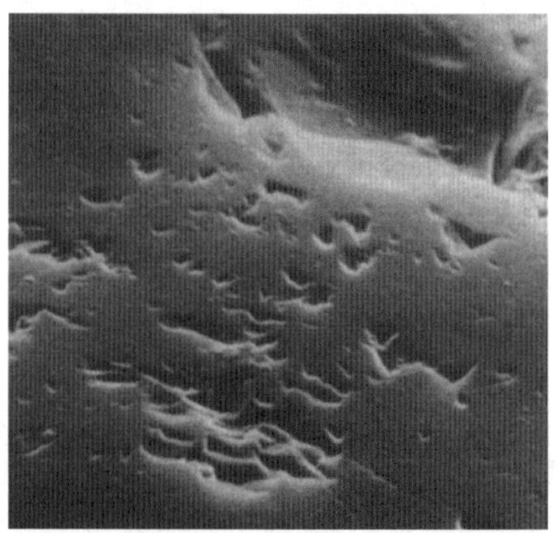

b. 해빈(beach) 환경의 파쇄대(breaking wave zone)와 기파대(surf)에서 생기는 표면 조직

그림 9-12. 석영 입자의 표면 조직

표면 조직(surface texture)은 퇴적 입자의 표면에 나타난 여러 가지 모양의 흠집(흔적)을 의미하는 것으로 빙하, 해류, 바람 및 파랑의 작용에 의하여 모래(석영, 장석 등의 입자) 입자가 서로 충돌하거나 부딪친 동력 작용의 결과이다(그림 9-12). 주로 석영(quartz) 모래 입자를 대상으로 하며 주사전자현미경(SEM)을 사용하여 표면 조직을 관찰할 수 있다. 퇴적 입자의 기원이나 운반 과정 또는 운반 매체(빙하, 해류 또는 바람) 등을 추정하는 데 이러한 표면 조직은 중요한 퇴적학적 요소이다.

4-3. 퇴적물의 집합 성질

어떤 형태와 크기를 가진 입자들이 집적되어 이루어진 퇴적층은 구성 입자의 조직 성질 이외에 집합 성질(mass property)을 갖게 된다. 이러한 mass property의 성질에는 퇴적 입자들이 어떤 규칙성이나 상호 관계를 가지고 나타내는 입자들의 배열(fabric), 공극률(porosity) 및 투수성(permeability) 등이 중요한 것이다.

입자들의 배열은 우세한 방향성(orientation), 짜임(packing), 입자들의 접촉(grain-to-grain contact) 등을 의미하며, 특히 입자의 짜임은 입자들 사이 사이의 빈 공간인 공극(pore)의 체적량을 결정하는 중요한 성질이다. 그림 9-13a와 같이 짜임이 가장 불안정한 형태인 정육면체 짜임(cubic packing)인 경우에는 공극은 전체 부피의 47.6%를 차지하지만 가장 안정한 형태인 마름모꼴 짜임(rhombic packing)에서는 공극률이 25.9%로 감소된다. 또한 분급이 불량한 퇴적층에서는 큰 입자들 사이의 빈 공간을 작은 입자들이 메우기 때문에 공극률은 낮은 값을 나타낸다. 투수성은 입자의 크기, 분급도 및 짜임 등의 조직 특성에 의해 결정된다. 예컨대 모래에 물을 부으면 곧 스며들어 빠져 나가지만 진흙층의 경우 물은 쉽게 빠져 나가지 못한다.

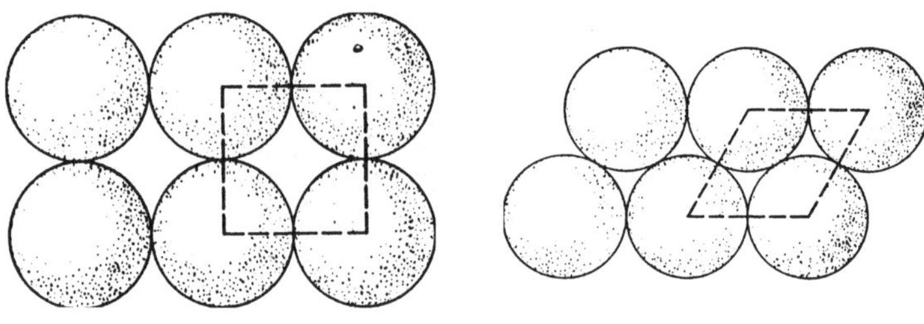

a. 정육면체 짜임　　　　　　　　b. 마름모꼴 짜임

그림 9-13. 정육면체 짜임과 마름모꼴 짜임(fabric)

공극은 자연 상태에서 물 또는 공기로 채워지지만 저류암으로서의 퇴적층의 공극은 석유나 천연 가스로 채워지는 경우가 있다. 또한 대수층의 공극은 지하수의 보관 창고의 역할을 한다. 투수율이 낮은 퇴적층은 석유나 천연 가스가 흩어져 버리는 것을 방지하는 역할을 할 수 있으므로 투수성과 공극률은 석유나 천연 가스의 자원 부존 가능성을 판단하는데 중요한 성질이다.

5. 점토 광물

석영이나 장석과 같은 주요 조암 광물(rock forming minerals)들이 물리적인 풍화에 의해 잘게 쪼개지면 대체로 실트 정도의 크기까지 작아지기는 하지만 보다 작은 점토(clay)의 크기까지 작아지는 것은 드문 경우이고 대체로 화학적 풍화 작용에 의하여 점토 광물 입자들이 생성된다. 점토 크기의 퇴적물들은 수화 알루미노규산염(hydrous aluminosilicates)으로 판상 또는 층상의 구조를 가지는 것이 많은데 이런 광물들을 점토 광물(clay minerals)이라 한다(그림 9-14). 점토 광물은 규산염(silicate)의 단위들이 판상으로 배열된 판상규산염(phyllosilicates) 군에 속하며, 규산염층(silicate layers)의 표면에는 교환 가능한 양이온(exchangeable cations, 주로

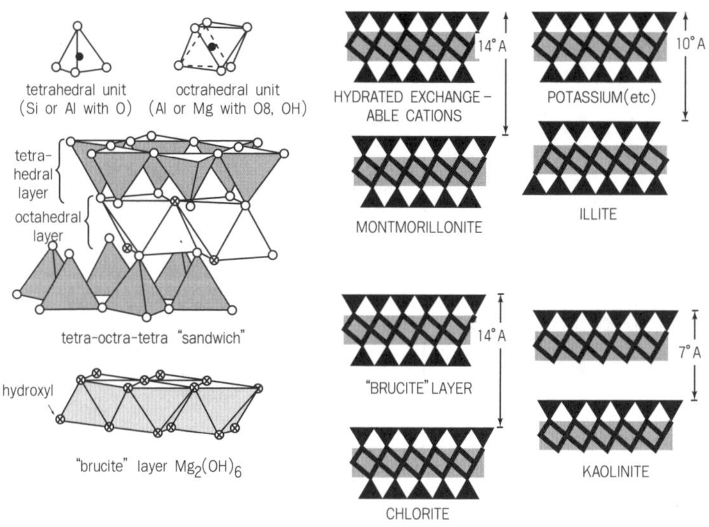

그림 9-14. 점토 광물의 층상 구조

칼슘, 나트륨, 때로는 칼륨, 마그네슘 또는 알루미늄)이 있다. 점토 광물은 장석, 휘석 및 각섬석 등의 규산염 광물의 변질(alteration) 또는 화학적 풍화에 의해 형성되며 일부는 화산 분출에 의해 해양으로 직접 공급된다. 석영을 제외한 거의 모든 광물은 풍화되어 점토 광물을 형성하며 세립질 퇴적암과 퇴적물의 약 25%가 점토 광물로 이루어져 있다.

풍화와 풍화 후의 결과로 형성되는 점토 광물 상호간의 관계는 대체로 명확하게 알려져 있다. 정장석과 같이 칼륨을 많이 포함한 광물들은 일라이트 등의 칼륨질 점토 광물로 풍화되며, 사장석, 각섬석 및 휘석과 같이 나트륨이나 칼슘을 많이 포함한 광물들이 풍화되면 몬모릴로나이트와 같이 나트륨이나 칼슘이 함유된 점토 광물이 만들어진다. 그러나 풍화에 의해 형성된 점토 광물이 어떻게 변화하느냐는 문제는 좀더 복잡하다. 이러한 2차적인 변화에는 지하수에 의한 영향이나 기후에 의한 영향 등이 중요하므로 퇴적층내의 점토 광물에 대한 연구는 퇴적물의 기원이나

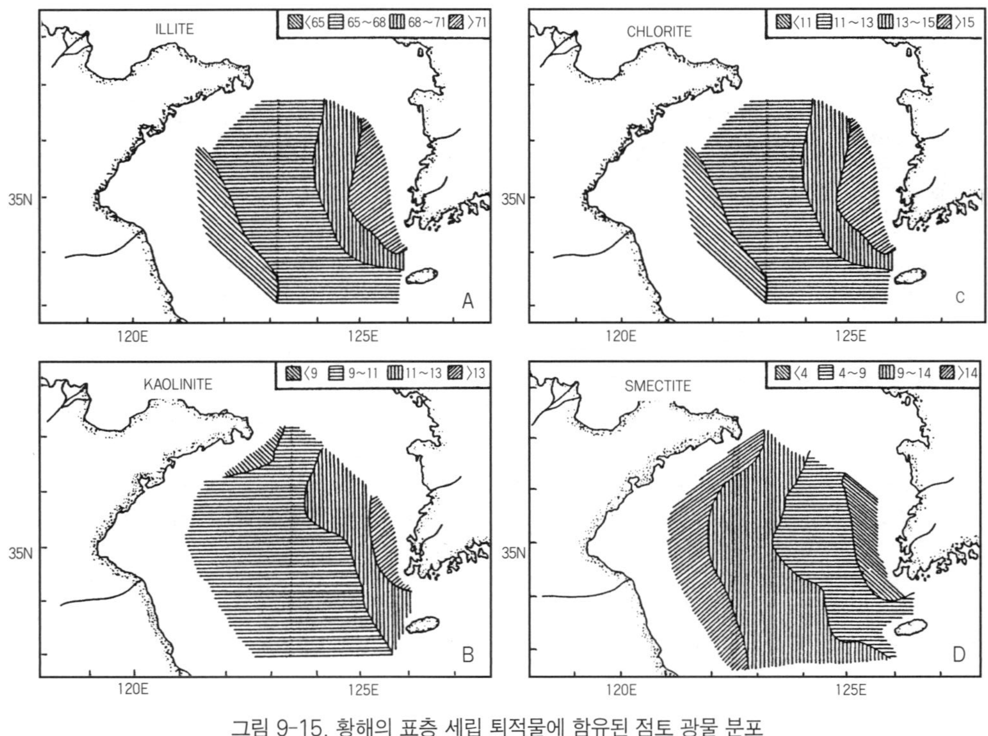

그림 9-15. 황해의 표층 세립 퇴적물에 함유된 점토 광물 분포

기후 등에 대한 정보를 제공할 수 있다.

황해 대륙붕 해저 표층 퇴적물에 포함되어 있는 점토 광물(illite, kaolinite, chlorite 및 smectite)의 기원과 분포에 관한 연구가 지난 10여 년간 한국과 중국의 학자들에 의해서 수행되었으며, 이중 우리 나라의 연구팀(서울대학교 해양학과)에 의하여 수행된 연구 결과를 요약하면 다음과 같다. 그림 9-15와 같이 황해 동부의 해저(한반도 서해 연근해저)에는 68~71% 이상의 illite 함량을 가진 세립 퇴적물이 분포하며 서부의 해저(중국 Jangsu 연근해저)에는 64% 이하의 illite 함량을 가진 세립 퇴적물이 분포한다. Kaolinit의 함량과 그 분포 패턴은 그림 10-15에 제시된 바와 같은데, 황해 동부 해저가 서부 해저의 세립 퇴적물보다 더 많은 kaolinite를 함유한다. Chlorite의 함량과 분포 패턴은 kaolinite의 경우와 같이 황해 동부 해저의 세립질 퇴적물에 더 많은 chlorite가 함유되어 있다. Smectite를 14% 이상 함유하는 세립질 퇴적물은 황해 서부(중국 쪽 연근해저) 해저에 분포하고, 황해 동부(한반도 쪽 연근해저) 해저에는 4% 이하의 smectite를 함유하는 세립질 퇴적물이 분포한다. 그림 9-15의 내용을 자세히 분석하면, 위에 설명된 네 종류의 점토 광물 함량과 분포가 각각 중요한 의미(기원과 운반 방향성)를 암시한다는 사실을 이해할 수 있다.

6. 심해 퇴적물

육상에 노출된 암석이 풍화 작용을 받음으로써 생성된 퇴적물은 주로 하천과 강에 의하여 바다로 유입되는바, 강 하구로서의 연근해역에서 염분이 높은 해수와 접촉되는 점토 부유 퇴적물은 서로 응집되어 빠른 속도로 퇴적되는 경향이 지배적이다. 강과 하천을 통하여 해양으로 공급된 퇴적물은 파랑 작용과 연안 작용의 해수 순환에 의해 먼 바다 방향으로 이동되고 퇴적된다. 해양에 퇴적되는 모든 종류의 육성기원 퇴적물 중 약 75% 이상이 대륙붕(shelf), 대륙 사면(slope) 및 대륙대(rise) 등의 대륙 주변부에(continental margin) 퇴적된다. 따라서 해양 전체 면적의 80% 이상을 차지하는 심해저에는 25% 정도의 육성기원 퇴적물이 퇴적된다. 심해에서의 퇴적 속도는 수 mm 내지 1 cm/1000년 정도에 불과하다.

대륙으로부터 유입되는 퇴적물이 대부분 대륙붕에 퇴적되며 일부만이 저탁류에 의해 심해저까지 운반되어 퇴적되는바, 이와 같이 대륙붕으로부터 심해저(약 수천 m)까지 운반된 퇴적물은 근원적으로 육성기원 퇴적물(terrigenous sediments)이다. 이와는 대조적으로 생물의 유해가 우세한 유기적 퇴적물과 바람에 의하여 운반된 풍성기원 세립질 퇴적물 등이

천해저의 쇄설성 퇴적층

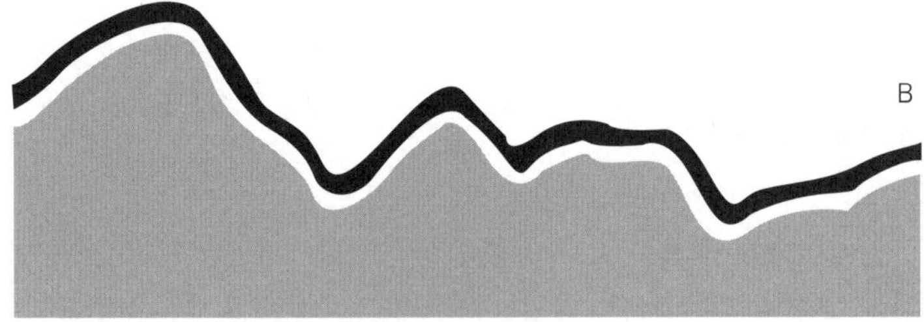

심해저의 원양성 퇴적층

그림 9-16. 천해 퇴적 분지와 심해저 분지에 퇴적된 퇴적층의 기하학적 모습(geometry)의 차이(A: 천해 퇴적 분지, B: 심해저 분지)

수천 m의 심해저 분지에 퇴적되는 경우 이것을 원양성 퇴적물(pelagic sediments)이라 한다. 이러한 원양성 퇴적층은 심해저의 지형 기복면에 평행하게(그림 9-16B) 일정한 두께로 퇴적된다. 대륙붕과 같은 천해저에 퇴적되는 육성기원 퇴적층의 기하학적 모습(geometry)과 심해저 분지에 퇴적되는 퇴적층(원양성 퇴적물)의 기하학적 모습의 차이를 그림으로 표시하면 그림 9-16과 같다.

대양저 심해 점토(abyssal clay)는 약 1 mm/1000년의 퇴적 속도로 심해 대양저에 퇴적된다. 이러한 점토 퇴적물은 필립사이트(phillipsite)나 산화철(oxidized iron)에 의해 붉은 갈색(red-brown)의 색깔을 보인다. 점토 퇴적물은 바람에 의해서 대양에 운반된 후 심해로 매우 느리게 침강되며, 광물 성분은 필립사이트와 스멕타이트(smectite)가 대부분이다. 원양성 퇴적물의 대부분이 생물기원 퇴적물이라 한다면 유공충 연니, 규조 연니, 방산충 연니(ooze) 등이 이러한 생물기원 퇴적물의 중요 종류이다.

10

연안 환경

Coastal Environments

연안 환경은 담수의 유입과 퇴적물의 공급과 같은 육지로부터의 영향과 조석과 파랑 및 해류 등 바다로부터의 영향 모두가 공통적으로 우세하며 상호적인 반응이 공존하는 환경이다.

연안 환경에 영향을 미치는 주요 요인은 강, 파랑 및 조석 등 크게 세 가지로 볼 수 있다. 일차적으로 이들의 상대적인 영향력 함수 관계에 의해 연안 환경의 중요 성질이 결정되지만 이 밖에도 여러 가지의 지역적인 환경 요소에 의해 연안 환경은 복잡하다. 일반적으로 연안 환경은 염분, 수온 및 해류 체계에 있어 먼 바다(open sea)와는 다소 다른 환경이다. 연안 환경의 염분은 일반적으로 먼 바다보다 낮은바, 이는 주로 육지로부터 공급되는 담수에 의하여 해수가 희석되기 때문이다. 그러나 탁월풍이 우세한 경우에 해수의 증발이 심하여 염분이 오히려 증가하는 경우도 있다. 기복이 심한 산맥에 인접한 해안의 경우에서 넓고 평탄한 평원에 인접한 해안에 이르기까지 연안 지형적 다양성, 지구조적 환경, 침식 지형의 다양성 및 기후와 위도의 차이 등은 연안 해역에 복잡하게 영향을 미치며, 매우 다양한 연안 환경이 형성된다. 생태적으로는 육상 환경과 해양 환경의 중간적인 혼합적 특징을 갖는 혼합대(mixed zone), 즉 혼합 환경이므로 육상 생물과 해양 생물이 공존하기도 한다.

1. 조상대

해안선(shoreline)의 위치는 조석의 영향을 크게 받는 연안에서는 일정한 범위내에서 변한다. 조석(tide)에 의하여 해수면은 일정한 주기에 따라 상승(밀물), 하강(썰물)하는 것이며, 그 주기는 12시간 또는 24시간 이상으로 다양하다. 평균 만조(MHWL)와 평균 간조(MLWL)의 사이의 연안 환경이 조간대(intertidal zone)이다. 그런데 평균 만조선에서 육지 방향의 해안이 조상대(supratidal zone)이며, 평균 간조선에서 바다 쪽으로의 해저와 조류로(tidal channel) 부분이 조하대(subtidal zone)이다. 그림 10-1에서와 같이 평균 만조선 수위의 육지 방향 부분이 조상대이며, 이 곳의 환경은 주로 대조기(음력 매월 보름과 초순)에 따른 창조류 침입과 겨울의 빈번한 폭풍(storm surge) 발생에 따른 해수 침입에 의하여 지배되는 특수한 퇴적 작용이 우세한 환경이다. 즉 이 곳은 폭풍이나 대조기(spring tide)의 만조 때에만 해수의 영향을 받아 스프레이 존(splay zone)이라고도 한다. 조상대의 폭은 수십 m 정도로 좁게 발달하기도 하지만 해안 평야의 경사가 완만한 경우에는 1~2 km 이상으로 넓은 폭으로 발달하기도 한다.

조상대의 퇴적물은 세립질 퇴적물이며, 사구(sand dune)와 같은 풍성 퇴적물의 영향을 크게 받기도 한다. 비정기적으로 조상대에 공급된 해수가 쉽게 배수되지 않고 증발되는 경우에는 고체 상태의 염, 즉 소금을 남겨 고환경 기록에서 해수의 존재를 알려 주는 단서가 되기도 한다. 조간

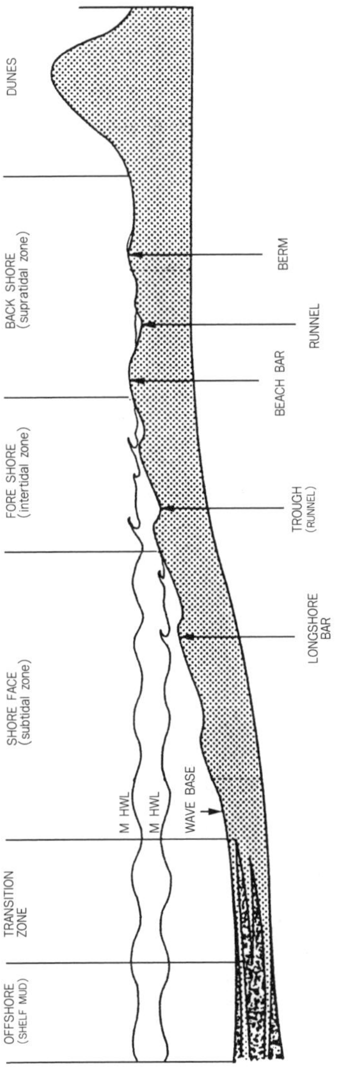

그림 10-1. 조상대, 조간대 및 조하대를 나타내는 조수 환경의 연안 지형

대의 퇴적물이 모래(sand)인 조간대 해빈(예: 천리포 또는 만리포 등의 조간대)인 경우, 평균 만조선 상위의 조상대 퇴적 환경은 해안 습지 환경이 아닌 해안 사구(coastal dune) 환경이다. 조상대의 퇴적 물질은 바다로부터의 기원 물질, 육지기원적 물질 또는 해안 노두의 침식 물질 등 비교적 복합적 기원의 쇄설 물질과 조상대 습지적 유기 물질로 분류된다. 조상대의 퇴적층은 전체적으로 세립질(실트와 점토 입자)의 쇄설 물질로 구성되나 폭풍 파랑의 동력적 퇴적 작용 발생에 의한 조립질(모래 입자) 퇴적물의 유입과 집적은 모래층의 협재를 이루게 한다. 따라서 퇴적 구조는 저생식물과 저생동물의 영향에 따른 생흔 구조(bioturbation)와 일차적 물리 퇴적 구조(primary structure)로 구분되는바 전자의 구조가 후자의 구조보다 우세한 경우가 조상대 퇴적층의 퇴적 구조 해석으로 요약된다. 즉 생흔 구조가 우세한 것으로 관찰되는 것이 보통이다. 조상대 퇴적층의 생흔 구조는 크게 두 가지인바, ① 식물 뿌리의 서식 영향과 식물 잎(반염수 식물)의 영향에 따른 생흔 구조와 ② 저생동물(게와 지렁이)

그림 10-2. 저위도 해안에 발달한 Mangroove 습지

의 생흔 구조이다. 물리적 퇴적 구조로는 세립 물질의 침전 · 퇴적에 따른 엽리(lamination) 층리 구조와 폭풍 파랑의 동력적 영향에 따른 조립 물질의 집적 구조로서의 판상층리와 렌즈형 괴상층리 구조이다. 지형이 완만한 경우에는 조상대에서 조간대에 이르는 지역에 식물이 조밀하게 서식하는 염수 습지(salt marsh)가 형성되기도 한다. 특히 북반구와 남반구의 30° 이내의 저위도 해역(열대와 아열대)에서는 염수 습지에 홍수림 종류가 우세하여 독특한 홍수림 습지(mangroove swamp)를 이룬다(그림 10-2). 특히 염하구에 염수 습지가 발달하는 경우에 생산성이 매우 높은 환경을 형성한다. 염수 습지의 식물들이 퇴적되어 토탄층(peat)을 이루기도 한다. 과거 지질 시대의 퇴적층에서 발견되는 해수 증발의 흔적이나 토탄층(peat layer)은 과거의 조상대 환경을 규명하는 데 중요한 단서가 되기도 한다.

조간대의 경우와 같이(반일주조: semidiurnal tide) 해수 침입이 하루에 두 번 있는 것이 아니라, 약 14일간의 간격으로 대조(spring tide) 때에만 해수 침입이 있는 조상대(supratidal zone)는 실제로 담수와 해수의 혼합인 반염수(brackish water)에 의하여 지배되는 식물이 우세하다. 이들 식물은 염수 식물인 Zostera, 반담수 식물인 Spartina 및 담수 식물인 Juncus 등이며, 해안 지형의 조건에 따라 매우 넓고 낮은 지면의 습지(marsh)를 이루는 것이 보통이다. 그림 10-3은 조상대의 반염수 식물인 Spartina alterniflora가 빽빽하게 서식하고 있는 모습을 제시한다. 우리 나라의 경우, 전형적인 조상대 환경은 서해 전반의 해안에 매우 광대한 면적으로 발달하였으나 해안 지형적 저지(topographic low area)의 입지 조건 때문에 1912년 또는 그 이전부터 시작된 해안 간척과 해안 매립 공사에 의하여 크게 파괴되었다. 따라서 현재의 서해와 남해에서 전형적 조상대 환경이 관찰되지 않는 것이다. 그러나 서해 동진강-만경강의 하구 해안에 발달한 조상대와 남해안 섬진강의 하구 해안에 발달한 조상대 등은 관찰

그림 10-3. 조상대의 염수 습지와 염수 식물인 Spartina sp.

과 연구의 대상이 된다. 미국의 경우 조지아 주, 플로리다 주 및 캘리포니아 주 등의 해안에 발달한 조상대는 아열대와 온대의 기후 지배와 지형의 영향에 의하여 매우 다양한 해안 습지적 특징을 나타낸다.

2. 조간대

밀물과 썰물의 주기적인 상승 · 하강 운동에 의하여 침수와 노출이 반복되는 평균 만조와 평균 간조 사이의 해역을 조간대(intertidal zone)라 한다. 주로 이토 조간대(mud flat), 해빈(beach) 조간대 및 조류 세곡(gully) 등이 조간대의 subenvironment이다. 조위(tide level)의 변화에 따른 노출 때의 고온 증발, 담수의 유입에 따른 저염분, 간헐적인 강한 파랑 에너지 등의 환경 조건에 의하여 조간대 환경은 크게 영향을 받는다. 따라서 조간대에서는 특별하게 적응할 수 있는 생물만이 서식할 수 있다. 이러한 환경에 적응한 조간대 상부(upper intertidal zone)의 식물 번성은 조상대에서와 같은 염수 습지의 형성을 가능케 한다. 조간대는 선박을 이용하지 않고 쉽게 접근할 수 있고, 어패류의 채취와 양식이 어렵지 않으므로 수산업에 있어 매우 중요한 환경이다.

2-1. 이토(mud) 조간대

조간대 환경(intertidal envirionment)은 평균 만조 수위와 평균 간조 수위 사이의 해저이며, 공간적 폭은 해안의 지형 구배에 따라 다르다. 그림 10-4A의 내용과 같이 해안 절벽 지형을 예로 한다면 이 경우 조간대의 폭은 만조 수위와 간조 수위 평균조차 그 자체이며, 그림 10-4B와 같은 경우의 조간대 해저 지형은 절벽이 아니고 낮은 구배의 지형인바, 그림 10-4A와 똑같은 조차 조건에서 상대적으로 넓은 폭(서해 남양만의 조간대 폭은 수천 미터에 달함)의 조간대를 나타낸다. 따라서 경사가 완만한 경우 조간대는 수십 m의 폭(width)을 갖기도 하고, 10 km 이상으로 넓게 발달하기도 한다. 미국의 펀디 만, 독일의 북해 연안, 그리고 황해의 연안에서 넓게 발달한 조간대를 볼 수 있다. 우리 나라 서해안과 남해안의 조간대 면적은 28만 1,540헥타르(약 8억 4천만 평)에 달하며, 전국토 면적의 2.8%이다. 이중 83%의 조간대 면적이 서해안에 집중되어 있다. 이러한 광대한 면적의 조간대는 해저 해양학적으로 충분히 조사되지 않은 실정이다. 그런데 서해안과 남해안의 퇴적 분지로서의 조간대 해저는 매우 중요한 층서와 진화 과정의 기록을 가지고 있음이 밝혀지고 있다.

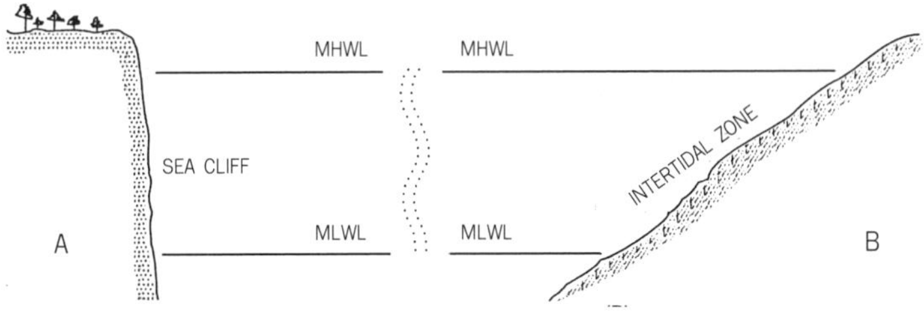

그림 10-4. 조간대의 범위(A: 절벽의 수직적 범위의 조간대, B: 완만한 경사에 따른 넓은 범위의 조간대; 주의: A와 B의 경우 조차는 같음)

조간대에서 가장 우세한 동력 작용은 조석에 의한 밀물과 썰물의 퇴적 작용 또는 침식 작용이다. 간조에는 조간대의 바다 쪽, 즉 간조선 하부 쪽만이 해수에 잠겨 있지만 만조가 되면 조간대의 대부분이 해수에 의해 잠기게 된다. 썰물이 쓸기 시작하면 해수는 낮은 지형을 따라 배수되면서 골을 만든다. 해수에 잠겨 있는 시간이 비교적 오랫동안 지속되는 간조선 주변에서 파랑은 큰 영향을 미친다.

조간대를 구성하는 퇴적물은 주로 밀물과 썰물에 의하여 운반 · 퇴적되는 세립 입자의 물질이다. 그 기원은 대체로 바다 쪽이다. 퇴적물 입자의 크기는 주로 세립이지만 모래의 입자도 우세한 경우가 있다. 일반적으로 간조선 부근의 퇴적물 입자는 만조선 부근에 비하여 조립질의 퇴적물이다. 밀물과 썰물에 의해 형성되는 연흔(ripple), 세곡 흔적(rill mark) 등과 건열(mud crack), 우흔(raindrop imprint), 청어뼈사층리(herringbone crossbedding), 접시(flaser)형 또는 렌즈(lens)형 층리, 순환적 리듬엽리층(cyclic rhythmite) 등의 퇴적 구조가 흔히 관찰된다(그림 10-5). 조간대의 소퇴적 환경(subenvironment)은 조류로(tidal channel), 만조선 부근의 상부 조간대(high flat), 간조선 부근의 하부 조간대(low flat) 및 중간 조간대(middle flat)의 소환경(subenvironment)으로 구분되며, 각각의 조간대 소환경은 조류의 동력적 거동과 쇄설 물질 운반 · 퇴적 또는 생물 분포 등의 환경 요소에 의하여 지배되고 상대적인 차이와 특성을 나타낸다.

상부 조간대에서 실트와 점토의 세립 입자 쇄설 퇴적물이 우세하게 집적되는 현상은 물리적 퇴적 과정(physical process)에 따른 다음과 같은 지형 물리적 요인에 의한 것이다. ① 간조선으로부터 만조선으로서의 지형과 수로의 깊이는 점점 얕아진다. ② 주조류로(main tidal channel)의 폭이 만조선으로의 조류 세곡(tidal gully)에 이르기까지 점점 더 감소한다. ③ 간조선에서 만조선으로 이동하는 조수 수괴의 조류 유속 최대값과 평균 유속이 점점 더 감소한다. ④ 간조선에서 만조선으로 접근할수록 조류에

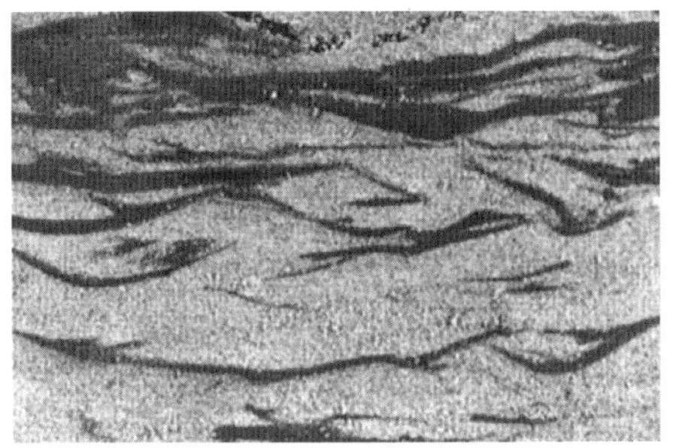

a. 접시(flaser)형 층리

b. 청어뼈사층리

c. 순환적 리듬엽리층

그림 10-5. 조간대층의 퇴적 구조

함유되는 실트와 점토 입자의 함유량(tidal current capacity)은 증가된다. ⑤ 주조류 바닥에 분포하는 사립자의 입도는 만조선으로 가까울수록 점점 더 세립하여지며 이토(mud) 함량이 더 증가된다.

조간대 지형 · 물리적 요인에 의하여 만조선 근방의 상부 조간대에서 세립질 갯벌 퇴적층이 우세할 뿐만 아니라 조수 수괴(tide-water mass)의 수력적 조건에 의한 침전 지연(settling lag)과 침식 지연(scour lag)에 의하여 지배되는 결과는 세립 쇄설 물질이 그림 10-6과 같이 점점 더 만조선 쪽으로 이동 · 운반되고 집적된다. 그림 내용을 요약하면, 한 조석 주기의 결과는 B 지점의 퇴적물은 G 지점까지의 거리만큼 이동 · 운반되고 계속적인 조석 주기(tidal cycle)에 따른 침전 지연과 침식 지연 효과는 세립 물질의 만조선 근방(high flat) 퇴적 현상으로 나타난다.

상부 조간대의 세립질 퇴적물 우세 집적의 경우와 다르게 하부 조간대에는 조립질 퇴적물이 우세하게 집적된다. 또한 하부 조간대(lower intertidal zone)는 조하대(subtidal zone)와 연결됨으로써 파랑 작용과 해류 작용의 영향을 크게 받고 밑짐 퇴적물의 운반과 집적이 우세한 고에너지 퇴적 환경으로 특징지워진다. 간조선 부근의 하부 조간대와 만조선 부근의 상부 조간대에 이르는 조간대 특유의 소환경(subenvironment)은 조간대 해저 지형의 구배에 따른 함수 관계에 있으며, 그 사이에 소위 중간 조간대(middle flat)가 존재한다.

중간 조간대(middle intertidal zone)에서의 물리적 퇴적 과정은 매우 특징적인 조간대 지시적 퇴적 구조인 tidal rhythmite와 flaser bedding 또는 herring-bone cross bedding이 생성되도록 크게 영향을 미치는 것으로 해석된다. 즉 만조선 근방에서의 부유 세립 퇴적물 운반 과정과 간조선 근방의 밑짐 조립 퇴적물의 운반 과정이 혼합 교호하는 퇴적 과정이 우세하기 때문이다. 이와 같은 조간대 퇴적 환경의 전형적 소환경은 해안선에 평행한 대상적 분포(zonal distribution)로 발달하며, 간조선에서 만조선에

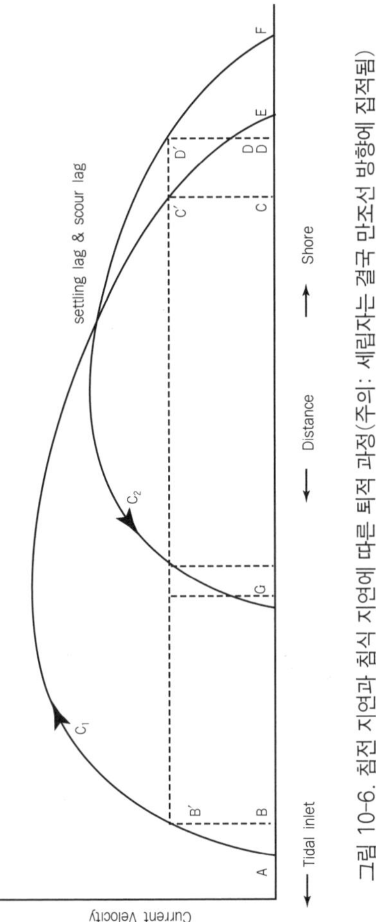

그림 10-6. 침전 지연과 침식 지연에 따른 퇴적 과정(주의: 세립자는 결국 만조선 방향에 집적됨)

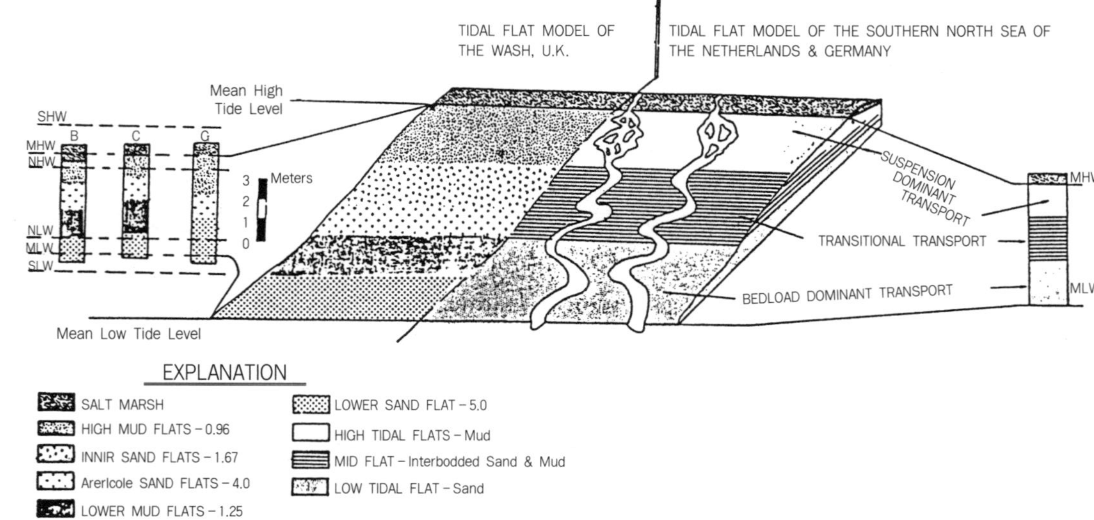

그림 10-7. 영국 Wash 해안의 조간대와 독일 북해 해안의 조간대의 표층 퇴적상과 현세 퇴적 층서
(주의: 위의 2지역 조간대의 퇴적 환경 조건은 우리 나라 서 · 남해안의 조간대에서도 규명되었음)

이르는 조간대적 퇴적 과정이 위에 설명한 바와 같이 각각 특징적이다(그림 10-7).

갯벌에는 조류(birds), 파충류 또는 작은 포유류 등의 척추동물이 서식하면서 그 흔적(tracks)을 남기기도 하며, 게나 달팽이와 같은 저서동물은 이동흔적(trails)을 남긴다(그림 10-8). 이러한 생물의 이동흔적이나 벌레구멍(burrows)과 같은 생물기원의 구조는 퇴적 구조를 교란한다.

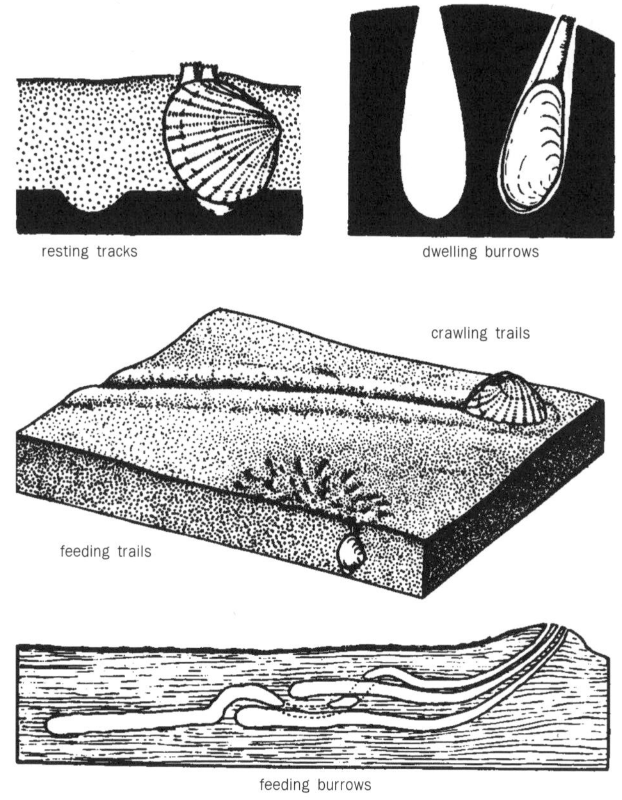

그림 10-8. 조간대 환경의 흔적 화석

조하대 환경(subtidal environment)은 평균 간조 수위 이하의 해저 부분으로서 '빈면(濱面, shoreface) 퇴적 환경'의 해저이다. 따라서 내대륙붕(inner continental shelf)의 해저와 연속된다. 조하대 환경은 조수적 환경 요소인 조류의 동력적 작용(dynamic action)과 파랑의 영향을 가장 뚜렷하게 받는 환경이므로 조간대와 조상대 환경과는 큰 차이를 나타낸다. 우리 나라의 크고 작은 만(bay)과 염하구(estuary)에 인접한 조하대와 내대륙붕 해저 수심 30 m 이내로서의 조하대는 조립질 입자의 퇴적물이 우세한 퇴적 환경을 나타낸다. 안면도 해역, 천수만 해역 또는 도초도 해역 등의 조하대는 세립 입자의 퇴적물 우세보다는 조립질 퇴적물 우세를 나타낸다. 조하대의 퇴적 작용 결과로 조수기원의 퇴적체인 소위 subtidal sandbody(bar)의 특징적 분포가 우리 나라 서해의 여러 조하대 해역에서 관찰된다.

세계의 여러 조하대 해저에 발달 · 분포하고 있는 조하대 사퇴(subtidal sand bar)에 관한 조사 연구 보고(Off, 1963)에 기술된 우리 나라 서한만 조하대의 사퇴 분포는 매우 흥미롭다. 또한 서남 해역의 조하대에서도 크고 작은 규모의 여러 조하대 사퇴가 분포하고 있는데, 이중에서 오도남 사퇴가 비교적 자세하게 연구되었으로 내용을 기술하면 다음과 같다.

그림 10-9는 우리 나라 서남 해역 조하대 사퇴의 하나인 오도남 사퇴의 위치를 표시한 것이다. 이 조하대의 사퇴는 평면상으로 긴 직선형 퇴적체로 길이가 11.5 km이며, 폭은 2.5~3 km에 달한다. 이 오도남 사퇴의 동서 방향 단면(사퇴의 폭을 나타냄)의 모습이 음향측심에 의하여 밝혀진바 서쪽의 급경사면과 동쪽의 완경사면이 분명하게 나타났고, 오도남 사퇴의 동–서 방향 모습은 비대칭적인 것으로 규명된 것이다. 조하대 퇴적 환경에서 형성되는 전형적인 조수기원 사퇴(tidal sand body) 중의 하나인 오도남 사퇴는 조류(창조류와 낙조류)의 순환(tidal circulation)에 의하여 형성된 것으로 해석되었다(Klein et. al., 1983). 측면주사 음향측심기

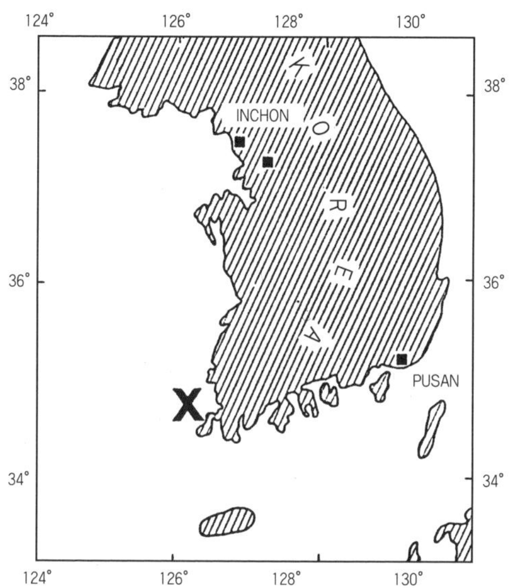

그림 10-9. 한국 서해안에 발달한 조하대 사퇴의 연구 해역(오도남 사퇴)

(side scan sonar)의 기록지와 조류 관측 기록지의 분석에 근거하여 오도남 사퇴의 퇴적체에서 이동되는 사립자의 이동 방향(dispersal pathway)과 사립 물질의 이동 범위(dispersal zone)가 해석되었는바, 이의 내용이 그림 10-11에 제시되었다. 더욱이 오도남 사퇴의 1964년 측량 자료와 1980년의 측량 자료를 분석하여 이 사퇴의 장기적 이동 범위와 방향이 밝혀졌다. 즉 오도남 사퇴는 약 16년 동안 800 m 가량 서쪽으로 이동하였고, 연평균 50 m/yr의 이동 속도를 나타내는 것으로 분석되었다.

2-2. 해빈(beach) 조간대

만조선과 간조선 사이의 조간대 해저에 발달한 분급 양호한 모래(sand)로 구성된 퇴적체(층)를 해빈(beach)이라 한다. 서해의 대조차 연

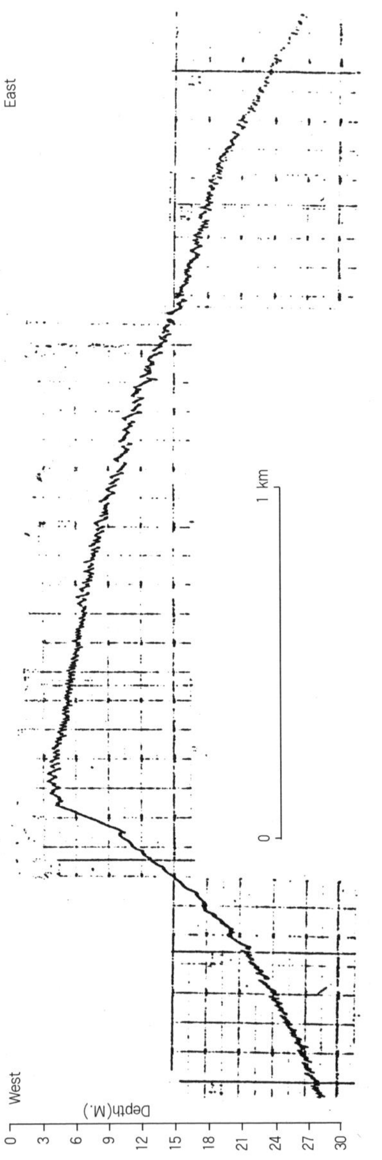

그림 10-10. 오도남 사퇴 퇴적체의 음향측심 기록지(동-서 횡단의 단면)

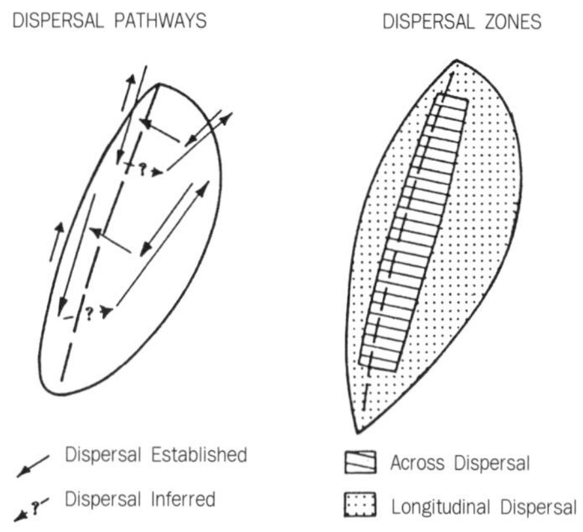

그림 10-11. 오도남 사퇴의 표층 퇴적물의 이동 방향

안(조차 4 m 이상)의 조간대에서 관찰되는 천리포와 만리포 해빈은 전형적인 해빈 조간대이다. 그러나 소조차(조차 2 m 미만) 해안에서의 해빈은 일반적으로 해안선에 평행하게 발달하며, 조석의 영향보다는 파랑의 영향이 우세한 저조차(microtidal range) 해역에 발달된다. 이러한 전형적 해빈은 염하구, 삼각주에 연계하여 큰 규모로 발달하며, 육지 쪽으로 우묵한 해안에 포켓 해빈(pocket beach)으로 형성되기도 한다.

해빈을 구성하는 모래 입자 물질은 대륙붕의 표층 물질 또는 해안 침식의 물질이다. 따라서 해빈 물질의 조성은 주변 해역의 암층을 구성한 광물 조성을 크게 반영한다. 하천에 의해 대륙붕으로 공급된 퇴적물이 재동되어 해빈으로 운반 · 집적된다. 또한 과거 대륙붕에 퇴적되었던 플라이스토세의 퇴적물이 재이동되어 해빈에 공급되기도 한다. 저위도 해역에서는 일반적으로 생물의 유해(주로 $CaCO_3$)가 해빈 퇴적물의 중요한 비중을 차지한다.

해빈 물질의 입자 크기는 모래에서 자갈에 이르기까지 매우 다양하다. 모래로 구성된 해빈은 경사가 매우 완만하고 단단한 표면을 가지며, 자갈로 구성된 해빈은 경사 큰 해빈면을 나타내며, 자갈 입자는 둥글고 분급이 비교적 잘된 조직 성질을 나타낸다. 그런데 대부분의 해빈은 모래로 구성되는 경우가 가장 많으며 이러한 모래 해빈을 가진 해안 지역은 휴양지로서 매우 큰 가치를 갖는다. 모래 해빈의 해빈면 경사는 평균 입도가 세립(fine-grained)일수록 완만하고 조립질일수록 급한 경사를 갖는다.

일반적으로 쇄파대(wave breaking zone)와 스워시대(swash zone) 사이의 좁은 폭의 연안에서는 해안선과 평행한 방향으로 흐르는 연안류(longshore current)가 발생하는데, 바람의 방향과 세기(풍속)에 의하여 연안류는 유속과 유향을 달리한다. 이 연안류는 매우 동력적인 해수의 흐름이며, 해빈의 모래를 해안선에 평행하게 운반한다. 이러한 모래의 운반은 연안 사주가 발달한 해안에서 활발하며, 이 경우 매우 많은 양의 모래 운반이 집중되므로 모래의 강(river of sand)이라 불린다. 그런데 연안류의 유속이 감소하는 경우, 또는 장해물의 영향에 의하여 운반되던 모래가 퇴적되는 경우 사취(spit) 또는 사주(bar) 등의 퇴적체가 형성된다.

해빈 퇴적 환경에서 가장 동력적인 모래의 이동(movement)은 스워시대에서도 일어난다. 해빈에 가까워지는 파랑은 수심이 얕아지는 해안에 평행한 방향으로 굴절되고 실제로 해안선에 비스듬한 각도를 가지며 부서진다. 그림 10-12와 같이 모래 입자는 업러시(uprush)에 의하여 파랑의 진행 방향으로 운반되고 백워시(backwash)에 의해 해빈면의 경사 방향으로 운반되며 결국 지그재그(zigzag) 형식의 모래 이동이 연안 해류 방향과 일치한다.

일반적인 모래 해빈(sand beach)은 그림 10-13과 같은 단면을 갖는다. 즉 해빈에서의 조간대는 전안(foreshore)이라 하며, 바다 쪽으로 완만하게 경사진 사면을 이룬다. 전안의 육지 방향으로 애도(berm)가 발달하며

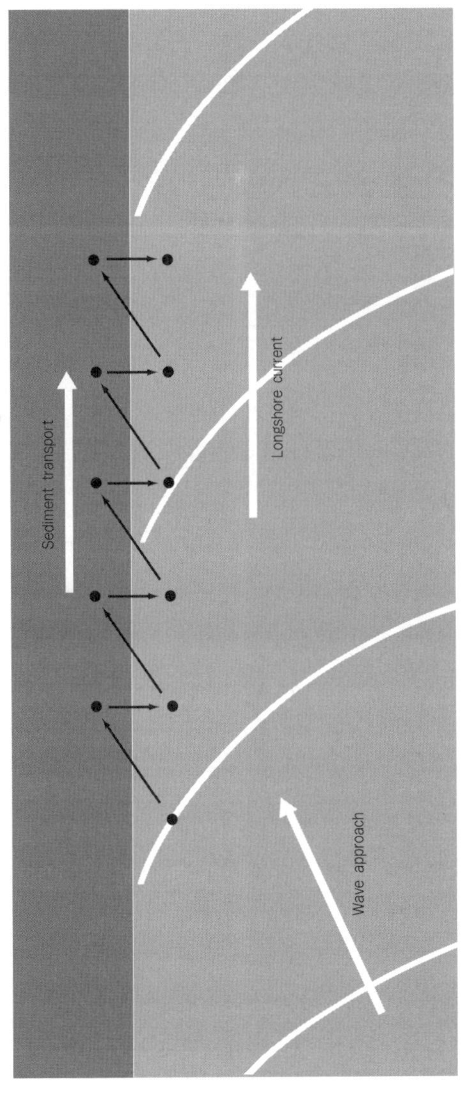

그림 10-12. Beach drift 의 현상

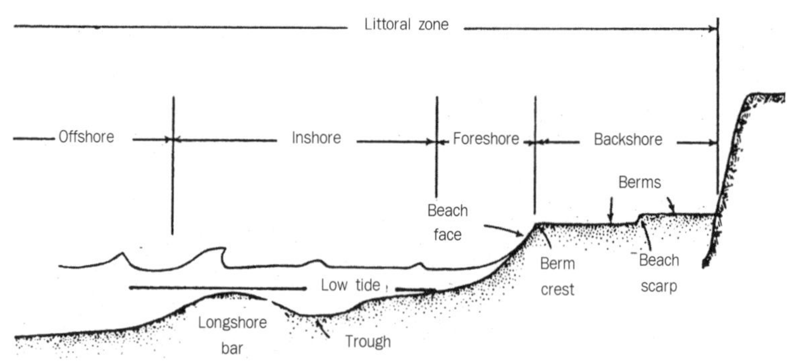

그림 10-13. 모래 해빈의 전형적인 단면

또한 애도의 정부(berm crest)로부터 육지 방향의 부분을 후안(backshore)이라 하는데 전안으로부터 바다 방향을 근안(inshore)이라 하는데 근안에는 해안선과 평행한 방향으로 연안 사주(longshore bar)와 연안 골(longshore trough)이 발달하여 수 m 내외의 기복(relief)을 갖는 지형을 나타낸다. 근안의 경사가 완만한 경우에는 4~5개의 연안 사주와 연안 골이 나란히 발달하며, 연안 사주에서는 해안으로 접근하는 파랑이 부서지는 쇄파대를 이룬다. 해빈의 단면(beach profile)은 계절(여름과 겨울)에 따라 변화하기도 한다(그림 10-14). 즉 여름에는 경사가 완만한 해빈이 넓게 발달하지만 파랑의 에너지가 비교적 강한 겨울에는 해빈의 모래가 침식되어 바다 방향으로 운반되므로 해빈의 폭은 좁고 경사는 급하게 된다. 이러한 현상을 beach cycle이라 한다.

우리 나라 서해, 남해 및 동해의 해안에는 전형적인 모래 해빈(sand beach)이 각각의 특징적 퇴적기작(mechanism)을 달리하며 발달하고 있다. 그런데 모래 해빈이 아니라 자갈 해빈(shingle beach)이 여러 곳에 발달하고 있는데, 특히 남해안의 경우 여러 섬의 해안에는 매우 흥미로운 연구 조사의 대상이 되는 자갈 해빈이 잘 발달하고 있다. 이중에서 전라

a. 겨울 동안의 해빈

b. 여름 동안의 해빈

그림 10-14. 해빈의 계절 변화(beach cycle)

남도 완도의 남쪽 해안 정도리 마을에 발달한 자갈 해빈은 매우 특징적이다.

전라 남도 완도군 완도읍 정도리의 남쪽 해안에 위치한 자갈 해빈은 약 730 m의 길이에 폭은 약 55 m 정도이며, 해빈의 동서 양끝에 암반이 노출되어 있는 전형적인 만입형 포켓 해빈(pocket beach)의 형태이다. 완도의 기반 지질은 주로 백악기의 안산암과 조면 안산암질 용암류, 유문암, 응회암, 섬록암, 석영반암, 화강암 등으로 이루어져 있으며, 자갈 해빈의 동쪽에는 주로 안산암과 응회암이, 서쪽 끝에는 주로 유문암이 노출되어 있다. 한편 해안에서부터 수심 약 30 m 부근까지의 해저는 자갈과 모래로 구성되어 있으며, 좀더 바다 쪽 해저는 점차 완만한 경사로 깊어지면서 이토(mud)가 넓게 분포한다. 주변 해역의 평균 조차는 214.2 cm로서 중조차(meso-tidal) 환경에 해당하며, 평균 최강 유속은 창 · 낙조류가 다 같이 2.0노트(약 1.02 m/sec)로 창조류는 서쪽으로 낙조류는 동쪽으로 흐른다. 이 지방에서는 늦은 여름과 초가을 사이에 우리 나라를 지나는 태풍(typhoon)의 영향을 받으며, 10월 하순부터 3월 사이에는 폭풍의 영향을 빈번하게 받는다. 우리 나라의 연안 퇴적 환경에 영향을 미치는 태풍은 해에 따라 그 발생수가 다르지만 연평균 2~3개 정도이며, 우리 나라 남해안 해역은 동해와 서해의 해역보다 더 빈번하게 태풍의 직접적인 영향을 받는다. 또한 온대성 기압이 통과할 때에 폭풍 해일(storm surge)이 발생하는데, 남해안의 경우 고조시의 해수면 상승은 40~90 cm 정도이며, 이러한 폭풍 해일 현상은 파고의 상승을 더욱 크게 하여 해안 지역에 침식의 피해를 주게 된다.

정도리 자갈 해빈의 전체적인 해빈 단면의 형태는 swash, overwash 및 backwash의 연속적 퇴적 시스템(continuous depositional system)에 의해 형성된 해빈면(beach face)과 범(berm)이 반복되는 양상을 나타낸다. 해빈면은 기울기 14~28°, 길이 1~25 m의 범위를 가지며, 범(berm)은 기울

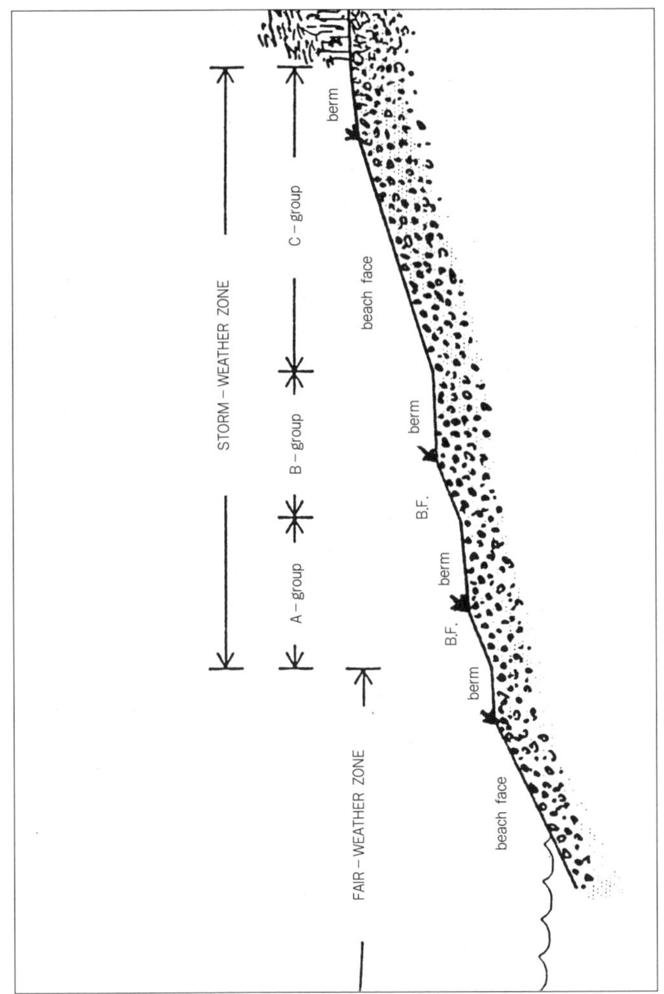

그림 10-15. 전라 남도 완도 정도리 해안의 자갈 해빈 단면(B.F. : beach face)
(주의 : Storm-weather zone의 C-group은 태풍(typhoon)에 의한 자갈 해빈층에 해당됨)

기 3~10°, 길이 1~10 m 정도 범위이다. 해빈면과 범은 해안선에 평행하게 발달하여 있으며, 이들이 서로 다른 고도에서 반복되어 발달되는 것은 기상 조건에 따라 에너지의 세기가 달라지는 파랑에 의해 해빈 지형이 형성되기 때문이다. 보통의 기상 조건(fair-weather condition)과 폭풍 기상 조건(storm-weather condition)에서의 파랑 에너지의 강약에 따라 해빈면과 범에 미치는 파랑의 영향은 크게 다르다. 실제로 1987년 A급에 해당하는 태풍 Thelma가 이 지역을 통과하였을 때 중심 기압은 915 mb, 최대 풍속은 50 m/sec를 기록했다. 이러한 기상 변화에 따른 파랑의 작용과 퇴적물의 입도 분포 특성의 연관성에 근거하여 해빈 단면을 크게 보통대(fair-weather zone)와 폭풍대(storm-weather zone)의 2개 부분으로 구분하였다(그림 10-15).

2-3. 평행 사주

평행 사주(barrier island beach)는 대체로 해안선과 평행한 방향으로 사주(barrier)가 발달하여 해수의 직접적인 순환이 제한된 기수호 또는 석호(lagoon)가 형성되는 연안 환경이다(그림 10-16). 소규모의 하천이 유입하는 경우는 있지만 석호 환경에 영향을 크게 미치는 큰 규모의 하천이 있는 경우에 사주가 발달하기 어렵다. 사주는 대체로 해안선에 평행하게 연속적으로 발달하지만 곳에 따라 입구(inlet)들이 발달하여 해수와 부분적인 순환이 이루어진다. 사주 해빈은 주로 중조차(mesotidal range) 해안에 발달한다.

사주는 만(bay) 어귀의 사취가 발달하여 형성될 수 있다. 해수면이 상승하는 경우에는 해빈의 육지 방향에 형성되었던 사구가 침수되어 보초의 역할을 하기도 하며, 해수면이 하강하는 경우에는 조하대의 연안 사주(longshore bar)가 해수면 위로 드러나 사주가 되기도 한다.

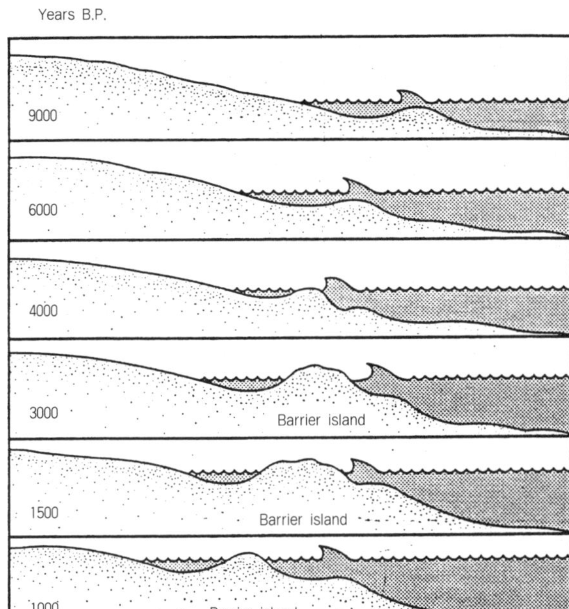

그림 10-16. 평행 사주(平行砂洲, barrier island beach)의 형성 · 진화 과정 〔현세(Holocene)의 해수면 상승과 연관된 설명임〕

사주와 해안선 사이의 석호는 하천의 유입이 미미하며 조석과 파랑의 영향은 대부분이 사주에 의해 차단되기 때문에 비교적 조용한 환경이다. 폭풍에 의해 다량의 퇴적물이 공급되는 경우를 제외하면 석호에 공급되는 퇴적물은 매우 적은 양으로 생물기원의 퇴적물과 증발에 의해 형성되는 퇴적물이 우세하다. 해수와의 순환이 제한되어 있으므로 석호의 해수는 증발에 의해 일반적인 해수보다 높은 염분을 갖는다. 증발이 심한 경우에는 해수 중의 염이 침전되어 증발기원의 자생 광물이 형성된다.

3. 염하구

염하구(estuary) 환경은 주위의 육지로부터 크고 작은 강에 의하여 담수의 영향이 정규적으로 해수괴에 미치며, 먼 바다와의 해수 순환이 가능한 강 입구(또는 만)로서의 연안 해역이다(그림 10-17). 염하구는 담수의 영향으로 염분이 낮아 0.5‰ 미만에서 35‰까지의 폭넓은 변화를 보인다. 현재의 염하구는 대부분이 플라이스토세(Pleistocene) 동안 북미, 유럽, 아시아 등의 대륙에 존재하던 빙하가 과거 18000년 동안 녹으면서 해수면이 약 130 m 정도 상승하고 침수되는 과정에서 형성된 것이다. 기원에 따라 다음과 같이 네 가지로 세분될 수 있다.

첫째, 해수면이 상승하면서 연안 평원에 존재하던 하천이 침수되어 형성된 염하구, 둘째, 고위도 해역에서 빙하에 의해 침식된 U자형의 피요르드(fjords), 셋째, 파랑에 의해 해안과 평행한 방향으로 형성된 사주에 의해 바다와 부분적으로 차단된 초호, 넷째, 지각 변동에 의한 단층이나 습곡에 의해 부분적으로 침강된 해만 등이 염하구를 이루는 경우이다. 우리 나라의 금강, 한강 등 대부분의 강 하구는 첫번째 경우의 염하구 종류에 속하며 체사피크 만, 델라웨어 만 등도 이 경우의 염하구이다. 경우에 따라서는 황해를 하나의 커다란 염하구로 정의하기도 한다. 대부분의 염하구는 수심이 깊지 않으며 해안 평원에 접해 있으나 고위도 지방에서 발달한 피요르드는 기복이 큰 해안 지형에 연관되고 매우 깊은 수심을 갖는 염하구이다.

염하구는 일반적으로 육지로부터 많은 양의 영양염을 공급받으며, 조석이나 파랑에 의해 전체 수층에 걸친 혼합 작용이 활발하므로 영양염과 산소가 풍부한 환경이 형성된다. 또한 수심이 얕아서 햇빛이 바닥까지 도달하므로 저서식물에 의한 광합성이 활발하다. 이러한 조건들에 의해

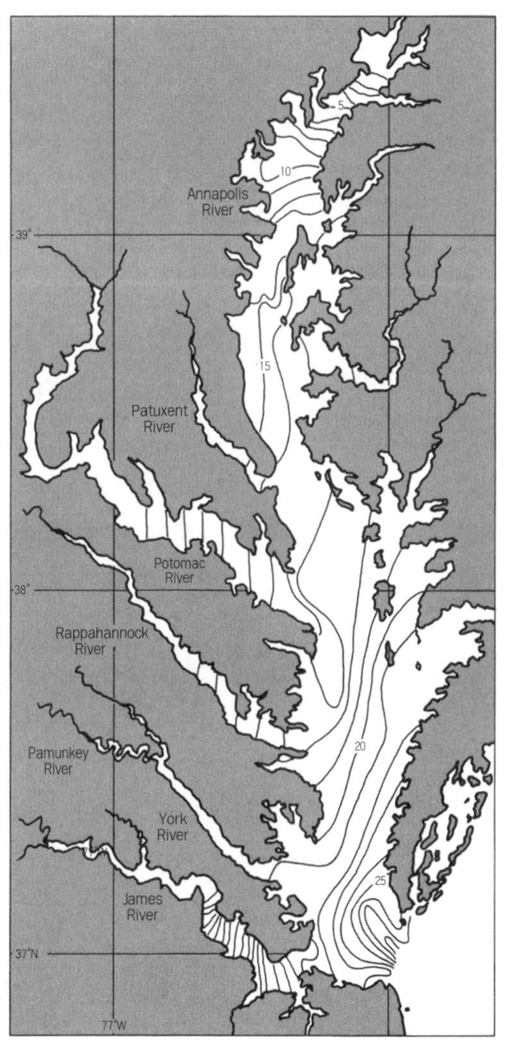

그림 10-17. 염하구의 좋은 예가 되는 미국 대서양 연안의 체사피크 염하구
〔주의: 염하구 입구에서 내만으로 갈수록 염분(‰)이 낮아지는 현상에 주의하여야 함〕

염하구는 생산성이 매우 높은 해양 환경 중의 하나이다. 이러한 이유로 염하구는 경제적인 가치가 큰 어패류를 포함하여 많은 종류의 해양 생물이 어린 시기를 보내는 보금자리 역할을 한다.

한편 육지로부터의 하천수와 강물, 이에 따른 퇴적물의 유입 · 운반 때문에 염하구에서는 많은 양의 퇴적물이 집적된다. 특히 하천을 통하여 콜로이드(colloid) 상태로 운반된 물질은 해수와 섞이면서 갑자기 서로 응집하여(flocculation) 빠른 속도로 퇴적된다. 이와 같이 염하구는 퇴적물이 빠른 속도로 쌓이는 곳이며, 삼각주로 진화되는 가능성이 많은 퇴적 환경이다. 지질학적으로 말하면 짧은 기간, 즉 수백 년 또는 수천 년 동안에 염하구는 그 일생을 마감하는 환경이다.

강이나 파랑의 영향이 있기도 하지만 대부분의 염하구 환경에서 가장 우세한 영향력이 있는 동력적인 요인은 조류(tidal current)이다. 즉 저조차 해역에서는 파랑의 영향이 우세하여 염하구의 입구가 사취 등에 의해 막히는 경우가 많으며, 대조차 해역에서는 조석의 영향이 우세하므로 염하구의 입구가 넓은 깔때기 모양인 경우가 많다. 염하구 환경에서의 동력적 순환을 이해하는 데 중요한 요인은 조석량(tidal prism)이다. 조석량은 한 번의 조석 주기 동안 염하구에 유입되고 유출되는 물의 양으로 정의되며 염하구의 면적에 조차를 곱하여 산출한다. 조석량이 클수록 조류는 빠르고 조류로(tidal channel)는 깊다.

4. 삼각주

삼각주(delta)의 명칭은 나일 강 하구에 삼각형으로 집적된 퇴적체의 모양을 본따서 붙여진 이름으로 그리스 문자 delta(Δ)에서 기원한 것이다. 삼각주는 강의 어귀에 형성된 대규모의 퇴적체(sedimentary body)로 정의된다. 또한 삼각주는 바다 쪽으로 돌출한 지형적 환경 특성을 나타

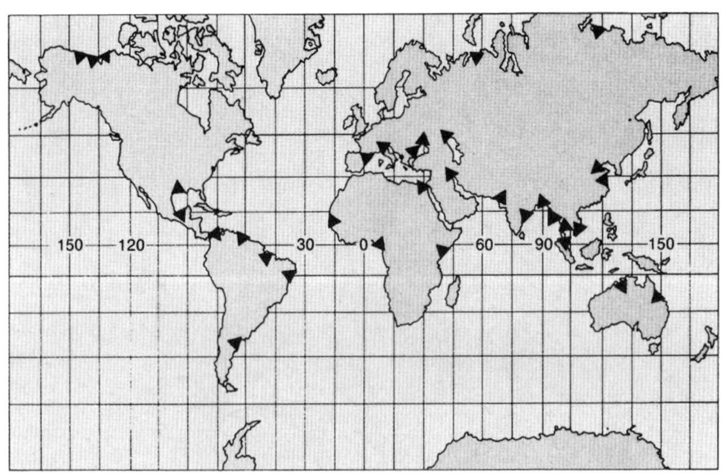

그림 10-18. 세계적으로 큰 삼각주가 발달한 해역

낸다. 삼각주로 공급되는 퇴적물의 양이 강어귀에서 바다 쪽으로 흩어지는 양보다 더 많고 이에 연관된 퇴적물이 집적될 수 있는 인접 내대륙붕(inner shelf)이 존재하는 경우에 큰 규모의 삼각주가 발달할 수 있다. 세계적으로 삼각주가 발달한 해역을 보면(그림 10-18), 내륙의 강 수계(drainage basin)가 짧고 대륙붕의 폭이 좁은 수렴형 대륙 주변부(convergent continental margin)에는 큰 삼각주가 발달하지 않음을 알 수 있다.

4-1. 삼각주의 구성

삼각주는 삼각주 평원(delta plain), 삼각주 경계전선(delta front), 삼각주 전진전면(prodelta) 등의 3개의 요소로 구성된다(그림 10-19). 삼각주 평원은 삼각주에서 가장 육지 쪽이며 부분적으로 기수 환경이 형성되고 부분적으로는 수면 위로 드러난 부분이며, 삼각주에서 가장 복잡한 구성

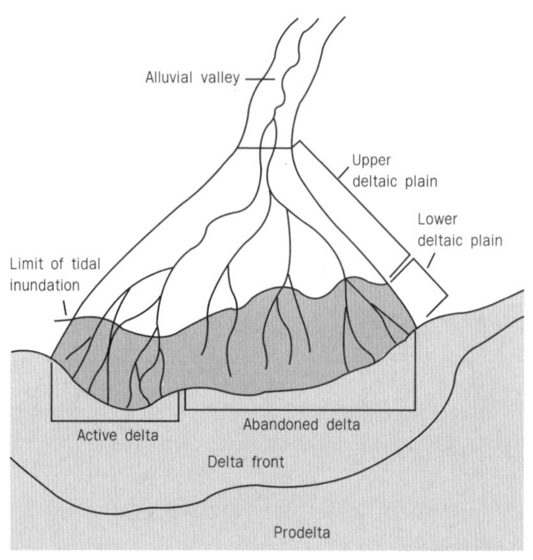

그림 10-19. 삼각주의 세 가지 구성 요소(주의: delta plain, delta front 및 prodelta)

요소이다. 삼각주 경계전선은 삼각주의 바다 쪽 해안선 근방이며 해양 작용이 우세한 부분이다. 삼각주 전진전면은 경사지고 비교적 깊은 수심의 삼각주 퇴적체 전진전면을 차지한다. 이와 같은 경계 요소들의 모양과 규모는 하천 작용과 해양 작용 및 퇴적 속도에 따라 크게 변화된다.

삼각주 평원은 강의 퇴적물 운반 능력이 갑자기 감소되는 강 하구 근방의 퇴적지이며, 퇴적물은 지류(distributaries)를 통하여 넓은 범위로 분산 · 퇴적된다. 지류에는 항상 자연 제방(natural levees)이 발달하고 홍수 시에는 자연 제방을 흘러 넘치는 크레바스 스프레이(crevasse splay)가 발달하기도 한다(그림 10-20). 지류간 퇴적지(interdistributary area)에는 얕은 수심의 기수 해만(brackish bay), 갯벌(tidal flat) 및 습지(marsh) 등이 발달한다. 삼각주 평원을 구성하는 퇴적물은 대부분이 지류의 범람 때에 퇴적된 이토(mud)이며 모래는 지류의 하도 퇴적층(channel deposit)에 국

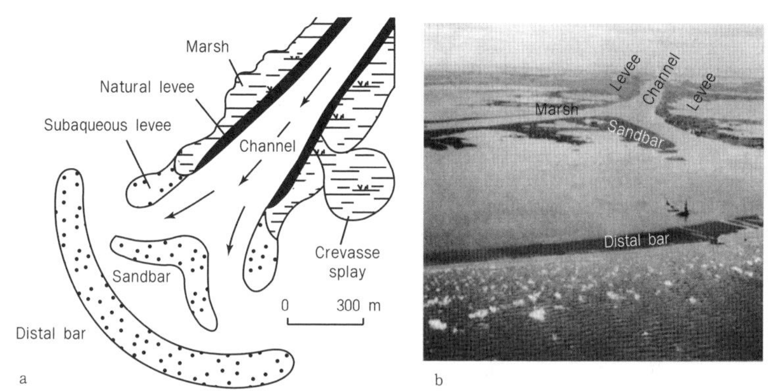

그림 10-20. 삼각주 평원과 삼각주 경계전선의 일부
〔a: 그림 모델, b: 삼각주의 실제 사진(항공)〕

한된다.

삼각주 경계전선(delta front)은 삼각주 평원에서 바다 쪽으로 좁고 긴 조하대 해역으로 조류, 파랑 및 연안 해류 등의 해양 작용이 공존하는 환경이다. 큰 입자의 퇴적물은 삼각주 경계전선에 가까운 곳에 퇴적되며 작은 입자들은 해류와 파랑에 의하여 재부유되어 이동된다. 분급이 양호한 모래 퇴적층은 경계전선 근방에 형성된다. 이러한 범위는 파랑의 세기에 따라 결정되며 대체로 간조선 근방에서 수십 10 m의 해저까지이다. 삼각주 경계전선은 삼각주에서 가장 조립의 퇴적물이 직접되고 분급이 양호한 환경이다. 비교적 얕은 수심의 해저 부분에 길쭉한 모양의 사주(sand bar)가 조류 우세한 경우에 해안선에 수직인 방향으로 발달한다. 파랑이 우세한 경우에 사주는 해안선에 평행한 방향으로 발달하는 경향을 갖는다. 또한 연흔과 층리 등의 물리적 퇴적 구조의 발달이 우세하며 저서생물의 서식이 제한된다.

삼각주 전진전면, 즉 프로델타(prodelta)는 삼각주 퇴적체의 가장 바다 쪽 부분이며, 퇴적물은 주로 실트와 점토로 이루어져 있다. 퇴적물은 부유 상태로 운반되며 수평 연장이 양호한 층리를 나타낸다. 프로델타라는 명칭은 이 부분이 바다 쪽으로 성장하는 데서 비롯된 것이다. 미시시피 삼각주의 프로델타는 이미 대륙붕을 지나 대륙 사면까지 발달하여 프로델타의 퇴적물이 대륙 사면으로 공급되고 있다. 프로델타의 바다 쪽 부분은 해양 생태계적 저서생물이 흔히 우세하다.

4-2. 삼각주의 분류

일반적으로 삼각주 퇴적체는 그 형태에 따라 분류되며, 형태는 삼각주에 영향을 미치는 여러 작용의 조합으로 결정된다. 삼각주 형성에 영향 미치는 주요 요인으로는 강, 조석(tide), 파랑(wave)이 있다. 이러한 세 가지 요인(end member)의 상대적인 중요성을 기준으로 삼각주를 분류하면, 이론적으로 세 가지 요인 중에서 한 가지 요인이 우세한 환경과 두 가지 요인이 복합적인 환경 또는 세 가지 요인 모두가 영향 미치는 환경에서 형성되는 삼각주가 존재할 수 있다(그림 10-21). 모든 삼각주는 대체로 파랑, 강 또는 조수 에너지 우세의 환경 단위로 형성되나 그러한 세 요인의 상대적인 비중과 형태는 다양하다.

강의 작용이 해양 작용보다 월등하게 강한 경우의 강-우세 삼각주는 퇴적 속도가 일반적으로 크며, 이에 따른 프로델타의 빠른 성장이 특징적이다. 이러한 삼각주의 해안은 불규칙한 해안선을 갖는다. 삼각주 평원이 비교적 넓게 발달하며 삼각주 전면은 작은 규모의 연속성을 가지고 뚜렷하게 발달한다. 미국의 미시시피 삼각주가 대표적인 예이며, 유럽의 포오 강과 다뉴브 강의 삼각주도 이러한 개념의 삼각주로 분류된다.

파랑의 힘이 우세한 해안에서 발달하는 파랑-우세 삼각주는 대륙붕 쪽으로 돌출되어 뻗어 나가는 경우가 적고 완만한 활 모양의 해안선을 나타낸다. 파랑과 파랑에 연관된 해류에 의하여 강어귀에서 퇴적물이 침식

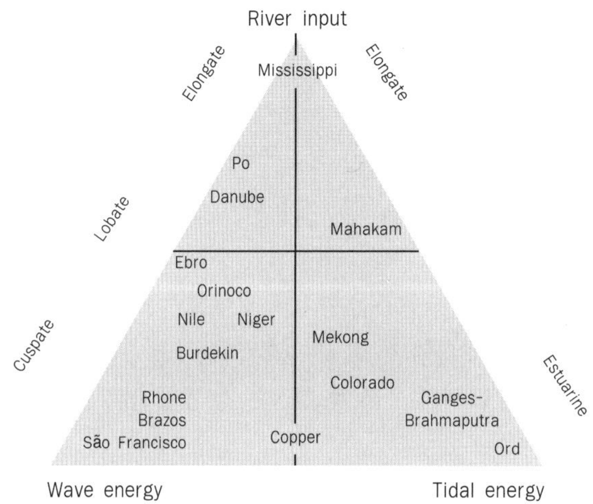

그림 10-21. 삼각주의 분류(주의: 삼각주 형성에 영향을 미친 중요 강의 명칭 (예: Mississippi))

되기 때문에 삼각주는 작은 규모로 발달하며 삼각주 평원의 발달이 미약하고 모래 해빈(sand beach)이 많이 발달한다. 프로델타의 부분은 전체 부피의 30% 미만이다. 브라질의 Sao Francisco 삼각주와 아프리카 서해안의 세네갈 삼각주는 파랑-우세 삼각주의 대표적인 예이다.

파랑의 힘이 약하고 조석(tide)이 우세한 해안에서 퇴적물 공급량이 비교적 적은 경우 조석-우세 삼각주가 발달한다. 이 삼각주는 대륙붕 쪽으로의 돌출이 거의 없으며 조석-우세 염하구와 비슷하다. 조석-우세 염하구에는 작은 규모의 여러 개의 강이 흘러들어가는 것이 일반적이다. 그러나 조석-우세 삼각주에는 하나의 강이 유입하므로 퇴적물 공급량에 있어 큰 차이를 갖는다. 갠지즈-브라마 푸트라 강, 아마존 강과 콜로라도 강이 이 범주에 속한다.

4-3. 삼각주의 생태

삼각주 연안 해양 환경은 강과 하천에 의하여 영양염이 공급되며 또한 삼각주내에서 순환되는 영양염도 풍부하여 염하구(estuary)와 마찬가지로 영양염의 농도가 매우 높은 환경이다. 삼각주에 서식하는 생물상은 결과적으로 염하구와 유사하다. 삼각주 평원뿐만 아니라 먼 바다 쪽으로 수 km까지 담수의 영향이 미칠 수 있으므로 기수 환경(brackish environment)이 형성되기도 하며, 이러한 현상은 강-우세 삼각주에서 가장 현저하다.

삼각주에서 가장 생산성이 높은 곳은 지류와 지류 사이 지역(interdistributary area)인 얕은 해만, 습지, 조석 대지(조간대) 등이다. 비교적 다양하고 매우 많은 수의 생물이 이 곳에 서식한다. 생물군집은 전체적으로 염하구와 거의 유사하나 염하구에 비교하여 탁도가 높기 때문에 광합성량은 비교적 적음에도 불구하고 생물량은 상당히 많다. 굴(oysters)과 새우(shrimps)가 많고 어류도 풍부하지만 지형적인 이유로 상업적인 규모의 어획이 불가능한 경우가 있다. 이러한 환경에는 부유생물, 유영동물, 저서생물 등이 풍부하며, 이러한 생물들의 분포는 염분에 의하여 크게 조정된다.

삼각주 평원은 폭풍이나 홍수, 또는 인간의 영향 등에 쉽게 노출되고 영향받으므로 생물상도 그에 따라 변한다. 예컨대 홍수가 발생하면 염분과 퇴적물 농도의 급격한 변화로 어떤 종류의 생물이 절멸할 수 있다. 폭풍에 의하여 굴의 군집이 침식되어 나가거나 여러 생물의 서식지인 습지가 파괴되기도 한다. 이 밖에도 삼각주의 생태계는 오염에 의하여 치명적인 손상을 받을 수 있다.

여러 유형의 삼각주 중에서 일반적으로 강-우세 삼각주가 가장 생산력이 높다. 영양염이 가장 풍부하며 지형적으로 생물의 서식지가 될 수 있는 얕은 수심의 환경이 많기 때문이다. 지류와 지류 사이의 공간 환경은 영양염, 물의 순환, 염분, 안전 등의 측면에서 훌륭한 서식지의 역할을 한다. 파랑-우세 삼각주는 가장 생산력이 작은 삼각주에 해당한다. 얕은 수심의 보호된 서식지가 적으며 파랑의 에너지로 퇴적물이 항상 움직이는 상태이므로 영양염이 쉽게 제거되기 때문이다. 조석-우세 삼각주는 대체로 중간 정도의 생산력을 갖는다. 아마존 강의 삼각주는 영양염의 공급은 많지만 매우 높은 탁도 때문에 광합성은 매우 제한되어 있으며, 지류와 지류 사이의 공간 환경은 강어귀의 홍수림(mangrove)에 의하여 지배되며 생산성이 높다. 비슷한 환경이지만 사막 지역을 통과하여 바다로 유입하는 오드 강(Ord River)의 삼각주는 영양염이나 배수량이 적으며, 조석에 의해 기반이 불안정하여 생물학적으로 사막에 가깝다.

5. 암석 해안

암석 해안(rocky coast)은 들쭉날쭉한 해안선을 따라 암층이 절벽을 이루거나 경사가 큰 해안 지형(암석노두)을 이루는 경우이다. 이 경우, 파도의 영향은 대체로 모래 해빈(sand beach)의 경우와는 다르게 서프(surf zone)에서 쇄설 물질의 운반 작용이 미약하다(그림 10-22). 삼각주와 모래 해빈, 또는 조간대 등이 퇴적 작용에 의해 지배되는 해안 환경이라면 암석 해안에서는 퇴적 작용이 비교적 미약한 환경이라 할 수 있다.

거시적으로 보면 암석 해안은 해안의 굴곡을 뚜렷하게 나타내며 대륙붕 전체의 폭이 미약한 경우와 연관될 수 있다. 그러나 국부적으로는 구조 운동에 의해 암반이 노출되거나 파랑의 에너지가 강하여 침식이 우세한 해역에서 암석 해안이 형성될 수 있다. 빙하에 의한 침식이 현저한 해안에서도 암반이 노출되어 암석 해안을 형성한다. 일반적으로 암석 해안

그림 10-22. 암석 해안

의 발달은 해수면의 변화와도 밀접한 관계가 있다. 지각 운동에 의한 해안 융기 또는 빙하의 후퇴에 의한 해안 융기는 국부적인 암석 해안이 형성될 수 있는 조건이다.

암석 해안의 전형적인 해안 절벽 바닥에는 좁은 폭의 대지(platform)가 발달하는 경우가 많다. 이러한 대지는 오랜 시간 동안 파랑에 의한 침식 작용 결과이다. 이러한 대지를 파식 대지(wave-cut platform) 또는 파식 단구(wave-cut bench, wave-cut terrace)라 한다. 파식 대지에 쌓인 퇴적물은 주로 조립 모래이거나 자갈이다.

암석 해안의 특징은 강한 파랑에 의한 침식 지형이나 암석 해안 환경은 생물이 적응하여 서식할 수 있는 환경이다. 암석 해안의 생물은 바닥에 견고하게 부착할 수 있는 능력을 가진 부착성 저서생물(sessile benthos)이 대부분이며, 특별히 적응된 이동성 저서생물(vagrant benthos)

도 있다. 파랑 에너지 이외의 생태적 요인들은 암석 해안에서 큰 영향을 미치지 않는다. 염분은 대체로 정상적인 해수의 염분과 유사하며, 수온은 위도와 해수 순환에 따라 다르다. 광 투과(light penetration) 요인은 암석 해안 환경의 생물의 분포를 결정짓는 요인이다. 여과 식자(filter feeder)의 먹이가 되는 플랑크톤이나 유기 파편(organic detritus)은 파랑에 의해 공급되며, 강한 파랑 에너지에 의해 이러한 유기물은 부유 상태에 있으며 생물의 먹이가 된다. 대부분의 이동성 저서생물은 암석 표면에 붙어 사는 조류(algae)나 해초(sea grass)를 먹고 산다.

암석 해안에서의 수중 생태는 여러 가지 측면에서 조하대의 생태계와 유사하다지만 강한 파랑 에너지는 특징적 요소이다. 일반적으로 파랑 에너지의 영향을 받아 얕은 수심의 생물 종은 다양하지 못하며, 수심이 깊어질수록 생물 종은 다양해진다. 암석 해안의 조하대에는 느린 속도의 이동성 저서생물 이외에도 부착성 조류(sessile algae), 해조(sea grass) 및 무척추동물 등이 있다. 암석 해안의 조간대에서의 조류는 식물성 플랑크톤과 같이 중요한 일차 생산자이다. 특히 대형 갈조류(kelp)는 강한 파랑 에너지에 적응하여 강력한 부착 기관을 가지고 있으며, 곳에 따라 넓은 범위의 분포를 나타낸다.

6. 한반도의 연근해와 연안

우리 나라의 연안 환경(neritic and nearshore)은 양식과 수산업의 해역으로 인정되고 있으며, 경제적으로 중요한 연근해 환경이다. 서해안과 남해안에 발달한 광대한 면적의 조간대(intertidal zone)와 조하대(subtidal zone)는 연근해역의 해양 생태적 공간 요소로서 중요한 영향력을 갖는다. 그런데 한반도의 연근해역은 동해, 남해, 서해가 각각 다른 특징을 갖고 있다. 동해안은 대체로 1 m 미만의 조차를 갖는 소조차(microtidal range) 해안으로 해안 절벽과 모래 해빈의 발달이 현저하다. 남해 연안은 2~4 m의 조차를 갖는 중조차(mesotidal range) 해안으로 조간대와 조하대가 넓게 발달하여 있다. 섬진강과 낙동강의 하구에는 소규모의 삼각주가 발달하고 있으며, 그 외의 남해안 해역에 발달한 조간대와 조하대는 수산 양식장으로 이용될 수 있는 가능성이 크다. 실제로 남해안의 여러 수산 양식장에서 상당한 재배 어업(해양 농장화)과 고부가 가치의 해양 산업이 활발하게 진행되고 있다. 황해의 연안 해역은 조차가 4 m 이상인 대조차(macrotidal range)의 바다로 해역에 따라 조차가 6 m 이상인 해역이 많다. 이에 따라 한반도의 서해안은 세계적으로 잘 알려진 넓은 조간대가 발달한 해안이다. 그러나 서해의 일부는 이미 수십 년 전부터 매립에 의해 농지로 개량되었으며, 현재도 여러 곳의 해안에서 매립이 계획 또는 진행되고 있다. 연근해역의 자연 생태계가 대규모로 변화 · 파괴되고 있다. 지난 10여 년(1980~1990) 동안에 연근해 조간대 환경의 30% 이상이 간척 · 매립되고 그 자취를 잃어버렸다. 그러나 다행이 매립되지 않은 해안에서는 양식과 수산업이 활발하여 경제적으로 큰 가치를 갖는다. 서해로 유입하는 금강, 한강 등의 하구는 염하구 환경이 훌륭히 형성되어 조간대 환경과 함께 생산성 높은 연근해역을 이룬다. 서해의 조간대와 조하대의 퇴적층 연구에 의하면 약 6000년 전의 해수면은 현재와 비교하여 보면 수 m 낮았으며, 그 후로 해침은 계속되고 현재와 같은 조간대와 조하대가 발달한 것으로 규명되고 있다.

우리 나라 서해의 해안 지형 윤곽은 교과서적인 설명에 제시될 수 있는 전형적인 침수 해안(submerged coasts)을 나타낸다. 여기서 침수 해안이란 지체 침강을 의미하지 않으며, 해수면 상승에 의한 침수를 의미한다. 침수 해안에 발달하는 크고 작은 규모의 만(bay)과 염하구(estuary)가 우리 나라 남해안과 서해안에서 분명히 관찰된다(그림 10-23). 이와 같은 해안의 지형 모습을 리아형(Ria type) 해안이라고 하는데, 이것은 스

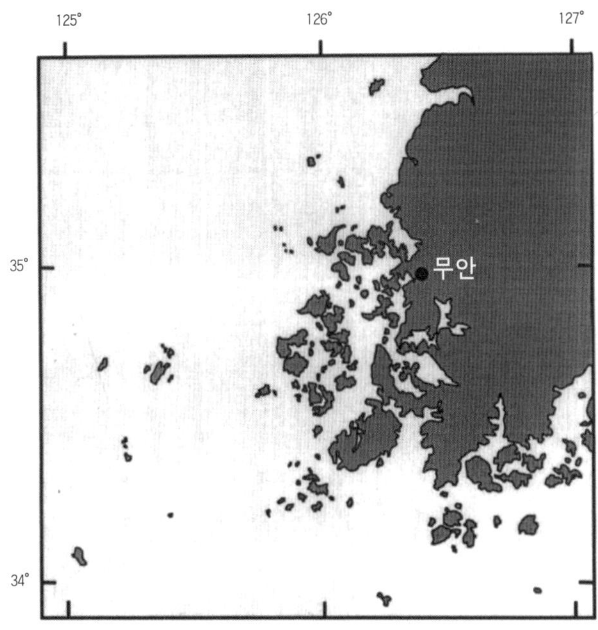

그림 10-23. 우리 나라 해안 전체가 침수 해안이다. 이러한 침수 해안의 일부로서 무안 해안을 제시한다.

페인 서북부 해안의 Ria(리아) 지명에서 유래한 용어이며 침수된 해안의 지형적 모습을 의미한다. 이와 같은 침수기원적 리아 해안의 발달 시기는 약 7200~6300 yr B.P. 이후의 현세(Holocene)에 해당하는 것으로 해석되고 있다.

우리 나라 서해의 연근해역은 전형적인 조수 환경(tidal environment)에 의하여 지배되며, 전체적으로 4 m 이상의 평균 조차(mean tidal range)에 달하는 대조차 조수 환경은 조하대(subtidal zone), 조간대(intertidal zone), 주조류로(main tidal channel) 및 조상대(supratidal zone)로 분류·구분된다. 이들 각각의 소환경(subenvironment)은 창조류와 낙조류, 물질 이동 또는 저생생물군 등의 여러 환경 요인에 의하여 특징적 퇴적상을 나타낸다. 인천에서 목포에 이르는 전체적인 서해 해안 연근해 대조차 해안(macrotidal regime)에서 발달하는 전형적인 연근해안 퇴적 환경으로서 조수기원 해빈(tidal beach), 조간대 죽벌층(intertidal mud flat), 조수로(tidal channel), 조수기원 사퇴(tidal sand ridge), 조하대(subtidal zone) 및 조수기원 습지(tidal marsh) 등의 서해 특유의 조수 퇴적 환경에 관한 기초 해양학적 조사 연구는 1967년경부터 시작된 것이 사실이지만 체계적이며 본격적인 연구가 빈번히 수행되지 못하고 있다. 그런데 이에 관한 해저해양학(submarine geology) 관점의 연구는 약 25여 년 동안에 적은 수의 연구자에 의하여 수행되어 온 것도 사실이다.

11

대륙 주변부와 심해

Continental Margin and Deepsea

고대부터 인류에게 중요한 삶의 터전의 일부가 되었고, 식량뿐만 아니라 여러 가지 자원의 공급원이었던 바다는 20세기 후반부터 더 많은 양의 자원을 공급할 수 있는 지구의 마지막 자원 보고로 인식되고 있다. 즉 대륙붕의 얕은 바다로부터 엄청난 경제 가치의 해양 자원 물질이 개발·이용되고 있을 뿐만 아니라, 신해양법(1994년 11월 16일 발효된 것)에 근거하여 국제적으로 더 넓은 면적의 대륙 주변부(수심 2,500 m까지) 해저를 관할하고 개발할 수 있다. 이러한 대륙 주변부(continental margin) 해저는 다양한 해저 지형과 지각 구조 및 퇴적 층서를 나타내고 있으며, 과거 빙하기와 간빙하기 동안의 해수면의 상승과 하강의 기록을 가지고 있고, 육지로부터 공급되는 많은 퇴적물이 집적되는 해저이다.

한편 심해(deep sea)는 심해용 잠수정이 개발되기 전까지 인간의 직접적인 접근과 관찰이 허용되지 않았던 미지의 장소였다. 그러나 다중 음파를 이용한 정밀 측심 장비의 개발에 의하여 심해저의 지형이 밝혀질

표 11-1. 전세계 해저의 지형학적 요인의 비율

지 형	지표 면적 대비(%)	해양 면적 대비(%)	해수 부피 대비(%)	평균 경사 (각도)	평균 폭 (km)
대륙붕	6	9	0.2	0.1	75
대륙 사면	4	6	3	4.3	50
대륙대	4	5	5	0.2	40
심해저 평원	30	42	53	–	–
해령 및 해저 돌출부	23	33	33	0.2	1,700
해구	1	2	3.8	3.0	100
화산대(해저)	2	3	2	–	–

수 있고, 결국에는 잠수정을 이용하여 직접적인 관찰이 가능해져 신비스런 심해에 대한 인간의 도전은 활발하여졌고, 과학적 미해결의 많은 문제와 의문이 해결되고 있다.

해안으로부터 대륙붕(continental shelf)과 대륙대(continental rise)까지는 육지기원의 퇴적물 운반과 집적의 환경 영향이 미치는 대륙의 영향권이라 할 수 있으나 대륙대(continental rise)를 지나 더 깊은 수심의 심해저로 가면 심해 해양 자체의 퇴적 작용과 생물 근원 및 물리적 · 화학적 작용이 우세한 정규 심해 해양 환경(deep sea pelagic environment)이 된다. 대부분의 심해저는 수천 m 이상의 깊은 수심의 해저이므로 심해의 해저 지형에 대한 이해와 해석은 음향측심기나 탄성파 탐사 장비 또는 측면 주사 탐사(side scan sonar) 장비를 사용함으로써 가능해진 것이다. 최근까지 알려진 바에 의하면 심해저의 지형은 대륙의 지형과는 크게 다르며 크고 작은 화산섬이나 해중산(seamount)과 해령, 해저 돌출부 및 해구 등의 특징적인 지형 요소가 분포하고 있다.

1. 대륙 주변부

해안과 심해저 사이의 해저를 대륙 주변부(continental margin)라 하며, 이 대륙 주변부 해저는 일반적으로 대륙붕(continental shelf), 대륙 사면(continental slope) 및 대륙대(continental rise)로 구분된다(그림 11-1). 지질 시대를 통하여 해수면은 여러 차례 상승 · 하강하였는데, 이에 관한 고해양학적 기록(층서 기록)이 대륙 주변부의 층서 기록으로 연구 · 분석되며 해석된다. 이러한 대륙 주변부에는 대륙에서 공급된 쇄설성 퇴적물과 유기 물질이 집적되며, 이와 관련된 해저 자원(석유 · 가스)이 부존됨으로써 해저 광물 자원 개발과 이용의 관점에서 가장 높은 생산력을 보이는 해저이다.

판구조론(plate tectonics)적 관점에서 대륙 주변부는 구조적 형성 과정에 근거하여 구분된다(그림 11-2). 그 하나는 대서양형(Atlantic-type) 또는 수동적 주변부(passive margin)라 하며, 막대한 양의 퇴적물이 집적되는 대륙 주변부이다. 다른 하나는 태평양형(Pacific-type) 또는 활동적 주변부(active margin)로 구분되며, 전반적으로 섭입(subduction)하는 지각 부분으로 화산 활동, 습곡, 단층 또는 지진 발생이 활발하다.

1-1. 대륙붕

해안에서 먼 바다 쪽으로 물에 잠긴 얕은 수심(약 130 m 수심)의 해저로서 경사가 완만하고 평탄한 해저를 대륙붕(continental shelf)이라 한다. 수심이 얕은 대륙붕에는 많은 생물이 서식하고 있으며, 상당한 양의 해저 광물 자원이 부존되어 있으므로 경제적으로 대단히 중요한 해저이다. 대륙붕의 평균 수심은 135 m 내외이며, 해수면의 변화에 따라 과거 지질

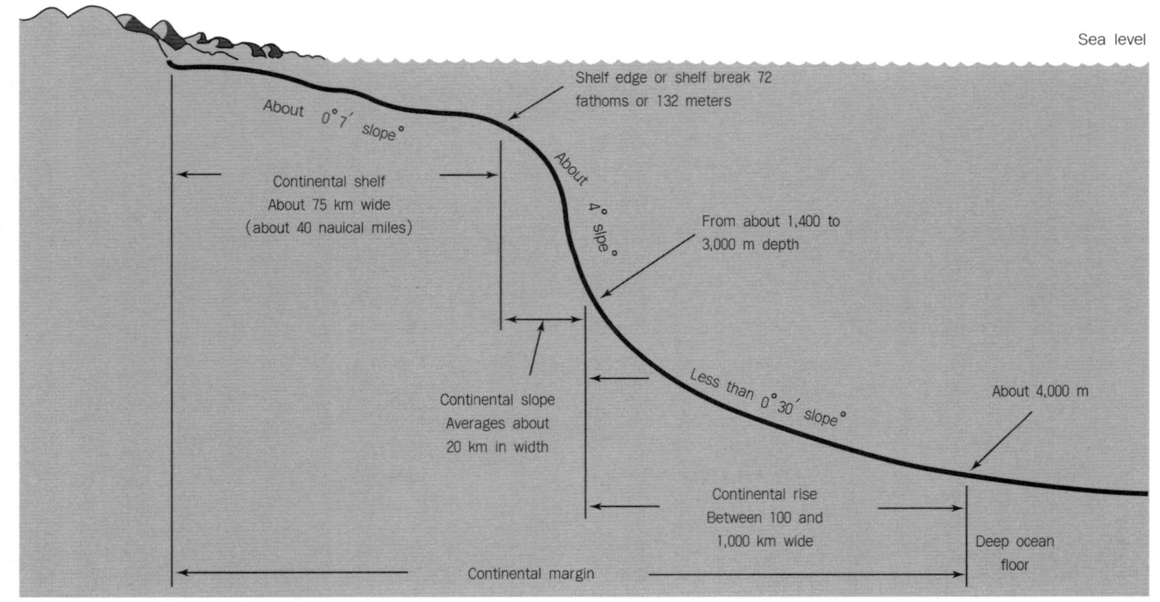

그림 11-1. 대륙 주변부의 지형 단면(대륙붕, 대륙 사면, 대륙대)

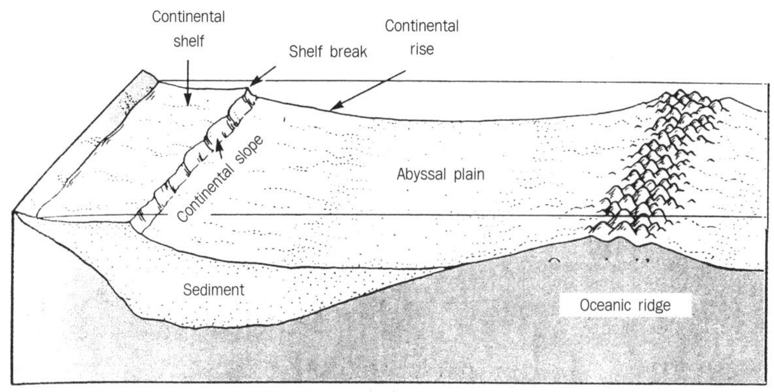

a

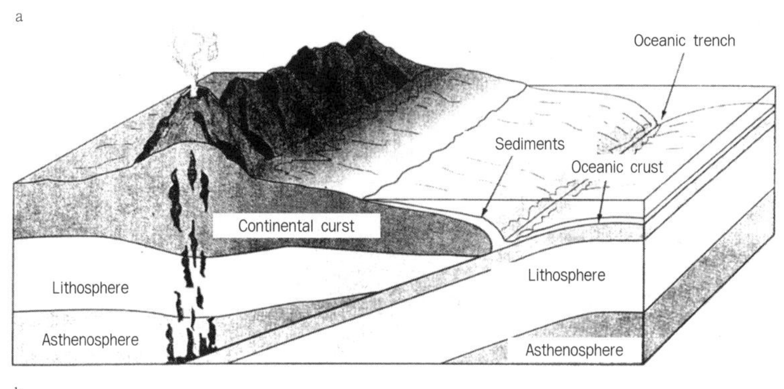

b

그림 11-2. 대륙 주변부의 구분(a: 대서양형 대륙 주변부, b: 태평양형 대륙 주변부)

시대에는 대기중에 노출되기도 한 해저이다. 대륙붕의 경사는 평균 1:1000(0.1°) 또는 약 0.7° 인바, 매우 완만하다. 대륙붕에는 빙하 계곡이나 해저 계곡(submarine valley)이 발달하기도 하지만 대체로 소규모의 계곡이나 초(reef) 또는 사퇴(sand body) 등에 의해 주로 20 m 내외의 기복(relief)이 있는 해저이다.

대륙붕은 내대륙붕(inner continental shelf)과 외대륙붕(outer continental shelf)으로 구분된다. 내대륙붕은 해안선으로부터 바다 쪽으로 약간의 경

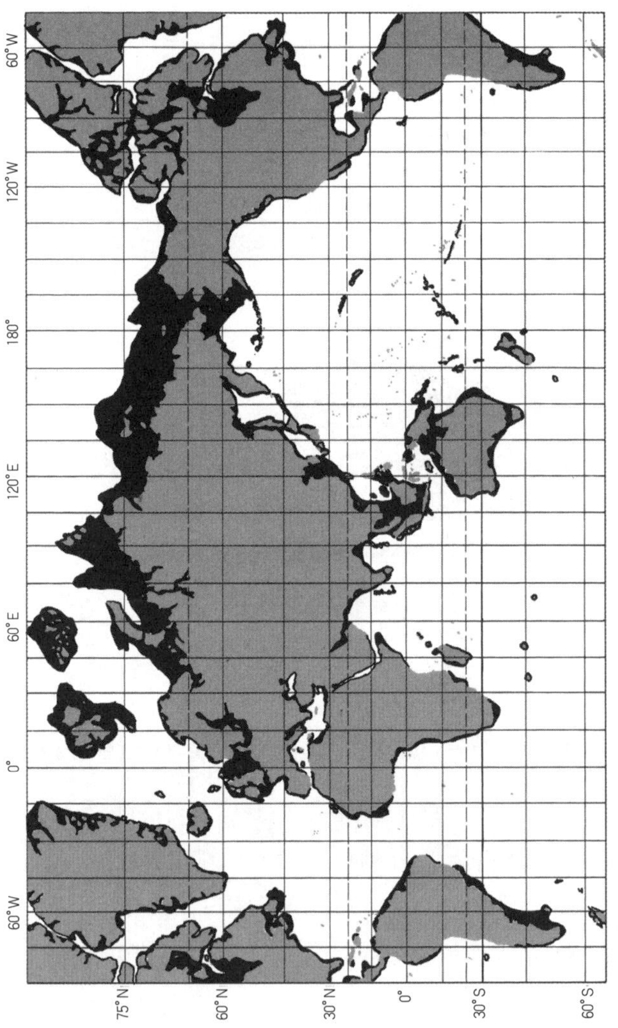

그림 11-3. 대륙붕의 분포

사를 가지는 대륙붕의 중간 부분까지이며, 현생 퇴적 작용에 의한 많은 양의 퇴적물 공급이 활발한 부분이다. 그런데 외대륙붕은 내대륙붕의 끝에서 대륙붕의 끝(붕단)까지로 경사는 더 원만하며, 현생 퇴적물의 공급이 비교적 제한적으로 조정되는 해저이다.

대륙붕은 태평양형과 대서양형의 대륙 주변부의 구조적인 성격에 따라 수 km에서 수백 km(평균 80 km)의 넓은 폭을 가진다(그림 11-3). 즉 대서양의 양안에 발달되어 있는 대륙붕은 그 폭이 넓고 비교적 두꺼운 퇴적층이 발달되어 있지만 태평양형 주변부와 같이 활동적인 판구조 경계 또는 섭입대가 발달한 대륙 주변부의 대륙붕은 비교적 좁은 폭의 해저와 단층 구조선의 발달이 우세한 것이 특징적이다.

1-2. 대륙붕단

대륙붕과 대륙 사면의 경계가 되는 해저 부분이 붕단(shelf break)이다. 즉 경사의 급격한 변화 경계를 이루는 해저지형으로 정의된다(그림 11-1). 가장 최근의 빙하기(last glacial maximum: LGM-18,000 y B.P.) 때의 해안선, 즉 고 해안선(paleo-shoreline)에 해당되는 것으로 해석되고 있다. 붕단은 대체로 100~150 m(평균 128 m)의 수심을 가지는 것이 보편적이며, 남극 대륙과 그린랜드에서 400 m의 수심을 가진다.

붕단의 성인에 관하여 여러 가지 설명이 가능하나 실제로 모든 붕단이 같은 원인으로 형성되는 것은 아니다. 또한 붕단이 대륙붕과 대륙 사면의 경계이므로 붕단의 성인(origin)은 대륙붕 및 대륙 사면의 성인이 설명되는 과정에서 해석되어야 한다. Douglas W. Johnson은 대륙붕을 파랑에 의한 침식과 퇴적으로 설명하였다. 파한(wave base)보다 얕은 해저에서는 침식이 계속되어 결국 편평한 파식 대지(wave-cut terrace)가 형성되며, 파식 대지의 바다 쪽에는 파식 대지에서 운반된 퇴적물이 집적되어

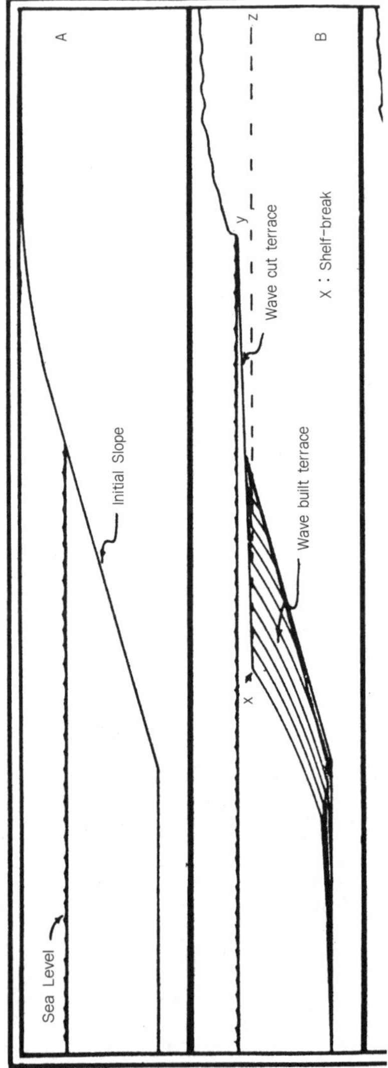

그림 11-4. 파식 대지와 붕단의 형성(A: 원래의 초기 대륙붕, B: 파식 대지, 파의 퇴적 대지 및 붕단의 형성)

파의 퇴적 대지(wave-built terrace)가 형성된다. 실제로 노바스코시아의 대륙붕과 붕단은 이와 같은 형성 과정의 기원에 좋은 예가 되는 경우이다(그림 11-4).

대륙붕의 바다 방향에 위치했던 섬(island) 또는 초(reef)가 평탄하게 침식되어 외대륙붕의 일부와 붕단을 형성함으로써 대륙붕, 붕단 및 대륙사면의 해저 지형이 연속적으로 형성되는 경우를 제시할 수 있다(그림 11-5a). 이 때 지형적 분지가 육지로부터 공급되는 퇴적물로 채워짐으로써 평탄한 대륙붕 해저를 이룬다는 것이다. 실제로 플로리다 서남 해안의 대륙붕 해저 단면(그림 11-5b)은 이 이론으로 설명된다.

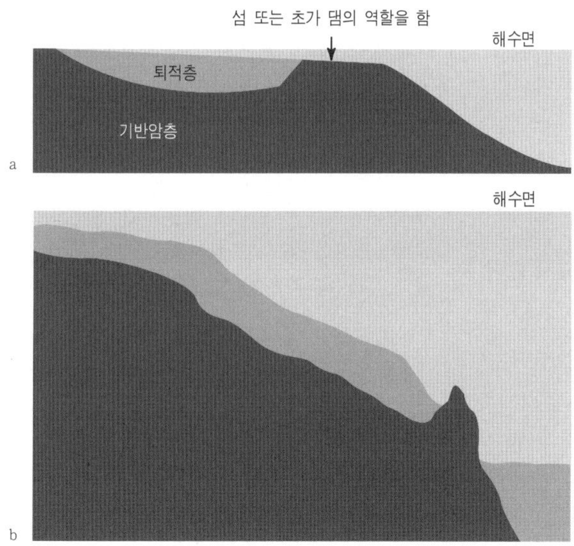

그림 11-5. 섬(island) 또는 초(reef)가 그림의 내용과 같이 댐(dam) 역할을 함으로써 대륙붕, 붕단(shelf edge) 및 대륙 사면의 연계적 해저 지형이 발달한다 (a: 모델화된 그림, b: 플로리다 서남 해역 대륙붕의 실제 경우).

1-3. 대륙 사면

대륙 사면(continental slope)은 대륙붕과 대륙대(continental rise) 사이에 위치하는 해저 지형으로 평균 5° 내외의 경사를 갖는 것이 특징이다. 그런데 대륙 사면의 끝(the foot of the slope)은 신해양법에서는 매우 중요한 고정점(fixed point)이다. 이 고정점에서 60해리(심해 방향)까지 법적인 대륙붕의 바깥 한계(limit of outer continental shelf)이며, 퇴적층 두께의 1%에 해당하는 가장 가까운 거리까지가 또한 대륙붕의 한계로서 주장된다. 문제는 이 대륙 사면의 끝(FOS)이 해양법에서 설명된 내용(경사의 최대 변화)과 같이 결정되기가 쉽지 않다는 것이다. 대부분의 대륙 사면에는 육성기원 퇴적물과 해양생물기원 퇴적물이 혼합되어 집적된다. 대륙 사면에는 저탁류(turbidity current)와 같은 특수한 동력 요소에 의한 퇴적 현상이 빈번히 발생한다(그림 11-6).

1-4. 해저 협곡

대륙 사면에는 대륙붕의 경우와는 다르게 기복이 심한 지형이 발달하는데 그 중에서 가장 특징적 지형은 해저 협곡(submarine canyon)이다. 해저 협곡은 미국의 그랜드캐니언과 같은 V자형의 계곡이 대륙붕단에서 대륙 사면을 거쳐 대륙대(continental rise)까지 발달하는 지형이다. 매우 격렬한 유속의 저탁류와 사태가 간헐적으로 일어나는 바다 밑의 깊은 계곡이다.

해저 협곡의 생성 원인으로는 저탁류에 의한 침식이 가장 유력한 해석이다. 저탁류는 대륙 사면을 가로지른 해저 협곡을 따라 흐르는 것이 보통이며, 대륙붕을 횡단하는 큰 강의 연속이다. 지진 등의 영향에 의해 저

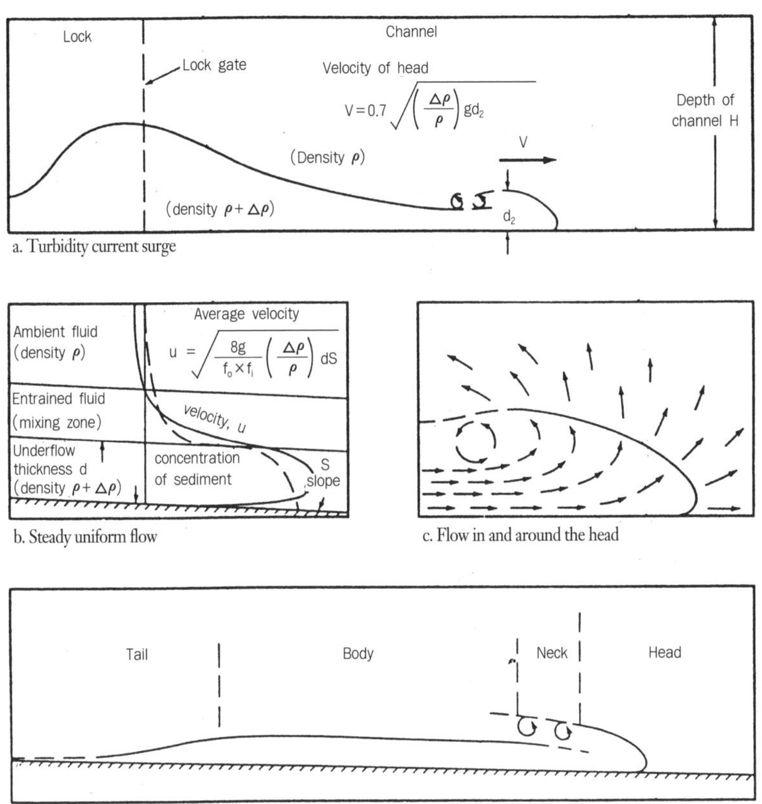

그림 11-6. 저탁류의 surge, uniform flow 및 schematic subdivision(세분)

탁류와 사태가 야기되면 중력에 의해 사면을 따라 흐르는 저탁류는 퇴적물과 혼합되어 밀도는 증가되고 빠른 속도로 흐르게 된다. 이러한 저탁류는 협곡을 침식하며 빠른 속도로 흐르다가 경사가 완만해지는 대륙 사면의 끝(foot of continental slope)에서 많은 양의 퇴적 물질을 퇴적시키므로 심해 선상지(deep sea fan)를 형성한다. 이러한 심해 선상지는 해저 협곡의 끝 부분에서 흔히 발견되며 분지류(distributaries), 자연 제방(natural

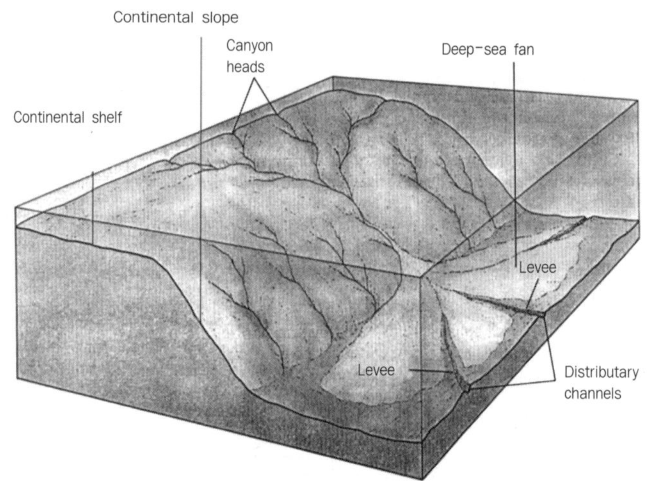

그림 11-7. 해저 협곡을 통하여 흐르는 저탁류에 의하여 생성된 심해 선상지(대륙대)

levee) 등과 같은 강 하구의 삼각주와 유사한 지형 요소들을 나타낸다(그림 11-7). 결국 이 퇴적체(층)은 대륙대(continental rise)를 형성한다.

저탁류의 발생이 직접적으로 관측되는 일은 거의 없으나 지형의 변화 또는 탁도의 변화 등으로 간접적인 관찰이 가능하다. 1929년 미국 동해안에서 발생한 그레이트뱅크 지진(Great Banks Earthquake)에 의한 저탁류는 여러 개의 해저 케이블을 손상함으로써 저탁류의 속도가 간접적으로 측정된 일이 있다. 즉 서로 떨어진 여러 개의 해저 케이블이 시간 간격을 가지며 연속적으로 끊어짐으로써 계산된 저탁류의 속도는 약 27 km/hour에 달하는 매우 빠른 것이었다.

1-5. 대륙대

대륙 사면을 따라 흐르는 저탁류에 의하여 침식 · 운반된 퇴적물은 경사가 완만해지는 대륙 사면의 끝(foot of slope) 부분에서 선상지 또는 삼

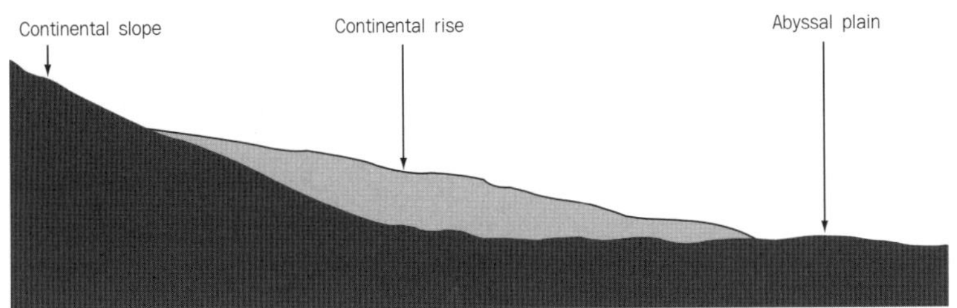

그림 11-8. 대륙대 퇴적층(체)의 단면(주의: 대륙대의 전체 윤곽 파악)

각주와 유사한 형태의 퇴적체를 형성한다. 이렇게 형성된 심해 선상지(deep sea fan)는 많은 해저 협곡(submarine canyon)의 끝(foot)에서 관찰되며 대륙 사면과 심해저 평원(abyssal plain) 사이의 중간적인 위치의 지형을 이루는데, 이러한 퇴적기원의 두꺼운 퇴적층(체)을 대륙대(continental rise)라고 한다(그림 11-8). 즉 대륙대는 대륙 사면과 심해저 평원 사이에 위치하는 해저 지형으로 경사가 1 : 50~1 : 800(평균 1 : 150, 약 0.1°)이다. 대륙대를 이루는 퇴적체의 단면은 그림 11-8과 같은데 이 퇴적체를 이루는 물질은 대륙붕으로부터 운반된 천해기원 쇄설 물질이 대부분이며, 20% 이하의 반심해성 물질이 포함된다. 때로는 퇴적층의 두께가 수 km에 달하여 지각 평형에 의한 침강이 가능하다.

경사 해류(contour currents)가 가장 먼저 연구된 미국 동해안 심해의 경우, 서쪽 경계 저층 해류(Western Boundary Undercurrent)는 그린랜드와 스코틀랜드 사이의 심해에서 시작되며, 중력과 코리올리의 힘과 평형을 이루며 등수심선을 따라 40 cm/sec의 속도로 적도 방향으로 흐르는 것으로 알려진 이 해류는 대륙 사면의 끝 부분과 대륙대를 따라 흐르면서 이미 운반 · 퇴적된 퇴적물과 화산기원의 퇴적물 등을 재동시켜 운반하기도 한다.

2. 한반도의 대륙 주변부

아시아 대륙의 가장자리에 위치한 한반도는 유라시아 판(plate)과 태평양 판의 경계와 인접한 곳에 위치하므로 한반도 주변의 해저 지각 지층구조와 층서 발달은 판들의 상대적 운동과 관련되어 있다. 유라시아 판과 태평양 판은 섭입대가 발달한 활동적 경계를 이루며 해양 지각인 태평양 판이 일본 열도 아래로 섭입하는 것으로 알려져 있다. 한편 신생대의 마이오세 초기부터 형성된 것으로 해석되는 동해(East Sea)는 호상 열도의 뒤편에 발달하는 후열도 분지(back-arc basin)로 해석된다. 또한 신생대(마이오세)의 동해 형성 시기와 비슷한 때에 형성되기 시작한 서해(West Sea)는 현세(Holocene)의 해수면 상승으로 침수된 육연해(epicontinental sea)로 해석된다. 이러한 동 · 서 · 남해의 대륙붕은 서로 다른 특징을 나타낸다. 서해는 전체적으로 수십 m 이내의 얕은 수심의 대륙붕에 해당되며 동해에는 매우 좁은 대륙붕이 발달하고 붕단에서 갑자기 수심이 깊어져 대륙 사면으로 이어진다. 서해는 전체적으로 현생 퇴적물의 공급이 매우 높은 것으로 알려져 있으며, 상대적으로 동해의 대륙붕에는 현생 퇴적물의 공급이 적은 것이 특징이다. 따라서 동해의 경우 해수면 상승 이전에 퇴적된 퇴적물, 즉 잔류 퇴적물(relict sediments)이 현생 퇴적물에 의하여 덮이지 않고 붕단(shelf edge) 근처에서 발견된다. 남해는 동해와 서해의 중간적인 특징을 보인다. 한반도 주변의 대륙붕은 공통적으로 내대륙붕에는 현세 중기(mid-Holocene) 이후에 퇴적된 세립질 퇴적물이 우세하고, 외대륙붕과 붕단은 현세 초기 또는 현세 이전(pre-Holocene)의 퇴적물이 우세하다.

한반도 주변의 동중국해(East China Sea), 황해(Yellow Sea) 및 동해(East Sea of Korea)의 대륙붕들은 현재의 동력학적 관점에서 조수 우세

(tide dominated) 대륙붕과 파랑 우세(wave dominated) 대륙붕의 두 가지로 분류될 수 있다. 황해의 대륙붕은 전형적인 조수 우세 환경이고, 반면에 중국해와 동해는 파랑 우세 환경이다. 한반도의 남쪽에 위치한 남해(South Sea)는 황해와 동해의 중간 성격인 점이적인 환경이다.

2-1. 한반도 대륙붕의 표층 퇴적물

황해와 남해 및 중국해의 지역적인 해저 표층 퇴적물 분포(표층 퇴적상: surface sediment facies)는 지난 30여 년간 한국과 중국의 해저(지질) 해양학자들에 의한 연구로 밝혀진 것인데, 이에 관한 정리된 내용이 그림 11-9에 제시되었다. 기존의 연구 결과에 의하면 황해와 중국해의 연안 지역에는 4 m 이상의 조석차를 나타내는 조수 환경이 우세한 표층 퇴적상을 보여 준다. 따라서 연근해의 내대륙붕에 큰 영향을 미치는 양자강, 한강 또는 금강의 염하구내에서는 강한 유속의 조류(tidal current)가 퇴적물의 확산 이동 양상을 조절하는 중요한 요인으로 작용하고 있다.

황해 대륙붕의 일반적인 표층 퇴적상은 퇴적학적 특성구(regime)에 의하여 구분될 수 있는바, 그 내용은 다음과 같다. 동중국해 서부 해역의 내대륙붕은 양쯔강에서 공급되는 세립질 퇴적물이 우세하게 분포되고 강한 연안류와 간헐적인 폭풍에 의하여 남쪽으로 재동된다. 황해 북서 해역의 내대륙붕에서는 이와 유사하게 황하에서 유입된 세립 퇴적물이 우세하게 분포한다. 그러나 황해의 동부와 북동부인 한국 서쪽의 내대륙붕에는 잔류 사립 퇴적물과 한반도에서 공급된 사질 퇴적물들이 분포되어 있다(그림 11-9). 동중국해의 중앙부에는 해침 사질 퇴적물(transgressive sands)이 분포하여 조류와 다른 해류들에 의해 재동되고 있다. 황해 남부의 표층 퇴적상은 서쪽 해역, 동쪽 해역, 그리고 중앙 해역의 퇴적상 윤곽으로 구분된다. 서쪽 해역은 중국 대륙의 해안선을 따라 분포하며, 그

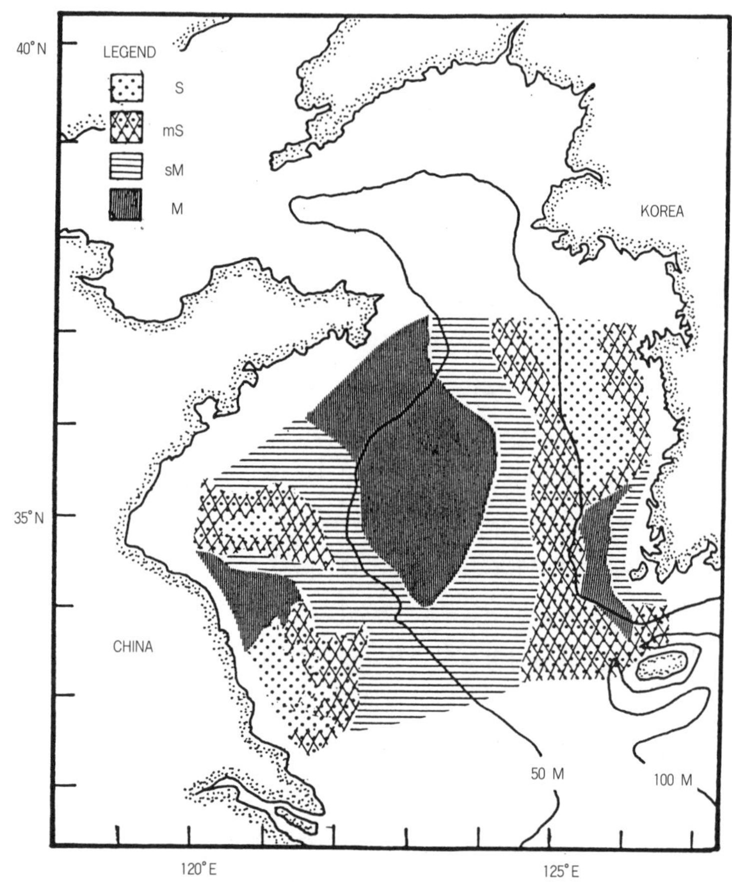

S: 모래　mS: 이토 모래　sM: 모래질 이토　M: 이토

그림 11-9. 황해 대륙붕의 표층 퇴적상

퇴적상은 다양하지만 세립 퇴적물들이 우세하게 분포한다. 사실상 여러 퇴적상들이 분포하지만 그 중에서 실트와 점토의 함량이 높은 퇴적상(sedimentary facies)이 우세하다. 황해의 동쪽 해역에는 한반도의 해안선을 따라서 사질과 역질을 포함한 다양한 조립 퇴적물의 퇴적상이 분포한

다. 그러나 황해 대륙붕의 중앙 해역에는 실트와 점토가 우세한 세립 퇴적물이 분포한다. 황해 중앙부에 위치한 세립 퇴적상은 중앙 황해 이토(CYSM: central Yellow Sea mud)라고 명명되었다(Park and Khim, 1992). 한편 황해의 동부에 우세한 조립한 퇴적상과 함께 남동 황해 이토(SEYSM: southeastern Yellow Sea mud)라고 명명된 세립 퇴적물이 대상(belt)으로 분포한다. 황해의 남부 해역에서는 여러 형태의 표층 퇴적상이 존재하며 현생 퇴적물과 함께 선현세 잔류 퇴적물의 존재가 확인되었다. 담수성 생물, 연안 생물, 그리고 심지어 육지성 동물의 잔해, 예를 들면 코끼리류의 이빨이나 사슴뿔의 조각이 표층 퇴적물 중에서 발견되기도 한다. 동부 해역의 조립한 표층 퇴적물들은 선현세의 것으로 추정된다. 서부 해역의 잔류 퇴적물(relict sediment)은 조립질뿐만 아니라 세립한 잔류 퇴적물과 함께 탄산염 단괴도 함유한다.

남해의 외대륙붕에는 현세 해수면이 하강된 시기에 퇴적된 사질 잔류 퇴적물의 퇴적상이 우세하다. 퇴적물의 입도는 연안에서 외해로 갈수록 조립해져서 약 80 m 등심선보다 더 깊은 해저에는 사 · 역질 함량이 60% 이상을 이룬다. 남해 대륙붕 퇴적물의 입도 분포는 연안에서 멀어질수록 조립해지는 양상을 보인다. 이러한 사질 퇴적상은 종종 원마도가 좋은 조립한 역(rounded gravel)을 포함하기도 한다. 사질 입자 크기의 석영의 표면에는 산화철의 피복이 관찰되기도 한다. 그림 11-9에 나타나듯이 남해의 내대륙붕에는 세립 퇴적상이 분포한다. 니질 성분(muddy sediment)이 90% 이상을 차지하는 세립 퇴적물은 중부 해안에서 낙동강 하구에 이르는 연안 해역에 띠 모양으로 분포하며, 국부적으로 제주도 서북부 해역에서 우세한 분포를 보인다. 남해의 세립 퇴적상의 분포 양상은 매우 특징적으로 이러한 세립 퇴적물이 현세 약 8000년 전 이후에 퇴적된 것으로 연구 · 보고되었다. 이 해역의 현세 세립 퇴적물들은 주로 인근의 연안 해역이나 조간대 혹은 황해로부터 공급된 것으로 해석된다. 가을과 겨울철

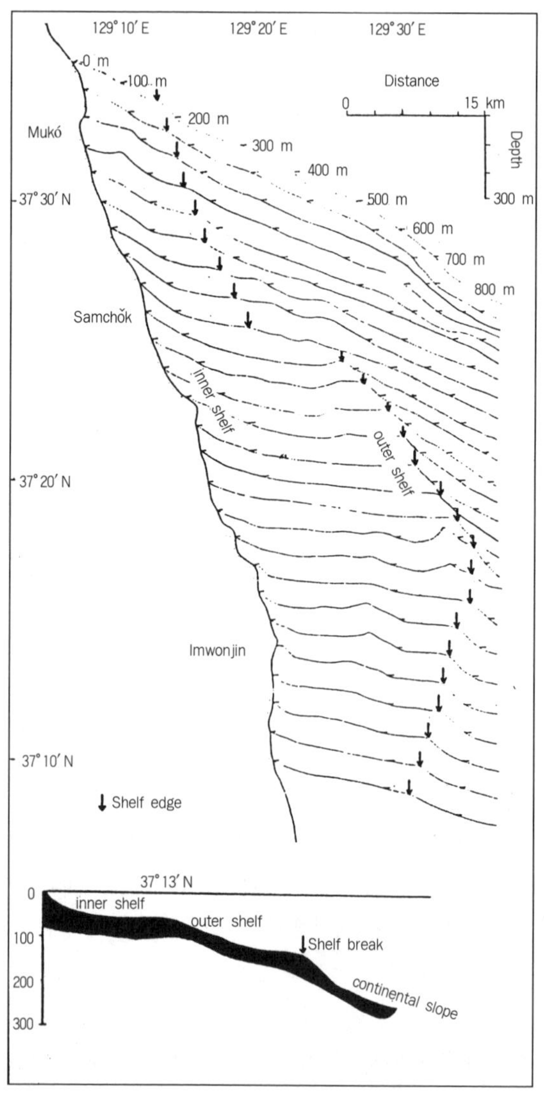

그림 11-10. 동해 대륙붕 · 붕단 및 대륙 사면의 해저 지형 단면

에 남쪽으로 흐르는 한국 서해안의 연안류(coastal current)는 재동된 세립 퇴적물의 이동 원인이 되고 있다.

동해의 대륙붕은 황해와 남해의 대륙붕에 비교하여 상대적으로 좁은 폭으로 형성되었고, 그 경사도는 크다. 동해 묵호와 임원진의 해역에 이르는 대륙붕의 지형적 특징은 첫째, 외대륙붕에 연결되는 전형적인 내대륙붕의 발달, 둘째, 외대륙붕과 내대륙붕 사이의 정단층 기원의 좁은 ravine이다(그림 11-10). 이 곳 대륙붕의 평균 경사도는 0.6° 이며, 붕단의 수심은 해안선에서 18~20 km 떨어진 140~150 m이다. 동해 영덕 해역에서 남쪽으로 부산 해역 및 동남 해역(삼천포)에 이르는 대륙붕 해저의 표층 퇴적물의 퇴적상은 그림 11-11에 정리되었다. 세립질 퇴적물이 우세한 점토질 퇴적상은 주로 대륙 사면보다 깊은 곳에 위치한다. 그러나 감포 부근의 대륙붕과 후포뱅크 서쪽의 대륙붕에서는 점토질 퇴적상이 내대륙붕까지 분포하여 이 해역의 대륙붕이 그 밖의 대륙붕 환경과는 퇴적물 공급 · 운반 등의 퇴적학적 조건과 파랑, 해류 등의 물리해양학적 조건이 다름을 시사한다. 이토질 퇴적상은 대륙붕의 연안 지역과 상부 대륙 사면에 대상으로 분포하며, 사질 퇴적상은 동해 남부의 외대륙붕과 후포뱅크 위에 분포되며 이 사질 퇴적상을 구성하는 퇴적물은 잔류 퇴적물로 해석되었다.

2-2. 한반도 대륙 주변부의 해수면 변화 기록

1969년 국내에서는 처음으로 서해의 조간대와 연안에서 획득된 시추 퇴적층의 분석 결과와 탄소 연대 측정에 근거하여 현세 해수면 변동(Holocene sea-level change or rise)에 대한 연구 결과가 학술지에 발표되었고, 이에 관한 이해가 시작되었다(Park, 1969). 김제 신평천의 연안 조수 퇴적층이 기본적인 조사 연구지로 선정되어 5 m 이상의 깊이까지 시추

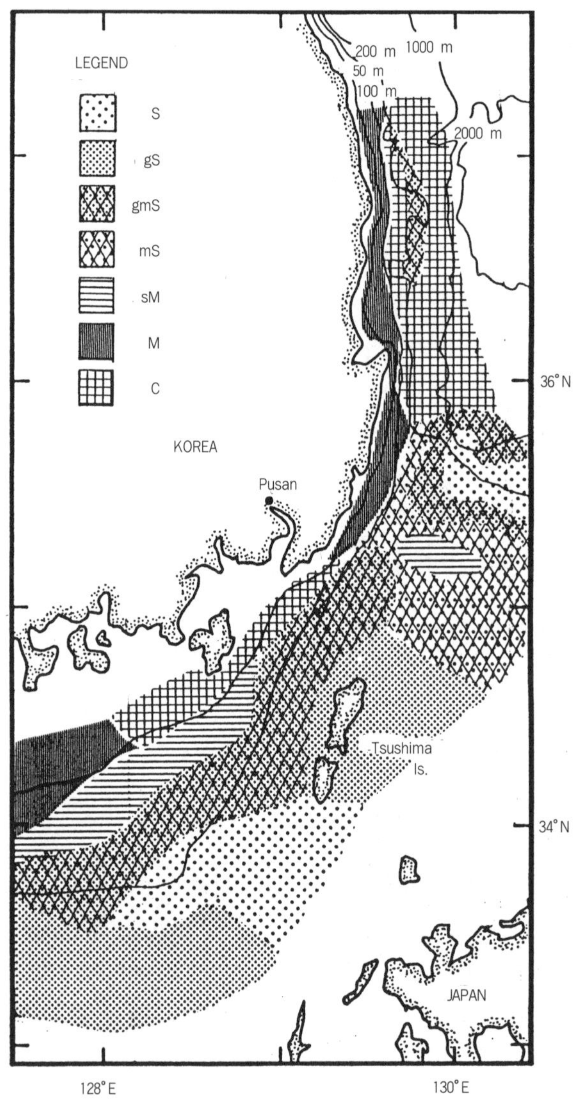

그림 11-11. 동해(36.30~34.00° N) 대륙붕 해저의 표층 퇴적상 분포

시료의 채취가 이루어졌고, 이와 관계된 자료는 지난 6500년 동안 한국 서해(황해)가 침수된 현상을 규명하였다(Park, 1969).

황해와 남해의 해안은 많은 염하구와 만 또는 도서를 형성하는 리아식 침수 해안(ria-type drowned coast)이며, 해안선의 굴곡은 뚜렷하고 대조차와 중조차의 조수 환경하에서 넓은 조간대(약 8억 3,200만 평)가 분명하게 발달하고 있음이 특징이다. 그런데 이 조간대의 많은 부분이 간척 공사에 의하여 해안선 모양이 점차 단순하게 변하고 있다. 황해와 남해의 현재의 바다가 현세 후기의 해수면 상승에 의하여 침수되었다는 증거가 확인되고 있다. 요약하면 위스콘신(뷔름) 최대 빙하기(LGM) 동안 해수면이 최저로 낮았을 때, 즉 현재의 해수면보다 약 138~143 m 하위에 해안선이 위치하고 있었을 때, 한반도는 반도(peninsular)의 형태가 아니라 아시아 대륙의 일부분이며, 일본 열도와 중국과 연속된 하나의 대륙으로 존재하였다(그림 11-12).

한반도 해안의 연근해 퇴적층과 대륙붕 퇴적층에 대한 제4기 후기(late Pleistocene) 해수면 변동에 관한 연구(박용안, 1969) 결과는 한국 서해의 해수면은 지난 현세 중기(middle Holocene) 이후 평균 0.1 cm/yr의 속도로 상승하였다. 한국 서해안의 곰소만의 경우, 해수면 곡선 자료에 의하면 지난 7000년 전에 평균 해수면은 현재의 해수면보다 6.5 m 하위에 위치하였고, 4000년 전에는 3 m 하위에, 그리고 2000년 전에는 약 2.5 m 하위에 위치하였다. 또한 해수면은 지난 5000년까지 매우 빠르게 상승하다가 5000~2000년 동안에 완만한 상승을 한 것으로 해석되었다. 전반적으로 서해의 해수면은 적어도 지난 7000여 년 동안 큰 진동 없이 지속적으로 상승하여 현재의 해수면 수준에 도달한 것으로 해석된다.

김제 해역에서 현세(Holocene) 해수면 변동에 관한 연구가 시작된 이후 한반도 현세 해수면 변화 곡선은 그림 11-13에 잘 나타나 있으며, 기본적으로 현재 해수면은 지난 2000년에서 1000년 사이에 현재의 위치에

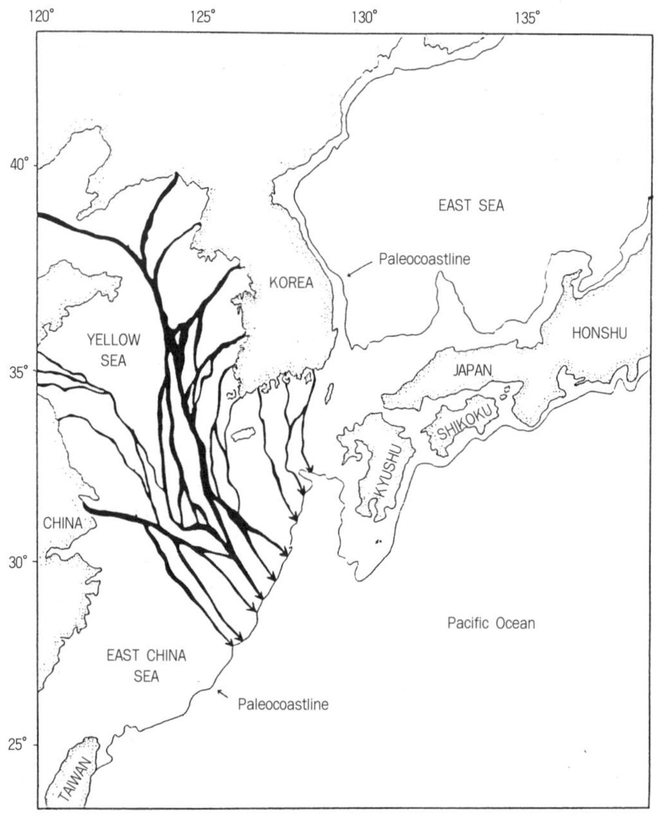

그림 11-12. 지난 최대 빙하기 동안의 고해안선과 고수로

도달한 것으로 해석된다.

선현세(preHolocene)의 LGM 빙하기 동안 한반도와 중국 대륙은 상대적으로 건조하고 매우 추운 기후에 의하여 지배되었고, 평균 온도는 현재보다 약 8~13°C 하강하였다.

황해 분지는 지난 제4기 후기의 빙하기 동안 여러 차례 완전히, 혹은 부분적으로 대기중에 노출되었다고 밝혀지고 있다. 특히 지난 최대 빙하

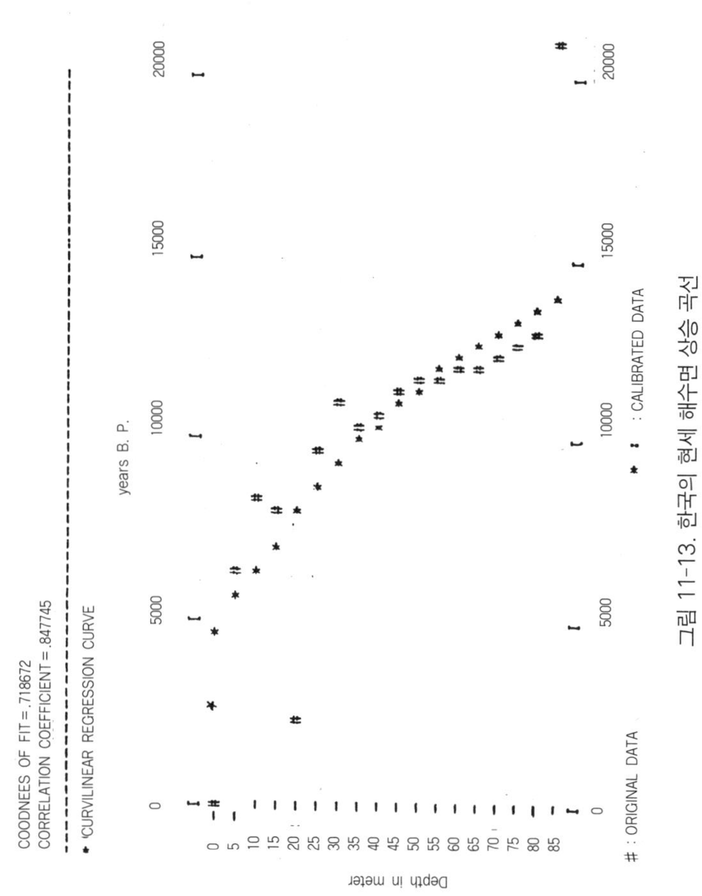

그림 11-13. 한국의 현세 해수면 상승 곡선

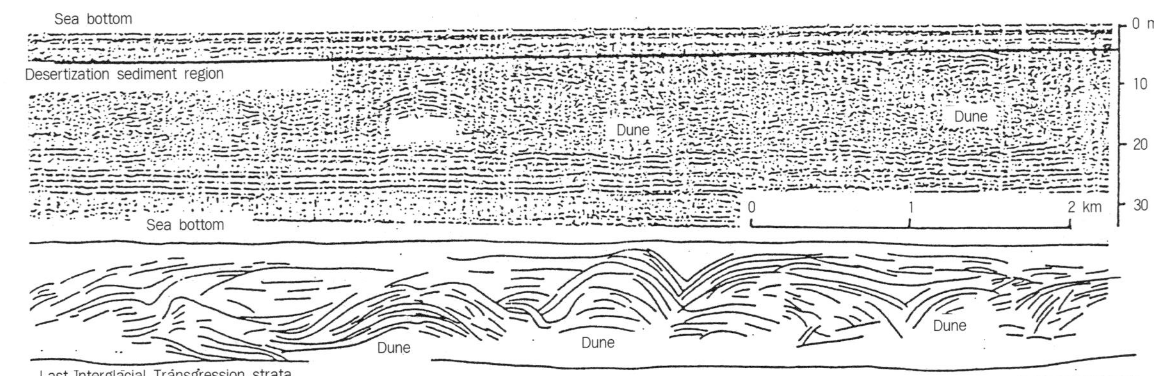

그림 11-14. 황해 해저에 보존된 지난 빙하기에 형성된 사막형 사구의 구조를 보여 주는 탄성파 탐사 자료

기 동안에는 황해 분지는 대기중에 완전히 노출되었다는 사실이 탄성파 탐사 자료(그림 11-14)와 고생물학적 자료들에 의하여 해석되고 있다. 그림 11-14는 황해 분지의 서남부 해저의 탄성파 탐사 자료의 일부를 제시하는데, 여기에서 사막형 사구와 황토(loess)로 해석되는 탄성파 층서 단위는 LGM의 한냉 · 건조 기후를 의미하는 것으로 보고하였다(Zhao, 1990). 그러나 층서 암석학적 증거가 결여되어 사막기원의 퇴적물로 결론 내리지 못하고 있다.

3. 심해저와 화산섬

심해에서 가장 넓은 면적을 차지하는 심해저 평원(abyssal plain)은 대륙대의 끝으로부터 대양저 산맥 사이의 해저에 위치하며 대체로 1 : 1,000 미만의 경사를 갖는 매우 평탄한 표면의 심해저 지형이다(그림 11-15). 심해저 평원은 해양 지각 위에 퇴적된 심해성 퇴적물로 구성되며 해양 지각을 덮고 있는 퇴적층의 두께는 일반적으로 해령으로부터의 거리가 증가할수록 두꺼워진다.

심해저 평원은 특히 대서양에서 넓고 평탄한 모습을 보이며 때때로 화산기원의 돌출부가 발달하기도 한다. 이러한 돌출부가 심해저 평원으로부터 1 km 이상 높게 솟아오른 경우에 이를 해중산(seamount)이라 하며, 해중산의 정부(꼭대기)가 평탄하게 된 경우를 기요(guyot)라고 한다(그림 11-16). 태평양의 심해저 평원에는 다른 대양에 비교하여 많은 해중산과 기요가 분포한다.

3-1. 환초

주로 남태평양의 화산섬 주변에는 대체로 원형으로 섬을 둘러싸고 있

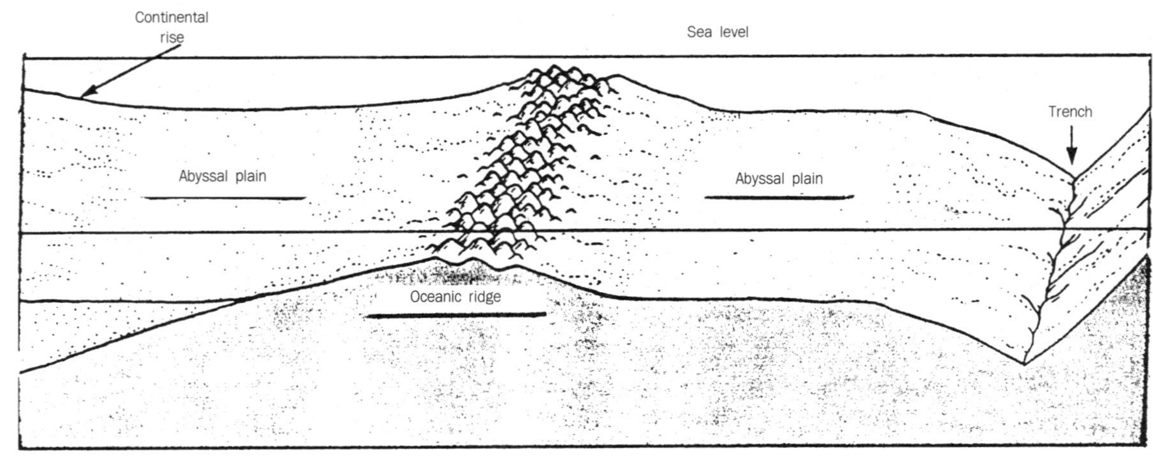

그림 11-15. 심해의 해령, 심해저 평원, 해구

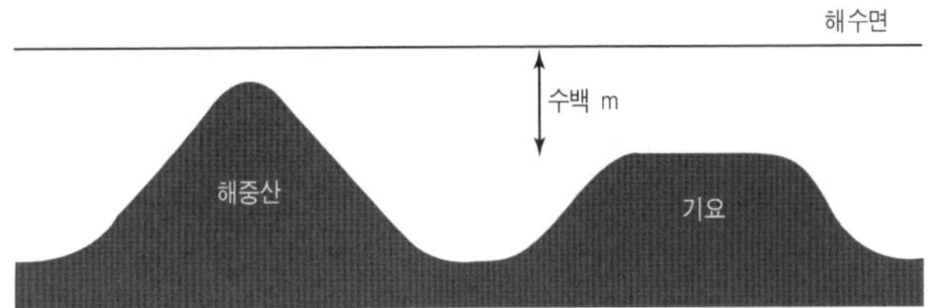

그림 11-16. 해중산(seamount)과 기요(guyot)

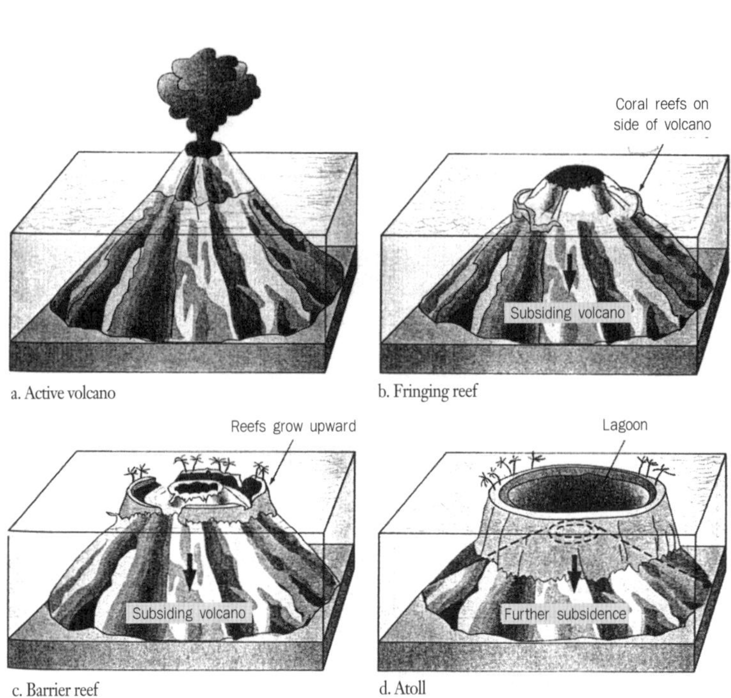

그림 11-17. 환초(atoll)의 형성 과정(주의: a → b → c → d의 진화 과정)

는 산호초가 발견되는 경우가 많은데 이를 환초(atoll)라 한다(그림 11-17). 이런 경우 산호초가 방파제의 역할을 하므로 환초의 안쪽은 파랑의 영향이 적게 미치는 조용하고 얕은 바다가 된다. 따라서 이러한 환초의 안쪽 바다는 관광지로 개발되는 경우가 많다.

C. Darwin은 이러한 환초를 처음으로 자세히 조사하고 환초가 형성된 원인을 화산섬(volcanic island)의 침강에 의한 것으로 해석하였다. 환초의 형성에 대한 그의 가설은 현재도 거의 수정 없이 받아들여지고 있으며, 다만 화산섬의 침강 원인은 대양저 산맥에서 형성된 해양 지각이 대양저 산맥에서 멀어지면서 천천히 수축하고 침강하는 것으로 해석되고 있다.

3-2. 기요

해중산 중에는 정상부에 침식의 흔적과 함께 평탄한 지형을 나타나는 경우가 있는데 이를 평정산(table mount) 또는 기요(guyot)라 한다(그림 11-18). 기요는 해중산이 한때 해수면 위로 노출되었거나 해수면 가까이 위치하였으며, 정상부가 파랑에 의하여 침식된 후에 해중산 자체가 파도의 영향권(wave base) 하부로 서서히 침강하므로 기요가 형성되었다고 해

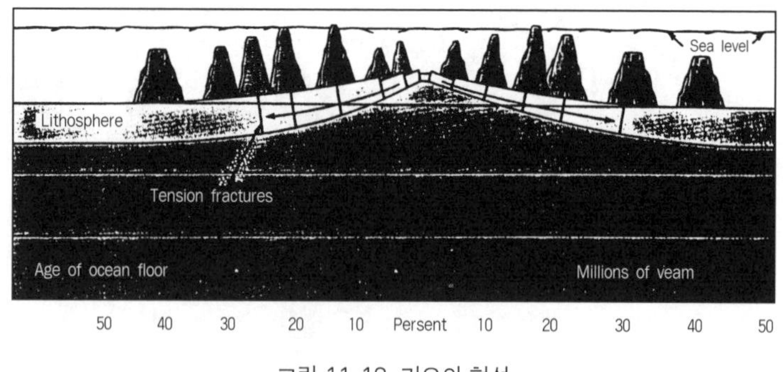

그림 11-18. 기요의 형성

석된다. 이러한 해저(해양 지각)의 침강은 환초와 기요의 형성 과정에서와 같이 해저 화산으로 분출하여 생성된 해양 지각이 냉각되고 서서히 수축되는 과정에서 그 원인을 찾을 수 있다.

4. 대양저 산맥

정밀 음향측심 장비를 이용하여 정확하고 연속적인 수심 측량을 수행하고 해저 지형학적으로 연구한 해저(지질) 해양과학자들은 대양에는 전체 길이가 약 8만 km에 달하는 거대한 산맥(심해저 산맥)이 발달하여 있음을 보고하였다(그림 11-19). 이러한 대양저 산맥은 주변의 경사가 급하고 불규칙한 경우에 해령(oceanic ridge), 경사가 완만한 경우에 심해저 돌출부(oceanic rise)라 불리기도 한다. 가장 분명한 해령의 하나인 대서양 중앙 해령(Mid-Atlantic Ridge)은 대서양의 남북 산맥 축(axis)을 가지고 있고 심해저 평원으로부터 약 2.5 km 정도 돌출해 있다. 또한 칼스버그 해령(Carlsberg Ridge)은 인도양을 가로질러 홍해(Red Sea)에 이르며, 동태평양 돌출부(East Pacific Rise)는 태평양의 남동 쪽에서 캘리포니아만으로 연장된다(그림 11-19). 이러한 해저 산맥들은 판의 운동과 관련이 깊은 것으로 알려져 있으며, 현무암질의 용암으로부터 형성된 화산암으로 구성되어 있다.

이 경우 돌출부(rise)라는 지형 용어는 대륙 주변부의 대륙대(continental rise)와는 전혀 다른 의미의 지형으로서의 Rise이며, 수백 m 이상 높게 돌출한 해양 지각의 지형 단위이다. 예를 들면 버뮤다 돌출부(Bermuda Rise), 캐텀 돌출부(Chatham Rise) 등은 열점(hot spot)에 의한 해양 지각의 대규모 휘어짐(upwarping)에 의해 형성된 지형이다.

대양저 산맥(oceanic ridge)의 폭은 약 1,000 km 정도이며, 중심부에서 화산 활동과 지진 활동이 활발하다. 대양저 산맥 정상을 따라 약 1~2 km

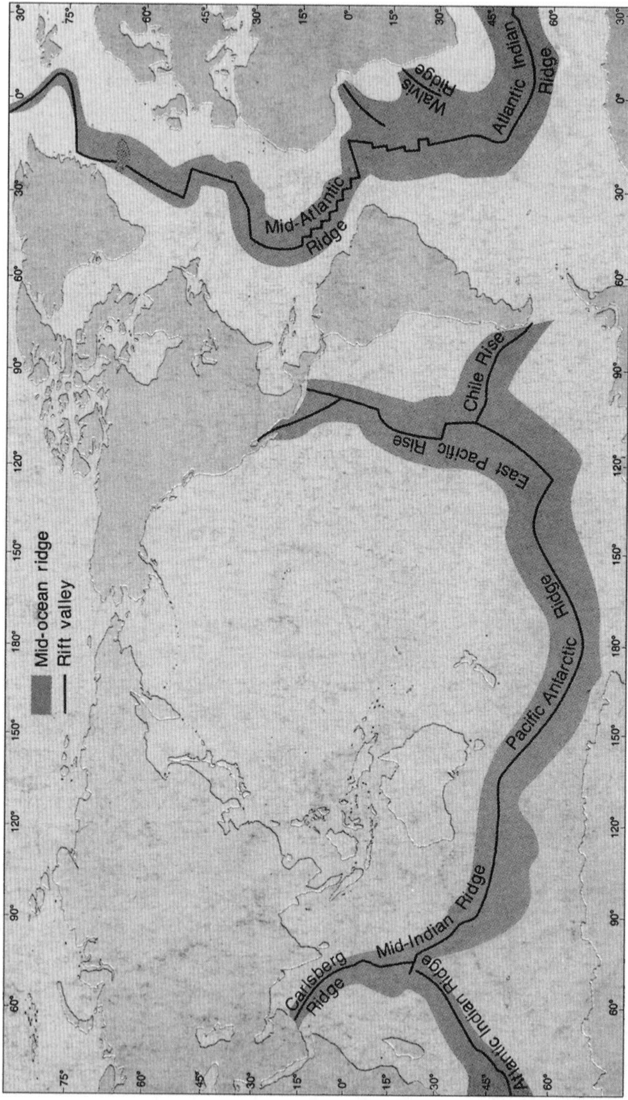

그림 11-19. 대양저 산맥의 분포

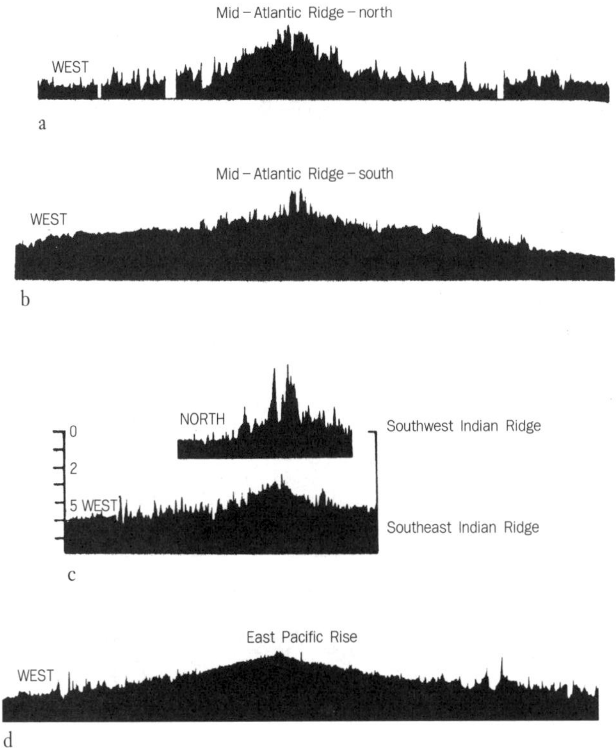

그림 11-20. 전형적인 중앙 해령의 단면(a, b: 대서양, c: 인도양, d: 태평양)

의 깊이에 달하는 골짜기가 발달해 있는데 이를 열곡(rift valley)이라 한다(그림 11-20). 열곡은 특히 대서양 중앙 해령에서 뚜렷하다(그림 11-20a, b). 1974년에는 이 열곡에 대한 자세한 연구를 위하여 프랑스와 미국이 합동으로 French-American Mid-Ocean Undersea Study(FAMOUS) 프로젝트가 수행되었다. 그런데 그림 11-20d에서와 같이, 동태평양 해령에는 산맥 정상부에 깊은 열곡이 발달하고 있지 않다. 대양저 산맥 부근에 열수구(hydrothermal vent)가 있으며, 이 열수구는 400° C의 뜨거운 해수(금속 원소 함유)를 뿜어 내고 있으며, 그 주위에는 어류, 패류 및 지렁이 같은 생물이 서식하는 신비스러운 사실이 1977년에 처음으로 밝혀졌다. 최초의 열수구 발견은 태평양의 East Pacific Rise(동태평양 해령)의 부근이었고, 1977년에 Alvin 잠수정에 의하여 발견되었다.

5. 해 구

일반적으로 대서양형(Atlantic type) 대륙 주변부에는 대륙 사면과 심해

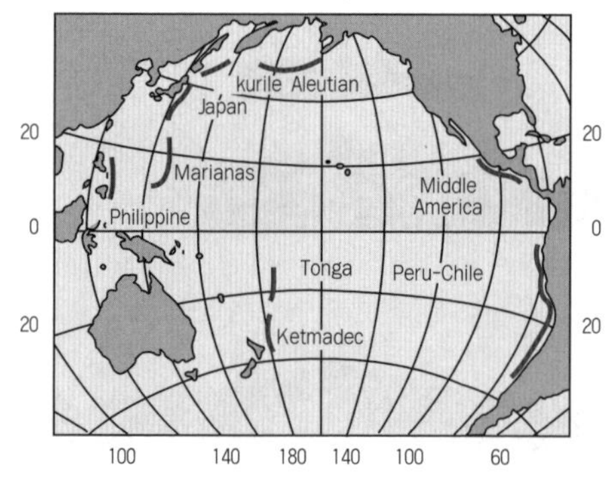

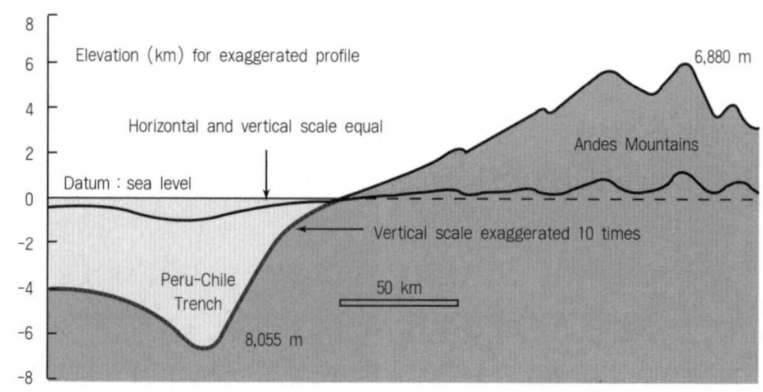

그림 11-21. 해구(trench)의 분포(a)와 해구 단면(b)(페루-칠레 해구)

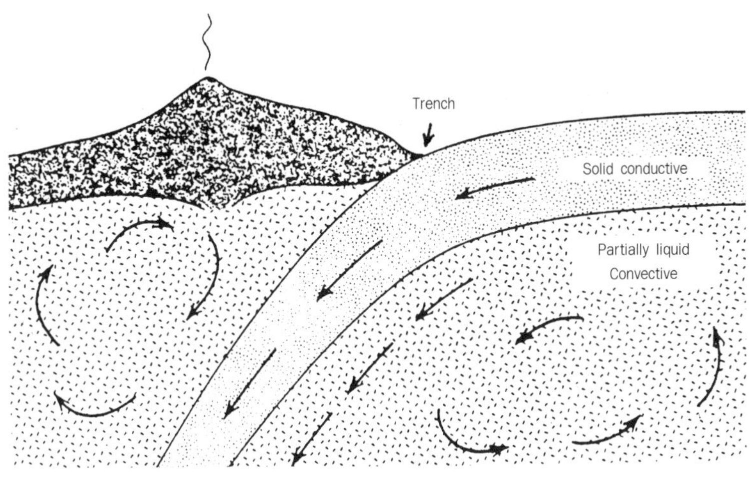

그림 11-22. 해구의 형성

저 평원의 사이에 대륙대(continental rise)가 형성되나 태평양형(Pacific type)의 대륙 주변부에서는 대륙 사면이 경사가 매우 급한 해구(trench)와 연속된다. 즉 대륙대는 존재하지 않고 그 위치에 해구가 발달한다. 지구상에서 가장 깊은 해구의 수심은 11,023 m이며, 이러한 수심의 해구는 남태평양에 위치한 Mariana(마리아나) 해구이다. 그런데 해구는 태평양에서 관찰되며 중남미의 서부 해역 및 알류샨 열도 등의 여러 대륙 주변부에서 볼 수 있다(그림 11-21).

판구조론의 논리에서 해양 지각은 대양저 산맥(해령)의 열곡에서 새롭게 생성되고 확장 · 이동한다. 결국 대륙 지각과 해양 지각이 충돌하면서 섭입(subduction)되는바 이러한 곳을 해구(trench)라 한다(그림 11-22).

이러한 해구에서는 화산 활동과 지진 활동이 활발하며 해구의 대륙 쪽에는 일본 열도나 알류샨 열도와 같은 호상 열도와 화산대가 발달한다. 해구의 수심은 보통 6 km 이상이며, 폭은 200 km 미만이고, 해구의 종축의 길이는 대체로 6,000 km 이하이다. 또한 일반적으로 해구의 대양 쪽

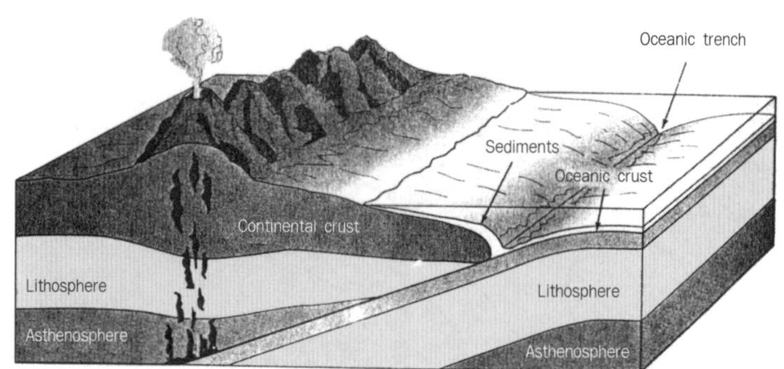

a. Ocean/continent

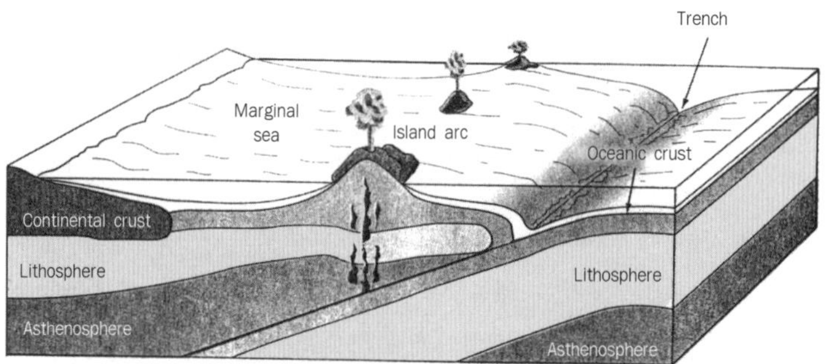

b. Ocean/ocean

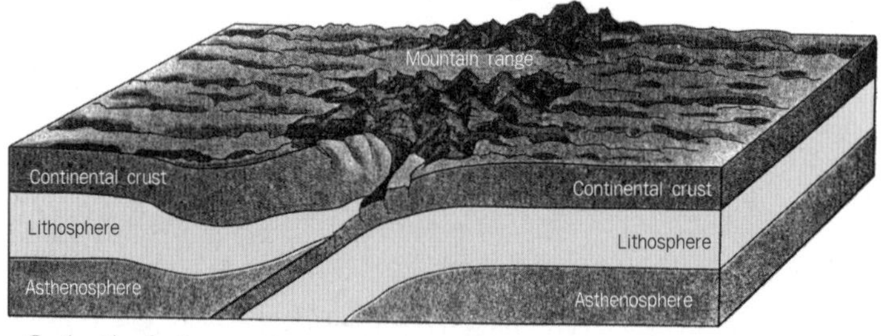

c. Continent/continent

그림 11-23. 해구 판구조의 원인이 되는 세 가지 종류의 지각판 충돌(collision) 모습

경사는 육지 쪽의 경사보다 완만하여 해구의 횡단면은 비대칭의 단면이다(그림 11-21).

이미 제8장에서도 설명된 바 있는 섭입(subduction)의 현상은 소위 태평양형 대륙 주변부의 뚜렷한 특징적 판구조 운동임이 틀림없는 것이다. 제11장의 해구 설명에서 해구 자체의 해저 지형단위는 해양 지각(oceanic crust)이 대륙 지각과 충돌함으로써 형성되는 것으로 강조되며, 이에 관련하여 그림 11-23은 두 지각판이 서로 마주치는 섭입 구조는 크게 세 가지임을 제시한다. 그림 11-23a는 대륙 지각판과 해양 지각판과의 충돌(collision) 모습이고, 그림 11-23b는 해양 지각판과 해양 지각판과의 충돌 모습이며, 11-23c는 대륙 지각판과 대륙 지각판이 충돌하는 모습이다. 그림 11-23c의 충돌은 Appalachia 산맥, Himalaya 산맥, Alps 산맥 및 Zagros 산맥의 형성을 설명하는 좋은 모델이 된다.

12

인간과 해양 환경

Human and Ocean

해양 환경에 관한 과학적 관심은 지난 30여 년간 급속히 증가되어 왔으며, 이와 함께 해양에 대한 과학적 조사와 연구의 활성화는 세계 여러 나라에서 뚜렷한 추세로 나타나고 있다. 왜냐하면 해양 자원의 효율적 이용과 개발 및 해양 환경 보존이 필요하게 되었기 때문이다. 이러한 필요는 세계 인구의 폭발적 급증에 따른 육상 자원 고갈의 추세에 근거한다. 해양 자원의 수요 증가와 자원 개발의 활성화는 다른 문제를 야기하는바, 그러한 문제 중 가장 큰 것이 해양 환경의 오염 문제이다. 해양 오염이란 인간에 의해 직접 · 간접으로 오염 물질이 하구를 통과하여 해양 환경으로 유입되고 그로 인해 해양 생태계의 파괴, 해양 생물 자원의 피해, 어업을 포함한 해양 활동의 감소, 그리고 해양 관광 가치의 감소 등을 유발하는 것으로 규정된다. 이러한 해양 환경의 오염과 지구 환경의 변화에 관한 해양학적 연구는 1970년대 후반부터 많은 해양학자들에 의하여 활발히 수행되고 있다.

1. 인간과 해양 자원

1-1. 에너지 자원

산업 혁명 이후 인류의 에너지 소비량은 급격히 증가되어 왔고, 전세계의 대부분의 국가들은 안정적인 에너지 공급을 위해 무차별적인 화석 연료의 개발과 대용량의 원자력 발전소 건설에 박차를 가해 왔다. 그 결과 자연 환경의 심각한 파괴와 화석 연료의 고갈 예상은 미래에의 불안 요소로 이어지고 있다. 체르노빌 원전 사고를 예로 들지 않더라도 서울권의 대기에 자주 발생하는 극심한 대기 오염 상태 등은 인류의 삶의 터전인 지구 환경의 보존과 계획 및 실천이 얼마나 중요하고 필요한 것인가를 증거한다. 또한 대체 에너지로서의 그린 에너지(green energy)의 개발은 절실히 필요하다고 강조되고 있다.

(1) 바람과 해류

바람은 수세기 동안 항해의 원동력으로 이용되어 왔다. 특히 뉴잉글랜드 연안의 서풍은 상당한 에너지를 유지하고 있는 바람으로 그림 12-1과 같은 연안 풍력 시스템(offshore windpower system)에 의해 상당량의 전기를 얻을 수 있을 것으로 분석되고 있다.

미국 동해안(대서양) 남쪽 플로리다 주 해역에서 우세한 해류인 걸프 해류(Gulf Stream)를 이용하여 전기 동력을 얻을 수 있는바, 1974년에 추정된 바에 의하면 약 2,000 MW(메가와트)의 발전이 가능한 것으로 분석되었다. 이러한 목적으로 고안된 것이 그림 12-2와 같은 수중 저속 에너지 변환 장치(water low velocity energy converter)로서의 터빈(turbine)이다. 이러한 발전의 가능성과 경제적 타당성이 이미 확인된 바 있으나, 이

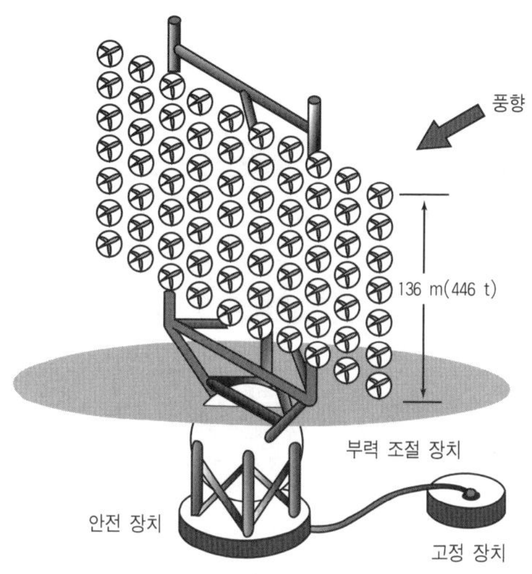

그림 12-1. 풍력 발전의 모형

러한 장비들이 실제로 열악한 해양 환경에서 기대한 만큼의 성능을 발휘할 수 있는지에 대한 고찰이 필요하다.

이 밖에도 해류가 강한 해역에 170 m 정도의 직경을 갖는 수력 터빈(hydroturbine)을 설치하여 발전하려는 계획이 제안된 바 있다. 이 계획에 따르면 하나의 터빈에서 약 43 MW의 전기가 생산될 수 있으므로 약 30 km의 폭을 갖는 해역에 약 240개의 터빈을 설치하면 약 10,000 MW의 전력이 생산될 수 있으므로 이는 1억 3천만 배럴의 석유량과 맞먹는 것으로 평가된다.

(2) 파랑과 조석

연안으로 접근하는 파랑을 이용하여 전기 동력을 얻는 방법에는 몇 가지 문제를 해결하여야 한다. 우선 파랑의 굴절을 고려하여 파랑의 에너지가 한 점으로 모일 수 있도록 그림 12-3과 같은 반구형의 구조물을 만

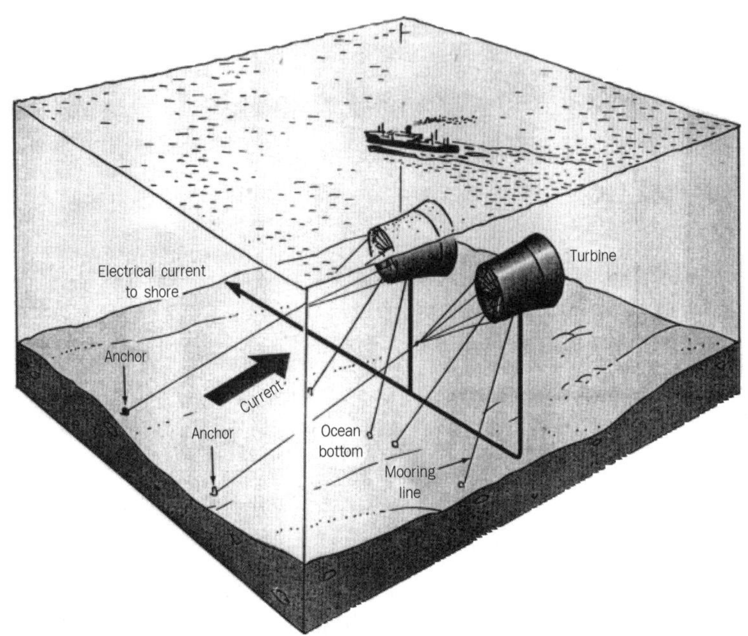

그림 12-2. 수중 저속 에너지 변환 장치로서의 터빈 설치 모형도

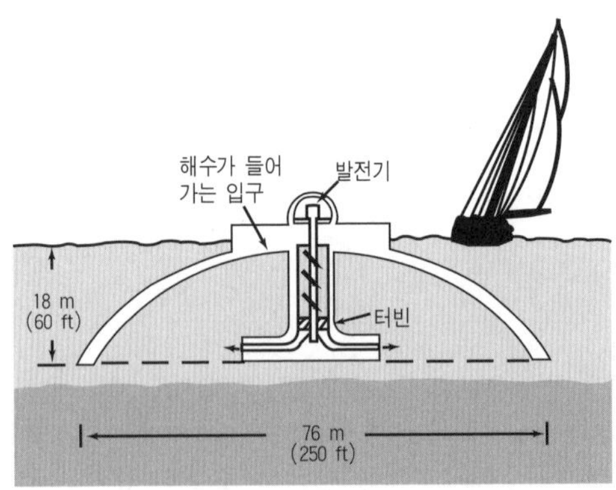

그림 12-3. 파력 발전의 모형도

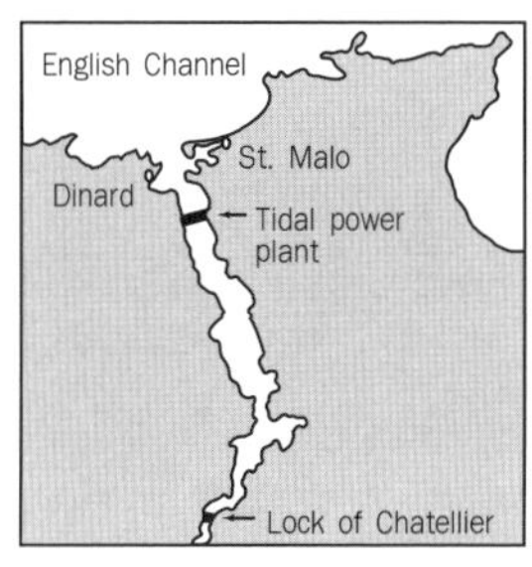

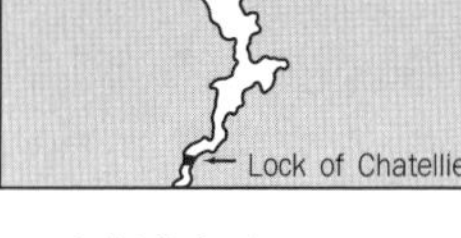

a. 평면(발전소)

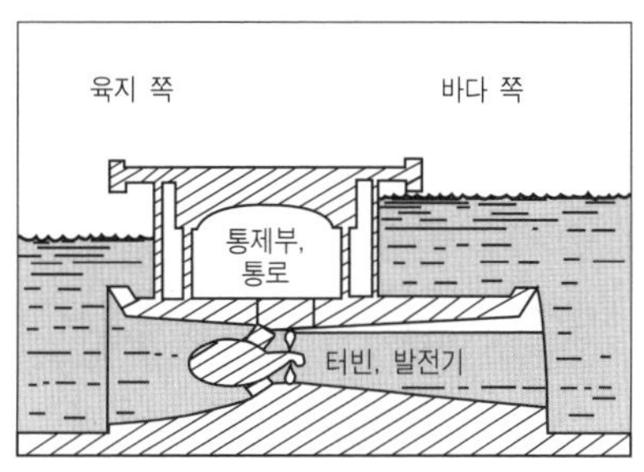

b. 단면

그림 12-4. La Rance 조력 발전소의 위치와 발전 모형

들어야 한다. 이러한 장비와 시설로 인하여 1 km당 약 10 MW의 발전이 가능한데, 폭풍 상태의 큰 파랑이 발생할 때 충분한 발전이 가능하다고 평가된다. 그런데 이러한 구조물을 많이 건설할 경우 연안류(lougshore current)에 의한 퇴적물의 이동 양상이 우세하여 해안 지형의 심각한 변형이 있을 가능성이 있다. 파력 발전으로 인하여 파랑이 차단되는 해역을 항만이나 양식 시설, 또는 레저용 모래 해빈으로 이용할 수 있다. 지역적으로 가능한 경우에는 내부파(internal wave)를 이용하여 발전하는 경우도 가능할 것이다.

조석을 이용한 발전은 건설 당시의 비용이 문제이나 유지비는 비교적 싼 것이 장점이다. 그러나 특별히 설계된 발전 장치 체계가 아니면 하루 종일 발전할 수 없다는 문제를 가지고 있다. 실제로 발전하고 있는 큰 규모의 조력 발전소는 그림 12-4와 같은 프랑스의 La Rance 발전소가 유명하다. 우리 나라의 서해안, 특히 아산만과 가로림만 일대는 조력 발전 가능한 해역으로 손꼽히는 해역이다.

1-2. 광물 자원

(1) 석유

석유는 19세기 후반 이후 20세기 및 21세기의 현대 문명 사회에서 에너지원으로 가장 큰 비중을 차지하는 광물 자원이다. 그 중 적지 않은 양(약 32% 정도)이 대륙붕 해저에서 생산되고 있다. 즉 매년 1,100억 달러의 석유와 230억 달러의 가스가 대륙붕으로부터 생산되고 있다. 석유는 '생물의 유해가 퇴적된 후에 생긴 탄화수소와 그 밖의 유기 분자의 혼합물이며, 유전(oil field)이 형성되기 위해서는 다음과 같은 몇 가지 조건이 충족되어야 한다. 첫째, 경제적 가치가 있을 정도의 충분한 유기물을 포함한 근원암(source rock)이 있어야 한다. 둘째, 퇴적된 유기 물질을 석유로 바꾸어 주는 열화학적 과정이 있어야 한다. 셋째, 생성된 석유를 보유할 수 있는 공극률이 큰 저류암(reservoir rock)이 존재하여야 한다. 넷째,

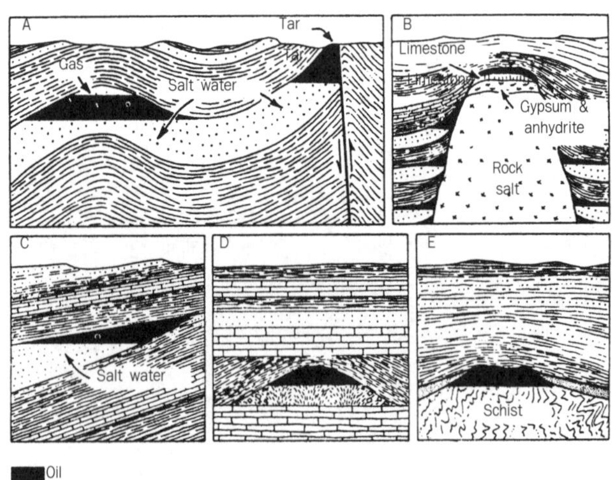

그림 12-5. 석유(가스) 부존의 지질 구조 형태

저장된 석유가 저류암으로부터 이탈되는 것을 방지할 수 있는 덮개암(cap rock)이 있어야 한다. 이와 같은 조건 중의 하나가 결여되면 경제적 가치가 있는 유전이 형성되기 어렵다. 이와 같은 석유(가스)의 생성과 부존의 충족 조건이 모두 갖추어져야 하는데, 일단 생성된 석유(가스)의 부존량이 경제적 가치를 가지고 큰 생산 규모의 매장량으로 집적되는 데는 그림 12-5와 같은 다섯 가지 지질 구조가 형성되어야 한다. 현재 대륙붕과 대륙 사면 해저에서 석유가 생산되는 해역은 멕시코 만과 캘리포니아 남쪽, 알래스카 연안, 북해 등이다. 우리 나라의 경우에는 1970년대부터 개발 가능성이 있는 몇 해역에 대한 탐사가 계속되고 있다. 현재까지는 제7광구에서 발견 가능성이 있는 것으로 판단된다. 21세기 미래의 석유 자원(가스 자원)은 대륙대(continental rise)의 퇴적체(층)로부터 개발될 것으로 예측된다. 왜냐하면 이 곳의 퇴적층(체)은 상당히 좋은 조건의 석유 부존이 가능하며, 대륙붕과 대륙 사면 전체 면적의 33% 이상에 달하는 1,900만 km^2의 면적이 대륙대 면적이기 때문이다.

(2) 암염

암염층(rock salt)은 그 광물 자체로서의 경제적 가치가 매우 클 뿐만 아니라 석유의 부존과 깊은 연관성을 갖는 데 그 중요성이 있다. 대체로 암염층은 주변의 쇄설성 퇴적층에 비교하여 유동성이 크고 밀도는 낮은 편이다. 암염층이 형성된 후 그 위에 쇄설성 퇴적물이 집적되면 횡적인 압력을 받아 변형되며, 결국 오랜 시간이 지나감에 따라 암염층의 일부가 돔(dome)의 형태로 상부 퇴적층을 밀어 올려 솟아오르게 된다(그림 12-6). 이러한 구조는 일단 형성된 석유의 이동과 보관을 용이하게 함으로써 석유의 부존 가능성을 높여 준다. 또한 증발에 의해 암염이 형성될 수 있는 환경에서 퇴적된 유기물은 쉽게 분해되어 버리지 않으므로 석유가 형성될 수 있는 근원암이 만들어질 가능성이 높다. 암염층이 보존된

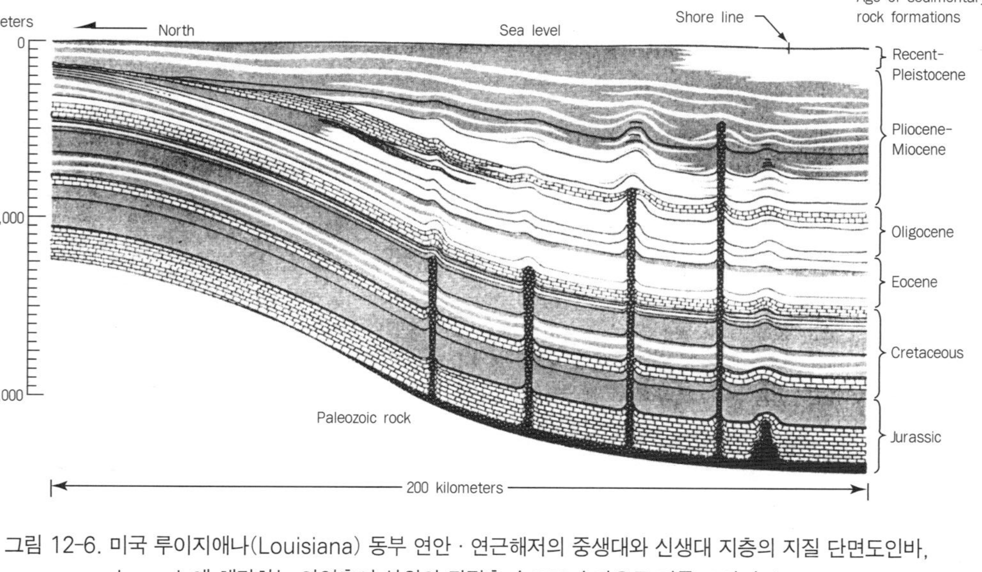

그림 12-6. 미국 루이지애나(Louisiana) 동부 연안 · 연근해저의 중생대와 신생대 지층의 지질 단면도인바, Jurassic에 해당하는 암염층이 상위의 퇴적층 속으로 솟아오른 기둥 모양의 dome

해저 유전 지역으로는 북해, 페르시아 만, 그리고 멕시코 만이 유명하다.

(3) 금속 광상

해저의 금속 광상은 일반적으로 망간 단괴(manganese nodule: MnO_2)라고 하는 해저의 자생 광물이 대표적이다. 역사적으로 볼 때 망간 단괴는 1872~1876년의 Challenge호의 탐사에 의하여 카나리 군도 페로 섬 남방 약 300 km 지점의 해저에서 처음으로 발견·채집되었다. 망간 단괴란 중금속들이 구형으로 모인 덩어리인데 망간과 철이 주성분이고 핵을 중심으로 성장한다(그림 9-8). 이러한 망간 단괴에는 니켈, 코발트, 그리고 구리의 함량이 높아 경제 자원으로서 매우 큰 관심을 끌고 있다. 그림 12-7은 심해저에 발달하고 있는 망간 단괴의 전반적인 분포 범위를 제시한다. 한국해양연구소와 한국자원연구소 및 대한광업진흥공사에서도 망간 단괴의 탐사 및 조사를 유엔으로부터 광구 획정을 받은(태평양 하와이 남부 해역) 이후 몇 년 전부터 매년 수행하고 있다. 즉 우리 나라는 1983년부터 10여 년 동안 남태평양의 망간 단괴 성인과 환경 연구를 수행하였는데, 이러한 연구 실적에 근거하여 1994년 8월에 태평양 북동의 클라리온-클리퍼톤 해역(약 15만 km^2)을 광구로 설정하여 UN에 등록하였다.

지중해의 사이프러스에서 오래 전부터 채광되고 있는 구리 광상은 대륙 지각의 위로 올라온 해양 지각의 조각, 즉 오피올라이트(ophiolite)와 관련된 것이다. 또한 새로운 해양 지각이 형성되는 곳인 홍해와 대서양 중앙 해령의 조사에 의하면 많은 양의 철, 망간, 아연, 구리, 납 및 은 등의 금속이 퇴적물에 포함되어 있다. 이와 같이 주로 해저에서의 판(plate)의 형성과 소멸의 과정에서 경제적으로 가치가 있는 광상이 형성되고 있고, 또 형성될 수 있다. 예를 들면 해저 확장(seafloor spreading)이 진행되고 있는 대양저 산맥(해령)의 부근에는 350~400° C의 열수가 솟

그림 12-7. 심해저 망간 단괴 자원의 분포

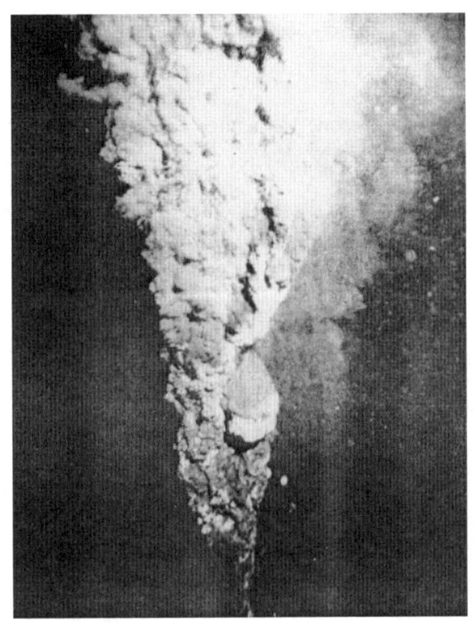

그림 12-8. 태평양 심해저 EPR 해령에서 발견된 열수구(R.D. Ballard, WHOI)

아오르는 열수구(thermal vent)가 존재한다는 새로운 사실이 1977년 Albin 잠수정에 의하여(태평양 갈라파고스 섬의 심해저) 처음으로 밝혀졌다(그림 12-8). 이 열수구의 굴뚝을 이루는 물질은 유화철 산화물이며, 이에는 고품위의 아연, 유화 광물이 함유된 것으로 규명되었다. 이러한 물질은 또 하나의 새로운 심해저 금속 광물 자원이 된다.

(4) 퇴적 광상

퇴적 작용에 의해 형성되는 유용한 자원으로 가장 대표적인 것은 잔류사광상(placer deposit)이다. 이러한 사광상(placer)으로의 금, 철, 주석 및 다이아몬드 등 상대적으로 무거운 광물들이 농축된 것으로 주로 해빈이나 사구(dune) 또는 조류로(tidal channel)에 집적된다. 즉 육상의 하천에 사금(placer gold)이 집적되는 과정과 유사한 과정으로 파랑과 조류에 의하여 연안·연근해저에 집적된다. 연안의 잔류사 광상의 광물에는 자철석(magnetite), 지르콘(zircon), Ilmenite, Rutile, Platinum 및 금 등이 있다. 이러한 광상은 퇴적물이 공급되는 근원 지역에 분포하는 암석의 종류에 의해 결정된다. 이러한 광물 중에서 경제적 가치가 큰 것은 티타늄을 포함한 주석 광물인데, 이러한 광물은 태국과 인도네시아 등의 동남아 국가들에서 많이 생산된다. 금은 알래스카의 태평양 연안에서 발견되며 한반도의 서해안에서도 소량이 산출되고 있다. 세계적인 다이아몬드 산지인 남아프리카에서는 다이아몬드가 해안에서 잔류 사광상으로 산출된다.

문명의 발달과 이로 인한 공장 건설, 교량 건설 및 도시의 확장으로 모래와 자갈과 같은 쇄설 물질이 건축에 이용되는 양은 엄청난데, 이러한 골재의 수요가 크게 증가하는 것이 사실이다. 결국 육상의 골재 자원은 크게 부족하여 해양 연안 환경에서 골재를 채취하는 일은 이미 세계 여러 나라에서 흔한 일이다. 해안에 발달한 해빈(beach)이나 연안 사주(sand bar)뿐 아니라 대륙붕의 퇴적물이 주된 채굴의 대상이다. 이러한 채굴이 해양 환경에 미치는 나쁜 영향이 육상에서의 골재 채취에 따른 직접적인 영향보다는 적을 수도 있으나 그 영향에 대한 과학적인 예측과 대책이 필요하다.

1-3. 수산 자원

해양 환경에서 자연적으로 번식하고 성장하는 경제적인 가치가 큰 여러 종류의 생물(어류, 패류 등)을 채취하는 이외에도 이들을 인공적으로 번식시키고 보호하여 빠르게 성장시킴으로써 보다 큰 이익을 얻고자 하는 인간의 노력은 여러 종류의 고부가 가치 해양 생물을 대상으로 한다.

사실상, 금세기 초까지 사람들은 해양의 어족 자원은 무한하다고 생각하여 왔다. 그런데 한국을 포함하여 지중해와 북해 일부 해역의 경우, 남획에 의해 어족이 말살되어 간다는 것이 최근에 밝혀졌다.

전세계의 어획 총량이 1987년에 최대값 약 1억 톤에 도달한 것으로 보고된 바 있고, 그 이후(1990년) 세계의 수산물 총 생산량은 1억 톤을 전후로 정체되어 있는 상태이다. 이중 우리 나라는 10위권으로 수산 해양 강국의 면모를 갖추었으나 200해리 배타적 경제 수역(EEZ)의 여파와 연안 자원의 고갈은 수산 자원의 과학적인 관리와 양식 기술의 발달 필요성을 강조하고 있다. 사실상 세계의 수산 해양 국가들은 수산 자원의 남획을 조절하고 수산 양식에 정책적 계획을 집중하고 있다. 미국에서는 1850년대부터 굴(oyster)의 양식이 시작되었으며, 현재는 전체 소비량의 40%를 차지한다. 해조류의 양식은 우리 나라와 일본을 중심으로 활발하다. 주로 해조류의 포자(spores)가 부착하기 쉬운 수하식 장비(그물과 밧줄)를 이용하며, 자연 환경의 영양염이 충분하여 해조류가 경제적인 크기로 성장하도록 양식한다. 굴이나 조개와 같은 패류도 유사한 방법으로 양식된다. 인공적으로 자연 환경의 영양염이나 식물플랑크톤이 풍부한 환경을 만들어 주는 일은 매우 어려우므로 대체로 유생을 해저 또는 인공 구조물에 부착시켜 성체가 되도록 보호하기도 한다. 새우(shrimp)와 바닷가재(lobster)는 값비싼 어종이지만 먹이와 수온 등의 생태 조건이 까다로워 양식이 쉽지 않다.

이 밖에도 회유성 어류의 번식을 인공적으로 촉진하거나 제한된 수역 내에서 빠른 성장을 유도하는 방식이 주로 이용된다. 숭어(mullet) 등은 오래 전부터 양식되고 있으며, 연어(salmon), 방어(yellowtail), 참치(tuna), 복어(puffer) 등의 양식은 실험적인 성공을 거두고 있다.

2. 인간과 해양 오염

폭발적인 인구 증가와 급속적인 과학 기술 문명의 발달로 인하여 주로 육지에서의 인간의 활동은 생활 오염 물질, 공장 오염 물질, 대도시 오염 물질 등 엄청난 양의 오염 물질을 배출하고 있으며, 이렇게 발생된 오염 물질은 다양한 경로를 거쳐 해양 환경으로 유입되고 있다. 하천을 통해 바다로 유입된 오염 물질은 해수의 흐름을 따라 전해역으로 확산된다. 육상의 오염 물질은 하천과 강을 통하지 않고도 지하수(ground water)의 흐름을 따라 바다로 유입되기도 한다. 한편 인간의 활동이 주로 해안에 밀집되어 있기 때문에 항구, 임해 공업 단지, 주거 지역 및 해안의 휴양 시설에서 배출되는 오수와 폐수 및 오염 물질은 해양 연안 환경으로 유입되고 연안의 생태계에 치명적인 피해를 주기도 한다.

또 하나의 중요한 오염 물질의 이동 경로는 대기를 통한 것이다. 육상에서 배출된 오염 물질은 증기 상태 또는 입자 상태로 대기(공기) 중에 포함되고 대기의 순환을 따라 해양으로 이동 · 운반되어 빗물로 해수면에 떨어지며 해수 중으로 확산된다. 또한 바다를 통한 해상 수송의 양이 엄청나게 증가하면서 각종 선박으로부터의 오염 물질 투기와 선박 사고에 의한 유류 오염의 발생 빈도는 증가하므로 해양의 오염은 크게 증가하고 있다. 특히 유조선의 사고에 의한 석유 유출(oil spill)은 주변의 해양 환경에 치명적인 영향을 미친다. 석유 유출 사고가 많았던 1976년에는 선박 사고에 의하여 약 470,000배럴의 석유가 해양 환경을 위협 · 파괴하였다.

1-1. 방사능 물질

방사능은 매초 붕괴되는 원자의 수를 나타내는 바끄렐(becquerels)로 표시되며, 370억 바끄렐을 1퀴리(curie)라 한다. 이에 관련하여 생체에 흡수된 방사능의 양을 방사선량(radiation dose)이라 한다. 방사선량을 나타내는 단위인 rad(radiation absorbed dose)은 물질 1 g당 100 erg를 흡수하는 것과 같다. 따라서 방사선량은 조사된 방사선의 양과 방사능을 흡수하는 물질 고유의 성질에 의해 결정된다. 한편 방사선에는 α, β 및 γ-선이 있으며 이들은 모두 생체내에서 에너지 흡수를 유발하지만 이온화 능력에는 차이가 있다. 이러한 차이를 표시하기 위해 특정 방사선에 의해 생긴 손상을 표준 방사선과 비교한 수치를 그 방사선의 상대 생체 효율(RBE: Relative Biological Effectiveness)이라 한다. 즉 생물학적으로 유효한 방사선량은 rad와 RBE의 곱으로 나타낼 수 있으며, 이를 인체 뢴트겐 당량(roentgen equivalent man)이라 하고 이를 간단히 렘(rem), 또는 그것의 1/1000을 밀리렘(mrem)으로 표시하며, 방사능 오염의 정도를 나타낼 때 이 단위를 흔히 사용한다.

인간과 그 밖의 생물에 영향을 미칠 수 있는 방사능은 크게 두 가지로 나눌 수 있다. 먼저 자연 방사능은 지구 내부와 지표, 또는 외계로부터 발생하는 방사능을 의미하는데 이것은 인간의 활동과 생명에 아무런 영향을 미치지 않는다. 지구 내부에는 60종 이상의 방사성 동위원소가 존재하고 있으며, 이들 대부분이 지구 내부의 분화 과정에서 지각에 농축되어 있다. 해양에는 매우 적은 양으로 존재하지만 칼륨과 루비듐에 의한 방사능이 있으며, 외계로부터 쏟아지는 우주선은 질소, 산소, 알곤 등의 원소를 자극하여 방사성 동위원소를 만들어 낸다. 이러한 자연 방사능은 100~125밀리 렘/년 정도이므로 그 총량과 내용으로 보아 해양 오염의 원인이 될 수 없다. 한편 인간의 활동에 의해 발생하는 인위적 방사능은 주로 핵무기의 실험과 원자력 발전에서 발생한다. 이중 핵무기의 개발은 여러 국제적인 규약에 의해 규제되고 있으므로 그 피해가 줄고 있으나 원자력 발전에 의한 폐기물의 방사능 발생은 대체 에너지의 개발이 이루어지지 않는 한 오히려 늘어날 전망이다.

방사선을 방출하는 물질에서 1그램당 370바끄렐 이하의 방사능이 방출되는 경우를 저수준(low-level)이라 하는데, 저수준의 방사능이라 할지라도 장기적으로 방사능에 노출될 경우 피해를 받을 가능성이 있다. 저수준의 방사능에 의한 피해는 주로 원자력 발전소에 인접한 지역에서 가능한데, 발전소로부터 방출되는 소량의 방사선에 장기간 노출될 경우 예측하기 어려운 피해가 있을 수 있다. 또한 해양 생물에 대한 방사능의 피해를 연구한 결과에 의하면 방산충이나 박테리아 등의 원생동물의 치사 방사선량은 인간의 치사 방사선량의 100배에 달한다. 즉 원시적인 생물들은 복잡한 기관을 많이 가진 고등 동물에 비하여 방사능에 의한 피해를 훨씬 적게 받는다. 따라서 인간의 안전을 고려한 기준이 설정되고 그것이 지켜진다면 하등 생물에 대한 피해를 방지할 수 있을 것이다. 또 다른 연구에 의하면 같은 종류의 어류에서 상당한 크기로 자라난 성체의 치사 방사선량은 발생 단계의 어린 개체에 미치는 방사선량보다 30배 더 많아야 한다. 즉 방사선은 번식 단계의 어린 개체에 심각한 피해를 준다는 것을 알 수 있다. 따라서 방사성 안전 기준을 설정할 때, 이러한 요인이 고려되어야만 할 것이다.

방사능을 방출하는 물질에서 1그램당 370억 바끄렐 이상의 방사능을 방출하는 경우를 고수준(high level)이라 하며, 주로 원자력 발전의 폐기물이나 원자로 자체의 폐기 등으로 심각한 해양 오염의 원인으로 대두되고 있다. 원자력 발전의 폐기물은 함량, 화학적 성질, 반감기, 방사능 등의 성질을 갖는 50종 이상의 동위원소들의 혼합물이다. 이러한 폐기물로부터의 방사능 방출은 백만 년 이상 계속될 것이나 어떤 시기부터 위험한 수준 이하로 감소할 것이다. 즉 방사능 폐기물을 안전하게 처리하고 관리한다는 것은 방출되는 방사능의 양을 일정한 수준, 예를 들어 자연 상태의 우라늄 광상에서 방출되는 수준 정도로 낮아질 때까지 인간 환경으로부터 격리한다는 개념이다. 방사능 폐기물의 투기 대상 지역으로 육지를 선택할 경우, 인간의 활동이 거의 없거나 불가능한 지역이 고려되고 있으나 자연적인 침식과 예기치 못한 사고, 지진 또는 화산 발생에 의하여 발사능 폐기물이 노출될 수 있는 가능성을 배제하기 어렵다.

백만 년 정도의 시간 동안 인간의 활동과 격리되고, 자연적인 침식에 의한 노출로부터 안전하며 지진이 발생하지 않은 지역을 해저에서 찾을 수 있다. 즉 방사능 폐기물의 해저 투기 계획(Subsea Disposal Program)은 이미 1970년대부터 고려되어 왔다. 수심 5,000 m 이하의 심해저는 인간의 해양 활동이 거의 미치지 않은 곳이다. 어업이나 석유 등의 자원 개발은 거의 대륙붕 해역에 국한되기 때문이다. 물론 망간 단괴 등의 개발 가능성이 있는 심해역은 배제된다. 심해저는 또한 1,000 m 또는 그 이상의 두께를 갖는 퇴적층이 1억 년 이상 교란을 받지 않고 퇴적되어 있어 안정성을 말해 주며, 퇴적층 자체가 방사능 폐기물의 투기에 적당한 물질이다. 밀폐 용기의 기능이 소진된 후에 배출되는 폐기물은 주위를 싸고 있는 퇴적물 중의 점토(clay)에 자연적으로 흡착되어 느린 속도로 확산될 것이기 때문이다. 이러한 조건들을 만족하는 심해역은 판(plate)의 중심부, 환류의 중심부(MPG: mid-plate, mid-gyre)에 해당하는 해역이다. 그럼에도 불구하고 방사능 폐기물의 해저 투기는 예상하지 못한 사건이나 사고에 의하여 매우 심각하게 오염될 경우 돌이키기 어려운 전지구적인 해양 오염을 일으킬 수 있다.

1-2. 금속 및 준금속

인간에게 금속 원소 중독의 피해를 준 유명한 사건은 1953년 일본의 미나마따 만(bay)에서 반생한 경우이다. 미나마따 만에서 잡은 패류와 어류를 섭취한 동물들이 발작을 일으키며 죽어 갔고, 사람들도 원인을 알 수 없는 심각한 증상을 보이며, 고통을 받았었다. 결국 미나마따 만 연안에서 수은 화합물을 섭취한 패류의 조직에 수은 금속 성분이 농축된 데 그 원인이 있는 것으로 밝혀졌다. 이러한 패류를 먹은 동물과 인간들은 수은 중독 증세를 보였으며, 100명 이상의 사람들이 10년 이상 고통받다가 그 중 절반 이상이 결국 사망하였다. 그 후에 태어난 신생아에서도 유사한 증세가 보이기도 하였다. 어류를 많이 먹는 습성을 지닌 스칸디나비아 사람들을 대상으로 조사한 결과에 의하면 그들의 혈액 중 수은 농도는 미나마따 병으로 고통받던 일본인들과 비슷한 정도로 밝혀졌다. 그러나 그들은 발병하지 않았는데 이는 인종, 또는 민족에 따라 수은과 같은 오염 물질에 대한 민감성이 다르며 저항 능력의 차이가 있는 것으로 해석되고 있다. 미나마따 만에 수은을 배출한 공장은 1938년부터 가동되었으며, 그로부터 약 15년 후에 그 결과가 죽음의 병으로 나타난 것이다. 따라서 이러한 사건을 예방하기 위해서는 오염 효과의 잠재 가능성이 있는 금속 물질에 대해서 계속적인 감시가 필요하다.

지난 20년간 이러한 미량 금속에 의한 연안 환경의 오염은 매우 심각하게 증가되었다. 이러한 중금속(heavy metal) 오염 현상과 오염 정도는 연안 해양 퇴적물과 도시 주변의 호수 퇴적물을 분석하여 보면 명백하게 규명된다. 산업 혁명 이후, 엄청난 양으로 사용된 카드뮴, 납, 아연 및 구리와 같은 금속 원소들은 그린랜드(Greenland)의 만년빙인 빙하를 시추하여 분석하여 보면 그 빙하 속에서도 발견된다.

1-3. 화학 물질

(1) 살충제

DDT(dichloro-diphenyl-trichloroethane) 등의 살충제들은 해양 생물에 매우 위험한 오염 물질이다. 그런데 DDT는 토양 속에서 약 10년이 지난 후에도 1/2 정도가 남아 있으며, 살충 성질을 오래 유지한다. DDT와 그 분해 물질은 주로 대기를 통하여 해양으로 운반되며 부유 상태의 고체보다는 오히려 기체 상태, 즉 증기 상태로 운반되는 것이 대부분이다. 살충제는 그 대부분이 에어 졸 상태로 살포되므로 땅에 떨어지기 전에 먼 거리를 이동할 수 있으며, 특히 항공기를 이용하여 공중에서 살포하는 경우 50% 이상이 멀리 이동된다. 이러한 경우 대기를 통한 운반 기작은 DDT를 전세계로 확산시키는 데 매우 효과적이다. 자연 물질이 아닌 DDT가 처음 합성된 것은 18세기였으나 1940년경부터 살충제로 이용되기 시작하였다. 그로부터 겨우 20년 만에 DDT는 전세계에 널리 퍼졌으며, 심지어 남극의 펭귄에서도 DDT가 검출되었다.

DDT 이외에도 앨드린(Aldrin), 딜드린(Dieldrin), 벤젠 헥사클로라이드(BHC: benzene hexachloride), 톡사펜(Toxaphene) 등의 살충제는 약 10여 년 전부터 사용이 금지되거나 제한을 받고 있다. 살충제들은 물에 전적으로 불용성이고 기름에 용해된다. 해수 중의 부유 무기 입자(inorganic particle)와 유기 입자에 살충제는 흡착되는데 이렇게 살충제가 흡착된 입자들은 결국 해저로 침강되어 퇴적층을 이루면 사실상 해양 수중 환경으로부터 제거되기도 하지만 여과 식자에 의해 섭취되어 먹이 사슬로 들어갈 수도 있다. 전세계적으로 DDT와 PCB의 생산은 크게 제한을 받고 있다. DDT는 제2차 세계대전을 계기로 사용이 금지되었으나 그로 인한 오염을 방지하는 방법은 그 생산을 전적으로 금지하는 방법뿐이다. 이러한 금지는 대체 물질이 개발된 후에야 실질적으로 가능할 것이다.

3. 미래의 해양

바다의 대자연 현상과 환경, 45억 년의 지구 역사 및 기초 과학적 원리를 모두 감싸는 거대과학은 해양과학(marine science)이다. 전세계적인 엘리트 과학자들에 의하여 바다의 신비와 대자연 환경이 연구 · 발전되고 있다. 해양과학은 20세기 후반부터 발전된 첨단 전자 산업의 발전과 그 궤도를 같이하고 있다. 미래의 해양, 즉 앞으로 21세기의 바다는 어떤 것인가 하는 과학적 예측을 논리적으로 기술할 수 있다고 사료된다.

우주선이 띄워지고 정기적으로 왕래할 수 있는 우주 왕복선이 등장한 오늘의 과학 세계는 우주기원을 밝혀 낼 수 있는 단계에 와 있는 것이다. 그러나 우주 탐사가 상당한 수준에 도달했는데도 우리의 지구촌 모든 사람이 필요로 하는 식량, 에너지, 물 또는 야채를 공급할 수 있는 자원 공급지는 지구 하나밖에 없다는 과학적 사실을 분명히 인정하게 되었다.

태양계의 행성 중에서 지구만이 유일하게 살아 있는 바다〔海洋〕를 가지고 있다. 지구가 갖고 있는 바다의 총 면적은 3억 6천1백만 평방 km(km^2) 이상이며, 전지구 표면의 71%에 해당한다. 지구의 바닷물 총량은 약 14억(1.37×10^9) 입방 km(km^3)이고, 이 바닷물은 평균 3.5%의 용존 자원을 함유하고 있다. 따라서 과학적 방법에 의하여 바닷물로부터 용존 자원을 미래의 자원으로 개발하려고 추출한다면 그 총량은 다음과 같다. 금 600만 톤, 은 4억 5,000만 톤, 우라늄 45억 톤, 알루미늄 150억 톤, 동 45억 톤, 토륨 10억 톤, 마그네슘 200조 톤, 브롬 100조 톤이다.

인류의 발생, 그 후 바다 속의 생물은 인류에게 매우 기초적이며 귀중한 식량 자원이었다. 어류, 연체동물류, 갑각류, 고래류, 해조류 등은 모든 사람들에게 필요한 고급 단백질 물질이다. 일찍이 바다의 과학과 생산성을 이해한 미래학자들은 바다를 "일류가 대대손손이 식량을 얻어 낼 수 있는 푸른 목장"이라고 갈파하였다.

현재의 58억 인구가 21세기 2030년경에는 약 90억 명의 인구 증가를 나타낼 것으로 예상되고 있다. 우선 이러한 인구 증가는 세계적인 식량 생산이 75% 이상 증가되어야 한다고 FAO(유엔식량농업기구)에서 주장한 바 있으며, 고급 단백질의 공급원이 되는 수산물의 확보는 치열한 경쟁의 단계로 이미 접어들었다. 앞으로 미래 해양의 연구와 개발 및 발전 여하에 따라 이 문제는 해결될 것이다.

FAO의 통계 자료에 의하면 세계 수산물 총 생산량은 1989년에 사상 처음으로 1억 톤을 초과하였고, 이러한 1억 톤의 생산량 시기 이후 전세계 수산물 총 생산량은 크게 증가하지 않고 있다. 사실상 영원히 고갈되지 않을 것으로 생각하였던 어족 수산 자원이 어구와 어법의 획기적 발달과 어획 총량이 크게 증가됨으로써 세계 여러 곳의 어장 해역에서 어종이 고갈되는 현상을 나타내고 있다. 결국 인류는 현재의 생물 종을 멸종시키지 않고 최대의 수산 생산을 꾸준히 지속·유지하여야 하는 최대 지속적 생산량(MSY: Maximum Sustainable Yield)의 유지 문제를 해결하여야 한다. 따라서 미래의 해양에서는 여러 가지 해양과학의 중요 과제를 연구하고 해결함으로써 최대 지속적 생산량의 테두리내에서 수산 자원의 생산이 허용되어야 할 것이다. 해양목장화의 수산 자원 생산, 즉 기르는 어업의 기술과 발전은 중요한 미래 해양 산업의 일부분일 것이다. 즉 인공 종묘 생산과 재배 기술의 개발에 기초한 재배형 수산업이 크게 주목될 것이다. 유전공학의 발달에 의하여 빨리 성장하며, 몸집 크고 내병성 강한 신품종의 어류와 패류의 개발은 가능할 것이다. 수산해양과학의 발달과 해양 산업의 기술 개발에 의하여 깊은 바다 속에서도 부가 가치가 높은 생물의 양식 재배가 가능하게 되므로 어류와 패류 또는 해조류가 대량으로 산출될 수 있는 해양목장 시스템이 실용화될 것이다. 해안에서 수십 km 떨어져 먼 바다에 건설되는 외해 해양 기지는 새로운 수산업 기지로서 양식 기술 개발, 해양공학연구센터 또는 종합해양기지로 활용될 것이다.

해양 생물과 해양 박테리아를 이용한 의약품 생산이 새로운 미래 해양 산업의 하나로 뚜렷한 위치를 차지할 것이다. 바다에는 육지에 비교하여 매우 다양한 종류의 생물이 서식하고 있을 뿐만 아니라 육상 생물체에서 발견할 수 없는 특수한 생화학적 성분을 가지고 있는 동물과 식물이 새롭게 발견되고 있다. 따라서 해양약리학의 원리와 유용성이 매우 큰 관심의 대상이 될 것이다. 심장병, 류머티즘 및 위궤양의 치료 물질이 복어와 해파리의 특성 물질을 이용하여 개발되고 있으며, 항암제가 조개와 전복 또는 연산호에서 추출되고 있다. 사실상 해양은 무진장한 생화학 의약품 물질의 근원지가 될 것이다.

미래 해양의 관점에서 무엇보다도 해양 공간의 개발과 이용 분야는 분명한 발전의 전망을 갖는다. 해상 공항, 해상 도시, 발전소, 저장 시설, 해저 레저 시설, 목장화 수산업 기지 또는 해양 과학 기지 등이 해양 공간 자원이라는 공통 개념의 테두리내에서 개발 · 건설된다. 연근해역과 연안역 또는 좀더 깊은 해저의 공간이 매립되거나 부유식 또는 유각식의 구조물을 근거로 개발될 수 있을 것이다. 1996년 후반에 완공된 일본 오사카 만의 간사이 해상 공항, 홍콩의 첵랍콕 해상 공항의 건설, 한국 서해 영종도-용유도 사이의 갯벌 매립에 의한 국제공항 건설, 세계적으로 제일 큰 규모의 매립 간척 공사(33 km의 방조제)인 한국 서해 새만금 프로젝트 등은 21세기 초기의 새로운 해양 공간 자원의 개발 · 이용의 실질적 예가 되는 것이다.

미국, 독일 및 프랑스의 해양과학자에 의하여 계획되고 실행된 해저 거주지의 실험 프로젝트는 매우 중요한 의미를 갖는다. 미래 해양의 개발 관점에서 바다와 인간의 관계가 여러 가지로 넓혀지는 것은 사실인데 미국의 텍타이트(Tektite) 프로젝트는 하나의 대표적 실례가 된다. 텍타이트 프로젝트는 16 m의 수심을 갖는 해저에 해저 거주지를 설치하고 5명의 과학자가 14일간 체류하면서 여러 가지 과학 조사를 실시하였다. 그 후(1970년) 실시된 프로젝트에서는 모두 여성으로 구성된 5명의 과학자들이 해저 체류의 실험을 성공적으로 마쳤다. 결국 해저 도시 건설의

그림 12-9. 해저에 건설 가능한 주거형 건물 모식도

가능성이 확인된 것이다(그림 12-9).

이렇게 여러 가지 요건별 개발 · 이용의 가능성을 '미래 해양'의 시대에 맞추어 예견하면 우주 개발보다는 지구의 바다 연구와 개발이 더욱 가치 있는 것으로 판단된다. 바다는 분명히 새로운 삶의 터전으로 가꾸어져야 하며, 인류의 마지막 유산으로 보호되어야 한다. 미래의 인류 생존은 우주 개발에 의존되는 것은 아니며, 바다 개발과 보존 또는 바다의 과학 발전에 크게 의존될 것이다.

13

제3차 유엔 해양법 협약과 제6부 76조 대륙붕 정의

The 3rd Law of the Sea UN Convention and Part VI, Article 76-Definition of Continental Shelf

인류가 앞바다와 먼 바다(대양)을 이용하기 시작한 초기부터 근세기의 한때 포루투갈과 스페인이 항로를 독점하였으나, 일반적으로 바다이용의 자유를 한껏 누리는 누구도 간섭하거나 방해하지 않은 이른바, 바다의 자유와 개방이 우선한다는 주장이 대두하였다.

그래서 화란의 법률가인 Hugo Grotius는 어떤 나라도 어느 누구도 바다이용을 제약 할 수 없으며, 자유가 보장되는 자유로운 공공개념의 공유공간으로 유권해석을 하면서 "Mare Liberum-freedom of the sea" 논문을 발표하였다. 그러나 18세기에 접어들면서 해안을 가진 연안국(coastal states)들은 최소한 앞바다와 해안 해역을 조정하고 주권적 소유를 주장하기 시작했고, 연안국들 사이에 간섭하고 갈등하는 시대로 변하게 되었고, 결과적으로 해양의 규칙과 법률적 조치가 필요한 세상으로 변하게 되었다.

특히, 세계 제2차 대전(1939~1945)이 종료된 후 미국의 대통령인 Truman에 의한 소위 "Truman Proclamation on the Continental Shelf" 투르

만 선언은 해양의 무한정한 자원의 확보와 개발을 의미하는 대륙붕바다와 대륙붕해저를 규제하고 소유하려는 연안국들 간의 갈등의 시대로 돌입하게 되었다고 보아도 과언이 아니다. Truman의 대륙붕 선언은 대륙붕은 육지에 종속되었다는 사실에 근거하여 최초로 법적대륙붕의 정의를 규정하고 자원개발의 주권적 권리를 표명한 것으로 세계의 수많은 연안국들은 대륙붕과 바다에 눈을 크게 뜨고 해양의 중요성을 자원 확보와 개발의 시각으로 인식하게 되었다. 일방적인 Truman 대륙붕 선언은 여러 연안국들 사이에 법적인 싸움과 갈등을 초래한 것이 사실이다.

1. 제1차(1958)와 제2차(1960)의 유엔 해양법 협약

1945년의 Truman 대륙붕 선언(1945. 9. 28)은 대륙붕의 한계(limit)를 규정하지 않았지만, 수심 183 m 또는 600 ft의 깊이에 이르는 해저부분까지

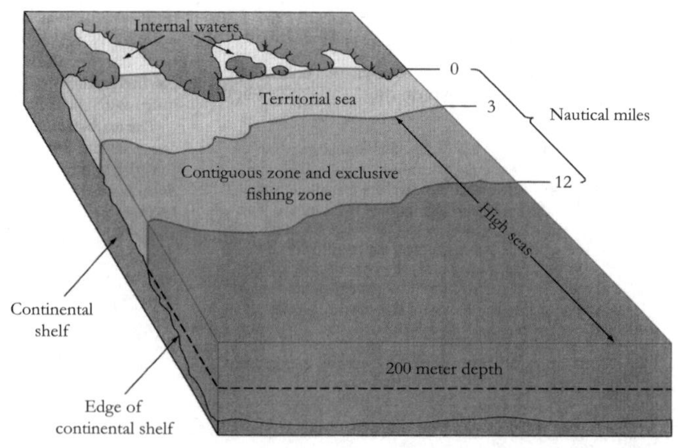

그림 13-1. 제네바 협약에 의한 내수역, 영해역, 접속해역 및 공해역의 경계

를 대륙붕으로 보고 모든 자원 확보와 개발의 법적 주권을 선언한 것으로 분명하지 않은 대륙붕의 한계(limit)에 따른 경계(boundary)의 문제를 내포하고 있었다. 그림 13-1은 유엔 해양법에서 협의된 해양경계를 제시한다.

1-1. 1958년과 1960년의 유엔 해양법 협약의 문제점

여러 가지 제네바 협약의 법적 성격과 내용에서 문제가 되는 단점요소는 크게 다음과 같다.

가) 영해(territorial sea)의 폭(거리)을 정의하고 규정하는데 실패했다고 보는 것이다. 즉, 어떤 연안국은 당사자 멋대로 수백 해리를 영해의 폭으로 결정 하거나, 어떤 연안국은 영해의 폭을 자유의사로 결정하거나 또한 제네바 해양법 협약을 비준하지도 않았다.

나) 수심 200 m 또는 183 m에 이르는 해저부분까지의 법적 대륙붕 한계는 해양지질과학(geological oceanography) 또는 해양과학적인 개념과 일치하지 않은 인위적인 경계로서의 문제가 있다. 대륙붕의 폭이 매우 좁은 페루(Peru)와 칠레(Chile) 등의 연안국들은 수심 200 m까지의 법적 대륙붕을 수용할 수 없는데, 미국, 캐나다 등의 연안국들은 매우 넓은 대륙붕을 200 m 수심에 이르기까지 소유하게 된다. 세계 여러 연안국들은 각각의 해저 지형과 지질 과학적 조건에 따라 매우 다양한 법적 대륙붕의 폭(수심 200 m)을 나타내고 있는 것이 문제이다. 예를 들어 우리나라 한반도의 경우, 동해는 불과 24 km의 좁은 폭의 대륙붕을 나타내며, 서해와 남해는 상대적으로 매우 넓은 폭의 대륙붕을 나타낸다.

다) 법적 대륙붕의 수심 200 m를 넘어서 개발 가능성을 중요한 요인으

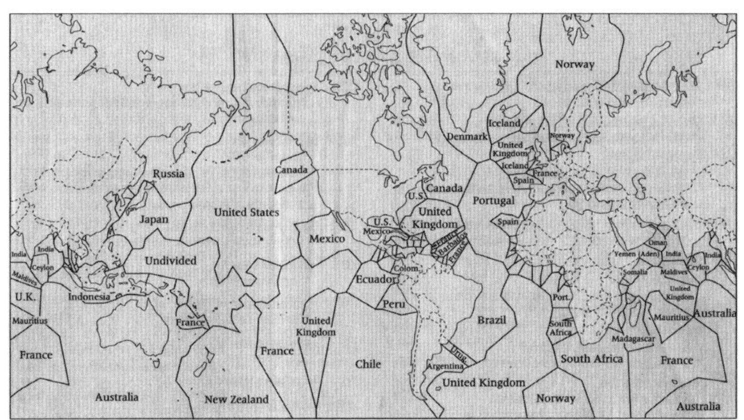

그림 13-2. 해저광물 개발 능력과 가능성(exploitability)에 근거하여 연안국들이 전 세계의 해저를 나누어 소유한 경계선(Christy와 Herfindahl, 1967에 근거함).

로 한 대륙붕의 한계를 모호하게 규정하였다.

라) 해저광물개발의 능력과 실력(exploitability)이 법적 대륙붕의 한계(limit)로 경계로 한다는 모호한 Truman 법적 대륙붕의 정의는 큰 문제이다. 만약, 개발의 능력과 가능성(exploitability)의 해저부분까지를 법적 대륙붕으로 한다는 모호한 정의를 결정하면 전 세계의 해양의 해저(sea floor)는 그림 13-2와 같이 나누어지는 것이 될 것이다.

그런데 1958/1960년의 유엔 해양법 협약이후 이른바 공해(high sea)의 법적개념으로 공해는 무제한의 자유해역으로 인식되는 계기가 된 것으로 보아야 한다.

2. 제3차 유엔 해양법 협약

수심 200 m까지의 법적 대륙붕과 해저광물 개발능력기술(exploitability)에 따른 대륙붕의 한계는 1970년대부터 급속하게 발전한 해양과학과 기술의 높은 수준은 수심 200 m 이원의 수천 미터 해저 수심에 부존하는 자원을 조사하고 개발할 수 있는 정도로 전진되었기에 새로운 개념과 변화된 대륙붕 자원의 개발과 이용의 필요성이 대두되기에 충분한 20세기 후반의 해양시대로 돌입하였으며, 1967년 Malta국의 유엔대표부 Pardo 대사는 유엔총회에서 깊은 심해저의 망간단괴 등의 무진장 부존된 자원은 평화롭게 개발되고 이용되는 자원이며 이러한 깊은 해저의 자원은 인류의 공동유산(common heritage of mankind)이라고 주장하면서 유엔 국제기구가 관리-개발해야 한다고 강력하게 주장하였다. 깊은 해저와 대륙붕 해저의 지형과 해저 지질과학의 연구결과로 해양의 기원(origin of ocean), 판구조론(plate tectonics), 심해저 열수와 열수광상의 발견(discovery of deep sea hydrothermal vent and ore deposit) 및 대륙사면 석유자원부존의 발견 또한 기계화된 수산어획 기술의 발달 등은 수천 미터 수심의 심해저, 대륙붕, 영해, 접속해역 및 수산자원 관-보존 등에 관한 해양 법적 조치와 개념에 새로운 변화를 가져오게 하였다. 표 13-1에서 이해할 수는 있는 바와 같이 제3차 유엔 해양법 회의는 1973년부터 1982년까지 9년 동안에 15차의 회의를 개최하였고 결국 1982년 뉴욕 유엔에서 제3차 유엔해양법은 채택되었다. 130개국의 투표결과는 반대 4개국(미국, 터키, 베네주엘라, 이스라엘) 기권 19국, 찬성 117개국의 투표 결과로 채택되었다. 1982년 채택 후, 약 12년 후, 1994년 11월 16일에 제3차 유엔 해양법 협약은 발효되었다. 우리나라는 1996년 1월 29일에 제3차 유엔 해양법을 비준하였다. 중국은 1996년 5월 15일에 비준하였고, 뒤이어 일본은 1996년 7월

표 13-1. 유엔 해양법 회의개최(년도 별 기록과 채택/발효)

1958	First U.N. Cnference on Law of the Sea (LOS), New York Adoption of four conventions
1960	Second U.N. Conference on LOS (UNCLOS), New York Failure to agree on width of territorial sea
1970	U.N. General Assembly Declaration of the common heritage of mankind Resolutions to start the Third United Nations Conference on the Law of the Sea (UNCLOS Ⅲ)
1973	Third U.N. Conference on LOS, First Session in New YorK Organizational meeting, list of issues and subjects to be negotiated
1974	Second Session, Caracas, Venezuela
1975	Third Session, Geneva, Switzerland Distribution of Informal Single Negotiating Texts covering all subjects before the conference
1976	Fourth Session New York Revised Single Negotiating Text issued Deep seabed mining, area of chief disagreement
1976	Fifth Session, New York Issuance of Revised Text on dispute settlement Concentration of deep seabed mining agreement and economic zone delineation
1977	Sixth Session, New York Production of Informal Composite Negotiating Text(ICNT)
1978	Seventh Session, Geneva Establishment of seven negotiating groups to deal with "hard-core" issues
1978	Seventh Session resumed, New York Frustration with pace of progress; concern over possibility of unilateral legislation

1979	Eighth Session, Geneva Revision of ICNT Remaining conecern over deep seabed mining, marine scientific research, continental shelf, and delimitation of offshore boundaries between adjacent or opposite nations
1979	Eighth Session resumed, New York Setting of deadlines for adoption of convention
1980	Ninth Session, New York Continuing consultations
1980	Ninth Session resumed, Geneva Development of draft convention
1981	Tenth Session, New York U.S. Review
1981	Tenth Session resumed, Geneva
1982	Eleventh Session, New York Convention adopted in April by a vote of 130 to 4 (United States, Turkey, Venezuela, and lsrael), with 19 abstentions
1993	On 16 November, almost 12 years after the last session of the convention, the required sixtieth nation, Guyana, ratified the treaty.
1994	Revision of the deep seabed mining regulations.
1994	On November 16, 1994, the Law of the Sea Treaty comes into effect.

20일에 비준하였다.

2-1. 제3차 유엔 해양법의 기본적 논제

제3차 해양법회의에서 다루어진 중요한 기본적 주제들은 다음과 같다.

가) 영해 폭의 정의와 접속수역에서의 연안국의 조정권 등급

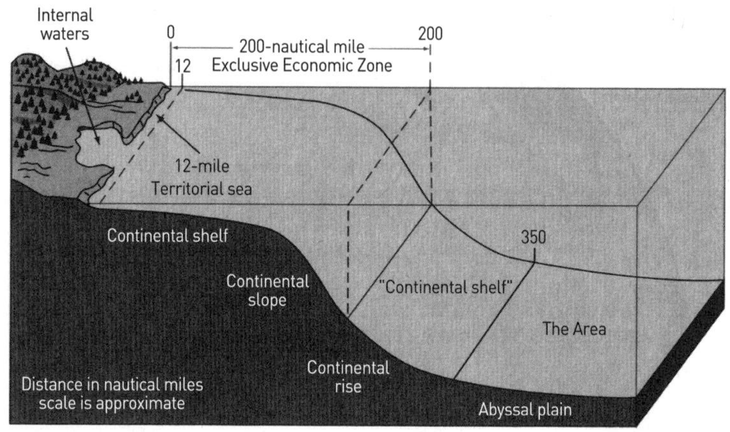

그림 13-3. 제3차 유엔 해양법(3rd UNCLOS)에 의하여 크게 4개의 해역(해저)로 나누어지는 것을 나타내는 그림

나) 수괴수층, 해저면 및 해저면의 지하지층에 부존하는 자원의 소유권과 관리권. 특히 연안국의 주권이 미치는 범위내의 자원과 연안국의 주권이 미치지 못하는 그 이원의 자원

다) Gibraltar과 같은 국제적인 해협을 통과하는 상공비행과 선박의 통항권. 특히 영해 확장 또는 배타적 경제수역의 확장에 관련되는 경우

라) 해양에서의 어류자원 관리조정. 특히 회유성 어족자원과 여러 연안국에서 전통적으로 어획되는 어족자원이 어떤 일개국의 법적 권원 하에 관리되는 것의 문제

마) 해양 오염의 감소와 보호

사) 해양과학 조사의 자유

아) 공해의 관리와 조정의 제도

2-2. 제3차 유엔 해양법회의 결과

12년의 오랜 기간에 걸친 제3차 유엔 해양법회의 결과는 해양을 크게 4개 해역(해저)로 나누는 결과이다(그림 13-3). 즉,

1) 12해리의 영해(Territorial sea)
2) 영해를 포함한 200해리의 배타적경제해역(EEZ)
3) 기선에서부터 350해리까지 확장될 수 있는 대륙붕
4) 350해리 이원의 심해저(Area)

2-3. 제6부 76조 대륙붕 정의와 200해리 이원의 대륙붕 확장한계

해양법 역사의 새로운 기록으로 인식되는 1982년 12월 10일의 제3차 유엔 해양법이 119개국의 서명으로 채택된 자체가 역사적이며, 뒤이어 1994년 11월 16일에 발효된 제3차 유엔 해양법은 실로 21세기 해양의 시대를 지배할 수 있는 해양의 헌법(Constitution for the Ocean)이다. 특히 1970년대부터 급속하게 발전한 해양과학과 기술에 의하여 해양의 신비가 엄청나게 밝혀지고 해저지형이 상당히 자세하게 이해되는 20세기 후반과 21세기 문턱에서 해양해저의 자원을 세계 평화와 번영을 위해 이용되고 개발되는 국제법적 질서가 필요하게 된 것으로 본다. 예를 들면, Truman 대륙붕 선언으로는 대륙붕 개발과 이용에 따른 국제법적 분쟁과 갈등이 심화될 것은 분명한 것이었다.

그러나 제3차 유엔 해양법 제6부(Part VI) 76조(Article 76)에 의하여 기선(기본기선과 직성기선)으로부터 200해리 이원의 대륙붕이 350해리까지의 법적 대륙붕으로 확장될 수 있다. 그런데 76조에 의하여 200해리 이원

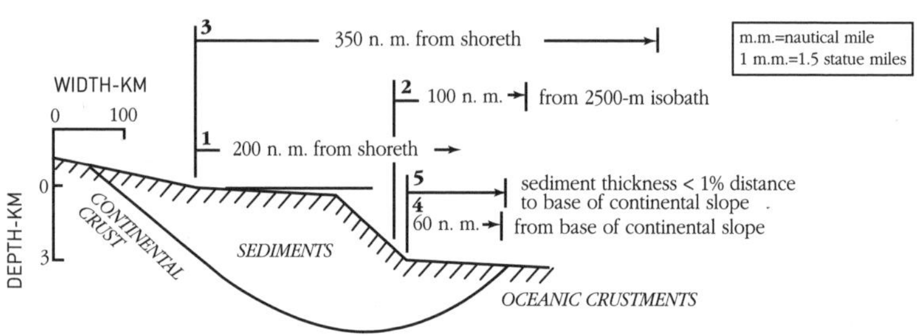

그림 13-4. 법적 대륙붕 한계(outer limit)의 법적정의(legal definition)

의 해저로 대륙붕지층(지형)이 자연 연장 발달되는 경우에 연안국은 76조에 근거하고 또한 대륙붕한계위원회(Commission on the Limit of Continental Shelf: CLCS)의 과학-기술지침서에 근거하여 심사문서를 CLCS에 제출(submission)함으로서 심사를 받아 대륙붕한계(outer limit)가 권고(Recommendation from CLCS/UN), 확정되면, 그 한계경계선(delineation of the outer limit)은 최종적이며, 구속력을 갖는다(76조 8항 참조).

제3차 유엔 해양법 협약 제6부 76조에 근거하여 법적 대륙붕의 한계(outer limit)는 그림 13-4와 같이 설정 될 수 있다. 즉,

1) 기선(기본기선 또는 직선기선)으로부터 200해리까지
2) 수심 2500 m 등심선에서 100해리까지
3) 기선(기본기선 또는 직선기선)으로부터 350해리까지
4) FOS(Foot of continental slope)으로부터 60해리까지
5) FOS(Foot of continental slope)으로부터 퇴적층의 두께가 1% 되는 가장 근접지점까지

그런데 4)와 5)에 의하여 설정되는 한계(outer limit)는 2)와 3)에 의하여 더 멀리 확장될 수 없다(76조 5항 참조). 이른바 4)와 5)는 계산되는 수학적 공식에 따른 법적 대륙붕 한계(76조 4a항의 i 및 ii 참조) 설정이고, 2)와 3)은 4)와 5)에 의하여 상당히 더 멀리 확장되는 경우의 대륙붕이 심해저(Area: 인류공동의 유산)를 침범하는 범위를 제한하는 강제적인 제한(constrain)의 한계설정이다.

2-3-1. 76조 대륙붕 정의의 규정

76조 법적 대륙붕의 정의(definition)는 해양 지질과학의 정성적 개념과 용어 및 해저지형의 개념과 용어를 사용하여 200해리 이원으로 확장되는 대륙붕 한계(outer limit)를 설정하는 이른바 해양법적 정의이며 법률이다. 그림 13-4에 제시된 법적 대륙붕의 200해리 이원 한계(outer limit)를 설정하는 법적 규정 항은 다음과 같다.

중요한 사실은 76조는 CLCS/UN와 Subcommission/CLCS이 연안국의 제출문서를 심사하고 권고(Recommendation)하는데 과학적이며 법적 인 근거가 된다. 특히, 해양법을 공부하는 독자를 위하여 영어본과 번역본을 동시에 기술하였다.

76조는 전체적으로 10항(paragraph)인데 번역본은 ( )로 표시된다.

1. The continental shelf of a coastal State comprises the sea-bed and subsoil of the submarine areas that extend beyond its territorial sea throughout the natural prolongation of its land territory to the outer edge of the continental margin, or to a distance of 200 nautical miles from the baselines from which the breadth of the territorial sea is measured where the outer edge of the continental margin does not extend up to that distance.

(1). 연안국의 대륙붕은 영해 이원의 영토의 자연적 연장에 따른 200해

리 이원의 대륙주변부 바깥(외측)끝까지 또는 대륙주변부의 바깥(외측)끝이 200해리에 미치지 아니하는 경우 영해기선으로부터 200해리까지의 해저와 하층토로 한다.

2. The continental shelf of a coastal State shall not extend beyond the limits provided for in paragraphs 4 to 6.

(2). 연안국의 대륙붕은 제4항부터 제6항의 규정에 의한 한계(outer limit) 이원으로 확장될 수 없다.

3. The continental margin comprises the submerged prolongation of the land mass of the coastal State, and consists of the sea-bed and subsoil of the shelf, the slope and the rise. It does not include the deep ocean floor with its ocean ridges or the subsoil thereof.

(3). 대륙주변부는 연안국 육지의 해저 연장으로서, 대륙붕-대륙사면-대륙대의 해저와 하층토이, 대륙주변부는 해저산맥과 심해저평원을 포함하지 아니한다.

4<a>. For the purposes of this Convention the coastal State shall establish the outer edge of the continental margin wherever the margin extends beyond 200 nautical miles from the baselines from which the breadth of the territorial sea is measured, by either: 4<a>(i) a line delineated in accordance with paragraph 7 by reference to the outer most fixed points at each of which the thickness of sedimentary rocks is at least 1 per cent(%) of the shortest distance from such point to the foot of the continental slope (FOS);

4<a>(ii) a line delineated in accordance with paragraph 7 by reference to fixed points not more than 60 nautical miles from the foot of the continental slope.

(4<a>). 이 협약의 목적에 따라 연안국은 아래의 사항 중 어느 하나의 요인을 근거로 영해기선으로부터 200해리 이원으로 확장되는 대륙주변부의 한계를 설정하여야한다. (4<a>(i)) 대륙사면의 끝(FOS)으로부터 퇴적

암의 두께가 최소한 1퍼센트(%)되는 가장 가까운 거리의 고정점을 제7항에 따라 연결한 선.

(4<a>(ii)). 대륙사면의 끝(FOS)으로부터 60해리를 넘지 아니하는 고정점을 제7항에 따라 연결한 선.

4<b>. In the absence of evidence to the contrary, the foot of the continental slope(FOS) shall be determined as the point of maximum change in the gradient at its base.

(4<b>). 반대의 증거가 없는 경우, 대륙 사면의 끝(FOS)은 그 기저에서 경사도의 최대 변경점으로 결정된다.

5. The fixed points comprising the line of the outer limits of the continental shelf on the sea-bed, drawn in accordance with paragraph 4<a>(i) and (ii), either shall not exceed 350 nautical miles from the baselines from which the breadth of the territorial sea is measured or shall not exceed 100 nautical miles from the 2,500 metre isobath, which is a line connecting the depth of 2,500m metres.

(5). 제4항<a>(i)와 (ii)의 규정에 근거하여 획정된 대륙붕의 한계(outer limit)는 영해기선으로부터 350해리를 넘거나 2,500미터 수심을 연결하는 선인 2,500미터 등심선으로부터 100해리를 넘을 수 없다.

6. Notwithstanding the provisions of paragraph 5, on "submarine ridges", the outer limit of the continental shelf shall not exceed 350 nautical miles from the baselines from which the breadth of the territorial sea is measured. This paragraph does not apply to "submarine elevations" that are natural components of the continental margin, such as its plateaux , rises, caps, banks and spurs.

(6). 제5항의 규정에도 불구하고, 해저암체(지체: submarine ridge)의 경우에 대륙붕의 한계(outer limit)는 영해기선으로부터 350해리를 넘을 수 없다. 그러나 이 6항은 해저고원 · 융기 · 캡 · 뱅크 및 해저돌출부와 같은 대

륙주변부의 자연적 구성요소인해저고지 "(submarine elevation)" 에는 적용하지 않는다.

7. The coastal State shall delineate the outer limits of its continental shelf, where that shelf extends beyond 200 nautical miles from the baselines from which the breadth of the territorial sea is measured, by straight lines not exceeding 60M in length, connecting fixed points, defined by coordinates of latitude and longitude.

(7). 연안국의 대륙붕이 영해기선으로부터 200해리 이원으로 확장되는 경우, 연안국은 경도와 위도 좌표로 표시된 고정점을 연결하되 그 길이가 60해리를 넘지 아니하는 직선으로 대륙붕의 한계(ourt limit)를 설정해야 한다.

8. Information on the limits of the continental shelf beyond 200 nautical miles from the baselines from which the breadth of the territorial sea is measured shall be submitted by the coastal State to the Commission on the Limits of the Continental Shelf (CLCS) set up under Annex ll, Convention on the basis of equitable geographical representation, The Commission shall make "recommendations" to coastal States on matters related to the establishment of the outer limits of their continental shelf. The limits of the shelf established by a coastal State on the basis of these recommendations shall be final and binding.

(8). 연안국은 영해기선으로부터 200해리 이원의 대륙붕의 한계(outer limit) 정보를 공평한 지리적 배분의 원칙에 입각하여 제2부 속서에 근거하여 설립된 대륙붕 한계위원회(CLCS, Commission on the Limit of the Continental Shelf)에 제출해야 한다. 위원회는 대륙붕 한계 설정에 관련된 문서를 심사하고 연안당사국에 권고(recommendation) 한다. 위원회의 권고(recommendation)에 의하여 획정된 연안당사국 대륙붕 한계는 최종적이며 구속력을 가진다.

9. The coastal State shall deposit with the Secretary-General of the United Nations charts and relevant information, including geodetic data, permanently describing the outer limits of its continental shelf. The Secretary-General shall give due publicity thereto.

(9). 연안국은 대륙붕의 한계를 항구적으로 표시하는 경계획정 도표와 관련정보 및 측지자료를 국제연합 사무총장에게 제출하여야 한다. 국제연합 사무총장은 이를 적절히 공표한다.

10. The provisions of this article are without prejudice to the question of delimitation of the continental shelf between States with opposite or adjacent coasts.

(10). 76조의 규정은 서로 마주보고 있는 이웃한 연안국의 대륙붕경계획정문제에 영향을 미치지 아니한다.

참고문헌

바다의 과학(해양학)은 종합 기초과학이며, 포괄적 학문으로서 거대과학이기도 하다. 그러나 대학원 과정에서는 이 책에서 서술된 해양의 종합 기초적 여러 내용 중에서 한 분야의 특정적 내용에 몰두하여 바다 과학의 심오한 진리를 연구하게 된다. 이 책을 학부 과정에 맞는 수준으로 집필하는 데 참고한 문헌의 범위도 상당히 넓으며, 또한 근간인 문헌의 수도 많다. 이 책의 참고문헌으로 그것들을 모두 나열하기보다는 중요한 문헌을 간추려 소개하는 것이 학생들에게 유익하리라 생각된다.

Blatt, H., G. Middleton and R. Murray, 1980, *Origin of Sedimentary Rocks*, Second Edition, New Jersey: Prentice-Hall, Inc., p. 800.

Davis, Jr. Richard A., 1985, 1978, *Coastal Sedimentary Environments*, Second Revised, Expanded Edition, New York: Springer-Verlag, p. 734.

Davis, Jr. Richard A., 1991, 1987, *Oceanography — An Introduction to the Marine Environment*, Second Edition, Wm. C. Brown Publishers, p. 448.

Davis, Jr. Richard A. (김완수 · 박용안 · 정종률 역), 1996, 1976, 『일반해양학(*Principles of Oceanography*)』, 완전 개정판, 서울: 대한교과서주식회사, p. 508.

Erickson, Jon, 1996, *Marine Geology — Undersea Landforms and Life Forms*, The Changing Earth Series, New York: Facts On File, p. 256.

Garrison, Tom, 1993, *Oceanography — An Invitation to Marine Science*, Belmont, California: Wadsworth, Inc., p. 556.

Gross, Grant M., 1993, 1990, 1987, 1982, 1977, 1972, *Oceanography — A View of Earth*, Sixth Edition, New Jersey: Prentice Hall, Englewood Cliffs, p. 464.

Hailwood, Ernest A. and Kidd, Robert B., 1990, *Marine Geological Surveying and Sampling*, Kluwer Academic Publishers, p. 180.

Heezen, Bruce C. and Hollister, Charles D., 1971, *The Face of the Deep*, Oxford University Press, p. 672.

Ingmanson, Dale E. and Wallace, William J., 1995, Oceanography, Fifth Edition, Wadsworth Publishing Co., p. 495.

Klein, George de Vries, 1977, *Clastic Tidal Facies*, Illinois: CEPCO., p. 160.

Neshyba, Steve, 1987, *Oceanography — Perspectives on a Fluid Earth*, New York: John Wiley & Sons, p. 518.

Pipkin, Bernard W., Gorsline, Donn S., Casey, Richard E. and Douglas E. Hammond, 1977, *Laboratory Exercises in Oceanography*, San Francisco: W.H. Freeman and Company, p. 268.

Press, Frank and Siever, Raymond, 1982, 1978, 1974, *Earth*, Third Edition, San Francisco: W.H. Freeman and Company, p. 634.

Reineck, H.-E. and Singh, I.B., 1973, *Depositional Sedimentary Environments*, Berlin: Springer-Verlag, p. 460.

Ross, David A., 1995, Oceanography, Third Edition, MarperCollins College Publishers, p. 496.

Seibold, E. and Berger, W.H., 1993, *The Sea Floor — An Introduction to Marine*

Geology, Second, Revised and Updated Edition, Berlin: Springer-Verlag, p. 372.

Thurman, Harold V., 1988, 1985, 1981, 1978, 1975, *Introductory Oceanography*, Fifth Edition, Ohio: Merrill Publishing Co., p. 534.

Thurman, Harold V., 1994, *Introductory Oceangraphy*, Seventh Edition, New York: Macmillan Publishing Company, p. 576.

박병권 · 양재삼, 1992, 『일반해양학』, 서울: 정문출판사, p. 480.

조규대 · 이재철 · 허성회 편, 1994, 『해양학 개론』, 부산: 태화출판사, p. 298.

부 록

1. 해양 생물 분류표

원핵생물계(Kingdom Monera)
- 분열식물문(Phylum Schizophyta)
- 남조식물문(Phylum Cyanophyta)

원생생물계(Kingdom Protista)
- 녹조식물문(Phylum Chlorophyta)
- 황색식물문(Phylum Chrysophyta)
- 염색식물문(Phylum Pyrrhophyta)
- 갈조식물문(Phylum Phaeophyta)
- 홍조식물문(Phylum Rhodophyta)
- 원생동물문(Phylum Protozoa)
  - 편모충강(Class Mastigophora)
  - 호적충강(Class Sarcodina)
  - 섬모충강(Class Ciliata)

후생식물계(Kingdom Metaphyta)
- 유관속식물문(Phylum Tracheophyta)
  - 피자식물강(Class Angiospermae)

후생동물계(Kingdom Metazoa)
- 중생동물문(Phylum Mesozoa)
- 해면동물문(Phylum Porifera)
  - 석회해면강(Class Calcarea)
  - 육방해면강(Class Hexactinellida)
  - 보통해면강(Class Demospongia)
- 강장동물문(Phylum Coelenterata)
  - 히드라충강(Class Hydrozoa)
  - 해파리강(Class Scyphozoa)
  - 산호강(Class Anthozoa)
- 빗해파리문(Phylum Ctenophora)
- 편형동물문(Phylum Platyhelminthes)
  - 와충강(Class Turbellaria)
  - 흡충강(Class Trematoda)
- 유형동물문(Phylum Nemertinea)
- 선충동물문(Phylum Nematoda)
- 내항동물문(Phylum Entoprocta)
- 외항동물문(Phylum Ectoprocta)
- 완족동물문(Phylum Brachiopoda)
- 모악동물문(Phylum Chaetognatha)
- 유수동물문(Phylum Pogonophora)
- 환형동물문(Phylum Annelida)
  - 원시환충강(Class Archiannelida)
  - 갯지네강(Class Polychaeta)
  - 거머리강(Class Hirudinea)
- 연체동물문(Phylum Mollusca)
  - 쌍신경강(Class Amphineura)
  - 굴족강(Class Scaphopoda)
  - 이매패강(Class Pelecypoda)
  - 복족강(Class Gastropoda)
  - 두족강(Class Cephalopoda)
- 절지동물문(Phylum Arthropoda)
  - 검미강(Class Xiphosurida)
  - 갑각강(Class Crustacea)
  - 새각아강(Subclass Branchiopoda)
  - 개형아강(Subclass Ostracoda)
  - 요각아강(Subclass Copepoda)
  - 만각아강(Subclass Cirripedia)

연갑아강(Subclass Malacostraca)
극피동물문(Phylum Echinodermata)
유병아문(Subphylum Pelmatozoa)
갯고사리강(Class Crinoidea)
유재아문(Subphylum Eleutherozoa)
불가사리강(Class Asteroidea)
사미강(Class Ophiuroidea)
섬게강(Class Echinoidea)
해삼강(Class Holothuroidea)
반색동물문(Phylum Hemichordata)
추색동물문(Phylum Chordata)
미색동물아문(Subphylum tunicata)
두색동물아문
(Subphylum Cephalochordata)
척추동물아문(Subphylum Vertebrata)
무악강(Class Agnatha)
연골어강(Class Chondrichthyes)
경골어강(Class Osteichthyes)
개구리강(Class Amphibia)
파충강(Class Reptilia)
새강(Class Aves)
짐승강(Class Mammalia)
해우목(Order Sirenia)
고래목(Order Cetacea)

2. 변환표

길이 · 넓이 · 부피

센티미터(cm)	= 0.39370인치(in)
	0.032808피트(ft)
	0.01미터(m)
	10밀리미터(mm)
	1×10^4미크론(μ)
세제곱센티미터(cm^3) 기준	= 2.1997×10^{-4}갤론(gal)
	3.531477×10^{-5}세제곱피트(ft^3)
	8.7988×10^{-4}쿼트(quart)
	0.0021134핀트(pint)
	0.033814온스(oz)
	0.061023세제곱인치(in^3)
	1×10^{-6}세제곱미터(m^3)
	9.9997×10^{-4}리터(l)
	1000세제곱밀리미터(ml^3)
세제곱야드(yd^3)	= 27세제곱피트(ft^3)
	202.0갤론(gal)
	807.9쿼트(quart)
	4.6656×10^4세제곱인치(in^3)
	0.76455945세제곱미터(m^3)
	764.54리터(l)
	7.6455945×10^6세제곱센티미터(cm^3)
도(°)	= 1/360 = 0.0027778원주
	60분(min)
	3600초(sec)

패덤(fath)	= 6피트(ft)
	1.828804미터(m)
피트(ft)	= 1.6447 × 10^{-4}해리
	1/6 or 0.16667패덤(fath)
	0.3048006미터(m)
	30.48006센티미터(cm)
인치(in)	= 2.540005센티미터(cm)
	25.40005밀리미터(mm)
	0.08333피트(ft)
킬로미터(km)	= 0.53961해리
	0.62137법정 마일
	1093.8피트(ft)
	1000미터(m)
리터(l)	= 0.21998갤론(gal)
	0.035316세제곱피트(ft^3)
	1.056710쿼트(액체)
	33.8147온스(유체)(oz)
	61.025세제곱인치(in^3)
	0.001000027세제곱미터(m^3)
	1000.027세제곱센티미터(cm^3)
미크론(μ)	= 3.937 × 10^{-5}인치(in)
	1 × 10^{-6}미터(m)
	1 × 10^{-4}센티미터(cm)
	0.001밀리미터(mm)
해리(nautical mile)	= 지구 적도상 표면 호에서 1′의 길이
	1.1516마일
	6080.2피트(ft)
	1.85325킬로미터(km)

마일(mi)(statute)	= 0.86836해리
	1760야드(yd)
	5280피트(ft)
	1.60935킬로미터(km)
	1609.35미터(m)
밀리리터(ml)	= 0.061025세제곱인치(in^3)
	0.0338147온스(유체)(oz)
	0.001리터(l)
	1.000027세제곱센티미터(cm^3)
밀리미터(mm)	= 0.039370인치(in)
	0.001미터(m)
	0.1센티미터(cm)
	1000미크론(μ)
달(ml)(월)	= 29일 12시간 44분
제곱킬로미터(km^2)	= 0.3861006제곱마일(mi^2)
	247.1044제곱에이커(a^2)
제곱마일(mi^2)	= 2.78784×10^7제곱피트(ft^2)
	2.589998제곱킬로미터(km^2)

속 도

센티미터/초(cm/sec)	= 0.02237마일/시간(mi/sec)
	0.032808피트/초(ft/sec)
	1.9685피트/분(ft/min)
피트/초(ft/sec)	= 0.5921노트(kt)
	0.6818마일/시간(mi/h)
	1.0973킬로미터/시간(km/h)
	30.4801센티미터/초(cm/sec)

노트(kt)	= 1해리/시간
	1.1516마일/시간(mi/h)
	1.689피트/초(ft/sec)
	51.48센티미터/초(cm/sec)
미터/초(m/sec)	= 2.2369마일/시간(mi/h)
	3.291피트/초(ft/sec)
	3600킬로미터/시간(km/h)

찾아보기

국 문

ㄱ

ㄴ

ㅂ

ㅅ

ㅇ

ㅈ

ㅊ

ㅋ

ㅌ

ㅍ

ㅎ

영 문

C

D

E

F

G

H

I

S

T

U

V

W

Z

개정판

바다의 과학

해양학원론

초판 1쇄 발행 1998년 8월 30일
초판 4쇄 발행 2005년 3월 10일
개정판 1쇄 발행 2011년 12월 20일
개정판 5쇄 발행 2021년 6월 10일

지은이 박용안

펴낸곳 서울대학교출판문화원
주소 08826 서울 관악구 관악로 1
도서주문 02-889-4424, 02-880-7995
홈페이지 www.snupress.com
페이스북 @snupress1947
인스타그램 @snupress
이메일 snubook@snu.ac.kr
출판등록 제15-3호

ISBN 978-89-521-1239-2 93450